TRAITÉ

DE LA

MÉCANIQUE DES CORPS SOLIDES

ET DU

CALCUL DE L'EFFET DES MACHINES.

PARIS. — IMPRIMERIE DE FAIN ET THUNOT,
IMPRIMEURS DE L'UNIVERSITÉ ROYALE DE FRANCE,
RUE RACINE, 28, PRÈS DE L'ODÉON.

TRAITÉ

DE LA

MÉCANIQUE DES CORPS SOLIDES

ET DU

CALCUL DE L'EFFET DES MACHINES.

PAR G. CORIOLIS,

MEMBRE DE L'INSTITUT DE FRANCE (ACADÉMIE ROYALE DES SCIENCES
INGÉNIEUR EN CHEF DES PONTS ET CHAUSSÉES, ETC., ETC.
ANCIEN PROFESSEUR ET DIRECTEUR DES ÉTUDES DE L'ÉCOLE POLYTECHNIQUE.

SECONDE ÉDITION

PARIS.

CARILIAN-GŒURY ET V^{VE} DALMONT, ÉDITEURS,

LIBRAIRES DES CORPS ROYAUX DES PONTS ET CHAUSSÉES ET DES MINES,

Quai des Augustins, n°s 39 et 41.

1844.

AVIS DES ÉDITEURS.

L'auteur du *Calcul de l'effet des Machines*, en travaillant à une seconde édition de cet ouvrage, s'était proposé de le refondre et de l'étendre de manière à former un traité complet de Mécanique appliquée. En même temps il avait cru devoir donner plus de développements à l'exposition des principes fondamentaux que cette science emprunte à la Mécanique rationnelle. Ce sont ces développements qui, sous le titre de *Mécanique des corps solides*, forment presque en totalité la première partie du volume que nous publions aujourd'hui. Les douze premières feuilles ont été tirées du vivant de l'auteur; les suivantes ont été imprimées d'après les feuilles manuscrites qu'il avait également revues lui-même. Les éditeurs ont cru satisfaire au vœu du public en joignant à cette première partie une réimpression pure et simple du *Calcul de l'effet des Machines;* les lacunes qu'on y remarquera correspondent aux questions qui se trouvaient déjà traitées, et généralement avec plus d'extension, dans la première partie. Enfin, à la suite de l'ouvrage, on a placé deux fragments inédits laissés par le même auteur, l'un relatif aux ponts suspendus, et l'autre à la poussée des terres.

AVERTISSEMENT

QUI PRÉCÉDAIT LA PREMIÈRE ÉDITION DU CALCUL DE L'EFFET DES MACHINES.

Je me suis proposé dans cet ouvrage de présenter toutes les considérations générales qui tendent à éclairer les questions sur l'économie de ce qu'on appelle communément *la force* ou *la puissance mécanique*, et de donner des moyens de reconnaître facilement quels sont les avantages et les inconvénients de certaines dispositions dans la construction d'une machine. Je pense qu'après avoir lu ce Mémoire, on sera en état de se diriger convenablement dans toutes les recherches de calcul et d'expérience qui se rapportent à ce sujet.

Les traités spéciaux qu'on a publiés jusqu'à présent sur les machines n'ont pas complétement développé la théorie de l'emploi des moteurs, qui paraît en effet devoir rentrer plus naturellement dans l'enseignement de la mécanique rationnelle. D'un autre côté, les ouvrages qui traitent de cette science ne contiennent presque rien sur cette théorie. J'ai tâché de remplir cette lacune, et de donner ainsi un utile complément aux cours de Mécanique de l'École Polytechnique, en même temps qu'une introduction à ceux des écoles d'application.

La table des matières fera voir plus particulièrement quelles sont les questions que j'ai traitées ; je pense qu'elles n'offriront point de difficultés aux personnes qui ont quelques notions d'analyse infinitésimale et de mécanique. Si cependant on veut passer les calculs qu'on ne suivrait pas assez facilement, on pourra le faire sans inconvénient; une simple lecture de tout le reste suffira pour donner les principales notions sur la théorie des machines.

Il y a dix ans que j'avais écrit, sur une partie des matières qui composent cet ouvrage, des feuilles que j'ai communiquées à différentes personnes, notamment à MM. Mallet, Bélanger et Drappier, en 1819, à M. Ampère, en 1820, et à M. Poncelet, en décembre 1824. Depuis l'époque de 1826, j'ai apporté à mon premier travail diverses additions et améliorations qui complètent le cadre que j'avais en vue ; elles concernent plus spécialement les pertes d'action dues aux frottements des engrenages, la dynamique des quantités de mouvement ou du choc (*), la théorie du mouvement des machines et des volants, celle des roues hydrauliques, l'emploi du vent et de la vapeur comme moteurs, l'écoulement des fluides, et enfin le transport horizontal des fardeaux.

J'étais parvenu dans mon premier travail à des considérations qui m'avaient semblé neuves en quelques points. Il n'y avait en effet, à ma connaissance sur ce sujet que l'ouvrage de Carnot et celui de M. Guéniveau (**) ; mais en même temps que je m'occupais de cette théorie, Petit insérait, dans les *Annales de Physique*, un Mémoire succinct sur l'emploi du principe des

(*) En traitant ce dernier point, je connaissais ce qui a été écrit l'année dernière sur le même sujet par M. Cauchy et par M. Poncelet, dans son cours lithographié de l'école de Metz. C'est un énoncé de ce dernier, sur le choc des systèmes de rotation, qui m'a porté à présenter d'une manière analogue celui que j'ai donné.

(**) J'ai eu connaissance, il y a peu de temps, d'un article publié en 1815, par M. Burdin dans le n° 221 du *Journal des Mines*, où cet ingénieur a donné sur les machines de très-bonnes considérations qui, je crois, n'avaient pas encore été aussi bien présentées.

forces vives, et un peu après, M. Navier a publié ses utiles et savantes notes sur l'*Architecture hydraulique* de Bélidor.

Postérieurement M. Poncelet a donné, pour son cours de machines à l'École de Metz, des feuilles lithographiées qu'il m'a communiquées, et où, parmi un grand nombre de questions nouvelles, il a traité plusieurs de celles que je viens de citer. Ces publications m'ont ôté aujourd'hui toute priorité sur quelques idées où il était naturel de se rencontrer, en sorte qu'en plusieurs points ce petit ouvrage ne différera de ce qu'on a écrit sur le même sujet, que par la manière dont ces mêmes points y sont traités. Néanmoins, j'ai pensé qu'il ne serait pas sans utilité de réunir et de présenter sous une autre forme toutes les considérations qui se rattachent à une théorie aussi importante que celle des machines (*).

J'ai employé dans cet ouvrage quelques dénominations nouvelles : je désigne par le nom de *travail* la quantité qu'on appelle assez communément *puissance mécanique*, *quantité d'action* ou *effet dynamique* (**), et je propose le nom de *dynamode* pour l'unité de cette quantité. Je me suis permis encore une légère innovation en appelant *force vive* le produit du poids par la hauteur due à la vitesse. Cette force vive n'est que la moitié du produit qu'on a désigné jusqu'à présent par ce nom, c'est-à-dire de la masse par le carré de la vitesse. Si l'on avait éprouvé comme moi combien les élèves sont embarrassés par les dénominations mal choisies, je crois qu'on ne blâmerait pas

---

(*) M. Bélanger, ingénieur des ponts et chaussées, auteur d'un mémoire très-intéressant sur l'écoulement des eaux dans les canaux, et qui s'est occupé avec succès de la théorie des machines et de ses applications, a bien voulu revoir mon manuscrit et m'aider de ses conseils : je lui dois plusieurs améliorations qui ont mis plus de clarté et plus d'ordre dans cet ouvrage.

(**) Ce mot de *travail* vient si naturellement dans le sens où je l'emploie, que, sans qu'il ait été ni proposé, ni reconnu comme expression technique, cependant il a été employé accidentellement par M. Navier, dans ses notes sur *Bélidor*, et par M. de Prony dans son *Mémoire sur les expériences de la machine du Gros-Caillou.*

ce léger changement. Il est très-gênant d'avoir un nom pour le double d'une quantité qu'on retrouve à chaque instant. Si l'on a donné anciennement le nom de force vive au produit de la masse par le carré de la vitesse, c'est qu'on ne portait pas son attention sur le *travail*, et que ce n'était pas le produit du poids par la hauteur due à la vitesse qu'on avait eu à désigner le plus souvent. Tous les praticiens entendent aujourd'hui par *force vive*, le travail que peut produire la vitesse acquise par un corps; et certainement, quoi qu'on fasse, il y aurait toujours deux acceptions en usage, dont l'une s'appliquerait à une quantité double de l'autre, si les géomètres n'adoptaient pas la dernière, qui est réellement la plus commode pour l'étude du mouvement des machines. Au reste, quand même on ne voudrait pas introduire cette nouvelle dénomination dans la Mécanique rationnelle, ne pourrait-on pas encore se le permettre dans les ouvrages sur les machines? Si les lecteurs sont versés dans la Mécanique rationnelle, ce changement ne les gênera pas; d'une autre part, il aura certainement de l'avantage pour un bien plus grand nombre de personnes qui étudient les machines sans pousser plus loin l'étude de la Mécanique.

Il y a quelque temps que des membres de l'Académie des sciences ayant demandé qu'on fît un choix pour l'unité de travail ou de la puissance mécanique, j'avais remis alors une note pour proposer les dénominations dont je viens de parler. Le célèbre Laplace, qui faisait partie d'une commission nommée pour cet objet, voulut bien me dire qu'il ne croyait pas que l'Académie dût prendre l'initiative pour choisir des noms, qu'elle ne pourrait que sanctionner l'usage, lorsqu'il commencerait à s'établir. Selon cet illustre géomètre, c'était aux personnes qui s'occupaient des machines à essayer d'introduire les termes qu'elles jugeaient les plus convenables. D'après une opinion d'un aussi grand poids, il m'a semblé que l'on ne pourrait me blâmer de proposer et d'employer des dénominations qui m'ont paru plus claires et plus convenablement choisies dans leurs étymologies.

TABLE DES MATIÈRES.

MÉCANIQUE DES CORPS SOLIDES

ET CONSIDÉRATIONS SUR LES FROTTEMENTS.

CHAPITRE PREMIER.

Notions sur la vitesse, la force, le poids, la masse, et sur le mouvement d'un point matériel.

CHAPITRE III.

CALCUL DE L'EFFET DES MACHINES.

CHAPITRE II

CHAPITRE III.

FRAGMENTS.

FIN DE LA TABLE.

ERRATA.

Page 18, ligne 5, *au lieu de* mP', *lisez :* mP''.
id. 15, PmP'' — PmP'''.
id. 16, mP — mP'.
20, 18, mA — $2mA$.
29, 21, § 14 — § 15.
30 dernière ligne $\frac{p}{g} \cdot \frac{\omega}{[illegible]}$ — $\frac{p}{g} \cdot$ [illegible]
33, 12, même faute
id. 22, *id.*
34, 19, $\frac{a^2}{g^2}$ — $\frac{\omega^2}{[illegible]}$
43, 1. $d'v$ — $d\, v_e$
45, dernière ligne, $\frac{dw_r}{dt}$ — $\frac{d_e w_e}{dt}$
49, 4, $\cos l$ — $\cos l_e$.
54, 17, et le point m, *lisez :* et le point m
63, 16, aux conditions — aux trois premières conditions
73, 14, après la molécule m, mettez une virgule, au lieu d'un point
id. 15, atteignant, *lisez :* atteint.
id. *id.* après *son minimum*, mettez *elle*
id. 16, après *sensiblement*, mettez un point au lieu d'une virgule
75, 13, *mettez* θ_0 pour la limite supérieure de l'intégrale
76, 1, *moment d'inertie.* C'est dans ce numéro seulement que l'auteur désigne sous ce nom la quantité Σpr^2. Dans le reste de l'ouvrage cette dénomination est appliquée à la quantité $\Sigma \frac{p}{g} r^2$, ainsi que cela a lieu ordinairement.
77, 1. *au lieu de* K, *lisez :* K'.
94, 9. $-\Sigma \frac{pv^2{}_r}{2g}$, *lisez :* $-\Sigma \frac{pv^2{}_r}{2g}$
106, 5. *lisez :* comme il suit, la quantité entre crochets
$[(u_1 - u_0)\delta x + (v_1 - v_0)\delta y + (w_1 - w_0)\delta z]$.
109, 23, *mettez* —, *au lieu de* +, devant le dernier terme
110, 5, Après $-\Sigma \frac{\delta m f}{dt}$ *ajoutez* le mot *positif*.
112. en marge, *au lieu de* concentration, *lisez :* conservation

Pages 117,	ligne 1.	*au lieu de*	chapitre II,	*lisez* chapitre III
127.	1.		P cos	P cos α.
128.	11.		P sin α'	P' sin α.
130,	2.	devant le premier membre mettez le facteur k.		
133.	10.	*au lieu de* $-\mathrm{P}p'q$, *lisez* : $-\mathrm{P'}p'q$		
137.	16.	au dénominateur du second membre, *au lieu de* dt', *lisez* : dt		
141,	18.	dans le premier membre, *au lieu de* R, *lisez* : R'.		
145.	4.	après $-t'n$ fermez la parenthèse.		
148.	19.	sous le radical au numérateur, *au lieu de* $\cos\beta$, *lisez* : $\cos^2\beta$		
160,	19.	*au lieu de* K'', *lisez* : K'.		
180	14	au dénominateur, *au lieu de* dt', *lisez* : dt		
id.	18.			*id.*
id.	24			*id.*

PREMIÈRE PARTIE.

MÉCANIQUE

GÉNÉRALE

DES CORPS SOLIDES,

ET

CONSIDÉRATIONS SUR LES FROTTEMENTS.

CHAPITRE PREMIER.

Notions sur la vitesse, la force, le poids, la masse, et sur le mouvement d'un point matériel.

Du mouvement absolu et du mouvement relatif.

1.—Lorsqu'un corps change de position, nous disons qu'il est *en mouvement*. Si nous rapportons la position du corps à des points fixes, nous considérons alors un mouvement absolu. Si deux corps se meuvent dans l'espace, et que nous considérions le mouvement de l'un par rapport à l'autre, c'est d'un mouvement *relatif* qu'il s'agit. On donne une idée plus complète et plus claire du mouvement relatif de deux corps, en disant que c'est celui que *paraîtrait* prendre l'un de ces corps, pour un observateur qui se mouvrait avec l'autre en se supposant fixe. Tels sont les mouvements que nous observons à la surface de la terre; ils nous paraissent absolus, parce que nous les rapportons à des points que nous regardons comme fixes; cette illusion, comme on le verra par la suite, est ordinairement sans inconvénients dans les applications de la Mécanique; mais ces mouvements ne sont réellement que relatifs, puisque les points auxquels nous les rapportons sont entraînés dans l'espace avec la terre.

Pour simplifier l'étude du mouvement, nous ne considérerons d'abord que des corps dont les dimensions soient négligeables vis-à-vis des espaces qu'ils parcourent; on donne aux corps ainsi réduits à des dimensions infiniment petites, le nom de *points matériels*.

De la vitesse

2.—Pour apprécier le mouvement d'un point matériel dans l'espace, deux éléments sont indispensables à connaître : 1° ses positions successives, ou *les espaces* qu'il parcourt; 2° le temps qu'il emploie à passer d'une position à une autre, ou à *décrire* ces espaces.

Supposons d'abord qu'un point matériel se meuve en ligne droite; rapportons ses positions successives à un point fixe pris sur cette droite, par exemple, à la position initiale du mobile, que l'on nomme aussi l'origine du mouvement. Appelons e la distance du point matériel à l'origine, après un nombre d'unités de temps que nous représenterons par t; cette distance étant regardée comme positive quand le mobile sera à droite de l'origine, par exemple, et comme négative quand il sera à gauche. Cette distance est nulle au commencement du mouvement, c'est-à-dire que quand $t = 0$ on a $e = 0$.

Si, pendant tout le mouvement, le rapport $\frac{e}{t}$ conserve une valeur constante, c'est-à-dire si l'*espace* e reste proportionnel au *temps* t, on dit que le mouvement est *uniforme*. Ce mouvement est le plus simple de tous.

Un mouvement uniforme se distingue d'un autre mouvement uniforme par la grandeur du rapport $\frac{e}{t}$ qui correspond à chacun d'eux. Si ce rapport est plus grand dans le premier mouvement que dans le second, ou si, au bout d'un même temps t, l'espace e parcouru dans le premier cas est plus grand que l'espace parcouru dans l'autre, le premier mouvement est le plus rapide. Ce rapport $\frac{e}{t}$, dans le mouvement uniforme, est ce qu'on nomme la *vitesse*.

Changeons t en $t + \Delta t$, et e en $e + \Delta e$, en sorte que Δt soit le temps employé par le mobile à parcourir l'espace Δe. Par la définition du mouvement uniforme, on aura

$$\frac{e}{t} = \frac{e + \Delta e}{t + \Delta t} \quad \text{d'où} \quad \frac{e}{t} = \frac{\Delta e}{\Delta}.$$

Le rapport $\frac{\Delta e}{\Delta t}$, peut donc être pris pour la mesure de la vitesse aussi bien que le rapport $\frac{e}{t}$; et cela quelque petit que soit le temps Δt. Ainsi, en désignant par dt un intervalle de temps plus petit que toute grandeur assignable, et par de le petit chemin décrit par le point matériel pendant ce temps infiniment petit, la vitesse pourra encore être exprimée par le rapport $\frac{de}{dt}$.

3.— Le mouvement peut être tel que le rapport $\frac{e}{t}$ ou $\frac{\Delta e}{\Delta t}$, ou $\frac{de}{dt}$ ne reste plus le même à tous les instants; le mouvement, dans ce cas, cesse d'être uniforme et prend le nom de *mouvement varié*.

Soit toujours de l'espace infiniment petit, décrit par le point matériel pendant le temps infiniment petit dt qui succède au temps t; le mouvement, pendant ce temps infiniment petit, pouvant être regardé comme uniforme, $\frac{de}{dt}$ sera l'expression de sa vitesse comme nous venons de le voir. Cette vitesse $\frac{de}{dt}$, dont serait animé le mobile, s'il conservait pendant un temps fini le mouvement uniforme qu'il ne conserve rigoureusement que pendant un temps infiniment court, est ce qu'on nomme la *vitesse* dans le mouvement varié. Cette vitesse, au lieu d'être constante, comme dans le mouvement uniforme, prend alors des valeurs variables d'un instant à l'autre.

Ces notions peuvent être traduites en langage géométrique. Concevons (*Fig.* 1) que, pendant que le point matériel se meut de A vers E sur une droite verticale AE, cette droite se transporte parallèlement à elle-même dans un même plan, qui sera celui de la figure, et de telle sorte que les distances perpendiculaires AA', AA'', etc., soient proportionnelles au temps, et puissent lui servir de mesure. Il est facile de voir que si le mobile était doué d'un mouvement uniforme sur AE, pendant que cette droite se transporte il décrirait sur le plan EAT une ligne droite $Am'm''$. Car $A'm'$ et $A''m''$ étant deux espaces quelconques correspondants aux valeurs de t représentées par AA' et AA'', on aurait, par la définition du mouvement uniforme

$$\frac{A'm'}{AA'} = \frac{A''m''}{AA''},$$

ce qui exige que les trois points A, m', m'' soient en ligne droite.

Mais si le mouvement du point matériel sur la droite AE n'est pas uniforme, ce point, pendant que AE se transporte, ne pourra décrire sur le plan AET qu'une ligne courbe telle que AM'M'', qui aura pour abscisses les valeurs de t, et pour ordonnées les valeurs correspondantes de e. Le rapport $\frac{de}{dt}$, entre l'accroissement infiniment petit de l'ordonnée et l'accroissement correspondant de l'abscisse, représente comme on sait l'*inclinaison*, sur l'axe des abscisses AT, de l'élément de courbe qui a pour projection dt.

Cette inclinaison, quoique variable d'un point de la courbe à l'autre, peut néanmoins être regardée comme constante dans toute l'étendue de l'élément considéré, parce que cet élément est sensiblement rectiligne. De même le rapport $\frac{de}{dt}$ de l'espace infiniment petit de au temps infiniment petit dt, employé à le parcourir, quoique variable d'un instant à l'autre, peut être regardé comme constant pendant le temps dt, et considéré par conséquent comme l'expression de la vitesse pendant ce temps.

4.— Si le mobile, supposé d'abord placé au-dessus du point A, ou en général du côté où l'on compte les distances e positives, va en se rapprochant de l'origine, à des valeurs positives de dt correspondent des valeurs négatives de de, puisque e diminue; et $\frac{de}{dt}$ est alors négatif. La vitesse dans ce cas doit être regardée comme négative.

Si le mobile, supposé d'abord placé au-dessous du point A, ou en général du côté où l'on compte les distances e négatives, va en se rapprochant de l'origine, de est de signe contraire à e, c'est-à-dire positif, pour des valeurs positives de dt; et par suite $\frac{de}{dt}$ est positif. La vitesse dans ce cas doit être regardée comme positive.

Si le mobile, toujours situé du côté des e négatifs va en s'éloignant de l'origine, de est de même signe que e, c'est-à-dire négatif, pour des valeurs positives de dt, et par suite $\frac{de}{dt}$ est négatif. La vitesse, dans ce cas, doit donc être regardée comme négative.

En résumé, la vitesse doit être regardée comme positive, toutes les fois que le mobile marche dans le sens des e positifs; et elle doit être regardée comme négative quand le mobile marche en sens contraire.

De l'inertie, et de la force.

5.— L'expérience nous apprend que lorsqu'un corps se meut dans une certaine direction avec une certaine vitesse, il conserve, ou du moins tend à conserver d'autant plus longtemps cette direction et cette vitesse que les obstacles étrangers, tels que la résistance de l'air, le frottement, etc., approchent plus d'être nuls; et l'on est conduit à admettre que si aucune cause étrangère ne venait modifier le mouvement de ce corps, il conserverait indéfiniment sa vitesse et sa direction primitives.

L'expérience nous apprend aussi que si un corps, qui était en repos, vient à se mettre en mouvement, c'est toujours en vertu d'une cause qui lui est étrangère. Cette propriété de la matière de ne pouvoir modifier d'elle même son état de mouvement ou de repos, est ce qu'on nomme l'*inertie*.

Toute cause qui tend à modifier le mouvement d'un corps, ou à le faire mouvoir s'il est en repos, est ce qu'on appelle une *force*.

Il y a à distinguer, dans une force, 1° le point où elle agit, et que l'on nomme son point d'application; 2° sa direction, c'est-à-dire la direction et le sens de la droite suivant laquelle le corps se mettrait en mouvement s'il cédait à l'action de la force; 3° l'intensité de cette force, ou le plus ou moins d'énergie de son action, quantité qui est susceptible d'être mesurée et exprimée en nombre comme les autres grandeurs, ainsi qu'on va le voir.

La première idée que nous ayons de la force est celle de l'effort que nous sommes obligés d'exercer pour soutenir un corps contre l'action de la pesanteur, ou pour la pousser dans une direction déterminée, de manière à lui imprimer peu à peu une vitesse croissante. Dans l'un et l'autre cas, si l'on interpose entre ce corps et la main qui le soutient ou qui le pousse, un ressort par l'intermédiaire duquel l'action soit obligée de s'exercer, ce ressort subira un certain degré de flexion, dépendant de l'intensité de l'effort; et il est naturel d'admettre, que si deux forces, dans des circonstances identiques, produisent sur le ressort une flexion identique, ces deux forces sont elles-mêmes parfaitement égales. Si l'on conçoit maintenant que ces deux forces égales agissent simultanément et dans le même sens sur le ressort, de manière que leurs actions s'ajoutent, pour produire un nouveau degré de flexion, toute force qui, dans les mêmes circonstances, produira seule ce même degré de flexion, équivaudra à la somme des deux premières, et sera par conséquent le double de chacune d'elles. On comprend que l'on pourra constater de la même manière qu'une force est triple, quadruple, d'une autre force; et qu'en prenant pour unité de force celle qui est capable de produire sur un ressort connu une flexion déterminée, on pourra mesurer les forces comme on mesure les autres quantités, et exprimer par conséquent ces forces par des nombres.

6.— Nous allons examiner maintenant les relations qui existent entre les De l'accélération forces et le mouvement qu'elles produisent. Nous commencerons par le cas où ces forces agissent constamment dans la direction de la vitesse du mobile, et où, par conséquent, le mouvement est rectiligne.

L'expérience a appris que l'action d'une force sur un corps est indépendante de la vitesse que possède déjà ce corps; en sorte que si cette force est capable d'imprimer au corps en repos, une certaine vitesse au bout d'un temps déterminé, elle imprimera dans le même temps, à ce corps supposé en mouvement, une augmentation de vitesse précisément égale.

Il résulte de ce principe que l'effet d'une force constante sur un corps déjà animé d'une certaine vitesse, est de faire croître cette vitesse de quantités égales dans des temps égaux; ainsi, u désignant la vitesse initiale du mobile, si, pendant un instant Δt, cette vitesse s'est accrue de Δu, pendant un second instant Δt, la vitesse croîtra encore de la même quantité Δu; et le rapport $\frac{\Delta u}{\Delta t}$ restera constant, quel que soit d'ailleurs le temps Δt, tant que la force demeurera constante. Ce rapport $\frac{\Delta u}{\Delta t}$, que nous désignerons par φ, a reçu le nom d'*accélération*; il représente en effet l'augmentation de vitesse Δu, quand le temps Δt pendant lequel on le considère est égal à l'unité.

En représentant par F la force qui produit l'accélération φ, on voit que si F est constant, φ sera constant aussi. Si la force F varie pendant la durée du mouvement, l'observation fait voir que le rapport φ varie de la même manière, c'est-à-dire que les valeurs de φ demeurent proportionnelles aux valeurs de F.

Ceci démontre que si l'accélération φ est constante, elle est produite par une force constante.

La chute d'un corps pesant, dans le vide, offre l'exemple d'un mouvement dans lequel l'accélération est constante. A l'observatoire de Paris, cette accélération est de $9^m,8088$ par chaque seconde sexagésimale. On a l'habitude de représenter ce nombre par g; ainsi l'accélération due à la pesanteur, est à Paris, $g = 9^m,8088$.

On en conclut que la force qui agit sur le corps pour déterminer sa chute, est une force constante, ou que le *poids* d'un corps reste le même pendant toute la durée de sa chute.

Si p désigne le poids d'un corps, et F la force capable de lui imprimer, dans une seconde sexagésimale, une accélération représentée par φ, en vertu de la proportionnalité entre les valeurs de la force et celles de l'accélération, on aura

$$\frac{\varphi}{g} = \frac{F}{p} \quad \text{d'où} \quad \varphi = g\frac{F}{p}.$$

L'expérience démontre encore que si une même force F agit successivement sur deux corps de poids différents p et p', les accélérations φ et φ' qu'elle leur imprimera seront en raison inverse de ces poids; en sorte qu'on aura

$$\varphi' = \frac{p}{p'}\varphi.$$

ou, en mettant pour φ sa valeur $\frac{g}{p}$ F,

$$\varphi' = \frac{gF}{p'}.$$

Ainsi la relation $\varphi = \frac{gF}{p}$, qui subsiste pour un même corps quand on fait varier la force F, subsiste encore en passant d'un corps à l'autre; et par conséquent les lois du mouvement rectiligne due à une force qui reste constante pendant la durée du mouvement, se réduisent à cette équation unique

$$\varphi \quad \text{ou} \quad \frac{\Delta u}{\Delta t} = \frac{gF}{p}.$$

7.—Dans tout ce qui précède, nous avons supposé que la force agissait dans le sens même de la vitesse; si elle était dirigée en sens contraire, au lieu d'un accroissement de vitesse, elle produirait une diminution; la quantité Δu, et par suite $\frac{\Delta u}{\Delta t}$ ou φ devrait donc alors être prise avec un signe contraire à celui de la vitesse initiale u.

Si l'on convient de regarder F et u comme positif, quand le sens de leur direction est celui suivant lequel croissent les distances e positives, comptées de l'origine, et de les regarder comme négatives quand elles ont un sens opposé, les quantités F et φ seront toujours de même signe, et la relation

$$\frac{\Delta u}{\Delta t} = \frac{gF}{p},$$

subsistera pour les signes comme pour les valeurs absolues.

8.— L'accélération g due à la pesanteur n'est pas la même en tous les points

De la masse. de la surface du globe : à l'équateur, par exemple, elle est un peu moindre qu'à Paris. Mais on observe que lorsque la quantité g varie, le poids des corps varie dans le même rapport; en sorte que pour un même corps, le rapport $\frac{p}{g}$ de son poids à l'accélération g est une quantité constante, quel que soit le point du globe où l'on suppose ce corps transporté. Ce rapport $\frac{p}{g}$, variable d'un corps à l'autre, mais constant pour le même corps, est ce qu'on nomme la *masse* de ce corps. Comme on emploie communément ce terme pour désigner la quantité de matière qui compose un corps, il est bon de montrer sur quoi est fondée cette dernière manière de considérer le rapport $\frac{p}{g}$.

Si l'on réunit en un seul deux corps parfaitement identiques, en sorte qu'on soit certain d'avoir ainsi une quantité de matière double de chacune des deux premières, on observe que le poids total est double de chacun des deux poids primitifs, sans que l'accélération soit changée; en sorte que le rapport $\frac{p}{g}$ a doublé, en même temps que la quantité de matière. En général, on observe pour des corps de même substance, que la quantité de matière et le rapport $\frac{p}{g}$ varient proportionnellement, en sorte que celui-ci peut servir de mesure à celle-là. Lorsqu'il s'agit de substances différentes, on ne peut plus affirmer, à la vérité, qu'une valeur double de $\frac{p}{g}$ soit due à une quantité double de matière; mais l'analogie conduit à l'admettre; et c'est la seule manière d'ailleurs de s'expliquer comment le poids a doublé sans que l'accélération ait changé.

La quantité de matière, ou la *masse*, peut donc être représentée par le rapport $\frac{p}{g}$, que l'on désigne ordinairement par la lettre m. On peut dire que la masse d'un corps est le poids qu'il aurait si l'on pouvait le placer à une distance de la terre telle que l'accélération g de la pesanteur devînt égale à l'unité de longueur ou au mètre; car dans ce cas le rapport $\frac{p}{g}$ se réduirait au numérateur p.

9.— On prend pour unité de poids, et en général pour unité de force, le kilogramme, ou le poids d'un litre d'eau distillée, à $4°,1$ de température, ce poids étant mesuré à l'observatoire de Paris.

L'accélération φ est une longueur: c'est celle que le mobile parcourrait dans une seconde, s'il était animé pendant cette seconde de la vitesse dont s'accroît, pendant ce même temps, celle du mobile soumis à la force F. L'unité de φ est donc le mètre, comme l'unité de g ou de $9^m,8088$.

L'équation $\varphi = g\frac{F}{p}$ est donc homogène, et exprime l'égalité de deux longueurs, puisque le rapport $\frac{F}{p}$ est un nombre abstrait.

Cette équation peut prendre une autre forme lorsqu'on y introduit la notion de la masse. Si l'on pose $\frac{p}{g} = m$, elle devient

$$\varphi = \frac{F}{m} \quad \text{ou bien encore} \quad F = m\varphi.$$

10.— La force F, au lieu d'être constante, peut varier d'intensité à chaque instant, sans cesser d'avoir la direction constante de la vitesse du mobile. Relation entre une force variable d'intensité et le mouvement qu'elle produit.

Si l'on conçoit que le temps soit partagé en très-petits intervalles Δt, on pourra admettre que la force F reste sensiblement constante pendant la durée de Δt, et dès lors on aura, pendant cet intervalle de temps

$$\varphi \quad \text{ou} \quad \frac{\Delta u}{\Delta t} = g\frac{F}{p},$$

et cela, quelque petit que soit cet intervalle Δt.

L'observation ayant montré, en effet, que cette relation subsiste pour de très-petits intervalles de temps, il est naturel d'admettre qu'elle subsistera encore pour des intervalles de temps infiniment petits, et qu'on aura rigoureusement

$$\frac{du}{dt} = g\frac{F}{p},$$

le rapport $\frac{du}{dt}$ désignant la limite de $\frac{\Delta u}{\Delta t}$, lorsque Δt approche indéfiniment de zéro.

Cette formule se trouve d'ailleurs suffisamment justifiée par les conséquences qu'on en tire, et qui toutes sont d'accord avec les effets observés, ainsi qu'on le voit par la suite des applications dynamiques. Il est facile de reconnaître qu'elle subsiste pour les signes comme pour les valeurs absolues.

Elle permet de résoudre toutes les questions que l'on peut se proposer sur le mouvement des corps en ligne droite. Nous n'insisterons pas sur ses applications; on les trouvera dans tous les traités de Mécanique. Nous indiquerons cependant les deux problèmes principaux, afin de faire remarquer à quelle unité de mesure chaque quantité doit être rapportée.

Principaux problèmes sur le mouvement des corps en ligne droite.

11.— PREMIER PROBLÈME. *La force* F *étant donnée, déterminer le mouvement produit.*

Supposons d'abord que la force F soit constante, et donnée en kilogrammes, ainsi que le poids p du mobile. Nous avons vu (§ 6), que l'accélération de vitesse par seconde, est alors constante et égale à $g\frac{F}{p}$, qui exprime un nombre de mètres comme g.

Si t désigne le nombre de secondes écoulées depuis l'instant où la vitesse du mobile était u_0, sa vitesse au bout de ce temps étant u, l'accélération de vitesse $u - u_0$, relative au temps t, sera donc exprimée par $g\frac{F}{p}.t$, et l'on aura

$$u = u_0 + g\frac{F}{p}t. \qquad (1)$$

Si e est le chemin décrit par le mobile depuis l'instant à partir duquel on compte le temps t, et où la vitesse est u_0, comme on a (§ 3)

$$u = \frac{de}{dt},$$

on en déduit, en intégrant,

$$e = u_0 t + g\frac{F}{p}\frac{t^2}{2}. \qquad (2)$$

Le mouvement que cette équation représente est celui que l'on nomme *uniformément varié*. La chute verticale des corps pesants dans le vide en offre l'exemple le plus remarquable.

Si, comme nous l'avons supposé, la force F agit dans le sens de la vitesse initiale u_0, l'espace e croît indéfiniment avec t, en restant toujours positif. Si, au contraire, la force F agit dans un sens opposé à celui de la vitesse initiale u_0, on devra dans l'équation (1) changer le signe du terme où entre la force F.

L'espace e aura dans ce cas une valeur positive *maximum*. Lorsqu'il l'aura atteinte, le temps t continuant à croître, e diminuera, deviendra nul, puis négatif, et croîtra ensuite indéfiniment dans le sens négatif.

On peut remarquer que lorsqu'un corps part du repos, et se trouve soumis à une force constante F, on a simplement

$$u = g\frac{F}{p}t,$$

et

$$e = g\frac{F}{p}\frac{t^2}{2}.$$

Ainsi, la force F peut être exprimée par

$$F = \frac{2e}{gt^2}p.$$

Pour le mouvement des corps pesants, qui tombent verticalement dans le vide, on a $F = p$, et alors les équations (1) et (2) se réduisent, en supposant $u_0 = 0$ pour plus de simplicité, à

$$u = gt \quad \text{et} \quad e = \frac{gt^2}{2}.$$

En éliminant t, on obtient

$$e = \frac{u^2}{2g}, \quad \text{ou} \quad u = \sqrt{2ge}.$$

On prouve facilement que si le corps est lancé de bas en haut avec une vitesse initiale u, la hauteur maximum à laquelle il parviendra avant de redescendre, sera aussi donnée par l'équation

$$e = \frac{u^2}{2g}.$$

Cette relation entre l'espace e et la vitesse u est d'un usage très-fréquent en Mécanique. On a l'habitude de représenter par h, pour le cas des corps pesants, ce que nous avons désigné en général par e. L'expression $\frac{u^2}{2g}$ se nomme la hauteur *due à la vitesse u*; et l'expression $\sqrt{2gh}$ se nomme la vitesse *due à la hauteur h*.

Supposons maintenant que la force F soit variable : elle pourra être donnée, soit en fonction du temps t, soit en fonction de l'espace e, soit en fonction de la vitesse u. Dans les trois cas, on aura (§ 10),

$$\varphi \quad \text{ou} \quad \frac{du}{dt} = g.\frac{F}{p}. \tag{3}$$

Si F est donnée en fonction du temps, de manière qu'on ait $F = f(t)$, l'équation (3) deviendra

$$du = \frac{g}{p} f(t)\, dt,$$

et donnera

$$u = u_0 + \frac{g}{p}\int_0^t f(t) dt,$$

et par suite

$$e = u_0 t + \frac{g}{p}\int_0^t dt \int_0^t f(t)\, dt.$$

Si F est donnée en fonction de l'espace e, de manière qu'on ait $F = f(e)$, on multipliera le premier membre de l'équation (3) par u, et le second par son égal $\frac{de}{dt}$; il viendra

$$udu = \frac{g}{p}\ f(e)\, de,$$

et si u_0 est la vitesse correspondante à l'espace e_0, on aura, en intégrant,

$$u^2 = u_0^2 + \frac{2g}{p}\int_{e_0}^{e} f(e)\, de.$$

On en tire

$$u = \frac{de}{dt} = \sqrt{u_0^2 + \frac{2g}{p}\int_{e_0}^{e} f(e)\, de},$$

et par suite

$$dt = \frac{de}{\sqrt{u_0^2 + \frac{2g}{p}\int_{e_0}^{e} f(e)\, de}},$$

d'où

$$t = \int_{e_0}^{e} \frac{de}{\sqrt{u_0^2 + \frac{2g}{p}\int_{e_0}^{e} f(e)\, de}}$$

Si la force F est donnée en fonction de la vitesse u, de manière qu'on ait $F = f(u)$, l'équation (3) devient

$$\frac{du}{dt} = \frac{g}{p} f(u),$$

d'où l'on tire

$$dt = \frac{p}{g} \cdot \frac{du}{f(u)},$$

et si u_0 est la vitesse initiale, correspondante à $t = 0$, on trouve, en intégrant,

$$t = \frac{p}{g} \int_{u_0}^{u} \frac{du}{f(u)}.$$

Si l'on peut effectuer l'intégration, et dégager u de manière à obtenir $u = \psi(t)$, ou, ce qui revient au même $\frac{de}{dt} = \psi(t)$, on en déduira

$$e = \int_0^t \psi(t)\, dt.$$

12.— Second problème. *Le mouvement du corps étant connu, à priori, trouver la force à laquelle il est soumis à chaque instant.*

Puisque le mouvement est connu, l'espace e peut être regardé comme donné en fonction du temps, en sorte qu'on a $e = f(t)$. On en déduit, par la différentiation,

$$\frac{de}{dt} \text{ ou } u = f'(t) \quad \text{et} \quad \frac{du}{dt} \text{ ou } \varphi = f''(t),$$

et puisque l'accélération φ a pour expression $g \cdot \frac{F}{p}$, il vient

$$g \cdot \frac{F}{p} = f''(t) \quad \text{d'où} \quad F = \frac{p}{g} \cdot f''(t).$$

Ici, comme t est toujours un nombre de secondes, et que $f(t)$ exprime une longueur, puisqu'on a $f(t) = e$, les dérivées $f'(t)$ et $f''(t)$ exprimeront aussi des longueurs, et F sera un nombre de kilogrammes, ayant pour valeur le poids p multiplié par le rapport $\frac{f''(t)}{g}$ de deux longueurs, c'est-à-dire par un nombre abstrait.

Si le corps monte ou descend verticalement, son propre poids p sera déjà une force qui agit nécessairement sur lui ; de sorte que si l'on veut connaître la force F' qu'il faut ajouter à ce poids, ou en retrancher à chaque instant pour faire monter ou descendre le corps avec un mouvement donné, on aura pour déterminer cette force l'équation

$$p + F' = \frac{p}{g} f''(t) \quad \text{d'où} \quad F' = p\left[\frac{f''(t)}{g} - 1\right].$$

Ainsi, suivant que $f''(t)$ sera plus grand ou plus petit que g, la force F' sera positive ou négative ; c'est-à-dire qu'elle agira dans le sens de p ou en sens contraire.

Si, par exemple, un corps est posé sur un plan horizontal, et que celui-ci descende d'un mouvement uniforme, la pression que ce plan produira de bas en haut contre le corps, ou que ce corps produira de haut en bas sur le plan, sera égale à son propre poids, comme dans le cas où le plan sur lequel le corps repose serait entièrement immobile. En effet : puisque le corps est supposé descendre d'un mouvement uniforme, c'est-à-dire, de manière que l'espace croisse de quantités proportionnelles aux temps, l'équation de son mouvement est de la forme

$$e = e_0 + At,$$

c'est-à-dire que la fonction $f(t)$, devient dans ce cas $e_0 + At$. On a donc

$$f'(t) = A \quad \text{et} \quad f''(t) = 0.$$

Par suite la pression F' que le plan exerce sur le corps, devient $F' = -p$, celle que le corps exerce sur le plan est donc $+p$, c'est-à-dire égale au poids même du corps.

Du mouvement en ligne courbe.

13.— Nous avons supposé jusqu'ici que la force agissait dans la direction même de la vitesse du mobile, et c'est dans ce cas particulier que le mouvement est rectiligne. Nous allons examiner maintenant ce qui arrive quand la force agit à chaque instant dans une direction différente de celle de la vitesse, cas où le mouvement produit est curviligne. Mais il est nécessaire d'abord d'établir quelques notions nouvelles sur les vitesses et les forces.

Lorsqu'un point matériel est animé, dans l'espace, d'une vitesse $\frac{de}{dt}$ que nous désignerons par ω, et dont la direction fait avec trois axes coordonnés rectangulaires des angles α, β, γ, si l'on projette à chaque instant sur ces axes la position du mobile, on pourra regarder chaque projection comme un point en mouvement sur l'axe correspondant. La projection du mobile sur l'axe des x, par exemple, décrira sur cet axe pendant le temps infiniment petit dt un chemin infiniment petit dx, qui ne sera autre chose que la projection du chemin infiniment petit de réellement décrit dans l'espace par le point matériel lui-même; et la vitesse de la projection considérée aura pour valeur $\frac{dx}{dt}$, d'après ce qui a été dit plus haut (§ 3). Composition des vitesses

Les vitesses des projections du mobile sur les trois axes seront donc;

$$\frac{dx}{dt}, \quad \frac{dy}{dt}, \quad \frac{dz}{dt},$$

et comme on a

$$dx = de.\cos\alpha, \quad dy = de.\cos\beta, \quad dz = de.\cos\gamma,$$

on aura aussi

$$\frac{dx}{dt} = \frac{de}{dt}.\cos\alpha, \quad \frac{dy}{dt} = \frac{de}{dt}.\cos\beta, \quad \frac{dz}{dt} = \frac{de}{dt}.\cos\gamma;$$

ou, en représentant par u, v, w, les vitesses des projections,

$$u = \omega\cos\alpha, \quad v = \omega\cos\beta, \quad w = \omega\cos\gamma.$$

Ces projections, sur les trois axes, de la vitesse ω ou $\frac{de}{dt}$, se nomment aussi ses *composantes*, suivant ces axes; et, d'après la théorie des projections, on voit que la vitesse ω est la diagonale du parallélipipède rectangle construit sur ses trois composantes. Il en résulte que l'on a

$$\omega = \sqrt{u^2 + v^2 + w^2},$$

ou

$$\frac{de}{dt} = \sqrt{\left(\frac{dx}{dt}\right)^2 + \left(\frac{dy}{dt}\right)^2 + \left(\frac{dz}{dt}\right)^2}.$$

Supposons maintenant que, tandis que le point matériel se meut, par rapport aux axes coordonnés, avec une vitesse ω, qui fait des angles α, β, γ avec les axes, ceux-ci soient eux-mêmes animés d'un mouvement qui, sans changer leurs directions, transporte leur origine dans l'espace avec une vitesse U, faisant avec des axes fixes parallèles aux axes mobiles des angles que nous nommerons a, b, c. Le déplacement total du mobile dans le sens des x, par exemple, se composera évidemment de son déplacement dans ce sens par rapport à l'origine mobile, plus du déplacement de cette origine elle-même, dans ce même sens, par rapport aux axes fixes; on en pourra dire autant pour chacune des deux autres directions rectangulaires des y et des z; en sorte que la vitesse réelle et effective du mobile dans l'espace, aura pour composantes, suivant les trois axes fixes, les quantités

$$U\cos a + \omega\cos\alpha, \quad U\cos b + \omega\cos\beta, \quad U\cos c + \omega\cos\gamma.$$

Or, soient MA et MB (fig. 2), les espaces que parcourrait en une seconde le mobile M, s'il conservait pendant ce temps l'une ou l'autre des deux vitesses U et ω. Menons AB' égal et parallèle à MB et joignons MB'. L'expression

$$U\cos a + \omega\cos\alpha,$$

qui exprime la projection sur l'axe des x de la ligne brisée MAB' (§ 3), exprime aussi, d'après la théorie des projections, celle de MB' sur le même axe. Les expressions

$$U\cos b + \omega\cos\beta \quad \text{et} \quad U\cos c + \omega\cos\gamma,$$

expriment pareillement les projections de MB' sur les axes des y et des z. Cette droite MB' est donc celle que parcourrait le mobile en une seconde, s'il était soumis pendant ce temps aux vitesses simultanées U et ω; c'est-à-dire que si MA et MB représentent ces vitesses simultanées, MB' représente la vitesse réelle qui en résulte, ou la *résultante* des vitesses U et ω, que l'on nomme ses *composantes*.

On voit que pour obtenir cette résultante, il faut placer les deux composantes U et ω *bout à bout*, comme elles le sont en MA et AB', et joindre par une droite les extrémités de la ligne brisée. Cette résultante peut également être considérée comme la diagonale du parallélogramme construit sur les composantes U et ω, c'est-à-dire MA et MB.

Si le point mobile était animé de trois vitesses simultanées, on ferait voir de la même manière que la vitesse qui en résulte peut s'obtenir en plaçant ces vitesses MA, MB, MC, bout à bout dans leurs propres directions en MAB'C', de manière à former une ligne brisée, et en joignant par une droite MC' les extrémités de cette ligne brisée. Cette résultante MC' peut aussi être considérée comme la diagonale du parallélipipède oblique qui aurait pour arêtes les trois vitesses composantes MA, MB, MC.

Ce qu'on dit de trois vitesses simultanées pourrait se dire de quatre et d'un nombre quelconque, la résultante sera toujours la droite qui joindra les extrémités de la ligne brisée, formée en plaçant les vitesses composantes bout à bout.

14.— Cette relation entre les vitesses simultanées et la vitesse réelle, ou entre les vitesses composantes et leur résultante, existe aussi entre les forces, comme nous l'allons faire voir. Composition des forces.

Si l'on convient de représenter l'unité de force par une certaine unité linéaire, chaque force pourra être représentée par une longueur contenant autant d'unités linéaires que la force contient d'unités de force, ou de kilogrammes. Si de plus on porte cette longueur sur la direction même de la force, à partir de son point d'application, cette force se trouvera représentée par cette longueur en intensité et en direction.

Cela posé, lorsque plusieurs forces agissent à la fois sur un même point matériel, supposé d'abord immobile, on conçoit que ce point matériel ne puisse se mettre en mouvement que dans une direction unique, et que les choses se passent par conséquent comme s'il était soumis à l'action d'une force unique agissant dans cette direction. Un système de forces simultanées peut donc toujours être remplacé par une force unique, à laquelle on donne le nom de *résultante*; les forces simultanées qu'elle remplace sont appelées ses *composantes*. Nous avons à nous occuper des relations d'intensité et de direction qui existent entre les forces composantes et leur résultante

15.— Considérons d'abord le cas très-simple de deux forces égales P et P', appliquées à un même point m, et faisant entre elles un angle α, équivalant au tiers de quatre angles droits. Ces forces sont représentées en grandeur et en direction par les longueurs mP, mP' (fig. 3).

Si l'on conçoit une troisième force mP'' égale à chacune des deux premières et faisant avec chacune d'elles un angle égal à α, à cause de la symétrie de la figure, il est évident que le point matériel m ne pourra prendre aucun mouvement, et que par conséquent les deux forces P et P' détruisent l'effet de la force P''. Mais l'effet de la force P'' serait évidemment détruit aussi par une force P''' égale et opposée. Il en résulte que les deux forces P et P' peuvent être remplacées par la force unique P''', et que celle-ci est conséquemment leur résultante.

Cette force P''', étant dirigée suivant le prolongement de P'', divise l'angle α en deux parties, dont chacune vaut $\frac{2}{3}$ d'angle droit; et comme les lignes mP, mP', mP'', sont égales, les triangles PmP''', P'mP''' sont équilatéraux, et forment par leur réunion un losange PmP'P'''. On voit donc que la résultante mP''' des forces mP et mP' peut s'obtenir en plaçant celles-ci *bout à bout* dans leurs directions propres, suivant mP'P''', et en joignant les extrémités de cette ligne brisée par une droite mP'''. Cette résultante peut encore être considérée comme la diagonale du parallélogramme construit sur les composantes mP, mP'.

Nous allons démontrer que cette relation est générale, et que *la résultante de deux forces simultanées agissant sur un même point matériel est représentée en grandeur et en direction par la diagonale du parallélogramme construit sur les droites qui représentent ses composantes.*

Je dis d'abord que si cette proposition est démontrée pour deux forces égales P et P' faisant entre elles un angle quelconque α, elle subsistera pour deux autres forces égales quelconques Q et Q' faisant entre elles ce même angle, ce qui revient à démontrer que les résultantes de ces deux systèmes de forces égales seront proportionnelles à ces forces; car, quant à la direction de la résultante, elle se confond évidemment avec la bissectrice de l'angle α formé par les deux composantes, puisque celles-ci sont égales, et qu'il n'y a aucune raison pour qu'elle se rapproche plus de l'une d'elles que de l'autre.

Or, en supposant d'abord que les forces P et Q aient une commune mesure F, contenue un nombre p de fois dans la première, et un nombre q de fois dans la seconde, si l'on remplace chacune des forces P, P' du premier système par p

forces égales à F et de même direction que P ou P', les petites forces F, prises deux à deux, se composeront en une seule r, dirigée suivant la bissectrice de l'angle α; et la résultante totale de ces résultantes, laquelle se composera évidemment d'autant de fois r qu'il y a d'unités dans p, sera la résultante totale du système P, P'. On démontrerait de la même manière que la résultante du système Q, Q' se composera d'autant de fois r qu'il y a d'unités dans q : d'où il suit que les résultantes des deux systèmes P, P' et Q, Q' sont entre elles comme p est à q, et par conséquent comme P est à Q.

La proposition s'étendrait sans peine au cas de l'incommensurabilité.

On peut maintenant faire voir que si la proposition est vraie pour des forces égales P et P' (fig. 4) faisant entre elles un angle α, elle le sera pour deux forces égales P, P'' faisant un angle moitié moindre.

D'abord, la résultante des forces P et P'' sera dirigée suivant la bissectrice mQ de l'angle PmP'.

Concevons qu'il y ait suivant mP'' deux forces égales à P'' : leur résultante sera représentée par 2mP''; d'ailleurs la résultante des forces P et P' est représentée par 2mA: la résultante de ces quatre forces sera donc représentée par $2mP'' + 2mA$. Or, si du point B, où PP'' rencontre mQ, on abaisse BA' perpendiculaire sur mP'', on aura $mA + mP'' = 2mA'$; par conséquent, la résultante totale dont on vient de parler sera représentée par $4mA'$.

Mais cette résultante pourrait encore s'obtenir en cherchant la résultante Q de P et de P'', la résultante Q' de P' et de P'', puis la résultante de Q et de Q'. Or Q et Q' font le même angle que P et P'' ou que P' et P''; si donc mB' représente la moitié de la résultante de P et P'', et mB'' le quart de la résultante de Q et Q', on aura, en vertu de ce qui a été établi tout à l'heure

$$\frac{2mB'}{mP} = \frac{4mB''}{2mB'} \quad \text{ou} \quad \frac{mB'}{mP} = \frac{mB''}{mB'},$$

d'où il suit que les triangles B'mP et B''mB', qui ont l'angle en m égal, sont semblables. Mais mB'', qui représente le quart de la résultante totale, doit être égal à mA' qui représente aussi ce quart; ceci exige que le point B' se confonde avec le point B (les triangles B'mP et B''mB' sont alors remplacés par les triangles rectangles BmP, A'mB). La résultante des forces P et P'' doit donc être représentée par le double de mB, c'est-à-dire par la diagonale du parallélogramme construit sur mP et sur mP''.

La proposition étant établie pour des forces égales, faisant entre elles l'angle $\frac{\alpha}{2}$, s'étendrait de la même manière à des forces égales faisant entre elles les angles $\frac{\alpha}{4}$, $\frac{\alpha}{8}$,.... $\frac{\alpha}{2^n}$; l'angle auquel on s'arrête pouvant devenir aussi petit que l'on voudra

Nous allons démontrer maintenant que la proposition étant vraie pour les angles α, β et $\alpha+\beta$, le sera aussi pour l'angle $\alpha+2\beta$.

En effet, considérons le système des quatre forces égales P, P', P_1, P'_1, qui agissent sur le point m. Soient les angles $P'mP'_1=\alpha$, $PmP'=P_1mP'_1=\beta$; soient mQ et mQ_1 les bissectrices des angles PmP' et $P_1mP'_1$. On aura $QmQ_1=\alpha+\beta$ et $PmP_1=\alpha+2\beta$. Joignons PP' qui sera perpendiculaire en B sur mQ, joignons $P'P'_1$, menons-lui la perpendiculaire mP''', et des points P et B abaissons sur mP''' les perpendiculaires PA et BA'.

La résultante des forces égales P' et P'_1, qui font l'angle α, sera $2mP'''$; celle des forces égales P et P', ou P_1 et P'_1, qui font l'angle β, sera $2mB$. Appelons Q et Q_1 ces deux dernières résultantes. La résultante de Q et Q_1, qui font l'angle $\alpha+\beta$, sera $4mA'$; or, cette dernière, devant être la résultante totale, est égale à la résultante du système P', P'_1, plus à celle du système P, P_1: d'où il suit que la résultante de P, P_1, qui font l'angle $\alpha+2\beta$, équivaut à $4mA'-2mP'''$, c'est-à-dire à mA, puisque la somme $mA+mP'''$ équivaut à $2mA'$.

D'après cela, la proposition étant vraie pour les angles o, $\frac{\alpha}{2^n}$, $\frac{2\alpha}{2^n}$, sera vraie pour l'angle $\frac{3\alpha}{2^n}$, puis pour l'angle $\frac{4\alpha}{2^n}$, pour l'angle $\frac{5\alpha}{2^n}$, et en général pour l'angle $\frac{m\alpha}{2^n}$. Or, ce dernier peut approcher autant qu'on le voudra d'un angle donné, quel qu'il soit; car la fraction $\frac{m\alpha}{2^n}$ augmentant de $\frac{\alpha}{2^n}$, c'est-à-dire d'une quantité aussi petite qu'on voudra, quand m augmente d'une unité, peut croître de o à l'infini par degrés aussi petits qu'on voudra, c'est-à-dire d'une manière continue.

On peut actuellement montrer que la proposition qui nous occupe est vraie pour deux forces inégales quelconques P et P' (fig. 5), faisant entre elles un angle droit.

Tirons, en effet, les deux diagonales du rectangle construit sur mP et mP'; du point B, milieu de ces diagonales, abaissons sur mP la perpendiculaire BA, et sur mP' la perpendiculaire BA'; par le point m menons une parallèle à PP', et prenons sur cette parallèle $mB' = mB'' = mB$. On voit facilement que mP serait la diagonale du losange inachevé $mBPB''$, et que, par conséquent, la force représentée par mP peut être considérée comme la résultante de deux forces égales représentées par mB et par mB''. De même la force mP' peut être regardée comme la résultante de mB et de mB'. Les deux forces mP et mP' peuvent donc être remplacées par quatre forces, savoir : 1° les forces mB' et mB'', qui étant égales et opposées sont sans effet et peuvent être supprimées ; 2° deux forces représentées chacune par mB, et qui équivalent par conséquent à une force unique représentée par mQ, c'est-à-dire par la diagonale du rectangle construit sur mP et sur mP'.

Enfin, on peut passer au cas de deux forces inégales, faisant entre elles un angle quelconque. Soient mP et mP' (fig. 6) les droites qui représentent ces deux forces; construisons le parallélogramme $mPQP'$; menons BMB' perpendiculaire à la diagonale mQ; des points P et P', abaissons sur MQ les perpendiculaires PA, P'A', et menons à cette diagonale les parallèles PB, P'B'. En vertu de ce qu'on vient d'établir, on pourra regarder mP comme la résultante des forces rectangulaires mA et mB; on pourra regarder de même mP' comme la résultante de mA' et mB'. Or les forces mB et mB' étant égales et opposées peuvent être supprimées, et il ne reste que les forces mA et mA', qui donnent une force unique égale à leur somme, c'est-à-dire à la diagonale mQ du parallélogramme construit sur mP et mP' : car $mA' = AQ$.

Ainsi, en général, la résultante de deux forces quelconques agissant au même point, et représentées en intensité et en direction par des droites, est représentée elle-même par la diagonale du parallélogramme construit sur ces droites. En d'autres termes, on obtient cette résultante en plaçant *bout à bout*, chacune dans sa direction propre, les droites qui représentent les deux forces, et en joignant par une troisième droite les extrémités de la ligne brisée ainsi tracée.

Si l'on avait à composer en une seule trois forces appliquées en un même point, on composerait les deux premières par la règle précédente, et l'on composerait ensuite la résultante des deux premières avec la troisième. On opérerait d'une manière analogue quel que fût le nombre des forces simultanées qui agissent sur le point matériel considéré; et l'on reconnaît sans peine que la construction se réduit à placer *bout à bout*, chacune dans sa direction propre, les droites qui représentent les différentes forces, et à joindre par une ligne droite les extrémités de la ligne brisée ainsi obtenue : cette dernière ligne représente leur résultante en grandeur et en direction.

16.— On conclut de cette règle, et de la théorie connue des projections, que la projection sur un axe quelconque de la résultante de tant de forces qu'on voudra, est la somme des projections de ses composantes sur le même axe, en regardant comme négatives les projections des forces qui font un angle obtus avec le sens du côté duquel tombe la projection de la résultante; et qu'on prend ainsi pour le côté des projections positives.

On conclut encore, comme application de la composition des forces, qu'une force peut être remplacée par trois autres, dirigées suivant trois axes rectangulaires entre eux, et égales aux projections de la force primitive sur ces trois axes. Cette décomposition d'une force en trois autres est d'un usage fréquent en Mécanique.

On a souvent besoin de décomposer une force donnée en trois autres, dont l'une soit dirigée suivant une droite donnée. Cette décomposition peut se faire d'une infinité de manières, si les angles des composantes entre elles restent arbitraires; mais il n'y a plus qu'une seule solution, si les trois composantes doivent être rectangulaires. C'est pour cette raison qu'on désigne ordinairement en Mécanique par la dénomination absolue de *composante* d'une force Q suivant une droite mP, la force qui, composée avec deux autres forces rectangulaires entre elles et sur la première, donnerait pour résultante la force Q. Cette composante n'est autre chose que la projection sur l'axe mP de la droite qui représente la force Q.

On décompose souvent aussi une force donnée en deux autres seulement, l'une dirigée suivant une droite mP, l'autre perpendiculaire à cette droite; il est entendu que, dans ce cas, la force donnée et ses deux composantes sont dans un même plan.

Enfin, les principes de la composition des forces ont été établis dans la supposition que le point matériel auquel ces forces sont appliquées n'était animé d'aucune vitesse. Mais si ce point matériel était en mouvement, les principes démontrés subsisteraient encore; car, c'est une vérité expérimentale que les forces agissent sur un corps en mouvement comme elles agiraient sur un corps en repos: les lois de la composition et de la décomposition des forces sont donc les mêmes dans les deux cas.

Équations du mouvement curviligne.

17.— Lorsqu'un point matériel est en mouvement, et que sa vitesse vient à changer de valeur sans changer de direction, nous avons vu qu'en vertu de l'inertie de la matière, ce changement ne pouvait avoir lieu sans l'intervention d'une force dirigée suivant la droite même parcourue par le mobile. Si la vitesse vient à changer de direction, qu'elle change ou non de valeur, on peut affirmer de même que ce changement est dû à une force, et que cette force agit dans une direction différente de celle de la vitesse initiale du mobile.

Pour découvrir la relation qui existe entre cette force et le mouvement, nécessairement curviligne, qu'elle produit, nous aurons de nouveau recours à ce principe déduit de l'expérience : que l'action d'une force sur un corps animé d'une vitesse est la même que sur ce corps en repos ; c'est-à-dire que, pour un observateur qui serait animé lui-même de la vitesse que possède le corps à l'instant où la force agit, ce corps paraîtrait obéir à l'action de la force, comme lorsqu'il part du repos.

Cela posé, concevons des axes rectangulaires de direction constante, mais dont l'origine soit animée d'une vitesse égale et parallèle à celle que possède le corps à l'instant où la force agit ; désignons par α, β, γ, les angles que fait la force F avec ces axes. Cette force, dans un intervalle de temps infiniment petit dt, pourra être regardée comme constante ; il en sera donc de même de ses composantes

$$F\cos\alpha,\quad F\cos\beta,\quad F\cos\gamma:$$

par conséquent les composantes de la vitesse apparente ou relative communiquée au mobile dans le temps dt auront pour expression (§ 10) :

$$g\frac{F\cos\alpha}{p}dt,\quad g\frac{F\cos\beta}{p}dt,\quad g\frac{F\cos\gamma}{p}dt.$$

Or, en vertu du principe que nous venons d'invoquer, la vitesse que produirait la force F, si le point matériel sur lequel elle agit était en repos, coexiste avec celle dont ce point matériel est déjà animé : en sorte que leurs composantes s'ajoutent (§ 13) ; et comme celles que nous venons d'écrire se rapportent au temps infiniment petit dt, elles sont les différentielles des autres par rapport au temps t. Si donc on désigne par u, v, w, les composantes suivant les axes de la vitesse possédée par le mobile à l'instant où la force agit, on aura

$$\text{(A)}\qquad du = g.\frac{F\cos\alpha}{p}dt,\quad dv = g.\frac{F\cos\beta}{p}dt,\quad dw = g.\frac{F\cos\gamma}{p}dt,$$

ou

$$\frac{du}{dt} = g\frac{F\cos\alpha}{p},\quad \frac{dv}{dt} = g\frac{F\cos\beta}{p},\quad \frac{dw}{dt} = g\frac{F\cos\gamma}{p}.$$

Si l'on compare ces équations à celle du n° 10, on pourra les traduire en disant : que la projection de l'accélération de vitesse dans le sens de chaque axe, pendant le temps infiniment petit dt, peut être regardée comme celle que prendrait le mobile, déjà animé suivant cet axe de la vitesse composante de celle qu'il possède dans l'espace, s'il venait à être soumis pendant le temps dt à l'action de la composante de la force F suivant cet axe.

Les équations (A) renferment toutes les lois du mouvement d'un point matériel soumis à une force qui n'agit pas dans la direction de la vitesse possédée par ce mobile, c'est-à-dire toutes les lois du mouvement curviligne d'un point matériel.

Mouvement des corps pesants dans le vide

18.— Nous donnerons un exemple de l'usage de ces équations en cherchant à déterminer le mouvement des corps soumis, dans le vide, à la seule action de la pesanteur.

Prenons l'axe des z vertical, et comptons les z de bas en haut. En remarquant que $F = p$, on voit que les équations (A) deviennent

$$\frac{du}{dt} = 0, \quad \frac{dv}{dt} = 0, \quad \frac{dw}{dt} = -g.$$

On en tire par l'intégration, en désignant par u_0, v_0, w_0, les composantes de la vitesse initiale

$$u = u_0, \quad v = v_0, \quad w = w_0 - gt,$$

ou

$$\frac{dx}{dt} = u_0, \quad \frac{dy}{dt} = v_0, \quad \frac{dz}{dt} = w_0 - gt.$$

Si l'on prend pour origine des coordonnées fixes x, y, z, la position initiale du mobile, c'est-à-dire celle qui correspond à $t = 0$, ou à l'instant où l'on commence à compter le temps t, on trouve, en intégrant de nouveau,

$$x = u_0 t, \quad y = v_0 t, \quad z = w_0 t - g\frac{t^2}{2}.$$

En éliminant t entre ces trois équations, on obtient

$$y = \frac{v_0}{u_0} x; \quad z = \frac{w_0}{u_0} x - \frac{g}{2u_0^2} x^2.$$

La première de ces équations est celle d'un plan vertical dans lequel le mouvement s'exécute ; si l'on prend ce plan pour celui des z, x, ce qui revient à faire $v_0 = 0$, la seconde équation est celle de la courbe décrite dans ce plan par le mobile, courbe que l'on nomme en général sa *trajectoire*, et qui, dans l'exemple présent, est, comme on peut le voir, une parabole dont l'axe est vertical.

Le maximum de z est $\frac{w_0^2}{2g}$, il correspond à $x = \frac{u_0 w_0}{g}$. Ces coordonnées sont précisément celles du sommet de la parabole. On reconnaît que la plus grande hauteur à laquelle le mobile s'élève est précisément celle à laquelle il parviendrait s'il était lancé verticalement de bas en haut, avec la vitesse initiale w_0.

La courbe, qui passe par l'origine, coupe l'axe des x en un second point dont l'abscisse est $\frac{2u_0 w_0}{g}$, c'est-à-dire le double de l'abscisse du sommet. Cette abscisse $\frac{2u_0 w_0}{g}$ est ce qu'on nomme l'*amplitude du jet*.

Si l'on appelle α l'angle que fait avec l'axe des x la vitesse initiale du mobile, et que V_0 soit cette vitesse initiale, on aura $u_0 = V_0 \cos\alpha$ et $w_0 = V_0 \sin\alpha$; d'où il résulte que l'amplitude du jet est exprimée par $\frac{2V_0 \sin\alpha \cos\alpha}{g}$ ou par $\frac{V_0 \sin 2\alpha}{g}$. Le maximum de cette amplitude lorsqu'on ne fait varier que l'angle α sans changer la vitesse initiale V_0, correspond donc à $2\alpha = 90°$ ou à $\alpha = 45°$.

Expressions de la composante tangentielle et de la composante normale de la force motrice.

19.— Si, à un instant quelconque, on décompose la force F qui modifie le mouvement du corps en deux autres forces, l'une dirigée dans le sens de la vitesse, c'est-à-dire tangente à la trajectoire, et l'autre perpendiculaire, c'est-à-dire située dans le plan normal à cette courbe, on obtient deux composantes qui ont des relations très-simples avec les *éléments du mouvement* du corps, c'est-à-dire avec son poids, et les quantités qui expriment la grandeur et la direction de sa vitesse.

Pour arriver à ces relations, reprenons les équations (A) du n° 17, en les multipliant par $\frac{p}{g}$, afin qu'elles expriment des égalités, non plus entre des longueurs mesurant des accroissements de vitesse, mais entre des forces mesurées en kilogrammes. Nous aurons

$$\frac{p}{g}\frac{du}{dt} = F\cos\alpha, \quad \frac{p}{g}\frac{dv}{dt} = F\cos\beta, \quad \frac{p}{g}\frac{dw}{dt} = F\cos\gamma.$$

Désignons par ω la vitesse du mobile, et par ds le petit arc décrit pendant l'instant infiniment petit dt. On a

$$\omega = \frac{ds}{dt},$$

et, en même temps

$$u = \frac{dx}{ds}\,\omega, \quad v = \frac{dy}{ds}\,\omega, \quad w = \frac{dz}{ds}\,\omega.$$

puisque $\frac{dx}{ds}$, $\frac{dy}{ds}$, $\frac{dz}{ds}$ sont les cosinus des angles que fait la direction de l'élément ds avec les axes, ou de la vitesse ω avec ces mêmes axes, ce qui revient au même.

Substituant ces valeurs dans les équations ci-dessus, et développant les expressions de du, dv, dw, par les règles du calcul différentiel, on trouve

$$\frac{p}{g}\frac{dx}{ds}\frac{d\omega}{dt} + \frac{p}{g}\frac{d\left(\frac{dx}{ds}\right)}{dt}\,\omega = \mathrm{F}\cos\alpha,$$

$$\frac{p}{g}\frac{dy}{ds}\frac{d\omega}{dt} + \frac{p}{g}\frac{d\left(\frac{dy}{ds}\right)}{dt}\,\omega = \mathrm{F}\cos\beta,$$

$$\frac{p}{g}\frac{dz}{ds}\frac{d\omega}{dt} + \frac{p}{g}\frac{d\left(\frac{dz}{ds}\right)}{dt}\,\omega = \mathrm{F}\cos\gamma,$$

ou bien, en éliminant le dt des seconds termes en vertu de la relation $\omega = \frac{ds}{dt}$.

$$\frac{p}{g}\frac{dx}{ds}\frac{d\omega}{dt} + \frac{p}{g}\frac{d\left(\frac{dx}{ds}\right)}{ds}\,\omega^2 = \mathrm{F}\cos\alpha,$$

$$\frac{p}{g}\frac{dy}{ds}\frac{d\omega}{dt} + \frac{p}{g}\frac{d\left(\frac{dy}{ds}\right)}{ds}\,\omega^2 = \mathrm{F}\cos\beta,$$

$$\frac{p}{g}\frac{dz}{ds}\frac{d\omega}{dt} + \frac{p}{g}\frac{d\left(\frac{dz}{ds}\right)}{ds}\,\omega^2 = \mathrm{F}\cos\gamma.$$

Soient a, b, c, les angles que fait avec les axes la vitesse ω, ou l'élément ds, ou encore la tangente à la trajectoire: nous aurons

$$\frac{dx}{ds} = \cos a, \quad \frac{dy}{ds} = \cos b, \quad \frac{dz}{ds} = \cos c.$$

Concevons maintenant qu'une droite passant par l'origine des coordonnées, tourne autour de cette origine en restant constamment parallèle à la vitesse du mobile, ou à la tangente à la courbe décrite; un point situé sur cette droite à une distance r de l'origine, aurait pour coordonnées $r\cos a$, $r\cos b$, $r\cos c$; si on le suppose situé à une distance de l'origine égale à l'unité, il aura pour coordonnées $\cos a$, $\cos b$, $\cos c$, ou $\frac{dx}{ds}$, $\frac{dy}{ds}$, $\frac{dz}{ds}$.

Ce point géométrique décrira dans le temps infiniment petit dt, un petit arc que nous appellerons $d\psi$. Ce petit arc, et les deux positions consécutives de la droite parallèle à la tangente, détermineront un plan parallèle à celui qui contient les deux tangentes consécutives à la courbe décrite par le mobile, et que l'on nomme *plan osculateur*. L'arc $d\psi$ peut être en outre considéré comme perpendiculaire aux droites que nous avons supposées menées par l'origine parallèlement aux deux tangentes consécutives.

Les projections de l'arc $d\psi$ sur les axes n'étant autre chose que les accroissements infiniment petits des coordonnées $\cos a$, $\cos b$, $\cos c$, du point qui décrit cet arc, auront évidemment pour expressions

$$d.(\cos a), \quad d.(\cos b), \quad d.(\cos c),$$

ou

$$d.\left(\frac{dx}{ds}\right), \quad d.\left(\frac{dy}{ds}\right), \quad d.\left(\frac{dz}{ds}\right).$$

Ainsi, en désignant par l, m, n, les angles que fait avec les axes cet arc $d\psi$, c'est-à-dire la normale à la courbe dans le plan osculateur; et en le regardant comme dirigé de la première tangente vers la seconde, c'est-à-dire vers la (*)

(*) Si MT et TM' sont les deux tangentes consécutives, Om et Om' leurs parallèles menées par l'origine, et mm' l'arc $d\psi$; la direction de cet arc devra toujours être comptée de la première tangente vers la seconde, ou plutôt de la première parallèle Om vers la seconde Om', c'est-à-dire de m vers m', ou du côté de la concavité de la courbe, comme l'indiquent les deux figures 7 et 8.

concavité de la courbe, on aura

$$d.\left(\frac{dx}{ds}\right) = \cos l.d\psi,\quad d.\left(\frac{dy}{ds}\right) = \cos m.d\psi,\quad d.\left(\frac{dz}{ds}\right) = \cos n.d\psi.$$

Substituant ces valeurs dans les équations précédentes, et remplaçant dans les premiers termes les rapports $\frac{dx}{ds}$, $\frac{dy}{ds}$, $\frac{dz}{ds}$, par cos a, cos b, cos c, il viendra

$$\frac{p}{g}\frac{d\omega}{dt}.\cos a + \frac{p\omega^2}{g}\frac{d\psi}{ds}.\cos l = \text{F}\cos\alpha,$$
$$\frac{p}{g}\frac{d\omega}{dt}.\cos b + \frac{p\omega^2}{g}\frac{d\psi}{ds}\cos m = \text{F}\cos\beta,$$
$$\frac{p}{g}\frac{d\omega}{dt}.\cos c + \frac{p\omega^2}{g}\frac{d\psi}{ds}\cos n = \text{F}\cos\gamma,$$

et si l'on conçoit deux forces P et Q ayant respectivement pour mesure $\frac{p}{g}.\frac{d\omega}{dt}$ et $\frac{p\omega^2}{g}.\frac{d\psi}{ds}$, ces équations prendront la forme

$$\text{P}\cos a + \text{Q}\cos l = \text{F}\cos\alpha,$$
$$\text{P}\cos b + \text{Q}\cos m = \text{F}\cos\beta,$$
$$\text{P}\cos c + \text{Q}\cos n = \text{F}\cos\gamma.$$

Il résulte évidemment de ces équations que la force F qui produit le mouvement du corps, ou point matériel, peut être considérée comme la résultante (§ 16) des deux forces P et Q, dont l'une P, fait avec les axes les angles a, b, c, et se trouve par conséquent dirigée suivant la tangente à la trajectoire, et agit de plus dans le sens de l'accroissement $d\omega$ de la vitesse; et dont l'autre Q, fait avec les axes les angles l, m, n, et se trouve par conséquent dirigée, d'après ce qui a été dit plus haut, suivant la normale à la trajectoire, menée dans le plan osculateur, et du côté de la concavité de la courbe.

La première de ces forces est la *composante tangentielle* de la force motrice, la seconde est sa *composante normale*. On peut toujours concevoir le mouvement du point matériel comme dû à l'action simultanée de ces deux forces.

La quantité $\frac{d\psi}{ds}$, qui entre dans l'expression de la composante normale, se nomme *la courbure*. (On démontre facilement (*) que, ρ étant le rayon de courbure, on a $\frac{d\psi}{ds} = \frac{1}{\rho}$). Ainsi on peut dire que la composante normale de la force motrice est telle que, si elle agissait pendant une seconde sur le mobile sans changer de direction ni d'intensité, elle lui imprimerait un accroissement de vitesse égal au produit du carré de la vitesse ω par la courbure $\frac{d\psi}{ds}$, ou au carré de la vitesse divisé par le rayon de courbure.

Le poids p du corps étant mesuré en kilogrammes, et ω, g, ρ étant des longueurs rapportées à une même unité qui est le mètre, on voit que $p.\frac{\omega^2}{g\rho}$ exprimera en kilogrammes la valeur de la composante normale de la force motrice.

Quant à la force tangentielle, on voit que si elle agissait pendant une seconde sur le mobile sans changer d'intensité ni de direction, elle lui imprimerait un accroissement de vitesse égale à $\frac{d\omega}{dt}$. Ainsi elle modifie la grandeur de la vitesse, comme si le mouvement était rectiligne (§ 10).

20.— On peut parvenir d'une autre manière aux expressions des composantes P et Q, tangentielle et normale, de la force motrice.

On a vu (§ 17) que l'effet d'une force sur un corps en mouvement est le même que sur ce corps en repos. A ce principe on peut ajouter que si un corps est en mouvement sous l'action de plusieurs forces, chacune agit indépendamment des autres, et imprime au mobile, dans sa propre direction, le même accroissement de vitesse que si elle agissait seule. De ce principe, et de la règle donnée pour la composition des forces (§ 14), il est facile de déduire que si deux forces P et Q agissent sur un point matériel en mouvement,

---

(*) Soient (fig. 9) $MM' = ds$, $mm' = d\psi$; soient MC et M'C deux normales consécutives; Om et Om' leurs perpendiculaires, parallèles aux tangentes, menées par l'origine; MC égale sensiblement M'C, en sorte que les deux arcs ds et $d\psi$ peuvent être considérés comme deux arcs de cercle semblables; et l'on a MM' : mm' :: MC : Om.

Or MC est le rayon de courbure ρ, et Om est l'unité; on a donc

$$ds : d\psi :: \rho : 1 \quad \text{d'où} \quad \frac{d\psi}{ds} = \frac{1}{\rho}.$$

pendant un temps dt assez petit pour que chacune d'elles puisse être considérée comme constante, chacune lui imprimera dans sa direction propre un accroissement de vitesse proportionnel à la durée dt de son action, et à sa propre intensité (§ 16); et que le déplacement effectif du point matériel au bout du temps dt sera le troisième côté d'un triangle dont les deux premiers côtés sont les déplacements qu'aurait subis ce point matériel dans la direction de chacune des forces P et Q, si elle eût agi seule pendant le même temps.

D'après cela, la force tangentielle P ne changeant qu'infiniment peu de direction dans l'intervalle de temps dt, elle agira comme dans ce mouvement rectiligne, et produira un accroissement de vitesse $d\omega$, dans la direction de cette vitesse, qui satisfera à la relation

$$\frac{p}{g} \cdot \frac{d\omega}{dt} = \mathrm{P}.$$

La composante normale Q pouvant aussi être regardée comme constante de direction et d'intensité pendant l'intervalle de temps dt, et le mobile n'ayant aucune vitesse initiale dans cette direction, puisqu'elle est normale à la trajectoire, le déplacement $d\varepsilon$ subi par le mobile dans le sens de la force Q sera donné par la relation (§ 11),

$$d\varepsilon = g . \frac{\mathrm{Q}}{p} . \frac{dt^2}{2}.$$

Mais l'arc ds, considéré comme confondu avec sa corde, étant une moyenne proportionnelle entre le diamètre 2ρ du cercle osculateur et le segment $d\varepsilon$ de ce diamètre, on a

$$ds^2 = 2\rho . d\varepsilon.$$

Éliminant $d\varepsilon$ entre ces deux équations, on obtient

$$\frac{ds^2}{2\rho} = g \frac{\mathrm{Q}}{p} \frac{dt^2}{2},$$

d'où

$$\mathrm{Q} = \frac{p}{g} \frac{\left(\frac{ds}{dt}\right)^2}{\rho} = \frac{p}{g} \frac{\omega^2}{\rho},$$

valeur qui est la même que celle à laquelle nous étions parvenus précédemment.

On met quelquefois l'expression de la composante normale sous une autre forme, en y conservant l'arc $d\psi$, ou, si l'on veut, l'angle des deux tangentes consécutives. Pour cela, des relations

$$\frac{d\psi}{ds} = \frac{1}{\rho}, \quad \omega = \frac{ds}{dt}, \quad Q = \frac{p}{g}\frac{\omega^2}{\rho},$$

on tire sans peine

$$Q = \frac{p}{g} \cdot \omega \frac{d\psi}{dt}.$$

Si l'on conçoit, comme au n° 19, une droite menée par un point fixe, et tournant autour de ce point fixe de manière à être constamment parallèle à la vitesse ω, c'est-à-dire à la tangente à la courbe décrite par le mobile; et que sur cette droite on considère le point situé à l'unité de distance du point fixe, il décrira dans le temps dt, un petit arc de courbe $d\psi$; et sa vitesse, par conséquent, aura pour expression $\frac{d\psi}{dt}$. On peut appeler cette quantité la *vitesse de rotation*, ou la *vitesse angulaire* de la tangente (ou de la vitesse ω). A l'aide de cette quantité, la force normale Q peut s'exprimer assez facilement : cette force est telle que si elle agissait seule pendant une seconde sur le mobile, en demeurant constante de direction et d'intensité, elle lui imprimerait une accélération mesurée par le produit de la vitesse ω et de la vitesse angulaire de celle-ci

En même temps que les composantes rectangulaires qui ont pour expressions $\frac{p}{g}\frac{d\omega}{dt}$ et $\frac{p}{g}\frac{\omega^2}{\rho}$, prennent les dénominations de *force tangentielle* et de *force normale*; la force F, qui est leur résultante et doit être toujours la résultante de toutes les forces de quelque nature qu'elles soient qui agissent sur le point matériel mobile, prendra la dénomination de *force totale*.

21.— Nous n'insisterons pas ici sur les applications des formules précédentes à la recherche du mouvement d'un corps soumis à une force connue, ce problème ayant peu d'applications dans la mécanique industrielle qui fait l'objet spécial de cet ouvrage. Nous nous occuperons seulement du problème qui consiste à rechercher le mouvement que prend un point matériel, contraint de glisser

Mouvement d'un point matériel assujetti à rester sur une courbe sur une courbe donnée, et surtout à déterminer la pression qu'il produit contre cette courbe.

Nous invoquerons pour cela un nouveau principe déduit de l'expérience, et relatif à l'action mutuelle de deux corps en contact. Ce principe, qu'on énonce sommairement en disant qu'il y a égalité constante entre l'*action* et la *réaction*, consiste en ce que si l'un des deux corps en contact exerce sur le second une pression ou force F dans une certaine direction, le second exerce à son tour sur le premier une pression ou force précisément égale à F, et directement opposée.

On peut dire que ce principe est la base de la Mécanique des machines. Dès qu'on cesse de s'en tenir au mouvement d'un corps isolé, et qu'on veut étudier celui de deux ou plusieurs corps en contact, on est obligé d'y avoir constamment recours. Indépendamment de ce qu'il peut être vérifié directement par l'expérience, on peut dire qu'il l'est aussi bien d'une manière indirecte, par l'accord qu'on remarque entre les effets observés et les lois déduites des théories qui se fondent sur ce principe.

Nous allons voir comment il conduit à déterminer la pression exercée sur une courbe par un point matériel assujetti à s'y mouvoir.

Soit F la force qui agit à chaque instant sur ce point matériel. Cette force n'étant pas en général dirigée dans le sens de la tangente à la courbe que doit suivre le mobile, tendrait, si elle agissait seule, à lui faire décrire une autre trajectoire. Mais la pression que la courbe donnée exerce sur le mobile est une seconde force qui, se composant avec la précédente, donne lieu à une résultante R, à laquelle est réellement dû le mouvement. On remplace ainsi l'effet de la courbe par une force qui se combine avec celle qui agit, et produit cette résultante R. Cette force R doit donc être telle que sa composante normale soit exprimée par

$$\frac{p}{g} \cdot \frac{\omega^2}{\rho},$$

ω étant la vitesse du mobile sur la courbe donnée, et ρ le rayon de courbure de cette courbe.

Considérons d'abord le cas où la courbe donnée est plane et où la force F agit dans le plan de cette courbe. La résistance que la courbe exerce sur le mobile est d'autant plus près d'être dirigée suivant la normale, qu'il y a moins de frottement; nous admettrons, dans ces considérations rationnelles, que le frottement soit nul, ou en d'autres termes que l'action de la courbe sur le mobile soit exactement dirigée suivant la normale. Nous désignerons cette force par N, elle sera dans le plan de la courbe comme l'action de la courbe sur le point; celle du point sur la courbe, ou ce que l'on appelle la pression sur la courbe sera une force égale et opposée à N. La composante normale de la force totale R, se composera de la force N plus de la composante normale de F; en sorte que N sera la différence entre la composante normale de R ou $\frac{p}{g} \cdot \frac{\omega^2}{\rho}$, et celle de F.

Si au lieu de la force N qui agit sur ce point, on considère la force égale et opposée N, qui est la pression sur la courbe, et si en même temps on appelle *force centrifuge* la force opposée à la composante normale de R qui a pour valeur $\frac{p\omega^2}{g\rho}$, et se trouve dirigée du côté de la convexité de la courbe, on verra alors que la pression N est la somme de la composante normale de F et de la force centrifuge. Cette somme algébrique pouvant d'ailleurs être une véritable différence, s'il arrivait que la composante normale de la force motrice fût dirigée en sens contraire de la force centrifuge.

Si la courbe donnée est à double courbure, et que la force F agisse d'une manière quelconque, la résistance N, d'après sa nature, ne peut agir que dans le plan normal; s'il n'y a pas de frottement, le point mobile recevra donc l'action de deux forces, l'une N et l'autre F. La résultante de ces deux forces est ce que nous désignons par R. Cette force a pour composante normale à la courbe une force dont l'expression est toujours $\frac{p\omega}{g\rho}$, ρ étant le rayon de courbure de la courbe. Ainsi, d'après la théorie de la composition des forces, il faudra que dans le plan normal la force $\frac{p\omega^2}{g\rho}$, composante de R, soit la résultante de la force N et de la composante de F dans ce plan; si maintenant on considère comme précédemment, au lieu de la composante de R, son opposée ou ce qu'on appelle la force centrifuge, et au lieu de la force N son opposée ou la pression que reçoit la courbe, on verra que cette pression est la résultante de la composante normale de F et de la force centrifuge.

La pression N a en outre une composante tangentielle, dans le cas du frottement, ainsi qu'on le verra par la suite; mais cette composante tangentielle est alors une fraction déterminée de la résultante des deux autres composantes;

en sorte qu'en la combinant avec la composante tangentielle de F, on en déduira comme tout à l'heure la composante tangentielle de R, et par suite la nature du mouvement sur la courbe.

22.— Dans les applications aux machines, on n'a guère à considérer le mouvement sur une autre courbe que le cercle. Concevons donc un corps tournant autour d'un axe, auquel on le supposera lié par une tige ou tout autre corps rigide, et demandons-nous quel effort cette tige ou ce lien aura à supporter pendant le mouvement.

Pour mieux fixer les idées, supposons que l'axe autour duquel le corps tourne soit horizontal, et qu'ainsi le cercle décrit soit situé dans un plan vertical. Désignons le rayon de ce cercle par ρ. L'effort que le lien aura à supporter sera précisément ce que nous avons nommé précédemment la pression exercée ou supportée par la courbe ; il sera donc la résultante de la force centrifuge $\frac{p\omega^2}{g\rho}$, et de la composante normale du poids p du corps. Ainsi, en désignant par α l'angle aigu que fait l'élément du cercle avec la verticale, la pression, quand le corps sera dans le demi-cercle inférieur, sera

$$\frac{p}{g}\cdot\frac{\omega^2}{\rho}+p\sin\alpha \quad \text{ou} \quad p\left(\frac{\omega^2}{g\rho}+\sin\alpha\right),$$

et quand le corps sera dans le demi-cercle supérieur,

$$\frac{p}{g}\cdot\frac{\omega^2}{\rho}-p\sin\alpha \quad \text{ou} \quad p\left(\frac{\omega^2}{g\rho}-\sin\alpha\right).$$

Lorsque le corps passe au point le plus bas ou au point le plus haut du cercle, on a $\sin\alpha = 1$; ces pressions deviennent alors

$$p\left(\frac{\omega^2}{g\rho}+1\right) \quad \text{et} \quad p\left(\frac{\omega^2}{g\rho}-1\right).$$

Si la dernière expression est négative, cela voudra dire que le lien, au lieu d'être tiré dans le sens de la force centrifuge, sera au contraire comprimé vers l'axe.

(Ces pressions sont exprimées en kilogrammes comme le poids p).

Si le corps avait acquis la vitesse ω en descendant depuis *le milieu de la hauteur du cercle* jusqu'au point le plus bas, c'est-à-dire en descendant de la hauteur ρ, et qu'on voulût la tension du lien qui l'attache à l'arc, à l'instant où il arrive au point le plus bas, il suffirait de prendre (§ 11)

$$\frac{\omega^2}{2g} = p,$$

ce qui donne pour cette tension

$$3p.$$

La partie de cette tension qui est due à la seule force centrifuge est $2p$; on y ajoute le poids p, ce qui fait le total $3p$.

Principe de la transmission du travail dans le mouvement d'un point matériel.

23.— Supposons un point matériel soumis à un nombre quelconque de forces agissant dans différentes directions. Si F est la résultante de ces forces à un instant quelconque du mouvement, p le poids du point matériel, ω sa vitesse, et δ l'angle que fait la direction de cette vitesse avec celle de la résultante F ; on aura entre cette même vitesse et la composante tangentielle de la force F, en vertu de ce qui a été établi aux n°s 19 et 20, la relation

$$F \cos \delta = \frac{p}{g} \cdot \frac{d\omega}{dt}.$$

Cette équation ayant lieu pour les signes comme pour les valeurs numériques, parce que si δ est obtus, et par conséquent $\cos\delta$ négatif, la composante tangentielle $F \cos \delta$ produit en même temps un décroissement de vitesse, en sorte que $d\omega$ est négatif.

Considérons maintenant les forces dont F est la résultante. Formons un premier groupe de celles dont les composantes tangentielles sont dirigées dans le sens même de la vitesse ω, et un second groupe de celles dont les composantes tangentielles tombent en sens opposé. Désignons par ΣP la somme des premières composantes, et par $\Sigma P'$ la somme des autres, nous aurons (§ 16),

$$\Sigma P - \Sigma P' = F \cos \delta,$$

égalité qui subsiste pour les signes comme pour les valeurs numériques.

En vertu des deux équations que nous venons d'écrire, on aura donc toujours

$$\Sigma P - \Sigma P' = \frac{p}{g} \cdot \frac{d\omega}{dt}.$$

Si l'on désigne par *ds* l'arc décrit par le point matériel considéré dans le temps infiniment petit *dt*, on aura, en multipliant par *ds* les deux membres de l'équation précédente,

$$\Sigma P ds - \Sigma P' ds = \frac{p}{g} \cdot \frac{d\omega}{dt} . ds = \frac{p}{g} \cdot \frac{ds}{dt} . d\omega,$$

ou, en observant que $\frac{ds}{dt}$ n'est autre chose que ω,

$$\Sigma P ds - \Sigma P' ds = \frac{p}{g} . \omega d\omega.$$

Intégrons les deux membres de cette équation entre deux positions quelconques du mobile. Soient s_0 et s_1 les valeurs correspondantes de l'arc de la trajectoire, compté à partir d'une origine fixe prise sur cette courbe, soient ω_0 et ω_1 les valeurs de la vitesse se rapportant aux deux positions considérées; nous aurons

$$\Sigma \int_{s_0}^{s_1} P ds - \Sigma \int_{s_0}^{s_1} P' ds = \frac{p}{g} \cdot \frac{\omega_1^2}{2} - \frac{p}{g} \cdot \frac{\omega_0^2}{2}.$$

Pour interpréter cette équation, et en énoncer les conséquences d'une manière simple et frappante, il est nécessaire d'établir quelques nouvelles dénominations.

24.— Soit F une force quelconque, agissant sur un point matériel isolé, ou sur un point faisant partie d'un système dont le mouvement pourra du reste provenir de beaucoup d'autres causes que de la seule force F. Si la direction de cette force fait un angle aigu avec la direction de la vitesse du point considéré, et qu'elle tende par conséquent à accroître cette vitesse, nous donnerons à cette force le nom de force *mouvante*. Si la direction fait au contraire un angle obtus avec celle de la vitesse, et qu'elle tende ainsi à diminuer cette vitesse, nous donnerons à la force le nom de force *résistante*. D'après ces conventions, la somme ΣP proviendra des seules forces mouvantes, et la somme $\Sigma P'$ des seules forces résistantes.

L'intégrale $\int P ds$, dont chaque élément $P ds$ est le produit de la composante tangentielle d'une force F par l'arc infiniment petit ds décrit par son point d'application, se nomme la *quantité de travail* due à cette force F. Le produit Pds est l'*élément de travail* dû à cette même force.

Lorsque la force F est *mouvante*, le travail $\int Pds$ prend le nom de *travail moteur*; dans le cas où elle est résistante, on le nomme *travail résistant*.

L'élément de travail Pds peut être considéré sous un autre point de vue. En effet, δ étant l'angle que fait avec la direction de l'élément ds celle de la force F qui agit sur le point mobile et a pour composante tangentielle P, on aura

$$P = F\cos\delta \quad \text{d'où} \quad Pds = F\cos\delta . ds.$$

Or le produit $\cos\delta . ds$ n'est autre chose que la projection de ds sur la direction de la force F; si donc, nous désignons cette projection par df, nous aurons

$$Pds = Fdf, \quad \text{et par suite} \quad \int Pds = \int Fdf.$$

Ainsi on peut encore regarder le travail $\int Pds$ comme l'intégrale $\int Fdf$ d'une somme d'éléments Fdf, formés en multipliant chaque valeur de la force F par la projection df de l'arc infiniment petit ds, sur la direction de cette force.

25.— Il résulte de la définition même du travail ou de l'élément de travail que l'on peut, dans l'évaluation de ces quantités, prendre, au lieu du travail d'une force, la somme des quantités de travail de ses composantes. On peut aussi, au lieu du travail élémentaire qui correspond à un arc infiniment petit ds, prendre la somme des quantités de travail élémentaires qui correspondent aux projections de cet arc sur différentes lignes, ou, en d'autres termes, à ses composantes dans différents sens.

En effet, la propriété de la résultante d'un système de forces appliquées à un même point dans différentes directions étant (§ 16), que sa projection sur une droite quelconque est toujours la somme algébrique des projections des composantes, il est clair qu'en prenant pour axe de projection, la direction de l'arc décrit ds, et nommant P_1, P_2, P_3, etc., les projections des composantes de P sur cet axe, on aura

$$P = P_1 + P_2 + P_3 + \text{etc.}$$

d'où

$$\int Pds = \int P_1 ds + \int P_2 ds + \int P_3 ds + \text{etc.},$$

équation qui exprime la première transformation dont nous venons de parler.

De même, si l'on appelle δ_1, δ_2, δ_3, etc., les angles que font avec la force F les composantes ds_1, ds_2, ds_3, etc., de l'arc infiniment petit ds, on aura, en projetant cet arc et ses composantes sur la direction de la force F,

$$df \quad \text{ou} \quad \cos\delta . ds = \cos\delta_1 . ds_1 + \cos\delta_2 . ds_2 + \cos\delta_3 . ds_3 + \text{etc.},$$

d'où

$$\int \mathrm{F} df = \int \mathrm{F} \cos\delta_1 ds_1 + \int \mathrm{F} \cos\delta_2 ds_2 + \int \mathrm{F} \cos\delta_3 ds_3 + \text{etc.};$$

équation qui exprime la seconde transformation annoncée, puisque chaque terme du second membre représente le travail qu'on aurait si le point soumis à la force F parcourait le petit arc qui y figure comme facteur.

Il résulte des remarques précédentes que si X, Y, Z sont les composantes de la force F suivant trois axes rectangulaires, et dx, dy, dz les composantes du petit arc ds suivant les mêmes directions, on pourra poser la relation

$$\mathrm{P} ds \quad \text{ou} \quad \mathrm{F} df = \mathrm{X} dx + \mathrm{Y} dy + \mathrm{Z} dz ;$$

car, dans ce cas, les quantités $\mathrm{F}\cos\delta_1$, $\mathrm{F}\cos\delta_2$, $\mathrm{F}\cos\delta_3$ ne sont autre chose que les composantes X, Y, Z de la force F; et les composantes ds_1, ds_2, ds_3 de l'arc ds, ne sont autres que dx, dy, dz.

L'équation ci-dessus permet d'introduire dans l'expression du travail d'une force, celles qui seraient dues à des composantes agissant sur des points fictifs, se mouvant comme les projections du point auquel elle est appliquée.

26.— La quantité $\frac{p\omega^2}{g2}$ ou $p . \frac{\omega^2}{2g}$ prendra, dans cet ouvrage, le nom de *force vive*. Nous verrons plus loin comment cette dénomination peut se justifier par la nature de la quantité qu'elle désigne.

A l'aide des dénominations et conventions que nous venons d'établir, il devient facile d'énoncer le principe que renferme l'équation

$$\Sigma \int_{s_0}^{s_1} \mathrm{P} ds - \Sigma \int_{s_0}^{s_1} \mathrm{P}' ds = \frac{p}{g} \frac{\omega^2}{2} - \frac{p}{g} \frac{\omega_0^2}{2}. \qquad (1)$$

Elle nous apprend que, *pour une durée quelconque du mouvement, la différence entre le travail moteur et le travail résistant, dus aux forces appliquées au point matériel, est égale à l'accroissement qu'a pris la force vive du mobile pendant ce temps.*

Cette équation donne le moyen d'obtenir la force vive $\frac{p\omega^2}{2g}$ du mobile à un instant quelconque, lorsque l'on connaît celle qu'il possédait à un autre instant, et que l'on sait calculer les quantités de travail relatives à l'intervalle de temps correspondant. C'est par cette raison que cette équation a reçu des auteurs la dénomination d'*équation des forces vives*. Nous la nommerons *équation de la transmission du travail*. Cette désignation se trouvera complétement justifiée quand nous étendrons l'équation précédente à un système de points matériels; mais elle peut l'être dès à présent, sinon aussi bien, du moins d'une manière suffisante.

En effet, si l'on considère le mouvement depuis son commencement jusqu'à sa fin, c'est-à-dire depuis que la vitesse ω_0 était nulle, jusqu'à l'instant où la dernière vitesse ω_1 est aussi nulle, on aura

$$\Sigma \int_{s_0}^{s_1} \mathrm{P}ds - \Sigma \int_{s_0}^{s_1} \mathrm{P}'ds = 0 \quad \text{ou} \quad \Sigma \int_{s_0}^{s_1} \mathrm{P}ds = \Sigma \int_{s_0}^{s_1} \mathrm{P}'ds; \qquad (2)$$

ainsi, dans ce cas, il y a égalité entre le travail moteur et le travail résistant.

Or, on peut concevoir que les forces qui produisent ce travail résistant proviennent de l'action de points matériels en contact avec celui que nous considérons. Ces points recevront dès lors à leur tour des pressions égales et opposées à celles qu'ils exercent, et dont le travail total sera $\Sigma\int \mathrm{P}'ds$. Ce travail, par rapport à ces points devra être considéré comme travail moteur. Ainsi donc, on peut dire que le travail $\Sigma\int \mathrm{P}ds$, dû aux forces mouvantes appliquées au point mobile pendant la durée totale du mouvement jusqu'à son extinction, est *transmis* tout entier aux points matériels qui ont produit les forces résistantes.

Sous ce point de vue, l'équation ci-dessus (2), ou celle qui l'a fournie (1), peut, jusqu'à un certain point, prendre la dénomination d'*équation de la transmission du travail*. Mais, nous le répétons, cette désignation sera beaucoup mieux justifiée, quand nous aurons fait voir comment l'équation (1) peut s'étendre à un ensemble de points matériels et à une machine quelconque.

Si l'on applique l'équation des forces vives, ou de la transmission du travail, à une durée comprise entre l'instant où le point mobile avait une vitesse ω_0 et celui où la dernière vitesse ω_1 est nulle; et si l'on suppose que, pendant cette durée, il n'y ait que des forces résistantes P', on aura

$$\Sigma \int P' ds = p.\frac{\omega_0^2}{2g}.$$

Or, ainsi que nous venons de le dire, si le travail $\int P'ds$, qui est produit par les forces résistantes, est dû à des points extérieurs qui ont exercé leurs actions sur le mobile, ces points, à leur tour, auront reçu un travail moteur dont la mesure sera précisément $p.\frac{\omega_0^2}{2g}$.

Cette dernière quantité peut donc être considérée comme l'expression du travail que peut produire, avant de s'arrêter, un corps qui a un poids p et une vitesse ω_0, en agissant sur d'autres points matériels par l'effet de sa vitesse acquise, et jusqu'à ce qu'il ait ainsi épuisé cette vitesse. On pourrait donc nommer la quantité $p.\frac{\omega_0^2}{2g}$, le *travail disponible* renfermé dans le corps. On conçoit donc comment quelques auteurs et quelques mécaniciens pratiques, ayant d'abord employé le mot *force* dans l'acception de ce que nous appelons ici *travail*, aient donné au produit $p.\frac{\omega_0^2}{2g}$ la dénomination de *force vive*, qui avait alors pour eux, le sens de *travail disponible*.

Du mouvement relatif d'un point matériel.

27.— Au lieu de rapporter le mouvement d'un point matériel à des axes fixes dans l'espace, on peut avoir besoin de le rapporter à des axes doués eux-mêmes d'un mouvement quelconque, qui n'altère pas d'ailleurs leur position mutuelle. Les vitesses du mobile par rapport à ces axes sont alors des vitesses relatives, et ce sont les relations entre ces vitesses relatives et les forces qui vont faire maintenant l'objet de notre examen.

Désignons par x_1, y_1, z_1, les coordonnées du point mobile par rapport à trois axes rectangulaires fixes; par x, y, z les coordonnées du même point par rapport à des axes rectangulaires mobiles; par ξ, η, ζ les coordonnées de l'origine mobile rapportée aux axes fixes; et par a, b, c, a', b', c', a'', b'', c'', les cosinus des angles que font les axes mobiles avec les axes fixes; enfin, par $(\widehat{xx_1})$, l'angle que font entre eux les axes des x et des x_1. En étendant cette notation à tous les angles analogues, on aura

$$\begin{array}{lll} a = \cos(\widehat{xx_1}), & b = \cos(\widehat{yx_1}), & c = \cos(\widehat{zx_1}), \\ a' = \cos(\widehat{xy_1}), & b' = \cos(\widehat{yy_1}), & c' = \cos(\widehat{zy_1}), \\ a'' = \cos(\widehat{xz_1}), & b'' = \cos(\widehat{yz_1}), & c'' = \cos(\widehat{zz_1}). \end{array}$$

Ces cosinus, ainsi que les coordonnées ξ, η, ζ, de l'origine mobile seront des fonctions du temps.

Les formules connues, qui expriment les relations entre deux systèmes de co odonnées rectangulaires, donnent

$$\begin{aligned} x_1 &= \xi + ax + by + cz, \\ y_1 &= \eta + a'x + b'y + c'z, \\ z_1 &= \zeta + a''x + b''y + c''z. \end{aligned}$$

En différentiant ces équations par rapport au temps, on obtient,

$$(B)\quad \left\{ \begin{aligned} \frac{dx_1}{dt} &= \frac{d\xi}{dt} + x\frac{da}{dt} + y\frac{db}{dt} + z\frac{dc}{dt} + a\frac{dx}{dt} + b\frac{dy}{dt} + c\frac{dz}{dt}, \\ \frac{dy_1}{dt} &= \frac{d\eta}{dt} + x\frac{da'}{dt} + y\frac{db'}{dt} + z\frac{dc'}{dt} + a'\frac{dx}{dt} + b'\frac{dy}{dt} + c'\frac{dz}{dt}, \\ \frac{dz_1}{dt} &= \frac{d\zeta}{dt} + x\frac{da''}{dt} + y\frac{db''}{dt} + z\frac{dc''}{dt} + a''\frac{dx}{dt} + b''\frac{dy}{dt} + c''\frac{dz}{dt}. \end{aligned} \right.$$

Désignons par u, v, w, les composantes $\frac{dx}{dt}$, $\frac{dy}{dt}$, $\frac{dz}{dt}$, de la vitesse relative du mobile par rapport aux axes mobiles ; et par u_1, v_1, w_1, les composantes $\frac{dx_1}{dt}$, $\frac{dy_1}{dt}$, $\frac{dz_1}{dt}$, de la vitesse absolue, par rapport aux axes fixes. Représentons par u_e, v_e, w_e les composantes analogues pour un mouvement fictif, rapporté aux axes fixes, et qui serait celui du point matériel, si, à l'instant où on le considère, il venait tout à coup à faire partie d'un système solide invariablement lié aux axes mobiles. Il résultera de ces notations les relations

$$\left. \begin{aligned} u_e &= \frac{d\xi}{dt} + x\frac{da}{dt} + y\frac{db}{dt} + z\frac{dc}{dt}, \\ v_e &= \frac{d\eta}{dt} + x\frac{da'}{dt} + y\frac{db'}{dt} + z\frac{dc'}{dt}, \\ w_e &= \frac{d\zeta}{dt} + x\frac{da''}{dt} + y\frac{db''}{dt} + z\frac{dc''}{dt}, \end{aligned} \right\} \quad (h)$$

et par suite les équations (B) deviendront :

$$\left.\begin{aligned} u_1 &= u_e + au + bv + cw, \\ v_1 &= v_e + a'u + b'v + c'w, \\ w_1 &= w_e + a''u + b''v + c''w. \end{aligned}\right\} \qquad (i)$$

28.— Arrêtons-nous un instant à examiner les propriétés de ces vitesses. En faisant abstraction de celle de l'origine mobile, il restera :

$$\left.\begin{aligned} u_e &= x\frac{da}{dt} + y\frac{db}{dt} + z\frac{dc}{dt}, \\ v_e &= x\frac{da'}{dt} + y\frac{db'}{dt} + z\frac{dc'}{dt}, \\ w_e &= x\frac{da''}{dt} + y\frac{db''}{dt} + z\frac{dc''}{dt}. \end{aligned}\right\} \qquad (l)$$

Il existe, comme on sait, entre les cosinus a, b, c, a', b', c', a'', b'', c'', les relations :

$$\left\{\begin{aligned} b^2 + b'^2 + b''^2 &= 1, & bc + b'c' + b''c'' &= 0, \\ c^2 + c'^2 + c''^2 &= 1, & ca + c'a' + c''a'' &= 0, \\ a^2 + a'^2 + a''^2 &= 1, & ab + a'b' + a''b'' &= 0, \end{aligned}\right\} \qquad (n)$$

et on en tire par la différentiation :

$$\left.\begin{aligned} bdb + b'db' + b''db'' &= 0, \\ cdc + c'dc' + c''dc'' &= 0, \\ ada + a'da' + a''da'' &= 0, \end{aligned}\right\} \qquad (p)$$

$$\left.\begin{aligned} bdc + b'dc' + b''dc'' &= -(cdb + c'db' + c''db''), \\ cda + c'da' + c''da'' &= -(adc + a'dc' + a''dc''), \\ adb + a'db' + a''db'' &= -(bda + b'da' + b''da''), \end{aligned}\right\} \qquad (q)$$

Pour abréger, nous poserons :

$$\left.\begin{aligned} cdb + c'db' + c''db'' &= pdt, \\ adc + a'dc' + a''dc'' &= qdt, \\ bda + b'da' + b''da'' &= rdt. \end{aligned}\right\} \qquad (r)$$

Soit U_r la vitesse fictive dont les composantes suivant les axes fixes sont u_e, v_r, w_e. Si l'on veut obtenir les composantes de cette même vitesse, suivant les axes mobiles, on remarquera que, par la théorie connue des projections, on a

$$U_e \cos(\widehat{U_e x}) = a u_e + a' v + a'' w_e.$$

Multipliant donc la première des équations (l) par a, la seconde par a', la troisième par a'', et ajoutant, il viendra :

$$\begin{aligned} U_e \cos(\widehat{U_e x}) = & \ x \frac{a da}{dt} + y \frac{a db}{dt} + z \frac{a dc}{dt} \\ & + x \frac{a' da'}{dt} + y \frac{a' db'}{dt} + z \frac{a' dc'}{dt} \\ & + x \frac{a'' da''}{dt} + y \frac{a'' db''}{dt} + z \frac{a'' dc''}{dt}, \end{aligned}$$

ou, en ayant égard aux relations posées ci-dessus,

$$U_e \cos(\widehat{U_e x}) = -ry + qz = qz - ry.$$

Par un calcul analogue, on trouvera de même :

$$U_e \cos(\widehat{U_e y}) = rx - pz,$$

$$U_e \cos(\widehat{U_e z}) = py - qx.$$

En examinant ces valeurs, on reconnaît, et il est facile de vérifier, que la direction de U_e est perpendiculaire à la fois aux deux directions qui font avec les axes mobiles des angles dont les cosinus sont

$$\frac{x}{\sqrt{x^2+y^2+z^2}}, \quad \frac{y}{\sqrt{x^2+y^2+z^2}}, \quad \frac{z}{\sqrt{x^2+y^2+z^2}},$$

et

$$\frac{p}{\sqrt{p^2+q^2+r^2}}, \quad \frac{q}{\sqrt{p^2+q^2+r^2}}, \quad \frac{r}{\sqrt{p^2+q^2+r^2}}.$$

Cela résulte de ce que les sommes des produits des cosinus deux à deux sont nuls ; savoir :

$$x \cos(\widehat{U_e x}) + y \cos(\widehat{U_e y}) + z \cos(\widehat{U_e z}) = 0,$$

$$p \cos(\widehat{U_e x}) + q \cos(\widehat{U_e y}) + r \cos(\widehat{U_e z}) = 0.$$

Soit O (fig. 10) l'origine mobile, M le point matériel considéré, P un point géométrique dont les coordonnées par rapport aux axes mobiles soient p, q, r ;

les droites OM et OP auront précisément les directions dont nous venons de parler. Abaissons du point M sur OP la perpendiculaire MC: la vitesse U_e perpendiculaire à la fois à OM et à OP, le sera aussi à la droite MC qui est dans le plan des deux premières. Or, pendant le temps infiniment petit dt, la direction de OP étant sensiblement constante, celle de U_e se confond en direction avec un arc de cercle décrit du point C comme centre avec le rayon CM dans un plan perpendiculaire à OP, c'est-à-dire que le mouvement fictif d'entraînement avec les axes mobiles dont nous avons supposé le point matériel animé, est un mouvement de rotation autour de l'axe OP, pendant le temps infiniment petit dt. Et si φ est la vitesse angulaire dans ce mouvement, on aura $U_e = \varphi . MC$.

Pour obtenir l'expression de la vitesse angulaire φ, soit δ l'angle MOP; on aura, en ayant égard aux valeurs des cosinus des angles que les droites OM et OP font avec les axes mobiles

$$\cos\delta = \frac{px + qy + rz}{\sqrt{x^2+y^2+z^2}\sqrt{p^2+q^2+r^2}}$$

par suite, on trouvera

$$\sin\delta = \frac{\sqrt{(py-qx)^2+(rx-pz)^2+(qz-ry)^2}}{\sqrt{x^2+y^2+z^2}\sqrt{p^2+q^2+r^2}},$$

ou

$$\sin\delta = \frac{U_e}{OM.\sqrt{p^2+q^2+r^2}},$$

d'où

$$OM\sin\delta = MC = \frac{U_e}{\sqrt{p^2+q^2+r^2}}, \quad \text{et} \quad U_e = \sqrt{p^2+q^2+r^2}.MC,$$

d'où enfin, à cause de $U_e = \varphi . MC$,

$$\varphi = \sqrt{p^2+q^2+r^2}.$$

Les quantités p, q, r, sont indépendantes des coordonnées x, y, z, et ne dépendent que des valeurs des angles des axes mobiles avec les axes fixes et des variations de ces angles. Donc la droite menée de l'origine mobile, au point dont les coordonnées sont p, q, r par rapport aux axes mobiles, est un axe de rotation pour tous les points qui suivent le mouvement des axes mobiles. C'est par cette raison qu'on a donné à cette ligne la dénomination *d'axe instantané de rotation* du système solide.

Si λ, μ, ν sont les angles que fait l'axe instantané avec les axes mobiles, on aura :

$$p = \varphi \cos\lambda, \quad q = \varphi \cos\mu, \quad r = \varphi \cos\nu,$$

29.— Reprenons maintenant la recherche des relations qui existent entre les vitesses relatives et les forces.

Expression de la force dans le mouvement relatif.

Désignons par un d ordinaire les différentielles prises pour le mouvement relatif du point matériel par rapport aux axes mobiles, c'est-à-dire en ne faisant varier le temps que dans x, y, z ; par d_e les différentielles pour le mouvement d'entraînement du point matériel avec le système des axes mobiles, c'est-à-dire en ne faisant varier le temps que dans ξ, η, ζ et dans a, b, c, a', b', c', a'', b'', c'' ; enfin par d_i les différentielles pour le mouvement absolu du point matériel par rapport aux axes fixes, c'est-à-dire en faisant varier le temps à la fois dans x, y, z et dans ξ, η, ζ, a, b, c, a', b', c', a'', b'', c''.

La première des équations (B), différentiée en faisant tout varier, donnera

$$\frac{d_i^2 x_i}{dt^2} = \left[\frac{d^2\xi}{dt^2} + x\frac{d^2 a}{dt^2} + y\frac{d^2 b}{dt^2} + z\frac{d^2 c}{dt^2}\right] + \left[a\frac{d^2 x}{dt^2} + b\frac{d^2 y}{dt^2} + c\frac{d^2 z}{dt^2}\right]$$
$$+ 2\left[\frac{dx}{dt}\cdot\frac{da}{dt} + \frac{dy}{dt}\cdot\frac{db}{dt} + \frac{dz}{dt}\cdot\frac{dc}{dt}\right].$$

Or, en se servant des notations établies ci-dessus, le premier membre pourra s'écrire $\frac{d_i u_i}{dt}$. Les termes qui composent la première parenthèse forment précisément la différentielle de la valeur de u_e, donnée par la première des équations (h), en y regardant x, y, z comme constants ; on peut donc remplacer cette parenthèse par $\frac{d_e u_e}{dt}$, et l'équation s'écrira sous la forme

$$\frac{d_i u_i}{dt} = \frac{d_e u_e}{dt} + \left(a\frac{du}{dt} + b\frac{dv}{dt} + c\frac{dw}{dt}\right) + 2\left[u\frac{da}{dt} + v\frac{db}{dt} + w\frac{dc}{dt}\right],$$

Les deux dernières équations (B) traitées de la même manière donneront pareillement

$$\frac{d_i v_i}{dt} = \frac{d_e v_e}{dt} + \left(a'\frac{du}{dt} + b'\frac{dv}{dt} + c'\frac{dw}{dt}\right) + 2\left[u\frac{da'}{dt} + v\frac{db'}{dt} + w\frac{dc'}{dt}\right],$$
$$\frac{d_i w_i}{dt} = \frac{d_e w_e}{dt} + \left(a''\frac{du}{dt} + b''\frac{dv}{dt} + c''\frac{dw}{dt}\right) + 2\left[u\frac{da''}{dt} + v\frac{db''}{dt} + w\frac{dc''}{dt}\right].$$

(s)

Soit Π le poids du point matériel, F la force qui produit son mouvement absolu, α, β, γ les angles que cette force fait avec les axes fixes; on aura, en vertu des relations établies au n° 17 :

$$\left.\begin{aligned} F\cos\alpha &= \frac{\Pi}{g}\cdot\frac{d_a u_a}{dt}, \\ F\cos\beta &= \frac{\Pi}{g}\cdot\frac{d_a v_a}{dt}, \\ F\cos\gamma &= \frac{\Pi}{g}\cdot\frac{d_a w_a}{dt}. \end{aligned}\right\} \quad (t)$$

On tire des équations (s), après les avoir multipliées par $\frac{\Pi}{g}$,

$$\left.\begin{aligned} \frac{\Pi}{g}\left(a\frac{du}{dt}+b\frac{dv}{dt}+c\frac{dw}{dt}\right) &= F\cos\alpha-\frac{\Pi}{g}\cdot\frac{d_e u_e}{dt}-\frac{2\Pi}{g}\left(u\frac{da}{dt}+v\frac{db}{dt}+w\frac{dc}{dt}\right), \\ \frac{\Pi}{g}\left(a'\frac{du}{dt}+b'\frac{dv}{dt}+c'\frac{dw}{dt}\right) &= F\cos\beta-\frac{\Pi}{g}\cdot\frac{d_e v_e}{dt}-\frac{2\Pi}{g}\left(u\frac{da'}{dt}+v\frac{db'}{dt}+w\frac{dc'}{dt}\right), \\ \frac{\Pi}{g}\left(a''\frac{du}{dt}+b''\frac{dv}{dt}+c''\frac{dw}{dt}\right) &= F\cos\gamma-\frac{\Pi}{g}\cdot\frac{d_e w_e}{dt}-\frac{2\Pi}{g}\left(u\frac{da''}{dt}+v\frac{db''}{dt}+w\frac{dc''}{dt}\right). \end{aligned}\right\} \quad (u)$$

En se rappelant que la projection d'une force sur un axe est la somme des projections de ses composantes sur le même axe, on reconnaît sans peine que les premiers membres des trois équations qui précèdent, expriment les projections sur les trois axes fixes d'une force fictive, ayant pour composantes suivant les axes mobiles $\frac{\Pi}{g}\cdot\frac{du}{dt}$, $\frac{\Pi}{g}\cdot\frac{dv}{dt}$, $\frac{\Pi}{g}\cdot\frac{dw}{dt}$. Cette force est celle qui, pour un observateur entraîné avec les axes mobiles, serait capable de produire le mouvement relatif du point matériel par rapport à ces axes.

Les termes $\frac{\Pi}{g}\cdot\frac{d_e u_e}{dt}$, $\frac{\Pi}{g}\cdot\frac{d_e v_e}{dt}$, $\frac{\Pi}{g}\cdot\frac{d_e w_e}{dt}$, qui figurent dans le second membre sont les composantes, suivant les axes fixes, de la force qui serait capable de produire le mouvement d'entraînement du point matériel avec les axes mobiles. Nous désignerons cette force par F_e, et par l_e, m_e, n_e, les angles qu'elle fait avec les axes mobiles. Nous représenterons par l, m, n les angles que fait la force F avec ces mêmes axes mobiles.

En multipliant la première des équations (u) par a, la seconde par a', la troisième par a'' et ajoutant; puis opérant de même avec b, b', b'', puis avec c,

c, c'', et ayant égard aux relations données plus haut entre ces divers cosinus et leurs différentielles ; on obtient, toutes réductions faites :

$$\left.\begin{aligned}
\frac{\Pi}{g}\cdot\frac{du}{dt} &= \mathrm{F}\cos l - \mathrm{F}_e\cos l_e - \frac{2\Pi}{g}(qw - rv), \\
\frac{\Pi}{g}\cdot\frac{dv}{dt} &= \mathrm{F}\cos m - \mathrm{F}_e\cos m_e - \frac{2\Pi}{g}(ru - pw), \\
\frac{\Pi}{g}\cdot\frac{dw}{dt} &= \mathrm{F}\cos n - \mathrm{F}_e\cos n_e - \frac{2\Pi}{g}(pv - qu);
\end{aligned}\right\} \qquad (v)$$

équations qui contiennent les projections des forces sur les axes mobiles, et non plus sur les axes fixes.

Ces équations nous apprennent que le mouvement relatif du point matériel, par rapport aux axes mobiles, peut se traiter comme un mouvement absolu par rapport à des axes fixes, pourvu qu'on regarde le mobile comme soumis à deux forces fictives, en outre de la force F, la seule qui agisse réellement.

La première de ces forces fictives est égale et directement opposée à la force F_e *qui serait capable de produire le mouvement d'entraînement du point matériel avec les axes mobiles, c'est-à-dire, le mouvement que prendrait ce point, s'il était lié tout à coup d'une manière invariable avec ces axes mobiles.*

La seconde force fictive a pour projections sur les axes mobiles les quantités

$$-\frac{2\Pi}{g}(qw - rv), \quad -\frac{2\Pi}{g}(ru - pw), \quad -\frac{2\Pi}{g}(pv - qu),$$

et en la nommant F′, on a

$$\mathrm{F}' = \frac{2\Pi}{g}\sqrt{(qw - rv)^2 + (ru - pw)^2 + (pv - qu)^2}.$$

Or, on reconnaît que la direction de cette force est perpendiculaire aux deux directions qui font avec les axes mobiles des angles dont les cosinus sont

$$\frac{u}{\sqrt{u^2+v^2+w^2}}, \quad \frac{v}{\sqrt{u^2+v^2+w^2}}, \quad \frac{w}{\sqrt{u^2+v^2+w^2}},$$

et

$$\frac{p}{\sqrt{p^2+q^2+r^2}}, \quad \frac{q}{\sqrt{p^2+q^2+r^2}}, \quad \frac{r}{\sqrt{p^2+q^2+r^2}}.$$

Nommant δ' l'angle de ces deux directions, on trouvera sans peine

$$\sin\delta' = \frac{\sqrt{(qw - rv)^2 + (ru - pw)^2 + (pv - qu)^2}}{\sqrt{u^2 + v^2 + w^2}.\sqrt{p^2 + q^2 + r^2}},$$

d'où l'on déduit

$$F' = 2\frac{\Pi}{g}\sqrt{p^2 + q^2 + r^2}\,.\sqrt{u^2 + v^2 + w^2}\,.\sin\delta'.$$

Or $\sqrt{p^2+q^2+r^2}$, c'est la vitesse angulaire φ de rotation autour de l'axe instantané; et $\sqrt{u^2 + v^2 + w^2}\,.\sin\delta'$ n'est autre chose que la vitesse relative $\sqrt{u^2 + v^2 + w^2}$, projetée sur un plan perpendiculaire à cet axe, puisque l'angle δ' est celui que fait la direction de cette vitesse avec celle de l'axe instantané. Nommant Ω cette vitesse relative, on pourra écrire

$$F' = 2.\frac{\Pi}{g}.\varphi\Omega\sin\delta'.$$

Cette équation nous indique que *la seconde force fictive qu'il est nécessaire d'introduire pour pouvoir traiter le mouvement relatif comme un mouvement absolu, est égale au double de celle qui produirait l'accélération* $\varphi\Omega\sin\delta'$, *formée du produit de la vitesse angulaire de rotation autour de l'axe instantané, par la projection de la vitesse relative sur un plan perpendiculaire à cet axe. Sa direction est perpendiculaire à l'axe instantané de rotation des axes mobiles et à la vitesse relative.*

Principe de la transmission du travail dans le mouvement relatif d'un point.

30. — Examinons maintenant ce que devient, dans le mouvement relatif d'un point matériel libre, le principe des forces vives ou de la transmission du travail.

Multiplions la première des équations (v) par udt, la seconde par vdt, la troisième par wdt, et ajoutons les membre à membre; les termes multipliés par $\frac{2\Pi}{g}$ s'entre-détruiront; et, en remarquant que l'on a

$$\Omega^2 = u^2 + v^2 + w^2 \quad \text{d'où} \quad \Omega d\Omega = udu + vdu + wdw,$$

l'équation obtenue pourra s'écrire

$$\frac{\Pi}{g}\Omega d\Omega = F(u\cos l + v\cos m + w\cos n)dt - F_e(u\cos l_e + v\cos m_e + w\cos n_e)dt;$$

mais on a :

$$u = \Omega\cos(\Omega x), \quad v = \Omega\cos(\Omega y), \quad w = \Omega\cos(\Omega z);$$

il vient donc :

$$\frac{\Pi}{g}\,\Omega d\Omega = F\Omega dt[\cos(\Omega x)\cos l + \cos(\Omega y)\cos m + \cos(\Omega z)\cos n] - F_e\Omega dt[\cos(\Omega x)\cos l_0 + \cos(\Omega y)\cos m_e + \cos(\Omega z)\cos n_e],$$

ou bien

$$\frac{\Pi}{g}\,\Omega d\Omega = F\Omega dt\cos(\Omega F) - F_e\Omega dt\cos(\Omega F_e).$$

En appelant df et df_e les projections de l'élément de chemin relatif décrit pendant le temps dt sur les directions des forces F et F_e, la dernière équation devient

$$\frac{\Pi}{g}\,\Omega d\Omega = F df - F_e df_e.$$

De là, on tire en intégrant entre deux instants pour lesquels la vitesse relative prend les valeurs Ω_0 et Ω_1,

$$\Pi\frac{\Omega_1^2}{2g} - \Pi\frac{\Omega_0^2}{2g} = \int F df - \int F_e df_e.$$

La seconde force fictive ne figure pas, comme on voit, dans cette équation ; et l'on devait s'y attendre, puisque cette force étant perpendiculaire à la vitesse relative, ou à l'élément de chemin décrit, ne peut produire aucun travail relatif.

Si l'on suppose, comme nous l'avons fait précédemment, que les forces F et F_e soient les résultantes de plusieurs autres forces; que l'on projette ces forces sur la direction de l'élément ds du chemin relatif, au lieu de projeter cet élément lui-même sur la direction de chaque force, ce qui est indifférent quant au travail ; que l'on fasse un premier groupe de celles de ces projections qui tombent dans le sens de la vitesse relative Ω, et un second groupe de celles qui tombent en sens contraire ; qu'enfin l'on désigne par P et P′ deux projections quelconques prises dans chacun de ces groupes, et par P_e et P'_e deux projections analogues relatives à la résultante F_e ; l'équation précédente pourra se mettre sous la forme

$$\Pi\frac{\Omega_1^2}{2g} - \Pi\frac{\Omega_0^2}{2g} = \Sigma\int P ds - \Sigma\int P' ds - \Sigma\int P_e ds + \Sigma\int P'_e ds.$$

On peut l'énoncer en disant : que *dans le mouvement relatif, l'équation des forces vives ou de la transmission du travail a encore lieu, pourvu qu'on ajoute au travail des forces* F *données, celui que produiraient des forces égales et opposées à celles qu'il faudrait appliquer au point matériel pour l'obliger à se mouvoir comme s'il était invariablement lié avec les axes mobiles.*

Principe de la transmission du travail dans le mouvement relatif quand les axes mobiles tournent uniformément autour d'un axe.

31.— Pour donner un exemple de l'application de ce principe, supposons que le mouvement des axes mobiles soit un mouvement de rotation uniforme autour d'un axe.

Dans ce cas, la force capable de faire prendre au point matériel ce même mouvement de rotation comme s'il était invariablement lié aux axes mobiles, n'est autre que la force centripète; et la force égale et opposée à F_e est précisément la force centrifuge, dont la mesure est

$$\frac{\Pi}{g}\varphi^2 r,$$

φ étant la vitesse angulaire, et r la distance du point matériel à l'axe de rotation.

L'élément de chemin relatif décrit dans le sens de la force centrifuge étant dr, le terme $-\int F_e df_e$ se réduit à $\int \frac{\Pi}{g}\varphi^2 r dr$, dont l'intégrale est $\frac{\Pi}{2g}\varphi^2(r_1^2-r_0^2)$, r_1 et r_0 étant les valeurs de r, c'est-à-dire les distances du point matériel à l'axe de rotation, aux deux instants entre lesquels on applique l'équation des forces vives.

Si l'on désigne par u_1 et u_0 les vitesses que prendrait ce point matériel, si, aux deux instants extrêmes, il était lié invariablement aux axes mobiles, on aura $\varphi^2 r_1^2 = u_1^2$ et $\varphi^2 r_0^2 = u_0^2$; en sorte que l'intégrale précédente deviendra $\frac{\Pi u_1^2}{2g} - \frac{\Pi u_0^2}{2g}$; et l'équation des forces vives pourra s'écrire

$$\Pi\frac{\Omega_1^2}{2g} - \Pi\frac{\Omega_0^2}{2g} = \Sigma\int P ds - \Sigma\int P' ds + \Pi\frac{u_1^2}{2g} - \Pi\frac{u_0^2}{2g},$$

elle peut s'énoncer en disant que: *dans le mouvement relatif d'un point matériel par rapport à un système animé d'un mouvement de rotation uniforme autour d'un axe, il suffit pour obtenir l'accroissement de la force vive relative d'ajouter au travail, calculé comme dans le mouvement absolu, l'accroissement de la force vive due à la seule vitesse de rotation qu'aurait le point matériel dans ses deux positions extrêmes, si, aux deux instants correspondants, il était entraîné invariablement avec tout le système de rotation.*

De l'équilibre ou de la destruction des forces appliquées à un point matériel.

32.— On dit que des forces se détruisent, ou sont en *équilibre*, quand elles ne peuvent ni donner aucun mouvement au point auquel elles sont appliquées, ni modifier en rien celui qu'il aurait déjà acquis, ou qu'il prendrait sous l'action d'autres forces.

Tant que les forces considérées ont une résultante, celle-ci tend évidemment à donner un certain mouvement au point matériel sur lequel elle agit, ou à modifier celui dont il était précédemment animé. Il faut donc, pour qu'il y ait équilibre entre ces forces, que leur résultante soit nulle. Pour que cette condition soit remplie, il faut que les projections de la résultante sur trois directions différentes, soient nulles séparément; et, comme la projection de la résultante sur un axe équivaut à la somme algébrique des projections de ses composantes sur ce même axe, il faut, pour l'équilibre d'un système de forces appliquées à un même point matériel, que la somme algébrique des projections de ces forces sur trois directions différentes, soit nulle pour chacune de ces directions. Cette condition est d'ailleurs suffisante puisque, lorsqu'elle est remplie, la résultante elle-même est évidemment nulle.

On peut transformer cette condition en une autre, qui, bien que ne présentant, dans le cas où nous sommes, rien de plus simple ni de plus commode, a beaucoup d'avantages lorsqu'il s'agit de l'équilibre dans des systèmes de points formant des corps et des machines. C'est donc uniquement pour préparer ce que nous aurons à dire à cet égard que nous allons présenter la remarque suivante.

Condition d'équilibre d'un point matériel par le principe des vitesses virtuelles.

On a vu (25) que lorsque plusieurs forces sont appliquées à un même point matériel, l'élément de travail de la résultante équivaut à la somme algébrique des éléments de travail des composantes, quel que soit d'ailleurs le mouvement du point matériel. Lors donc que la résultante est nulle, et que le mouvement quel qu'il soit, est dû à d'autres forces que celles que l'on considère, on peut dire que la condition nécessaire et suffisante pour l'équilibre, est que la somme algébrique des éléments de travail des forces que l'on considère soit nulle pour trois déplacements infiniment petits du point matériel.

Ces déplacements infiniment petits, choisis arbitrairement, sont ici des quantités géométriques qui n'ont aucun rapport avec les forces dont on veut constater l'équilibre : on n'en fait usage que pour introduire trois directions prises à volonté pour projeter les forces, et constater que les sommes algébriques de ces projections sont exactement nulles.

Ces petits chemins arbitraires se nomment des *vitesses virtuelles*, bien que ce ne soient pas réellement des vitesses; et les éléments de travail dus à chacun de ces déplacements ont reçu le nom de *moments virtuels*. La qualification de *virtuel* signifie ici qu'il s'agit, non des mouvements réellement existants, mais de mouvements hypothétiques dont il suffit de concevoir la possibilité.

On peut donc dire : que *des forces appliquées à un même point matériel sont en équilibre, lorsque les sommes algébriques de leurs éléments de travail sont nulles, pour trois déplacements quelconques, infiniment petits*; ou, en d'autres termes, *lorsque les sommes algébriques des moments virtuels sont nulles, pour trois mouvements virtuels différents.*

C'est en cela que consiste ce qu'on appelle le *principe des vitesses virtuelles*. Nous ne le donnons ici que parce qu'il se représentera plus tard pour toute espèce d'équilibre de systèmes plus compliqués, et qu'il est bon de le voir d'abord dans un cas simple, quoiqu'il n'ait là que l'avantage de faire connaître le sens des termes qui servent à son énoncé. Dans le cas qui nous occupe, ce principe n'est, à bien prendre, qu'une autre manière d'énoncer que la résultante des forces considérées est nulle.

Il fournit trois équations ou conditions nécessaires et suffisantes pour l'équilibre. En effet, en supprimant dans chaque somme d'éléments de travail qui est nulle, l'élément de chemin, ou la vitesse virtuelle, qui se trouve facteur commun, on retombe sur les trois équations qui expriment que les sommes algébriques des projections des forces sont nulles dans trois directions différentes.

Du travail dû à l'action mutuelle de deux points matériels.

33.— Lorsque l'on veut passer de la considération d'un point matériel à celle d'un système de points, et, à plus forte raison, d'une machine quelconque, pour en étudier le mouvement ou l'équilibre, on est obligé d'avoir recours au principe de l'égalité entre l'action et la réaction.

Nous avons déjà eu occasion d'invoquer ce principe, par anticipation, quand nous avons parlé du mouvement d'un point sur une courbe matérielle sur laquelle il est assujetti à glisser (21). On se rappelle que nous avons admis dans cette question que, si deux corps se pressent mutuellement, l'action que l'un de ces corps exerce sur l'autre est égale et directement opposée à celle que celui-ci exerce à son tour sur le premier. Cette vérité expérimentale n'est qu'une conséquence du principe de l'égalité entre l'action et la réaction de deux molécules voisines, principe que l'on peut énoncer de cette manière :

Si deux points matériels m *et* m' *agissent l'un sur l'autre par attraction ou répulsion, l'action de* m' *sur* m *étant une force* R *dirigée suivant la droite* mm', *l'action de* m *sur* m' *sera une force égale à* R, *dirigée également suivant la droite* mm', *mais en sens contraire de la première.*

On conçoit qu'une loi de cette nature ne puisse être vérifiée directement par l'expérience ; mais on est conduit à l'admettre, par l'accord constant qui se manifeste entre les conséquences théoriques qui en dérivent, et l'observation des phénomènes mécaniques qui se passent chaque jour sous nos yeux.

34.— Comme première conséquence de ce principe, nous allons faire voir que, *si* r *désigne la distance variable de deux points matériels* m *et* m', *exerçant l'un sur l'autre des actions égales et opposées représentées par* R *et agissant dans la direction de la ligne* mm' *qui joint ces points ; la somme des quantités de travail, tant moteur que résistant, telle qu'elle doit entrer dans l'équation des forces vives, se réduit toujours à* $\int Rdr$: *cette intégrale étant positive ou négative, c'est-à-dire le travail total devant être considéré comme moteur ou comme résistant, suivant que, dans le mouvement des deux points, l'accroissement* dr *se sera produit dans le sens de l'action de* R *ou en sens opposé.*

Pour cela, il est nécessaire d'établir un lemme préliminaire, qui consiste en ce que : la somme des quantités de travail dues aux deux actions mutuelles, ne change pas si les deux points, en outre de leur mouvement relatif, sont animés d'un mouvement commun, ou d'un mouvement perpendiculaire à la direction de la droite *mm'* qui les joint, ou, ce qui revient au même, d'un mouvement de rotation autour d'un point de cette droite.

En effet : nous avons vu (25) que dans le calcul du travail on peut remplacer le chemin élémentaire par la somme de ses composantes, et que, par conséquent, lorsqu'un point matériel est animé de plusieurs mouvements simultanés, le travail élémentaire absolu s'obtient en faisant la somme des travaux élémentaires calculés dans chaque mouvement partiel. Dans le cas particulier qui nous occupe, il faudrait donc, au travail élémentaire calculé dans la seule hypothèse du mouvement relatif des deux points, ajouter le travail élémentaire calculé dans chacun des mouvements dont on les suppose en outre animés.

Or, s'il s'agit d'abord d'un mouvement commun aux deux points m et m', les chemins élémentaires décrits étant égaux, parallèles et dirigés dans le même sens, et les forces R étant égales et dirigées en sens opposé, les éléments de travail correspondants à ce mouvement seront deux à deux égaux et de signe contraire, et leur somme, telle qu'elle doit être introduite dans l'équation des forces vives, sera exactement nulle.

En second lieu, s'il s'agit d'un mouvement où les deux points m et m' seraient animés de vitesses perpendiculaires à la droite mm', ou si l'on veut, d'un mouvement de rotation autour d'un point de cette droite, les éléments de travail seront constamment nuls, puisque la projection d'une force sur une droite qui lui est perpendiculaire est nulle. La somme des quantités de travail dues à ce mouvement sera donc nulle elle-même.

Cela posé, pour revenir à l'évaluation du travail dû aux deux actions mutuelles R, que ces deux points m et m' exercent l'un sur l'autre pendant leur mouvement, nous pourrons, sans l'altérer, leur donner d'abord un mouvement commun précisément égal et opposé à celui de l'un d'entre eux, m par exemple. Par ce moyen le point m sera réduit au repos, et le point m pourra être considéré comme animé de deux mouvements : l'un, en vertu duquel il s'éloigne ou se rapproche du point m suivant la droite mm' qui les joint; l'autre, en vertu duquel cette droite elle-même tourne autour du point m devenu fixe.

Donnons maintenant au point m' un mouvement supplémentaire précisément égal et contraire à celui en vertu duquel la droite mm' tourne autour du point m. Ce mouvement supplémentaire étant dirigé perpendiculairement à la droite mm', le travail ne sera point altéré; et la droite mm' étant devenue immobile, le point m' ne sera plus animé que d'un mouvement rectiligne suivant cette droite. L'élément de travail se réduira donc à Rdr, le signe de cet élément étant positif si le chemin dr a été décrit dans le sens de la force R qui représente ici l'action de m sur m', et négatif si ce petit chemin a été décrit en sens contraire. Le travail total pour une certaine durée du mouvement sera donc $\int Rdr$, l'intégrale étant prise pour cette durée.

Une remarque importante à faire, c'est que, si, malgré les variations partielles que r a pu éprouver pendant le mouvement, cette distance est redevenue la même après une certaine durée, et que la force R soit uniquement fonction de r, l'intégrale relative à cette durée se composera d'éléments qui seront deux à deux égaux et de signe contraire, puisque la force ne varie, par hypothèse, qu'avec la distance r; et la valeur totale de cette intégrale sera nulle. Ainsi, non-seulement le travail dû aux actions moléculaires est toujours nul quand la distance r est constante; mais, quand après avoir varié, cette distance reprend la même valeur, le travail dû aux actions moléculaires est encore nul.

CHAPITRE II.

Du mouvement d'un corps solide.

35.— On considère aujourd'hui les corps comme des réunions de molécules disjointes, mais exerçant les unes sur les autres des actions mutuelles. Cette hypothèse conduit à des lois simples sur le mouvement et l'équilibre des corps; et les conséquences déduites de ces lois théoriques sont confirmées par l'observation.

Principe de la transmission du travail dans le mouvement d'un corps solide.

Nous supposerons que les molécules d'un corps soient soumises à l'action de différentes forces *extérieures*, telles que leur poids, et en outre à des actions provenant du contact du corps que l'on considère avec d'autres, ces dernières forces n'agissant que sur une partie des molécules des corps en contact, situées à la surface de ces corps, ou à une très-petite distance de cette surface.

Pendant le mouvement du corps, chacune de ces molécules pourra être regardée comme un point matériel entièrement libre, si, outre les forces indiquées ci-dessus qui peuvent lui être appliquées, on considère encore les actions que les molécules voisines exercent sur elle. Nous désignerons ces dernières actions par le nom de *forces intérieures mutuelles*, parce que, en vertu de l'égalité entre l'action et la réaction, ces forces peuvent se grouper, comme nous avons déjà eu occasion de le dire, par deux forces égales et agissant en sens contraire.

En ayant donc égard à toutes les forces tant intérieures qu'extérieures, qui agissent sur une molécule dont le poids est p, on pourra lui appliquer l'équation des forces vives, telle qu'elle a été établie au n° 23.

$$p\,\frac{\omega_1^2}{2g} - p\,\frac{\omega_0^2}{2g} = \Sigma\int P\,ds - \Sigma\int P'\,ds.$$

Si l'on pose une série d'équations semblables pour toutes les molécules du corps, et qu'on les ajoute membre à membre, on aura

$$\Sigma p.\frac{\omega_1^2}{2g} - \Sigma p.\frac{\omega_0^2}{2g} = \Sigma\int P ds - \Sigma\int P' ds,$$

les signes Σ du second membre s'étendant maintenant non-seulement au travail de toutes les composantes tangentielles des forces qui agissent sur chaque molécule, mais encore à toutes les molécules.

Dans ce second membre entrent d'une part les quantités de travail dues aux forces extérieures, et de l'autre celles qui sont dues aux seules forces intérieures ou mutuelles. Or, dans l'hypothèse d'un corps solide, lorsque les distances mutuelles de ses molécules demeurent invariables, les sommes de quantités de travail dues à ces forces mutuelles sont nulles, ainsi que nous l'avons établi au n° 34. Il ne restera donc, dans le second membre de l'équation des forces vives, que les quantités de travail dues aux forces extérieures, telles que les poids des molécules, et les actions des molécules extérieures des corps en contact avec celui que l'on considère.

Nous reviendrons plus loin sur la possibilité et sur les moyens de calculer les quantités de travail dues à ces dernières forces; pour le moment, il nous suffira d'avoir établi ce principe : que, *dans le mouvement d'un corps solide, dont les molécules restent à des distances invariables les unes des autres, le principe de la transmission du travail a lieu comme pour un point isolé*; c'est-à-dire que *l'accroissement de la somme des forces vives, entre deux instants quelconques du mouvement, est égale à la différence entre le travail moteur et le travail résistant dus aux forces extérieures qui agissent sur le corps.*

Équations du mouvement d'un corps solide libre.

36. — Lorsqu'on a pour but de déterminer complétement le mouvement du corps solide, l'équation des forces vives, qui renferme l'énoncé précédent, ne suffit pas en général pour résoudre le problème. Si l'on conçoit, en effet, trois axes rectangulaires des x, des y et des z, invariablement liés avec le corps, il faudra, pour que le mouvement de ce corps soit complétement déterminé, connaître à chaque instant la direction de ces axes mobiles, par rapport à trois axes fixes des x, des y, et des z_1, ainsi que la position de l'origine mobile par rapport à ces mêmes axes fixes. Or cette connaissance suppose celle des valeurs de six quantités variables : les trois premières sont les coordonnées de l'origine mobile; les trois autres seront, si l'on veut, l'angle θ que fait le plan mobile

des xy avec le plan fixe des x_1y_1, l'angle ε que fait leur intersection avec l'axe des x, et l'angle χ que fait cette même intersection avec l'axe des x_1.

On peut faire voir d'une autre manière, que, la position de l'origine mobile étant déterminée, la direction des axes mobiles ne dépend plus que de trois variables. Car les cosinus des angles que les axes mobiles font avec les axes fixes étant au nombre de neuf, et étant liés entre eux par les six relations posées au nº 28, il ne reste plus que trois d'entre eux à déterminer.

La position du corps dépendant ainsi de six variables, la connaissance complète de son mouvement exige six équations propres à donner les valeurs de ces six variables en fonction du temps. Dans l'analyse qui va suivre, pour simplifier la notation, nous remplacerons les variables x_1, y_1, z_1 par x, y, z, en nous rappelant que ces coordonnées se rapportent à un système d'axes fixes. Pour parvenir aux six équations dont nous venons de parler, nous remarquerons d'abord qu'en ayant égard aux forces intérieures, ce qui permet de regarder chaque molécule comme entièrement libre, si p est le poids d'une quelconque de ces molécules, x, y, z ses coordonnées par rapport à des axes fixes, F l'une quelconque des forces extérieures ou intérieures auxquelles elle est soumise, α, β, γ les angles que fait la direction de cette force avec les axes fixes, et u, v, w, les composantes, suivant ces axes, de la vitesse de cette molécule; on pourra poser (17),

$$(D)\qquad \left\{\begin{aligned} \frac{p}{g}\cdot\frac{du}{dt} &= \Sigma F\cos\alpha, \\ \frac{p}{g}\cdot\frac{dv}{dt} &= \Sigma F\cos\beta, \\ \frac{p}{g}\cdot\frac{dw}{dt} &= \Sigma F\cos\gamma. \end{aligned}\right.$$

On peut remplacer ces trois équations par une équation unique susceptible de les reproduire séparément : pour cela il faut recourir à la notion des mouvements virtuels. On concevra que la molécule prenne un déplacement très-petit δs dans une direction quelconque, qui pourra être tout à fait différente de celle qu'elle prend réellement dans le mouvement dont nous nous occupons. On projettera sur la direction de δs toutes les forces F ainsi que leur résultante, et l'on multipliera ces projections par l'élément δs; en d'autres termes on formera les moments virtuels, ou les éléments de travail virtuel qui résultent du petit déplacement δs de la molécule.

Or, si l'on désigne par Φ l'accélération $\sqrt{\left(\frac{du}{dt}\right)^2+\left(\frac{dv}{dt}\right)^2+\left(\frac{dw}{dt}\right)^2}$, due à la force qui produirait seule le mouvement qui a lieu, et que nous avons appelée totale, laquelle a pour composantes suivant les axes $\frac{p}{g}\frac{du}{dt}$, $\frac{p}{g}\frac{dv}{dt}$, $\frac{p}{g}\frac{dw}{dt}$; la résultante des forces F sera cette force totale, et aura pour mesure le produit de la masse $\frac{p}{g}$ de la molécule par cette accélération Φ. Ainsi, en désignant par $(\widehat{\Phi\partial s})$ l'angle de l'accélération Φ ou de la force totale F avec la direction du déplacement ∂s, et par $(\widehat{F\partial s})$ l'angle d'une de ces forces F avec cette même direction, on aura, en vertu du principe des vitesses virtuelles (32) :

$$\frac{p}{g}\cdot\Phi\cos(\widehat{\Phi\partial s})\cdot\partial s=\Sigma F\cos(\widehat{F\partial s})\cdot\partial s.$$

En supprimant le facteur commun ∂s, et choisissant pour la direction arbitraire de ∂s, successivement celle de chaque axe, on retomberait sur les trois équations (D), dont celle-ci est, pour ainsi dire, la génératrice.

Concevons que l'on forme une équation semblable pour chaque molécule du corps, et qu'on ajoute ensuite membre à membre toutes ces équations; on aura

$$(E) \qquad \Sigma\frac{p}{g}\;\Phi\cos(\widehat{\Phi\partial s})\cdot\partial s=\Sigma F\cos(\widehat{F\partial s})\cdot\partial s,$$

le signe Σ du second membre s'étendant maintenant, non-seulement à toutes les forces F qui agissent sur une même molécule, mais encore à toutes les molécules. C'est de cette équation que nous allons maintenant déduire les six équations qui nous sont nécessaires.

Remarquons d'abord que ce qui précède s'applique à un système quelconque de molécules libres, et que pour cette raison les déplacements virtuels ∂s sont restés complétement arbitraires, et peuvent être entièrement indépendants les uns des autres. Mais si nous voulons restreindre la question au cas où il s'agit d'un corps solide, et si nous convenons de restreindre en même temps les déplacements à ceux qui sont compatibles avec cet état de solidité du corps, ou d'invariabilité des distances mutuelles des molécules, tous les éléments de travail virtuel dus aux actions intérieures disparaîtront (34), et il ne restera que ceux qui sont relatifs aux forces extérieures. Ainsi le principe des vitesses virtuelles s'applique en ne considérant que ces forces.

On déduit de l'équation générale (E) une équation particulière fort simple, en choisissant un déplacement virtuel qui fasse avancer toutes ces molécules d'une même quantité infiniment petite ∂s, parallèlement à un axe quelconque, par exemple à l'axe des x. L'accélération Φ étant alors projetée sur l'axe des x, cette projection est $\frac{du}{dt}$; l'angle $(\widehat{F\partial s})$ devient α, et en supprimant le facteur ∂s, il vient

$$\Sigma \frac{p}{g} \cdot \frac{du}{dt} = \Sigma F \cos \alpha,$$

le signe Σ du second membre s'étendant ici à toutes les forces extérieures qui agissent sur une même molécule, et à toutes les molécules.

En opérant de la même manière par rapport aux trois axes, on obtient les trois équations :

$$(F) \quad \left\{ \begin{aligned} \Sigma \frac{p}{g} \cdot \frac{du}{dt} &= \Sigma F \cos \alpha, \\ \Sigma \frac{p}{g} \cdot \frac{dv}{dt} &= \Sigma F \cos \beta, \\ \Sigma \frac{p}{g} \cdot \frac{dw}{dt} &= \Sigma F \cos \gamma. \end{aligned} \right.$$

On serait d'ailleurs parvenu directement à ces équations en écrivant pour chaque molécule une suite d'équations semblables aux équations (D), et en les ajoutant membre à membre. Si nous avons introduit la considération des déplacements virtuels, c'est uniquement pour préparer à cette considération dans un cas plus compliqué où elle a de l'avantage.

En se rappelant que la force $\frac{p}{g} \cdot \Phi$, qui a pour composantes suivant les axes $\frac{p}{g} \cdot \frac{du}{dt}$, $\frac{p}{g} \cdot \frac{dv}{dt}$, $\frac{p}{g} \cdot \frac{dw}{dt}$, est précisément ce que nous avons nommé la *force totale* (20), on pourra énoncer les équations (F) qui précèdent, en disant que *les sommes des projections des forces extérieures sur trois axes rectangulaires sont égales aux sommes des projections des forces totales sur les mêmes axes.*

On déduit encore de l'équation (E) une forme d'équations simple, en choisissant un déplacement virtuel résultant d'une rotation infiniment petite autour d'une ligne quelconque ; autour de l'axe des x par exemple.

Si l'on désigne par $\partial\psi$ l'angle infiniment petit, décrit dans cette rotation par la perpendiculaire r abaissée d'une molécule quelconque du système sur l'axe de rotation, on aura, pour l'élément de travail virtuel dû à une force F appliquée à cette molécule,

$$F\cos(\widehat{F\delta s}).r\delta\psi,$$

et l'équation (E) deviendra

$$\Sigma\frac{p}{g}.\Phi\cos(\widehat{\Phi\delta s}).r\delta\psi = \Sigma F\cos(\widehat{F\delta s}).r\delta\psi.$$

Le facteur $\delta\psi$ étant commun à tous les termes, puisqu'il s'agit de la rotation d'un corps solide autour d'un axe, on aura, en supprimant ce facteur,

$$\text{(G)} \qquad \Sigma\frac{p}{g}.\Phi\cos(\widehat{\Phi\delta s}).r = \Sigma F\cos(\widehat{F\delta s}).r.$$

On obtiendrait deux autres équations de forme semblable, mais réellement différentes, en considérant des mouvements virtuels de rotation autour de deux autres axes. On arrive donc ainsi aux six équations nécessaires à la détermination complète du mouvement du corps.

Si une force est décomposée en deux autres rectangulaires, l'une située dans un plan passant par l'axe, et l'autre perpendiculaire à ce plan; cette dernière est exprimée par $F\cos(\widehat{F\delta s})$, puisque sa direction est celle de δs. Cela posé, on nomme en Mécanique *moment d'une force par rapport à un axe*, le produit de cette dernière composante perpendiculaire à l'axe par sa distance à ce même axe. Or, la direction de δs qui est celle de cette composante, étant perpendiculaire au rayon r, ce rayon mesure sa distance à l'axe de rotation qui lui est perpendiculaire; le produit $F\cos(\widehat{F\delta s}).r$ est donc, d'après la définition qui précède, le moment de la force F par rapport à l'axe de rotation. Les trois équations réunies sous la forme (G) peuvent donc s'énoncer en disant que *les sommes des moments des forces extérieures par rapport à trois axes rectangulaires sont égales aux sommes des moments des forces totales par rapport aux mêmes axes.*

Pour achever de résoudre le problème qui nous occupe, il ne resterait plus qu'à exprimer les quantités u, v, w, etc., en fonction des six variables d'où dépend le mouvement du système, savoir: des coordonnées de l'origine mobile, et des trois angles θ, ε, χ qui déterminent la direction des axes mobiles, par rapport aux axes fixes; puis à intégrer les six équations différentielles qu'on obtiendrait entre le temps et les différentielles de ces six variables, et à déterminer les constantes arbitraires par les conditions relatives à l'état initial, que l'on suppose connu.

Les six variables dont nous parlons étant ainsi données en fonction du temps par un même nombre d'équations distinctes, la position du système à chaque instant serait complétement déterminée. Il en résulte que toute autre équation que l'on pourrait déduire de l'équation (E) par le choix de nouveaux déplacements virtuels, devrait nécessairement rentrer dans l'une des équations (F) et (G), ou pouvoir se déduire de leur combinaison.

37.— Les équations (G) déduites de (E) par la considération d'un mouvement virtuel de rotation, peuvent être présentées sous une autre forme.

On a vu, en effet, que dans le calcul des éléments de travail, on pouvait remplacer le travail d'une résultante par la somme des quantités de travail de ses composantes. Si donc on représente par X, Y, Z, les composantes de la force F suivant les axes, et par δx, δy, δz, les accroissements infiniment petits des coordonnées du point d'application de F, résultant du déplacement virtuel que l'on considère, $X\delta x$, $Y\delta y$, $Z\delta z$ seront les éléments de travail des trois composantes, et l'on aura

$$F\cos(F\delta s)\,\delta s = X\delta x + Y\delta y + Z\delta z,$$

et, par une raison semblable, $\frac{p}{g}\frac{du}{dt}$, $\frac{p}{g}\frac{dv}{dt}$, $\frac{p}{g}\frac{dw}{dt}$ étant les composantes de la force $\frac{p}{g}\,\Phi$, on aura

$$\frac{p}{g}\,.\,\Phi\cos(\Phi\delta s)\,.\,\delta s = \frac{p}{g}\,.\,\frac{du}{dt}\,\delta x + \frac{p}{g}\,.\,\frac{dv}{dt}\,\delta y + \frac{p}{g}\,.\,\frac{dw}{dt}\,\delta z.$$

Si l'on considère en premier lieu les déplacements virtuels résultant d'un mouvement de rotation autour de l'axe des z, $\delta\psi$ étant toujours l'angle infiniment petit, décrit par le rayon vecteur r perpendiculaire à l'axe; et le mouvement ayant lieu de l'axe des x positifs vers l'axe des y positifs, on aura

$$\delta z = 0, \quad \delta y = \delta s\,\frac{x}{r} = x\delta\psi, \quad \delta x = -\delta s\,\frac{y}{r} = -y\delta\psi,$$

puisque $\frac{x}{r}$ et $\frac{y}{r}$, sont les cosinus des angles que le rayon r fait avec les axes des x et des y, ou les sinus de ceux que ce rayon fait respectivement avec les axes des y et des x; et δs étant égal à $r\delta\psi$.

Cela posé, l'équation (E) deviendra

$$
(H)\quad\left\{\begin{array}{l}
\Sigma\frac{p}{g}\left(x\frac{dv}{dt}-y\frac{du}{dt}\right)=\Sigma(xY-yX),\\
\text{et en considérant les mouvements virtuels de rotation}\\
\text{autour des deux autres axes, on trouverait de même}\\
\Sigma\frac{p}{g}\left(y\frac{dw}{dt}-z\frac{dv}{dt}\right)=\Sigma(yZ-zY),\\
\Sigma\frac{p}{g}\left(z\frac{du}{dt}-x\frac{dw}{dt}\right)=\Sigma(zX-xZ).
\end{array}\right.
$$

Cette forme est celle sous laquelle on présente ordinairement les trois équations du mouvement qui expriment l'égalité entre les sommes des moments, des deux espèces de forces que l'on considère, savoir les forces extérieures et les forces totales, capables de produire sur chaque point, le mouvement qu'il prend réellement. Le problème sera complétement résolu par le système des équations (F) et des équations (H), quand on aura exprimé les quantités u, v, w, x, y, z, etc., en fonction des six variables d'où dépend la position du système.

Principe sur le mouvement du centre de gravité d'un corps solide.

38.— On désigne sous le nom de *centre de gravité* d'un système de points matériels un point moyen tel que, si ξ, η, ζ sont ses coordonnées, et x, y, z celles d'un point matériel quelconque du système, ayant un poids p, on a

$$
(h)\qquad \xi=\frac{\Sigma px}{\Sigma p},\qquad \eta=\frac{\Sigma py}{\Sigma p},\qquad \zeta=\frac{\Sigma pz}{\Sigma p},
$$

équations qui, lorsqu'on y chasse les dénominateurs, signifient que la somme des produits qu'on obtient en multipliant le poids de chaque point matériel par sa distance à l'un des plans coordonnés, est égale au poids total du système multiplié par la distance du centre de gravité au même plan.

Si l'on représente par U, V, W, les composantes de la vitesse du centre de gravité, c'est-à-dire les quantités $\frac{d\xi}{dt}$, $\frac{d\eta}{dt}$, $\frac{d\zeta}{dt}$, on aura

$$
U=\frac{d\xi}{dt}=\frac{\Sigma p\frac{dx}{dt}}{\Sigma p}=\frac{\Sigma pu}{\Sigma p}\quad\text{d'où}\quad\frac{dU}{dt}\Sigma p=\Sigma p\frac{du}{dt},
$$

de même

$$
V=\frac{\Sigma pv}{\Sigma p}\quad\text{d'où}\quad\frac{dV}{dt}\Sigma p=\Sigma p\frac{dv}{dt},
$$

$$
W=\frac{\Sigma pw}{\Sigma p}\quad\text{d'où}\quad\frac{dW}{dt}\Sigma p=\Sigma p\frac{dw}{dt};
$$

et, en remarquant que l'on a $F\cos\alpha = X$, $F\cos\beta = Y$, $F\cos\gamma = Z$, les équations (F) deviendront

$$\text{(I)} \qquad \frac{dU}{dt}\Sigma\frac{p}{g} = \Sigma X, \quad \frac{dV}{dt}\Sigma\frac{p}{g} = \Sigma Y, \quad \frac{dW}{dt}\Sigma\frac{p}{g} = \Sigma Z.$$

Ces équations sont ainsi ramenées à ne contenir que les trois variables U, V, W, ou les coordonnées ξ, η, ζ dont celles-ci dérivent. On peut les énoncer en disant que : *le centre de gravité du corps solide se meut comme le ferait un point matériel isolé, ayant un poids égal au poids total du système, et soumis à toutes les forces extérieures, transportées en ce point parallèlement à elles-mêmes.* Ces équations sont en effet, de même forme que les équations (D) qui se rapportent au mouvement d'un seul point matériel.

Nous verrons plus loin que le théorème que nous venons d'énoncer, n'est point particulier au mouvement d'un corps solide; il s'étend en général à un système de corps dans certaines conditions de liberté de mouvement. On le connaît sous la désignation de *principe sur le mouvement du centre de gravité.*

On conclut de ce principe que lorsque le centre de gravité a un mouvement rectiligne et uniforme, les forces extérieures doivent satisfaire aux conditions d'équilibre, et que réciproquement quand ces conditions sont remplies, le mouvement du centre de gravité est uniforme. Dans le premier cas, en effet, on sait que les premiers membres des équations (I) deviennent nuls, et alors les deuxièmes l'étant aussi, les équations expriment que la résultante de toutes les forces extérieures transportées au centre de gravité est nulle, ou que ces forces ainsi transportées se font mutuellement équilibre. Dans le second cas ce sont les deuxièmes membres qu'on sait être nuls, et alors les premiers l'étant aussi, le centre de gravité a un mouvement uniforme.

On voit par la nature même des équations (*h*) qui donnent les coordonnées ξ, η, ζ du centre de gravité, que ce point occupe une position fixe dans le corps. Lorsqu'on aura, pour un instant donné, la position et la vitesse de ce point, les équations (I) feront connaître cette position et cette vitesse pour un instant quelconque. Pour connaître complétement le mouvement du corps solide, il ne reste donc plus qu'à déterminer le mouvement de rotation qu'il prend autour de son centre de gravité. Sans entrer ici dans le détail de la résolution de ce problème, nous en ferons seulement sentir la possibilité.

Pour cela, on peut d'abord changer les coordonnées x, y, z qui se rapportent à une origine fixe, en d'autres coordonnées x', y', z' qui se rapportent au centre de gravité pris pour origine d'un système d'axes mobiles parallèles aux premiers. Il suffira pour cela de remplacer x, y, z par $\xi+x'$, $\eta+y'$, $\zeta+z'$, et u, v, w par $U+u'$, $V+v'$, $W+w'$; en désignant par u', v', w' les composantes suivant les axes mobiles de la vitesse relative à ces axes.

Le centre de gravité servant d'origine aux coordonnées x' y', z', on a, d'après les valeurs mêmes de ξ, η, ζ données par les équations (h),

$$\Sigma px' = 0, \quad \Sigma py' = 0, \quad \Sigma pz' = 0,$$

et par suite, en différentiant par rapport au temps,

$$\Sigma pu' = 0, \quad \Sigma pv' = 0, \quad \Sigma pw' = 0,$$

d'où

$$\Sigma p\frac{du'}{dt} = 0, \quad \Sigma p\frac{dv'}{dt} = 0, \quad \Sigma p\frac{dw'}{dt} = 0.$$

A l'aide de ces relations et des équations (I), les équations (H) se réduisent à

$$(J)\quad \begin{cases} \Sigma\dfrac{p}{g}\left(x'\dfrac{dv'}{dt} - y'\dfrac{du'}{dt}\right) = \Sigma(x'Y - y'X), \\ \Sigma\dfrac{p}{g}\left(y'\dfrac{dw'}{dt} - z'\dfrac{dv'}{dt}\right) = \Sigma(y'Z - z'Y), \\ \Sigma\dfrac{p}{g}\left(z'\dfrac{du'}{dt} - x'\dfrac{dw'}{dt}\right) = \Sigma(z'X - x'Z). \end{cases}$$

Comme elles ne contiennent plus aucune variable, se rapportant au centre de gravité; mais seulement celles qui se rapportent aux axes mobiles passant par ce centre, elles expriment *que le mouvement autour du centre de gravité se détermine comme si ce centre était fixe.*

Il faudrait maintenant, dans ces équations, exprimer toutes les variables, qui sont en nombre triple de celui des molécules, au moyen de trois quantités indépendantes capables de fixer la position du corps; tels seraient, par exemple, les trois angles θ, ε, χ dont nous avons déjà parlé. Cette analyse étant un peu compliquée, nous ne la donnerons pas ici. Il suffit, pour ce qui nous sera nécessaire par la suite, d'avoir établi que le mouvement du corps dépend de la détermination de six variables en fonction du temps au moyen des six équations (I) et (J).

Nous remarquerons en terminant, que le mouvement de rotation autour du centre de gravité, exprimé par les équations (J) ne changerait pas si l'on introduisait dans le système des forces passant par ce centre. Cela résulte de la forme même des seconds membres de ces équations et de ce que les coordonnées du centre de gravité, auquel on supposerait les nouvelles forces appliquées, sont nulles par rapport aux axes des x', y', z'. On en conclut que le mouvement relatif de rotation autour du centre de gravité ne changerait pas si l'on venait à appliquer à ce centre des forces capables de le réduire au repos.

De l'équilibre et de l'équivalence des forces appliquées à un corps solide.

39. — On dit que des forces appliquées à un corps solide sont en équilibre, quand elles ne peuvent ni donner aucun mouvement à ce corps supposé en repos ni modifier le mouvement qu'il posséderait déjà, ou qu'il prendrait sous l'action d'autres forces.

Considérons le cas le plus général, celui où le corps serait déjà animé d'un certain mouvement; et concevons qu'on applique à ce corps un nouveau système de forces. Désignons par F_1 l'une quelconque d'entre elles et par X_1, Y_1, Z_1 ses composantes suivant les axes. Ces forces devront être introduites dans les seconds membres des équations (F) et (H) ou (J), qui exprimeront alors le mouvement du corps sous l'action des forces primitives et des forces introduites F_1. Or, si l'on veut que ce mouvement soit identique avec le mouvement primitif, c'est-à-dire, d'après la définition, que les forces F_1 soient en équilibre, il faudra et il suffira que les sommes relatives à ces forces disparaissent d'elles-mêmes dans les seconds membres des équations citées, ce qui fournit ces six conditions

$$\Sigma X_1 = 0, \quad \Sigma Y_1 = 0, \quad \Sigma Z_1 = 0,$$
$$\Sigma(xY_1 - yX_1) = 0, \quad \Sigma(yZ_1 - zY_1) = 0, \quad \Sigma(zX_1 - xZ_1) = 0.$$

Elles sont nécessaires et suffisantes pour l'équilibre des forces F_1.

On peut pour simplifier la notation, effacer les indices; et l'on aura, pour l'équilibre d'un système de forces F quelconques appliquées à un corps solide, les six relations

$$\Sigma X = 0, \quad \Sigma Y = 0, \quad \Sigma Z = 0,$$
$$\Sigma(xY - yX) = 0, \quad \Sigma(yZ - zY) = 0, \quad \Sigma(zX - xZ) = 0.$$

Les trois premières expriment que *les sommes des composantes suivant trois axes rectangulaires quelconques sont nulles*; ces composantes étant toujours regardées comme positives quand elles sont dirigées dans un sens déterminé, celui des coordonnées positives par exemple, et comme négatives quand elles sont dirigées dans le sens contraire.

Pour énoncer simplement les trois dernières, on remarquera d'abord que l'origine des coordonnées x, y, z est quelconque. En second lieu, si l'on appelle F' la projection de la force F sur le plan de xy, r' la distance de l'origine à cette projection, et α l'angle de cette même projection avec l'axe des x, on aura

$$X = F'\cos\alpha, \quad Y = -F'\sin\alpha, \quad x = r'\sin\alpha, \quad y = r'\cos\alpha,$$

d'où l'on tire facilement

$$yX - xY = F'r'.$$

Or, $F'r'$ est le *moment* de la force F par rapport à l'axe des z. Cette quantité est égale en effet au produit de la distance r' de l'axe au point d'application de la force F, multiplié par la composante perpendiculaire au plan, passant par l'axe et par ce point d'application. Or nous avons déjà dit (36) que ce dernier produit prenait la dénomination de moment. Les quantités $yZ - zY$ et $zX - xZ$, prises avec un signe convenable sont par la même raison les moments de la force F par rapport à l'axe des x et à l'axe des y. Les trois équations que nous cherchons à énoncer signifient donc que *les sommes des moments des forces par rapport à trois axes rectangulaires, sont nulles quels que soient ces axes*; ces moments étant regardés comme positifs, quand la force considérée tend à faire tourner dans un sens déterminé autour de l'axe auquel ces moments se rapportent, et comme négatifs quand la force tend à faire tourner en sens contraire.

40.— On dit que deux systèmes de forces appliquées successivement à un même corps, sont *équivalents*, quand elles donnent ou pourraient donner à ce corps le même mouvement. Les conditions nécessaires et suffisantes pour que le mouvement soit le même, sont que les seconds membres des équations (I) et (II), qui déterminent le mouvement des corps, soient égaux dans les deux cas. En désignant par X, Y, Z les composantes d'une quelconque des forces du premier système, et par X', Y', Z' l'une quelconque des forces du second système appliquée au point dont les coordonnées sont x', y', z', on a ainsi les relations suivantes :

$$\Sigma X = \Sigma X', \quad \Sigma Y = \Sigma Y', \quad \Sigma Z = \Sigma Z',$$

$$\Sigma(xY - yX) = \Sigma(x'Y' - z'X'), \; \Sigma(yZ - zY) = \Sigma(y'Z' - z'Y'), \; \Sigma(zX - xZ) = \Sigma(X'y' - x'Z').$$

Les trois premières équations indiquent que les sommes algébriques des composantes suivant les axes sont égales dans les deux systèmes; les trois dernières expriment que les sommes des moments des forces par rapport à trois axes rectangulaires sont égales dans les deux systèmes.

Les six équations du mouvement d'un corps solide ayant été obtenues par la considération des vitesses virtuelles, il est clair qu'on aurait pu, par la même marche, arriver directement aux équations d'équilibre, ou aux équations d'équivalence. Si l'on veut, par exemple, obtenir de cette manière les équations d'équilibre, on partira de l'équation générale (E) du n° 36, relative à l'équilibre d'une molécule, et qui exprime que la somme des éléments de travail virtuel, ou des moments virtuels, des forces qui agissent sur cette molécule, est nulle. On écrira une suite d'équations semblables pour toutes les molécules, et on ajoutera ces équations membre à membre. On restreindra les mouvements virtuels à ceux qui sont compatibles avec l'état solide du corps que l'on considère; les éléments de travail virtuel dus aux forces moléculaires disparaîtront d'eux mêmes, et il ne restera que ceux qui sont dus aux forces extérieures. On choisira enfin, parmi les mouvements virtuels que peut prendre le corps solide, les trois mouvements infiniment petits de translation parallèlement aux axes, et de rotation autour de ces axes, et l'on arrivera aux six équations trouvées ci-dessus.

Si l'on voulait employer la même marche pour obtenir les équations d'équivalence, il faudrait préalablement déduire de l'équation (E) citée, une condition générale d'équivalence entre deux systèmes de forces appliquées à une même molécule, ce qui se ferait comme au commencement de cet article; on opérerait ensuite sur cette équation ainsi transformée, pour obtenir les six équations d'équivalence, comme on opérerait sur l'équation (E) pour obtenir les six équations d'équilibre.

Résultante d'un système de forces parallèles; centre des forces parallèles, centre de gravité

41.— On a souvent à considérer un système de forces parallèles qui sont appliquées à un corps solide, et à déterminer la direction et la grandeur d'une force unique équivalente à ce système de forces.

Soit P l'une quelconque des forces parallèles, et R la force unique, équivalente au système des forces P, et que, pour cette raison, on nomme leur résultante. Désignons par α, β, γ, les angles que la direction commune de ces forces P fait avec trois axes rectangulaires, et par a, b, c ceux que fait la résultante R avec ces mêmes axes. Les trois premières équations d'équivalence donneront

$$R\cos a = \Sigma P\cos\alpha, \quad R\cos b = \Sigma P\cos\beta, \quad R\cos c = \Sigma P\cos\gamma.$$

En général, parmi les forces P, les unes agissent dans un sens, les autres en sens contraire; concevons que α, β, γ se rapportent à celles qui forment la plus grande somme; pour celles-là on devra écrire $\cos\alpha$, $\cos\beta$, $\cos\gamma$; pour les autres on devra mettre au contraire $-\cos\alpha$, $-\cos\beta$, $-\cos\gamma$. Mais la valeur absolue de ces cosinus étant la même pour ces deux catégories de forces, on peut mettre $\cos\alpha$, $\cos\beta$, $\cos\gamma$, hors du signe Σ, en convenant de regarder comme positives celles des forces P qui agissent dans le sens de la plus grande somme, et comme négatives celles qui agissent en sens contraire. On aura ainsi

$$R\cos a = \cos\alpha\Sigma P, \quad R\cos b = \cos\beta\Sigma P, \quad R\cos c = \cos\gamma\Sigma P,$$

élevant au carré, et ajoutant, il vient

$$R^2 = (\Sigma P)^2 \quad \text{d'où} \quad R = \Sigma P.$$

Car on doit évidemment écarter la solution négative, introduite en élevant au carré. On trouve alors

$$\cos a = \cos\alpha, \quad \cos b = \cos\beta, \quad \cos c = \cos\gamma.$$

c'est-à-dire que *la résultante* R *fait avec les axes les mêmes angles que les forces* P, *et leur est par conséquent parallèle*; *est de plus égale à leur somme algébrique*, *et de même sens que celles dont la somme absolue est la plus grande.*

Soient ξ, η, ζ les coordonnées d'un point quelconque, pris sur la direction de la résultante; les trois dernières conditions d'équivalence donneront

$$(\xi R\cos b - \eta R\cos a) = \Sigma(xP\cos\beta - yP\cos\alpha),$$
$$(\eta R\cos c - \zeta R\cos b) = \Sigma(yP\cos\gamma - zP\cos\beta),$$
$$(\zeta R\cos a - \xi R\cos c) = \Sigma(zP\cos\alpha - xP\cos\gamma),$$

ou bien

$$R(\xi\cos b - \eta\cos a) = \cos\beta\Sigma Px - \cos\alpha\Sigma Py,$$
$$R(\eta\cos c - \zeta\cos b) = \cos\gamma\Sigma Py - \cos\beta\Sigma Pz,$$
$$R(\zeta\cos a - \xi\cos c) = \cos\alpha\Sigma Pz - \cos\gamma\Sigma Px.$$

De ces trois équations, deux seulement sont indépendantes; la troisième, par exemple, peut se déduire des deux autres, en multipliant la première par $\cos c$, ou son égal $\cos\gamma$, et la seconde par $\cos a$, ou son égal $\cos\alpha$, ajoutant membre à membre, et divisant ensuite l'équation qui en résulte par $\cos b$, ou son égal $\cos\beta$. Pour que la force R, dont l'intensité et la direction ont été déterminées ci-dessus, soit complétement équivalente au système des forces P, il suffit donc qu'elle passe par un point dont les coordonnées satisfassent à deux des équations qui précèdent.

Ces équations sont identiquement satisfaites si l'on a les relations

$$R\xi = \Sigma Px, \quad R\eta = \Sigma Py, \quad R\zeta = \Sigma Pz,$$

et cela quelle que soit du reste la direction commune des forces P et R. Le point dont les coordonnées ξ, η, ζ sont données par ces formules, jouit donc de cette propriété, que si les forces P appliquées toujours aux mêmes points, venaient à changer simultanément de direction en conservant leurs intensités et leur parallélisme, leur résultante passerait encore par ce point. On lui donne pour cette raison le nom de *centre des forces parallèles.*

Si les forces P sont les poids des molécules du corps, le centre des forces parallèles prend le nom de *centre de gravité.* Ce point dont les coordonnées sont données par les formules

$$\xi = \frac{\Sigma Px}{\Sigma P}, \quad \eta = \frac{\Sigma Py}{\Sigma P}, \quad \zeta = \frac{\Sigma Pz}{\Sigma P},$$

puisque $R = \Sigma P$, est celui par lequel doit toujours passer la résultante des poids si la direction de ceux-ci vient à changer par rapport au corps, ou, ce qui revient au même, si la position du corps vient à changer par rapport à la direction verticale qui est celle de la pesanteur. Ces formules justifient la définition que nous avions déjà donnée du centre de gravité, lorsque nous avons eu besoin de le considérer uniquement comme un point géométrique, dont la position était fixée par les formules ci-dessus.

La somme ΣPx, qui forme le numérateur de ξ, est ce que l'on appelle la somme des moments des poids, par rapport au plan des yz; la somme ΣPy est de même, la somme des moments des poids par rapport au plan des xz, et la somme ΣPz est la somme des moments des poids par rapport au plan des xy.

Si le corps que l'on considère est homogène dans toutes ses parties, de sorte que les poids de ses éléments soient proportionnels à leurs volumes, alors, en désignant par V le volume total du corps, et par dv un élément infiniment petit de ce volume; on pourra écrire

$$\xi = \frac{\Sigma x dv}{V}, \quad \eta = \frac{\Sigma y dv}{V}, \quad \zeta = \frac{\Sigma z dv}{V}.$$

Les sommes $\Sigma x dv$, $\Sigma y dv$, $\Sigma z dv$, s'appellent les sommes des moments des éléments de volume par rapport aux plans respectifs des yz, des xz et des xy.

Pour effectuer le calcul, on devra en général, remplacer dv par le produit $dxdydz$, et les signes Σ par de triples signes d'intégrations relatives aux trois variables x, y, z. Mais si l'on suppose, dans chaque formule, les deux premières intégrations effectuées, que l'on nomme U_x, U_y, U_z les superficies des sections faites dans le corps par des plans respectivement perpendiculaires aux axes des x, des y et des z, à des distances de l'origine marquées par x, y et z, on aura

$$\xi = \frac{\int_{x_0}^{X} U_x x dx}{V}, \quad \eta = \frac{\int_{y_0}^{Y} U_y y dy}{V}, \quad \zeta = \frac{\int_{z_0}^{Z} U_z z dz}{V},$$

les quantités x_0 et X, y_0 et Y, z_0 et Z, limites des intégrales, étant les coordonnées ou les distances à l'origine des plans qui limitent le corps.

Il ne faut pas perdre de vue que les coordonnées x, y, z doivent entrer dans ces formules avec le signe qui leur convient. S'il arrivait, par exemple, que le plan des yz coupât le corps, pour la partie supérieure du plan z serait positif, tandis qu'il serait négatif pour tous les points situés dans la partie inférieure.

Il résulte de là que si le plan des yz partageait le corps en deux parties symétriques, les éléments $U_x x dx$ se sépareraient en deux séries parfaitement égales, mais dont les signes seraient contraires, en sorte que l'intégrale $\int_{x^0}^{X} U_x x dx$ et par suite ξ se réduiraient à zéro; c'est-à-dire que, dans ce cas, le centre de gravité serait dans le plan des yz.

En général, toutes les fois qu'un plan divisera le corps en deux parties symétriques, son centre de gravité sera dans ce plan; car on pourrait le prendre pour l'un des plans coordonnés, et répéter les raisonnements ci-dessus.

Si l'on connaît trois plans différents qui divisent ainsi le corps en deux parties symétriques, le centre de gravité devant se trouver sur chacun d'eux, sera évidemment à leur intersection.

On a souvent à considérer des corps compris entre deux plans parallèles très-peu distants, et qui se réduisent à des feuilles d'une très-petite épaisseur. Pour déterminer le centre de gravité d'un pareil corps, on le considère comme n'ayant que deux dimensions. Si l'on prend par exemple, le plan du corps pour celui des xy, on aura simplement

$$\xi = \frac{\int_{x_0}^{X} U_x x dx}{V}, \quad \eta = \frac{\int_{y_0}^{Y} U_y y dy}{V},$$

V étant la superficie du corps, U_x et U_y les longueurs des sections faites dans cette superficie par des droites perpendiculaires aux axes respectifs des x et des y, à des distances de l'origine marquées par x et par y; x_0 et X, y_0 et Y étant les distances à cette origine des parallèles aux axes qui limitent la superficie du corps.

Du mouvement d'un système de corps solides, ou d'une machine quelconque.

42.— On désigne en général sous le nom de *machine* un système de corps solides en contact, destiné à transmettre le travail des forces. Pour justifier et éclaircir à la fois cette définition, il est nécessaire d'étendre à un système de corps en contact les uns avec les autres, l'équation dite des forces vives qui renferme le principe de la transmission du travail. Si l'on considère en particulier l'un des corps dont la machine se compose, on aura comme nous l'avons vu (35),

$$\Sigma p \frac{\omega^2}{2g} - \Sigma p \frac{\omega_0^2}{2g} = \Sigma \int P ds - \Sigma \int P' ds'.$$

Le premier membre de cette équation exprime l'accroissement de la somme des forces vives de toutes les molécules du corps. Les forces qui entrent dans le second membre ne sont que les forces extérieures à ce corps; lorsque, toutefois, comme nous l'admettons ici, son mouvement s'opère sans que les distances respectives de ses molécules soient altérées.

Si l'on écrit une suite d'équations semblables pour tous les corps qui composent la machine, et qu'on ajoute ces équations membre à membre, le premier membre de l'équation résultante exprimera l'accroissement de la somme des forces vives de toutes les molécules de la machine; le second membre sera la somme des quantités de travail de toutes les forces extérieures à tous les corps qui la composent.

Cette somme peut se réduire quand on suppose, ainsi que nous le faisons, que le système de corps forme réellement une machine, c'est-à-dire que ces corps restent en contact, en réagissant les uns sur les autres pendant le mouvement.

En effet, la réaction de deux corps en contact est due à l'ensemble des attractions ou des répulsions des molécules d'un corps sur celles de l'autre, lesquelles sont assez voisines pour agir effectivement entre elles. Considérons deux de ces molécules m et m' appartenant ainsi à deux corps différents en contact; soit r la distance qui les sépare, R l'action mutuelle qu'elles exercent l'une sur l'autre, dr la variation de leur distance dans le temps infiniment petit dt, et ds l'élément décrit dans l'espace par l'une de ces molécules m, pendant le même temps. Le travail élémentaire de R, relatif au mouvement de m dans l'espace sera $Rds.\cos(Rds)$, et le travail élémentaire relatif à la variation de distance des molécules sera Rdr. Au bout du temps total pendant lequel s'exerce la réaction mutuelle de ces molécules, le travail total de R relatif au mouvement de m dans l'espace sera donc $\int Rds.\cos(Rds)$; et le travail total dû à la variation de distance sera $\int Rdr$.

Mais, en observant ce qui se passe pendant ce temps, on voit que la distance r diminue de plus en plus, jusqu'à ce qu'elle atteigne un certain minimum, et commence dès lors à croître. Ce n'est ordinairement qu'aux environs de ce minimum, c'est-à-dire lorsque dr est très-petit, que la force R a une valeur appréciable. Il en résulte que l'intégrale $\int Rdr$ est généralement très-petite par rapport à l'intégrale $\int Rds.\cos(Rds)$; et si l'on étend cette observation à toutes les molécules qui réagissent, on voit que le travail *moléculaire* dû aux deux actions mutuelles des molécules qui réagissent les unes sur les autres dans le voisinage du point de contact, est d'ordinaire très-petit par rapport au travail *extérieur* des forces qui agissent sur ce même corps en vertu de son contact avec d'autres corps, ou en vertu des actions analogues aux poids des molécules.

L'intégrale $\int Rdr$ sera rigoureusement nulle si la force mutuelle R n'est fonction que de la distance r; car ses éléments formeront alors deux groupes de termes égaux et de signe contraire. Bien qu'on ait tout lieu de croire qu'il en est ainsi, et que les forces R restent les mêmes quand les distances reviennent les mêmes, cependant les choses ne se passent pas comme si cela avait lieu. Mais nous verrons plus loin que cela tient à l'inexactitude de l'hypothèse que nous avons faite sur l'invariabilité des distances des molécules d'un même corps dans le voisinage des points de contact.

Nous reviendrons sur ces quantités de travail $\int Rdr$, quand nous aurons égard aux ébranlements des molécules d'un même corps. Pour le moment, comme nous nous tenons encore dans une conception plus rationnelle que physique, nous supposerons que la force R n'ait de valeur que lorsque dr est sensiblement nul, et qu'ainsi le travail dû aux actions mutuelles disparaisse. Cette hypothèse s'approchera d'ailleurs d'autant plus de la réalité que les corps en contact seront moins susceptibles d'être ébranlés ou déformés dans le voisinage du contact; ce qui revient à dire qu'ils seront plus durs et plus polis, puisque, ainsi que l'expérience nous le montre, c'est dans ce cas que les conséquences de cette supposition deviennent plus approximativement exactes.

Cela posé, l'élément $Rds.\cos(\widehat{Rds})$ pour une molécule m recevant l'action R d'une molécule m' du corps contigu, est égal en valeur à l'élément $Rds'.\cos(\widehat{Rds'})$ pour la molécule m' de cet autre corps, recevant l'action égale et opposée R de la molécule m, Puisque la somme des deux éléments doit être nulle, ou, en d'autres termes, puisqu'à l'instant où la distance r, atteint son minimum, ne varie plus sensiblement, il en résulte que le travail extérieur que reçoit chaque corps par son contact avec un autre, est égal à celui qu'il produit lui-même sur cet autre par le contact; seulement ces deux travaux sont de signe contraire. Il en résulte qu'au travail résistant produit sur une machine par l'action des corps extérieurs, on peut substituer à volonté le travail moteur que ceux-ci reçoivent par l'effet de leur contact avec la machine. Cette proposition permet d'énoncer de la manière suivante l'équation des forces vives, ou de la transmission du travail, pour une machine composée de corps solides, et dans laquelle les forces résistantes sont produites seulement par l'action de corps en contact, et dans laquelle on fait abstraction des actions moléculaires et conséquemment des frottements aux points de contact.

Dans toute machine en mouvement, la différence entre le travail moteur développé par les forces extérieures pendant un certain temps; et le travail moteur transmis pendant le même temps à des corps extérieurs, est égale à l'accroissement des forces vives des corps dont la machine se compose.

Nous reviendrons sur les conséquences de cet énoncé, quand nous aurons montré comment il s'applique à des corps dont les molécules peuvent être ébranlées.

43. — Lorsqu'on fait abstraction du travail moléculaire développé par le

contact des divers corps qui composent une machine, la seule équation des forces vives suffit pour déterminer le mouvement qu'elle prendra sous l'action de forces extérieures données, pourvu, toutefois, que ce mouvement ne puisse être que d'une seule espèce; c'est-à-dire que la position relative des différentes pièces de la machine, ne dépende plus que de la détermination d'une seule variable en fonction du temps.

…vement du pendule.

Pour en donner un exemple, supposons qu'il s'agisse de déterminer le mouvement de rotation d'un corps pesant assujetti à tourner autour d'un axe fixe et horizontal, lequel est réalisé par un cylindre ou arbre retenu à ses extrémités dans deux collets circulaires.

Désignons par θ l'angle que fait, avec un plan fixe et vertical passant par l'axe, un plan mobile avec le corps, passant par l'axe de rotation du système et par son centre de gravité; ce point étant choisi ici comme tout autre point du corps dont la position fixe par rapport à ce corps serait exactement définie. Représentons par r la distance d'une des molécules du corps à l'axe, par p le poids de cette molécule, et par φ la vitesse angulaire, dont la valeur initiale est φ_0; la vitesse réelle de la molécule considérée étant φr, l'équation des forces vives deviendra

$$\Sigma \frac{p}{g}\frac{\varphi^2 r^2}{2} - \Sigma \frac{p}{g}\frac{\varphi_0^2 r^2}{2} = \int \mathrm{P}ds - \int \mathrm{P}'ds',$$

le second membre ayant la même signification que précédemment.

Le facteur φ^2 est commun à tous les termes de la première somme Σ, et le facteur φ_0^2, à tous les termes de la seconde; on aura en mettant pour φ sa valeur $\frac{d\theta}{dt}$,

$$\left[\left(\frac{d\theta}{dt}\right)^2 - \varphi_0^2\right] \Sigma \frac{pr^2}{2g} = \int \mathrm{P}ds - \int \mathrm{P}'ds'.$$

Le second membre se calculera en fonction de l'angle θ; on peut donc le représenter par $f(\theta)$, et l'on tirera de l'équation qui précède

$$\frac{d\theta}{dt} = \sqrt{\varphi_0^2 + \frac{f(\theta)}{\Sigma \frac{pr^2}{2g}}},$$

d'où

$$t = \int_{\theta_0}^{\theta} \frac{-d\theta}{\sqrt{\varphi_0^2 + \frac{f(\theta)}{\Sigma \frac{pr^2}{2g}}}},$$

Supposons que les forces qui agissent sur le corps ne soient que les poids de ces molécules et que l'axe de rotation soit horizontal. Si l'on désigne par ρ la distance du centre de gravité du corps à l'axe de rotation, on aura en représentant par Π le poids total

$$\int P ds - \int P' ds' = \Pi\rho(\cos\theta - \cos\theta_0),$$

θ_0 étant la valeur de l'angle θ à l'origine du mouvement, à l'instant où la vitesse est nulle. On aura alors $\varphi_0 = 0$, en même temps que $\theta = \theta_0$, et l'équation ci-dessus deviendra

$$t = \frac{\Sigma \frac{pr^2}{2g}}{\sqrt{\Pi\rho}} \int_{\theta_0}^{\theta} \frac{-d\theta}{\sqrt{\cos\theta - \cos\theta_0}}.$$

Si l'on veut le temps t depuis l'origine du mouvement jusqu'à l'instant où le centre de gravité du corps est dans le plan vertical passant par l'axe, on devra faire $\theta = 0$, et l'on aura

$$t = \frac{\sqrt{\Sigma \frac{pr^2}{2g}}}{\sqrt{\Pi\rho}} \int_0^{\theta} \frac{+d\theta}{\sqrt{\cos\theta - \cos\theta_0}}.$$

Si l'angle θ_0 est très-petit, on pourra remplacer $\cos\theta - \cos\theta_0$ par $\frac{\theta_0^2 - \theta^2}{2}$, et il viendra

$$t = \sqrt{\frac{\Sigma pr^2}{g\Pi\rho}} \cdot \frac{\pi}{2}.$$

Ce temps est celui qu'emploie le centre de gravité du corps pour parvenir au plus bas de sa course; c'est le quart d'une oscillation. Le temps d'une demi-oscillation est

$$\pi \sqrt{\frac{\Sigma pr^2}{g\Pi\rho}}.$$

Celui d'une oscillation entière, c'est-à-dire celui qui s'écoule depuis le départ du corps jusqu'à ce qu'il soit revenu à sa première position, est

$$2\pi \sqrt{\frac{\Sigma pr^2}{g\Pi\rho}}.$$

Moment d'inertie

La somme représentée par Σpr^2 se nomme le *moment d'inertie* du corps, par rapport à l'axe auquel répondent les distances r: c'est la somme des produits qu'on obtient en multipliant le poids de chaque élément du corps par le carré de sa distance à l'axe : cette quantité figure fréquemment dans la théorie des machines. On voit en effet, par les calculs qui précèdent, qu'en la multipliant par $\frac{\varphi^2}{2g}$, c'est à-dire par la *hauteur due* à la vitesse φ du point situé à l'unité de distance de l'axe, on obtient la force vive que possède, à un instant donné, le corps qui tourne avec cette vitesse. Cette quantité joue ainsi, pour l'évaluation de la force vive dans le mouvement de rotation, le même rôle que le poids du corps dans le mouvement de translation.

On obtient la quantité Σpr^2, par les méthodes que fournit le calcul intégral. Pour cela, on rapporte ordinairement les différents points du corps à deux plans coordonnés rectangulaires passant par l'axe, et l'on remplace r^2 par la somme x^2+y^2; x et y étant les distances d'un point quelconque du corps à ces deux plans. On n'a plus alors à calculer que la somme $\Sigma px^2 + \Sigma py^2$. Or, si l'on désigne par U et V les aires des sections faites dans le corps par des plans parallèles aux deux plans coordonnés, et conséquemment perpendiculaires aux coordonnées x et y; on aura, s'il s'agit d'un corps continu dont la forme soit susceptible d'une définition mathématique,

$$\Sigma px^2 = \varpi \int_{x_0}^{x_1} Ux^2dx \quad \text{et} \quad \Sigma py^2 = \varpi \int_{y_0}^{y_1} Vy^2dy,$$

ϖ étant le poids de l'unité de volume du corps, et x_0, x_1, y_0, y_1, les coordonnées qui limitent ce corps.

On démontre facilement que si K désigne le moment d'inertie d'un corps par rapport à un axe qui passe par le centre de gravité, le moment d'inertie par rapport à un axe parallèle, situé à la distance ρ du premier, sera

$$K + \Pi\rho^2,$$

Π étant le poids total du corps.

En effet, en supposant que les coordonnées x et y se rapportent à l'axe qui passent par le centre de gravité, et désignant par a et b, les coordonnées d'un point du nouvel axe, $x-a$ et $y-b$, seront celles d'un point quelconque du corps, par rapport à ce nouvel axe ; on aura donc pour le moment d'inertie K par rapport à ce dernier axe,

$$K' = \varpi \int_{x_0}^{x_1} U(x-a)^2\, dx + \varpi \int_{y_0}^{y_1} V(y-b)^2\, dy.$$

Le premier axe passant par le centre de gravité, on a par les propriétés de ce point (38),

$$\varpi \int_{x_0}^{x_1} Uxdx = 0 \quad \text{et} \quad \varpi \int_{y_0}^{y_1} Vydy = 0 ;$$

ces équations réduisent la précédente à

$$K' = \varpi \int_{x_0}^{x_1} Ux^2dx + \varpi \int_{y_0}^{y_1} Vy^2dy + a^2\varpi \int_{x_0}^{x_1} Udx + b^2\varpi \int_{y_0}^{y_1} Vdy.$$

Or, on a

$$\Pi = \varpi \int_{x_0}^{x_1} Vdx = \varpi \int_{y_0}^{y_1} Vdy,$$

et

$$K = \varpi \int_{x_0}^{x_1} Ux^2dx + \varpi \int_{y_0}^{y_1} Vy^2dy.$$

La valeur de K' devient donc

$$K' = K + \Pi(a^2 + b^2),$$

ou, en appelant ρ la distance du second axe au premier,

$$K' = K + \Pi\rho^2,$$

ainsi que nous l'avons énoncé.

Il résulte de cette formule que de tous les moments d'inertie d'un même corps pris par rapport à des axes parallèles, le plus petit est celui qui se rapporte à l'axe passant par le centre de gravité.

Le temps T de l'oscillation, entre les deux positions les plus écartées, devient en substituant la dernière valeur du moment d'inertie,

$$T = \pi\sqrt{\frac{K}{g\Pi\rho} + \frac{\rho}{g}} = \pi\sqrt{\frac{\frac{K}{\Pi\rho} + \rho}{g}}.$$

Si le corps se réduit à des dimensions très-petites, comme serait une balle de plomb liée à l'axe par un fil léger dont le poids soit négligeable, $\frac{K}{\Pi\rho}$ peut être négligé, et il reste

$$T = \pi\sqrt{\frac{\rho}{g}}.$$

La distance ρ est alors ce qu'on appelle la longueur du pendule simple. Lorsqu'il s'agit d'un corps de dimensions un peu étendues, la longueur ρ est remplacée par

$$\rho + \frac{K}{\Pi\rho}.$$

Ainsi, les oscillations se font dans le même temps que si le pendule se réduisait à une balle très-petite, suspendue à un fil d'une longueur égale à l'expression ci-dessus, K étant, comme nous l'avons vu, le moment d'inertie calculé par rapport à un axe qui passe par le centre de gravité du corps, et ρ la distance de l'axe de suspension à ce centre de gravité.

La quantité K est facile à calculer pour un parallélipipède rectangle dont les arêtes sont a, b, c; l'axe étant parallèle à l'arête c. On trouve

$$K = \frac{\pi abc}{12}(a^2 + b^2) = \Pi\left(\frac{a^2 + b^2}{12}\right).$$

Si l'axe est à une distance l de la face qui a pour côtés a et c; on a

$$\rho = l + \frac{b}{2}.$$

Ainsi le moment d'inertie d'un parallélipipède rectangle, par rapport à un axe situé dans un plan qui le divise en deux parties égales, et qui est à une distance l d'une des bases, est

$$K' = \Pi\left(\frac{a^2 + b^2}{12}\right) + \Pi\left(l + \frac{b}{2}\right)^2 = \Pi\left[\frac{a^2 + 4b^2}{12} + bl + l^2\right].$$

Si a est très-petit par rapport à b, on a sensiblement

$$K' = \Pi\left(\frac{b^2}{3} + bl + l^2\right);$$

et si $l = 0$, cette expression devient

$$K' = \frac{1}{3}\Pi . b^2$$

Ce dernier résultat peut s'énoncer en disant que *le moment d'inertie d'une barre très-mince par rapport à un axe qui lui est perpendiculaire et qui passe à une de ses extrémités, est le même que si le tiers du poids* Π *de la barre était placé comme un point pesant à l'extrémité de cette barre*, dont la longueur est ici représentée par b.

Si l'on calcule le moment d'inertie d'un cylindre plein par rapport à son axe, on trouvera facilement qu'il est le même que si la moitié du poids total était placé en entier à la surface courbe du cylindre. Ainsi, Π étant le poids du cylindre et R son rayon, le moment d'inertie par rapport à son axe de figure pris pour axe de rotation est

$$\frac{1}{2}\Pi . R^2.$$

Pour avoir le moment d'inertie d'une sphère, d'un rayon R, par rapport à un de ses diamètres, on calculera

$$\varpi \int_{-R}^{+R} Ux^2dx + \varpi \int_{-R}^{+R} Vy^2dy,$$

en partant de

$$U = \pi(R^2 - x^2) \quad \text{et} \quad V = \pi(R^2 - y^2).$$

En désignant ici par ϖ le poids de l'unité de volume, et par π le rapport de la circonférence au diamètre. Le poids total Π de la sphère ayant pour expression $\varpi \frac{4}{3}\pi R^3$, on trouvera

$$K' = \frac{2}{5}\Pi . R^2,$$

c'est-à-dire que le moment d'inertie est le même que si l'on plaçait les $\frac{2}{5}$ du poids de la sphère à l'extrémité d'un rayon perpendiculaire à l'axe de rotation

Nous reviendrons plus loin sur le mouvement de rotation, en ayant égard aux frottements.

Équations générales du mouvement d'un système de corps ou d'une machine quelconque en négligeant les frottements.

44. — Lorsque le mouvement d'une machine peut s'exécuter de plusieurs manières, c'est-à-dire lorsqu'il faut déterminer plusieurs variables en fonction du temps pour fixer à chaque instant la position relative de tous les corps dont elle se compose, l'équation des forces vives ne suffit plus pour déterminer ces variables. On a recours alors à l'emploi des vitesses virtuelles, c'est-à-dire qu'on introduit la considération des éléments de travail virtuels, comme dans le mouvement d'un seul corps.

Reportons-nous à l'équation (E) du n° 36, qui est relative à un mouvement virtuel quelconque. Nous pourrons comme nous l'avons déjà fait, restreindre d'abord les mouvements virtuels à ceux qui sont compatibles avec la supposition où le corps, reste complétement solide pendant le déplacement virtuel, ce qui fera disparaître du second membre les actions mutuelles des molécules d'un même corps (34).

Particularisons encore davantage les mouvements virtuels, en les choisissant de manière que les corps restent en contact parfait les uns avec les autres comme l'exigent les combinaisons qui constituent la machine. Alors, si l'on admet que chaque action mutuelle R, qui s'exerce entre deux molécules appartenant à deux corps différents, n'ait de valeur sensible que lorsque la distance r de ces molécules est très-voisine de son minimum, et que, par conséquent dr soit nul ou négligeable, le produit Rdr sera lui-même constamment nul ou négligeable, et il en sera de même de l'intégrale $\int Rdr$. Les quantités de travail virtuel dues aux actions moléculaires qui s'exercent au contact disparaîtront donc du second membre de l'équation qui nous occupe, et il n'y restera que les éléments de travail virtuel dus aux forces extérieures au système.

Ce second membre sera, en général, calculable en fonction du temps; le premier membre contiendra les différentielles des vitesses, et les vitesses virtuelles de toutes les molécules. Or, en admettant la parfaite solidité de chaque corps, c'est-à-dire son invariabilité de forme, ces vitesses virtuelles auront entre elles de tels rapports géométriques qu'il sera possible de les exprimer, pour toutes les molécules de la machine, au moyen d'un certain nombre d'entre elles, ou plus généralement, au moyen des différentielles par rapport au temps d'un certain nombre de variables complétement indépendantes. En prenant donc successivement autant de mouvements virtuels distincts qu'il sera nécessaire pour obtenir un nombre d'équations différentielles égal à celui des variables; on en déduira par l'intégration, après une élimination préalable, la valeur de chacune de ces variables en fonction du temps, et l'on déterminera les constantes arbitraires d'après le mouvement initial du système. On aura ainsi toutes les équations nécessaires et suffisantes pour déterminer à chaque instant le mouvement des diverses parties de la machine.

En général, dans les applications industrielles, on n'a pas à considérer les machines où il y a ainsi plusieurs mouvements possibles; nous ne nous arrêterons donc pas à en donner des exemples.

De l'équilibre et de l'équivalence dans un système de corps, c'est-à-dire une machine quelconque.

45.— Les conditions d'équilibre d'un système de forces appliquées à une machine peuvent se déduire des équations différentielles de son mouvement; il suffit pour cela d'égaler à zéro la somme des termes qui dépendent de ces forces dans les seconds membres de ces équations. En effet : pour que ces forces soient en équilibre, il faut qu'elles ne puissent modifier en rien les mouvements existants; il faut donc que la suppression ou l'introduction de ces forces n'apporte aucun changement aux seconds membres de ces équations.

A la vérité, les forces extérieures dont on considère l'équilibre, ont pour effet de développer, par suite du contact des corps, de nouvelles forces intérieures, de molécule à molécule; en sorte qu'il n'est pas en réalité indifférent d'introduire ou de supprimer ces forces extérieures. Mais, il ne faut pas perdre de vue que nous raisonnons toujours dans l'hypothèse rationnelle où nous nous sommes placés précédemment, et en vertu de laquelle les éléments de travail virtuel dus aux actions moléculaires disparaissent.

On peut donc dire, dans cette hypothèse, que l'équilibre des forces extérieures dans une machine quelconque, exige que, pour tous les mouvements que permet cette machine, les sommes des éléments de travail virtuel soient nulles. Ces conditions sont évidemment nécessaires; elles sont aussi suffisantes, puisque, dès qu'elles ont lieu, les équations différentielles du mouvement et par suite ces mouvements restent les mêmes, soit qu'on supprime ou qu'on introduise ces forces; ce qui, d'après la définition, indique qu'elles sont en équilibre.

46.— Deux systèmes de forces agissant sur une machine sont dits équivalents, lorsqu'ils produisent des mouvements identiques. On voit que cette équivalence aura lieu si, pour tous les mouvements que permet la machine, les sommes des éléments de travail virtuel sont égales pour ces deux systèmes de forces; car, si cette condition est remplie, les seconds membres des équations différentielles du mouvement seront les mêmes pour les deux systèmes, et par conséquent, les mouvements produits dans les deux cas seront identiques.

Du principe de la transmission du travail dans le mouvement d'un corps, en ayant égard aux ébranlements des molécules.

47.— Dans ce qui précède, nous avons supposé que les molécules d'un même corps restaient pendant tout le mouvement aux mêmes distances les unes des autres; et l'on a vu que cette hypothèse faisait disparaître du calcul les quantités de travail dues aux actions mutuelles, et permettait d'exprimer toutes les vitesses des différentes molécules au moyen d'un petit nombre de variables indépendantes, et, le plus souvent, au moyen d'une seule.

En réalité, les molécules des corps, même les plus solides sont ébranlées et animées par conséquent de vitesses relatives les unes par rapport aux autres. Ces vitesses se manifestent, par exemple, dans tous les corps qui rendent des sons par le frottement ou par le choc; elles peuvent exister dans beaucoup d'autres circonstances où elles sont moins évidentes. Plus la physique fait de progrès, plus la considération des mouvements moléculaires devient indispensable pour expliquer une foule de phénomènes. On ne pourrait donc négliger cette considération dans l'étude de la mécanique, sans ôter aux principes leur rigueur, et sans en rendre l'application incertaine. Nous allons chercher à y avoir égard dans ce qui suit.

La seule hypothèse que nous ferons pour étendre les principes précédemment établis au cas où les molécules sont ébranlées, consistera à admettre que les distances entre les molécules ne varient que de quantités fort petites comparativement aux dimensions du corps, en sorte qu'on pourra toujours concevoir des plans coordonnés entraînés avec le corps, par rapport auxquels les coordonnées des molécules ne varient que de quantités très-petites pendant le mouvement, bien que les vitesses relatives de ces molécules par rapport à ces plans puissent d'ailleurs être très-grandes.

Il résulte de cette hypothèse que, pendant le mouvement, toutes les intégrales qui exprimeront les sommes des produits des poids des molécules par des fonctions de leurs coordonnées par rapport aux plans mobiles dont nous venons de parler, pourront être regardées comme constantes malgré les ébranlements des molécules; car les variations que ces ébranlements entraînent dans les valeurs de ces intégrales seront des infiniment petits par rapport à ces mêmes intégrales et pourront être négligées.

Nous choisirons, pour les plans coordonnés mobiles auxquels nous rapporterons les mouvements vibratoires des molécules, des plans qui aient un mouvement tel, qu'en supposant qu'à un instant quelconque les molécules cessent de vibrer et restent liées à ces plans en formant un corps solide qu'ils entraînent, on ait entre les vitesses fictives dans cet état de solidité et celles qui ont réellement lieu dans l'état de vibration des molécules, les trois relations suivantes, dans lesquelles $\frac{d_m x}{dt}$, $\frac{d_m y}{dt}$, $\frac{d_m z}{dt}$, désignent les vitesses fictives pour le système solidifié, et Π le poids d'une molécule quelconque :

$$
\text{(A)} \quad \left\{
\begin{aligned}
\Sigma\Pi\left(x\frac{d_m y}{dt} - y\frac{d_m x}{dt}\right) &= \Sigma\Pi\left(x\frac{dy}{dt} - y\frac{dx}{dt}\right),\\
\Sigma\Pi\left(y\frac{d_m z}{dt} - z\frac{d_m y}{dt}\right) &= \Sigma\Pi\left(y\frac{dz}{dt} - z\frac{dy}{dt}\right),\\
\Sigma\Pi\left(z\frac{d_m x}{dt} - x\frac{d_m z}{dt}\right) &= \Sigma\Pi\left(z\frac{dx}{dt} - x\frac{dz}{dt}\right);
\end{aligned}
\right.
$$

x, y, z sont ici des coordonnées rapportées à des plans fixes.

Le mouvement que doivent prendre les plans mobiles à chaque instant pour satisfaire à ces équations, est ce que nous appelons *mouvement moyen.*

Nous remarquerons d'abord que les équations ci-dessus auront lieu également si l'on prend pour origine le centre de gravité mobile du système.

En effet, si ξ, η, ζ sont les coordonnées variables du centre de gravité, et x, y, z les coordonnées rapportées à cette origine mobile, il suffira de remplacer les coordonnées précédentes par $x+\xi$, $y+\eta$, $z+\zeta$, et de se rappeler que l'origine des nouvelles coordonnées x, y, z étant le centre de gravité même, on a à chaque instant

$$\Sigma\Pi x = 0, \quad \Sigma\Pi y = 0, \quad \Sigma\Pi z = 0,$$

et par suite, en différentiant par rapport au temps,

$$\text{(B)} \qquad \Sigma\Pi\,\frac{dx}{dt}=0\,,\quad \Sigma\Pi\,\frac{dy}{dt}=0\,,\quad \Sigma\Pi\,\frac{dz}{dt}=0.$$

Mais le centre de gravité restant également centre de gravité du système pendant qu'il se meut, comme un corps solide, on peut poser aussi

$$\text{(C)} \qquad \Sigma\Pi\,\frac{d_m x}{dt}=0\,,\quad \Sigma\Pi\,\frac{d_m y}{dt}=0\,,\quad \Sigma\Pi\,\frac{d_m z}{dt}=0.$$

En ayant égard aux équations (B) et (C), les équations (A) qui définissent le mouvement moyen, après qu'on y a mis $x+\xi$, $y+\eta$, $z+\zeta$ pour x, y, z, restent absolument de la même forme; on peut donc les regarder comme se rapportant à des plans qui, tout en conservant des directions fixes, ont pour origine mobile le centre de gravité du système.

Examinons maintenant quelques propriétés du mouvement moyen de rotation, tel qu'il est défini par les équations (A), rapportées au centre de gravité mobile pris pour origine.

Nous resterons dans l'hypothèse que nous avons faite sur la nature des vibrations: c'est-à-dire que nous admettrons qu'elles ne peuvent changer que très-peu les distances des molécules entre elles, ce qui permet de concevoir qu'à chaque instant les molécules sont très-peu écartées des positions qu'elles occuperaient dans un corps solide parfaitement invariable dans ses parties, et où il n'existe conséquemment aucune vibration.

Désignons par x_i, y_i, z_i les coordonnées fictives des positions qu'auraient les molécules dans un corps solide qui suivrait ainsi de très-près les molécules en vibration. Il est facile de voir qu'on pourra poser sensiblement à chaque instant

$$\text{(D)}\quad\begin{cases}\Sigma\Pi\left(x\,\dfrac{d_m y}{dt}-y\,\dfrac{d_m x}{dt}\right)=\Sigma\Pi\left(x_i\,\dfrac{d_m y_i}{dt}-y_i\,\dfrac{d_m x_i}{dt}\right),\\[2mm]\Sigma\Pi\left(y\,\dfrac{d_m z}{dt}-z\,\dfrac{d_m y}{dt}\right)=\Sigma\Pi\left(y_i\,\dfrac{d_m z_i}{dt}-z_i\,\dfrac{d_m y_i}{dt}\right),\\[2mm]\Sigma\Pi\left(z\,\dfrac{d_m x}{dt}-x\,\dfrac{d_m z}{dt}\right)=\Sigma\Pi\left(z_i\,\dfrac{d_m x_i}{dt}-x_i\,\dfrac{d_m z_i}{dt}\right).\end{cases}$$

En effet, les premiers et les seconds membres de ces équations peuvent s'exprimer au moyen des quantités p, q, r, p_i, q_i, r_i, qui déterminent à chaque instant la position de l'axe instantané de rotation du système solide, et la vitesse angulaire autour de cet axe, ainsi qu'on l'a établi à l'article 28. D'après les formules de cet article, on a

$$\frac{d_m x}{dt} = qz - ry,$$
$$\frac{d_m y}{dt} = rx - pz,$$
$$\frac{d_m z}{dt} = py - qx;$$

de sorte que les équations (D) précédentes deviendront trois équations semblables à la suivante :

$$r(\Sigma\Pi x^2 + \Sigma\Pi xy) - p\Sigma\Pi xz - q\Sigma\Pi yz = r_1(\Sigma\Pi x_1^2 + \Sigma\Pi x_1 y_1) - p_1 \Sigma\Pi x_1 z_1 - q\Sigma\Pi y_1 z_1.$$

Or, les sommes $\Sigma\Pi x_1^2$, $\Sigma\Pi x_1 y_1$, etc., étant par hypothèse sensiblement égales aux sommes $\Sigma\Pi x^2$, $\Sigma\Pi xy$, etc., les équations (D) ci-dessus seront satisfaites par les égalités

$$p = p_1, \qquad q = q_1, \qquad r = r_1.$$

Elles établissent que le mouvement moyen déterminé en vertu de la définition même par les quantités p, q, r, qui entrent dans les premiers membres des équations (A), sera très-sensiblement celui du corps solide dont toutes les molécules s'écartent peu des molécules vibrantes et dont la rotation à chaque instant est déterminée par les quantités p_1, q_1, r_1 égales à leurs analogues p, q, r.

On peut démontrer en outre que ce mouvement du corps solide dont les molécules ont pour coordonnées x_1, y_1, z_1, prend le mouvement qu'il recevrait par la seule action des forces qui agissent à l'extérieur du système vibrant, c'est-à-dire des forces autres que les actions mutuelles des molécules qui font partie de ce même système.

En effet, en vertu des équations (D) ci-dessus, les équations (A) qui définissent le mouvement moyen, deviennent

$$(E)\quad \begin{cases} \Sigma\Pi\left(x_1 \dfrac{d_m y_1}{dt} - y_1 \dfrac{d_m x_1}{dt}\right) = \Sigma\Pi\left(x\dfrac{dy}{dt} - y\dfrac{dx}{dt}\right), \\ \Sigma\Pi\left(y_1 \dfrac{d_m z_1}{dt} - z_1 \dfrac{d_m y_1}{dt}\right) = \Sigma\Pi\left(y\dfrac{dz}{dt} - z\dfrac{dy}{dt}\right), \\ \Sigma\Pi\left(z_1 \dfrac{d_m x_1}{dt} - x_1 \dfrac{d_m z_1}{dt}\right) = \Sigma\Pi\left(z\dfrac{dx}{dt} - x\dfrac{dz}{dt}\right). \end{cases}$$

Or, en différentiant ces équations par rapport au temps, de la manière la plus complète dans les deux membres, pour que les dérivées soient bien égales, et en remarquant que x_1, y_1, z_1, appartenant à un même corps solide, $d_m x_1$ est la même chose que dx_1, puisque x_1 ne peut varier qu'en se rapportant exclusivement au même corps solide; on aura

$$
(F)\quad \left\{
\begin{aligned}
\Sigma\Pi\left(x_1\frac{d^2y_1}{dt^2}-y_1\frac{d^2x_1}{dt^2}\right) &= \Sigma\Pi\left(x\frac{d^2y}{dt^2}-y\frac{d^2x}{dt^2}\right),\\
\Sigma\Pi\left(y_1\frac{d^2z}{dt^2}-z_1\frac{d^2y_1}{dt^2}\right) &= \Sigma\Pi\left(y\frac{d^2z}{dt^2}-z\frac{d^2y}{dt^2}\right),\\
\Sigma\Pi\left(z_1\frac{d^2x_1}{dt^2}-x_1\frac{d^2z_1}{dt^2}\right) &= \Sigma\Pi\left(z\frac{d^2x}{dt^2}-x\frac{d^2z}{dt^2}\right).
\end{aligned}
\right.
$$

Faisons usage du principe de d'Alembert et de celui des vitesses virtuelles pour avoir certaines équations de mouvement, dans le système en vibration. Prenons pour déplacements virtuels ceux qui résultent de la supposition où l'ensemble des molécules forme un système solide; alors, en choisissant les mouvements de rotation de ce système autour des trois axes coordonnés qui passent par le centre de gravité, on aura

$$
(G)\quad \left\{
\begin{aligned}
\Sigma\Pi\left(x\frac{d^2y}{dt^2}-y\frac{d^2x}{dt^2}\right) &= \Sigma(xY-yX),\\
\Sigma\Pi\left(y\frac{d^2z}{dt^2}-z\frac{d^2y}{dt^2}\right) &= \Sigma(yZ-zY),\\
\Sigma\Pi\left(z\frac{d^2x}{dt^2}-x\frac{d^2z}{dt^2}\right) &= \Sigma(zX-xZ).
\end{aligned}
\right.
$$

Dans les seconds membres, les forces X, Y, Z sont uniquement celles qui proviennent des actions extérieures; car les moments de la forme $xY-yX$ sont nuls pour les deux actions mutuelles de deux molécules du même système, qui agissent l'une sur l'autre.

En comparant les équations précédentes (F) et (G), on en tire

$$
(H)\quad \left\{
\begin{aligned}
\Sigma\Pi\left(x_1\frac{d^2y_1}{dt^2}-y_1\frac{d^2x_1}{dt^2}\right) &= \Sigma(xY-yX),\\
\Sigma\Pi\left(y_1\frac{d^2z_1}{dt^2}-z_1\frac{d^2y_1}{dt^2}\right) &= \Sigma(yZ-zY),\\
\Sigma\Pi\left(z_1\frac{d^2x_1}{dt^2}-x_1\frac{d^2z}{dt^2}\right) &= \Sigma(zX-xZ).
\end{aligned}
\right.
$$

Mais les coordonnées x, y, z des molécules vibrantes différant très peu de x_1, y_1, z_1, on pourra, dans ces dernières équations, remplacer dans les seconds membres x, y, z par x_1, y_1, z_1; ce qui donnera

$$\Sigma\Pi\left(x_1\frac{d^2y_1}{dt^2}-y_1\frac{d^2x_1}{dt^2}\right)=\Sigma(x_1Y-y_1X),$$
$$\Sigma\Pi\left(y_1\frac{d^2z_1}{dt^2}-z_1\frac{d^2y_1}{dt^2}\right)=\Sigma(y_1Z-z_1Y),$$
$$\Sigma\Pi\left(z_1\frac{d^2x_1}{dt^2}-x_1\frac{d^2z_1}{dt^2}\right)=\Sigma(z_1X-x_1Z).$$

Ces équations se rapportent maintenant au seul système solide; elles déterminent son mouvement, lorsqu'il est soumis aux seules forces extérieures X, Y, Z, etc. Ainsi, le mouvement moyen de rotation que nous emploierons dans ce qui suit est celui d'un corps solide sans vibrations, et soumis aux forces extérieures qui agissent sur le système vibrant. Ce dernier mouvement est donc celui qu'on emploie dans la pratique, lorsqu'on ne s'inquiète nullement des vibrations moléculaires.

Nous établirons maintenant une propriété du mouvement moyen de rotation, qui n'est qu'une déduction immédiate de sa définition, mais qui a l'avantage de se présenter sous une forme qui nous sera utile pour l'usage que nous ferons un peu plus loin des plans coordonnés doués de ce mouvement moyen de rotation autour du centre de gravité du système.

Les équations (A) qui définissent le mouvement moyen peuvent se mettre sous la forme

$$(I)\quad\left\{\begin{aligned}&\Sigma\Pi\left[x\left(\frac{dy}{dt}-\frac{d_my}{dt}\right)-y\left(\frac{dx}{dt}-\frac{d_mx}{dt}\right)\right]=0,\\&\Sigma\Pi\left[y\left(\frac{dz}{dt}-\frac{d_mz}{dt}\right)-z\left(\frac{dy}{dt}-\frac{d_my}{dt}\right)\right]=0,\\&\Sigma\Pi\left[z\left(\frac{dx}{dt}-\frac{d_mx}{dt}\right)-x\left(\frac{dz}{dt}-\frac{d_mz}{dt}\right)\right]=0.\end{aligned}\right.$$

Si l'on désigne par $\frac{d_rx}{dt}$, $\frac{d_ry}{dt}$, $\frac{d_rz}{dt}$, les vitesses relatives des molécules, par rapport à des plans coordonnés entraînés avec un corps qui prend le mouvement moyen; il est clair que les vitesses effectives dues aux vibrations, savoir

$\frac{dx}{dt}$, $\frac{dy}{dt}$, $\frac{dz}{dt}$, seront les résultantes des vitesses $\frac{d_m x}{dt}$, $\frac{d_m y}{dt}$, $\frac{d_m z}{dt}$, et des vitesses relatives $\frac{d_r x}{dt}$, $\frac{d_r y}{dt}$, $\frac{d_r z}{dt}$. On aura donc

$$\frac{dx}{dt}=\frac{d_m x}{dt}+\frac{d_r x}{dt}, \quad \text{d'où} \quad \frac{dx}{dt}-\frac{d_m x}{dt}=\frac{d_r x}{dt},$$
$$\frac{dy}{dt}=\frac{d_m y}{dt}+\frac{d_r y}{dt}, \quad \frac{dy}{dt}-\frac{d_m y}{dt}=\frac{d_r y}{dt},$$
$$\frac{dz}{dt}=\frac{d_m z}{dt}+\frac{d_r z}{dt}, \quad \frac{dz}{dt}-\frac{d_m z}{dt}=\frac{d_r z}{dt}.$$

Les équations (I) précédentes, peuvent donc s'écrire ainsi :

$$(J)\quad \left\{\begin{aligned} &\Sigma\Pi\left(x\frac{d_r y}{dt}-y\frac{d_r x}{dt}\right)=0,\\ &\Sigma\Pi\left(y\frac{d_r z}{dt}-z\frac{d_r y}{dt}\right)=0,\\ &\Sigma\Pi\left(z\frac{d_r x}{dt}-x\frac{d_r z}{dt}\right)=0.\end{aligned}\right.$$

Désignons par x', y', z' les coordonnées des molécules vibrantes rapportées à des plans coordonnés possédant le mouvement moyen et passant toujours par le centre de gravité mobile du système ; en représentant par a, b, c les cosinus des angles que font les axes mobiles des x', des y' et des z' avec l'axe fixe des x ; par a', b', c' les cosinus des angles que ces mêmes axes mobiles font avec avec l'axe des y ; et par a'', b'', c'' les cosinus de ceux qu'ils font avec l'axe des z ; on aura par les propriétés des projections

$$x=ax'+by'+cz',$$
$$y=a'x'+b'y'+c'z',$$
$$z=a''x'+b''y'+c''z'.$$

Différentiant, dans l'hypothèse où les molécules ne seraient animées que de leurs vitesses relatives par rapport aux plans mobiles considérés comme fixes, x', y', z' varieront seuls dans les seconds membres, et l'on aura

$$d_r x=adx'+bdy'+cdz',$$
$$d_r y=a'dx'+b'dy'+c'dz',$$
$$d_r z=a''dx'+b''dy'+c''dz'.$$

Substituant ces valeurs dans les équations (J), on aura

$$(ab'-ba')\Sigma\Pi(x'dy'-y'dx')+(bc'-cb')\Sigma\Pi(y'dz'-z'dy')+(ca'-ac')\Sigma\Pi(z'dx'-x'dz')=0,$$
$$(a'b''-b'a'')\Sigma\Pi(x'dy'-y'dx')+(b'c''-c'b'')\Sigma\Pi(y'dz'-z'dy')+(c'a''-a'c'')\Sigma\Pi(z'dx'-x'dz')=0,$$
$$(a''b-b''a)\Sigma\Pi(x'dy'-y'dx')+(b''c-c''b)\Sigma\Pi(y'dz'-z'dy')+(c''a-a''c)\Sigma\Pi(z'dx'-x'dz')=0$$

ces équations donnent

$$(K)\quad \begin{cases} \Sigma\Pi\,(x'dy'-y'dx')=0, \\ \Sigma\Pi\,(y'dz-z'dy')=0, \\ \Sigma\Pi\,(z'dx'-x'dz')=0. \end{cases}$$

Si l'on emploie les coordonnées polaires dans les plans coordonnés, par exemple dans le plan des x' et des y', et qu'on pose ainsi

$$x'=r\cos\theta,\qquad y'=r\sin\theta,$$

on trouvera facilement que

$$x'\frac{dy'}{dt}-y'\frac{dx'}{dt}=r^2\frac{d\theta}{dt}=0$$

Ainsi, comme $\frac{1}{2}r^2d\theta$ est la différentielle de l'aire décrite par le rayon vecteur r qui va de l'origine à la position du point dont x', y', z' sont les coordonnées, on voit que les équation (K) expriment que, lorsqu'on rapporte les mouvements vibratoires des molécules à des plans coordonnés entraînés avec le système et ayant autour du centre de gravité, pris pour origine mobile, le mouvement que nous avons appelé *mouvement moyen de rotation*, les sommes des produits des masses par les différentielles des aires décrites dans les mouvements relatifs par les projections sur ces plans coordonnées mobiles des rayons vecteurs menés du centre de gravité à tous les points du système, sont constamment nulles.

Nous nous servirons plus loin de ce théorème, c'est-à-dire des équations (K) qui le fournissent, pour démontrer d'autres théorèmes plus importants.

48. — Avant d'établir le principe de la transmission du travail pour un ensemble de molécules en vibration, il nous reste à démontrer une proposition préliminaire sur l'évaluation de la force vive dans un pareil système.

Soient toujours x', y', z' les coordonnées d'une molécule quelconque par rapport aux plans passant par le centre de gravité du corps, et animés du mouvement moyen. Soient x, y, z les coordonnées de cette même molécule, par rapport à trois plans fixes; et ξ, η, ζ les coordonnées du centre de gravité par rapport à ces plans fixes. Conservant aux lettres a, b, c, a', b', c', a'', b'', c'', la même signification que ci-dessus; on aura

$$x = ax' + by' + cz' + \xi,$$
$$y = a'x' + b'y' + c'z' + \eta,$$
$$z = a''x' + b''y' + c''z' + \zeta.$$

Désignons encore par d_m les différentielles prises dans le mouvement moyen, c'est-à-dire en ne faisant varier que les cosinus a, b, c, a', b', c', a'', b'', c''; par d_r les différentielles prises en ne faisant varier que x', y', z', c'est-à-dire, en supposant les molécules animées seulement de leurs vitesses relatives, par rapport aux plans mobiles. On aura par la théorie des projections

$$dx = d_m x + d_r x + d\xi,$$
$$dy = d_m y + d_r y + d\eta,$$
$$dz = d_m z + d_r z + d\zeta.$$

Pour transformer l'expression de la somme des forces vives, il faudra substituer ces valeurs dans

$$\Sigma \frac{p}{2g}\left[\left(\frac{dx}{dt}\right)^2 + \left(\frac{dy}{dt}\right)^2 + \left(\frac{dz}{dt}\right)^2\right] = \Sigma p.\frac{v^2}{2g}.$$

Mais, $d_m x + d_r x$, exprimant la variation de distance de la molécule dont le poids est p à un plan parallèle au plan des yz et passant par le centre de gravité du corps, la somme $\Sigma p\,(d_m x + d_r x)$, est nulle en vertu des propriétés de ce centre. Ainsi les termes

$$2\Sigma\frac{p(d_m x + d_r x)d\xi}{dt^2}, \quad 2\Sigma\frac{p(d_m y + d_r y)d\eta}{dt^2}, \quad 2\Sigma\frac{p(d_m z + d_r z)d\zeta}{dt^2},$$

qui devraient entrer dans l'expression de la force vive après la substitution dont nous venons de parler, sont nuls d'eux-mêmes; en sorte qu'il restera

$$\Sigma p.\frac{v^2}{2g} = \Sigma\frac{p}{2g}\left[\left(\frac{d_m x}{dt}\right)^2 + \left(\frac{d_m y}{dt}\right)^2 + \left(\frac{d_m z}{dt}\right)^2\right] + \Sigma\frac{p}{2g}\left[\left(\frac{d_r x}{dt}\right)^2 + \left(\frac{d_r y}{dt}\right)^2 + \left(\frac{d_r z}{dt}\right)^2\right] +$$
$$+ \Sigma\frac{p}{2g}\left[\left(\frac{d\xi}{dt}\right)^2 + \left(\frac{d\eta}{dt}\right)^2 + \left(\frac{d\zeta}{dt}\right)^2\right] + 2\Sigma\frac{p}{2g}\left[\frac{d_m x d_r x + d_m y d_r y + d_m z d_r z}{dt^2}\right].$$

Or, on a

$$d_m x = x'da + y'db + z'dc,$$
$$d_m y = x'da' + y'db' + z'dc',$$
$$d_m z = x'da'' + y'db'' + z'dc'',$$

et

$$d_r x = adx' + bdy' + cdz',$$
$$d_r y = a'dx' + b'dy' + c'dz',$$
$$d_r z = a''dx' + b''dy' + c''dz'.$$

Les quantités $a, b, c, a', b', c', a'', b'', c''$ sont aussi liées entre elles par les relations

$$a^2 + a'^2 + a''^2 = 1,$$
$$b^2 + b'^2 + b''^2 = 1,$$
$$c^2 + c'^2 + c''^2 = 1,$$

et

$$ab + a'b' + a''b'' = 0,$$
$$bc + b'c' + b''c'' = 0,$$
$$ca + c'a' + c''a'' = 0,$$

d'où l'on tire

$$ada + a'da' + a''da'' = 0,$$
$$bdb + b'db' + b''db'' = 0,$$
$$cdc + c'dc' + c''dc'' = 0,$$

et

$$adb + a'db' + a''db'' = -(bda + b'da' + b''db''),$$
$$bdc + b'dc' + b''dc'' = -(cdb + c'db' + c''db''),$$
$$cda + c'da' + c''da'' = -(adc + a'dc' + a''dc'').$$

En ayant égard à ces relations, on trouve qu'en substituant les valeurs de $d_m x$, $d_m y$, $d_m z$, $d_r x$, $d_r y$, $d_r z$ dans le dernier terme de l'expression de la force vive, lequel renferme les trois produits $d_m x d_r x$, $d_m y d_r y$, $d_m z d_r z$, ce terme se réduit à

$$2(adb + a'db' + a''db'')\Sigma \frac{p}{2g}(y'dx' - x'dy')$$
$$+ 2(bdc + b'dc' + b''dc'')\Sigma \frac{p}{2g}(z'dy' - y'dz')$$
$$+ 2(cda + c'da' + c''da'')\Sigma \frac{p}{2g}(x'dz' - z'dx').$$

Mais, en vertu de la propriété du mouvement moyen, on a

$$\Sigma p\,(y'dx' - x'dy') = 0\,,\quad \Sigma p\,(z'dy' - y'dz') = 0,\quad \Sigma p\,(x'dz' - z'dx') = 0\,,$$

comme on l'a vu plus haut (47). Ainsi tout le dernier terme de l'expression de la force vive est nul, et l'on a simplement

$$(\mathrm{P})\quad \left\{ \begin{aligned} \Sigma p.\frac{v^2}{2g} = {} & \Sigma\frac{p}{2g}\left[\left(\frac{d_m x}{dt}\right)^2 + \left(\frac{d_m y}{dt}\right)^2 + \left(\frac{d_m z}{dt}\right)^2\right] \\ & + \Sigma\frac{p}{2g}\left[\left(\frac{d_r x}{dt}\right)^2 + \left(\frac{d_r y}{dt}\right)^2 + \left(\frac{d_r z}{dt}\right)^2\right] \\ & + \Sigma\frac{p}{2g}\left[\left(\frac{d\xi}{dt}\right)^2 + \left(\frac{d\eta}{dt}\right)^2 + \left(\frac{d\zeta}{dt}\right)^2\right]. \end{aligned} \right.$$

Cette équation renferme un théorème remarquable que l'on peut énoncer en disant : « *Que la somme des forces vives d'un système de molécules, quels* » *que soient leurs ébranlements, peut se décomposer en trois parties* : 1° *la* » *force vive qu'auraient toutes les molécules transportées à leur centre de* » *gravité*; 2° *la somme des forces vives qu'auraient ces mêmes molécules,* » *si dans la disposition relative les unes par rapport aux autres, où elles se* » *trouvent, on supposait qu'elles formassent ainsi un corps solide auquel on* » *donnerait le mouvement moyen de rotation autour du centre de gravité*; » 3° *la somme des forces vives qu'auraient ces molécules en vertu des seules* » *vitesses relatives à des plans coordonnées possédant ce même mouvement* » *moyen de rotation.* »

Dans ce qui, suit nous réunirons, pour abréger, les deux premières parties des trois que nous venons de distinguer, et nous désignerons par *mouvement moyen* sans ajouter *de rotation*, l'ensemble des deux premiers mouvements, conséquemment celui qui donne lieu à la force vive, qui est formée des deux premières parties en question.

49. — Reprenons maintenant l'équation des forces vives pour un ensemble de molécules exerçant entre elles des actions mutuelles, et formant un corps dans lequel il pourra exister des ébranlements aussi rapides qu'on voudra. Nous désignerons par R l'une quelconque des actions entre deux molécules voisines, et par r la distance de ces molécules. Le travail dû à toutes les actions mutuelles sera une somme de termes de la forme

$$\Sigma \int \mathrm{R}dr.$$

On a vu que cette somme se réduit à zéro lorsque les molécules ne sont pas ébranlées; mais, dans le cas qui nous occupe, non-seulement cette somme n'est pas nulle, mais elle peut être très-considérable. Néanmoins comme on va le voir, on peut négliger l'ensemble des termes semblables, c'est-à-dire qu'on peut ne pas tenir compte des vitesses de vibration des molécules, bien qu'elles puissent être très-sensibles.

Désignons comme à l'ordinaire, par P l'une des forces extérieures et mouvantes qui sont appliquées à certaines molécules ou à toutes, et par P' l'une des forces extérieures et résistantes. En écrivant l'équation des forces vives pour chaque molécule et faisant la somme, on trouvera

$$(Q) \qquad \Sigma\frac{pv^2}{2g} - \Sigma\frac{pv^2_0}{2g} = \Sigma\int P ds - \Sigma\int P' ds + \Sigma\int R dr.$$

Soient v_m et v_r les vitesses d'une molécule quelconque dans le mouvement moyen et dans le mouvement relatif, lorsqu'il est rapporté à des plans possédant le mouvement moyen; soit en outre V la vitesse du centre de gravité. En vertu du théorème démontré dans l'article précédent, on aura

$$(R) \qquad \Sigma\frac{pv^2}{2g} = \Sigma\frac{pv^2_m}{2g} + \Sigma\frac{pv^2_r}{2g} + \Sigma\frac{pV^2}{2g}.$$

Si le mouvement relatif n'existait pas, on aurait simplement

$$\Sigma\frac{pv^2}{2g} = \Sigma\frac{pv^2_m}{2g} + \Sigma\frac{pV^2}{2g},$$

et le premier membre exprimerait alors la somme des forces vives dans le mouvement moyen complet, c'est-à-dire en ayant égard à la translation aussi bien qu'à la rotation En se bornant donc à désigner par v'_m, la vitesse d'une molécule dans ce mouvement moyen complet, on pourra écrire l'équation (R) sous la forme

$$\Sigma\frac{pv^2}{2g} = \Sigma\frac{pv'^2_m}{2g} + \Sigma\frac{pv^2_r}{2g},$$

dans laquelle on peut, si l'on veut, supprimer l'accent en se rappelant que v_m se rapporte alors au mouvement moyen total de translation et de rotation. Par suite l'équation (Q) pourra s'écrire

$$(S)\quad \Sigma\frac{pv^2_m}{2g}-\Sigma\frac{pv^2_{mo}}{2g}+\Sigma\frac{pv^2_r}{2g}-\Sigma\frac{pv^2_{ro}}{2g}=\Sigma\int Pds-\Sigma\int P'ds+\Sigma\int Rdr.$$

Si nous nous reportons à l'équation des forces vives dans le mouvement relatif (n° 30), en nommant d_rs l'arc élémentaire décrit par une des molécules, dans ce mouvement relatif, et par P_m la composante, suivant cet élément, de la force qui serait capable de produire sur cette molécule, le mouvement qu'elle aurait si elle était liée invariablement aux axes qui possèdent le mouvement moyen; nous aurons

$$(T)\quad \Sigma\frac{pv^2_r}{2g}-\Sigma\frac{pv^2_r}{2g}=\Sigma\int Pd_rs-\Sigma\int P'd_rs-\Sigma\int P_md_rs+\Sigma\int Rdr.$$

Substituant la valeur du premier membre de cette équation (T) dans la précédente (S), et remplaçant ds par d_ms+d_rs, il viendra

$$(U)\quad \Sigma\frac{pv^2_m}{2g}-\Sigma\frac{pv^2_{mo}}{2g}=\Sigma\int Pd_ms-\Sigma\int P'd_ms+\Sigma\int P_md_rs.$$

Les termes provenant des actions mutuelles, $\Sigma\int Rdr$, et ceux qui proviennent des vitesses relatives, ont ainsi disparu, et l'on est conduit à ce théorème :

Dans un ensemble de molécules ébranlées avec des vitesses relatives aussi grandes quon voudra, on peut appliquer le principe des forces vives ou de la transmission du travail, en ne tenant compte que du mouvement moyen, sans avoir égard ni aux vitesses relatives des molécules, ni aux actions mutuelles qu'elles exercent entre elles, bien que ces forces puissent donner lieu par suite des ébranlements à des quantités de travail très-sensibles; il suffit pour cela d'ajouter aux quantités de travail dues aux forces extérieures, celles qui seraient dues, d'une part, à des forces fictives qui seraient capables de produire sur chaque molécule, considérée comme libre, le mouvement moyen, et d'une autre, aux déplacements relatifs des molécules dont les positions seraient rapportées à des plans coordonnés possédant le mouvement moyen.

50. Nous allons faire voir maintenant que, toutes les fois que les molécules sont peu dérangées, de manière que les intégrales qui se rapportent à toute

l'étendue du corps, ne varient pas sensiblement, la partie du travail formant la correction que nous venons d'énoncer pour passer du cas où ces molécules ne sont pas ébranlées à celui où elles le sont, partie qui est exprimée par $\Sigma\int P_m d_r s$, est négligeable; et qu'ainsi on peut appliquer l'équation des forces vives, c'est-à-dire le principe de la transmission du travail, pour le mouvement moyen, ainsi qu'on le fait dans les applications, sans que les mouvements vibratoires des molécules, et les actions mutuelles qui les produisent doivent laisser aucune trace sensible dans le calcul.

Soient X_m, Y_m, Z_m les composantes rectangulaires de la force dont P_m est la composante dans le sens de $d_r s$, on aura

$$X_m = \frac{p}{g} \cdot \frac{d^2{}_m x}{dt^2}, \qquad Y_m = \frac{p}{g} \cdot \frac{d^2{}_m y}{dt^2}, \qquad Z_m = \frac{p}{g} \cdot \frac{d^2{}_m z}{dt^2},$$

d'où

$$X_m dt^2 = \frac{p}{g}(x'd^2a + y'd^2b + z'd^2c),$$

$$Y_m dt^2 = \frac{p}{g}(x'd^2a' + y'd^2b' + z'd^2c'),$$

$$Z_m dt^2 = \frac{p}{g}(x'd^2a'' + y'd^2b'' + z'd^2c'').$$

Les projections de $d_r s$ sur les mêmes axes fixes sont

$$adx' + bdy' + cdz',$$
$$a'dx' + b'dy' + c'dz',$$
$$a''dx' + b''dy' + c''dz'.$$

L'élément de travail $P_m d_r s$, étant égal à la somme des éléments de travail composants, il viendra

$$\begin{aligned} P_m d_r s dt^2 = & \frac{p}{g}(x'd^2a + y'd^2b + z'd^2c)(adx' + bdy' + cdz') \\ & + \frac{p}{g}(x'd^2a' + y'd^2b' + z'd^2c')(a'dx' + b'dy' + c'dz') \\ & + \frac{p}{g}(x'd^2a'' + y'd^2b'' + z'd^2c'')(a''dx' + b''dy' + c''dz'). \end{aligned}$$

ou, en effectuant les multiplications et prenant les sommes des équations semblables pour toutes les molécules du corps en mouvement; on aura en mettant en dehors du signe Σ, les facteurs qui ne dépendent pas des coordonnées relatives x', y', z', et restent les mêmes pour tous les points du corps,

$$(\mathrm{V})\quad\left\{\begin{aligned}\Sigma P_m d_r s dt^2 = &(ad^2a + a'd^2a' + a''d^2a'')\,\Sigma\frac{p}{g}x'dx'\\ &+ (bd^2a + b'd^2a' + b''d^2a'')\,\Sigma\frac{p}{g}x'dy\\ &+ (cd^2a + c'd^2a' + c''d^2a'')\,\Sigma\frac{p}{g}x'dz'\\ &+ (ad^2b + a'd^2b' + a''d^2b'')\,\Sigma\frac{p}{g}y'dx'\\ &+ (bd^2b + b'd^2b' + b''d^2b'')\,\Sigma\frac{p}{g}y'dx'\\ &+ (cd^2b + c'd^2b' + c''d^2c'')\,\Sigma\frac{p}{g}y'dz'\\ &+ (ad^2c + a'd^2c' + a''d^2c'')\,\Sigma\frac{p}{g}z'dx'\\ &+ (bd^2c + b'd^2c' + b''d^2c'')\,\Sigma\frac{p}{g}z'dy'\\ &+ (cd^2c + c'd^2c' + c''d^2c'')\,\Sigma\frac{p}{g}z'dz'.\end{aligned}\right.$$

Pour simplifier ces valeurs, rappelons-nous qu'on a

$$\begin{aligned}ada + a'da' + a''da'' &= 0,\\ bdb + b'db' + b''db'' &= 0,\\ cdc + c'dc' + c''dc'' &= 0,\end{aligned}$$

et par suite

$$\begin{aligned}ad^2a + a'd^2a' + a''d^2a'' &= -(da^2 + da'^2 + da''^2),\\ bd^2b + b'd^2b' + b''d^2b'' &= -(db^2 + db'^2 + db''^2),\\ cd^2c + c'd^2c' + c''d^2c'' &= -(dc^2 + dc'^2 + dc''^2).\end{aligned}$$

Posons pour abréger

$$\begin{aligned}bda + b'da' + b''da'' &= hdt = -(adb + a'db' + a''db''),\\ cdb + c'db' + c''db'' &= kdt = -(bdc + b'dc' + b''dc''),\\ adc + a'dc' + a''dc'' &= ldt = -(cda + c'da' + c''da'').\end{aligned}$$

Nous aurons en différentiant

$$
\begin{aligned}
bd^2a + b'd^2a' + b''d^2a'' &= dhdt - (dbda + db'da' + db''da''),\\
cd^2b + c'd^2b' + c''d^2b'' &= dkdt - (dcdb + dc'db' + dc''db''),\\
ad^2c + a'd^2c' + a''d^2c'' &= dldt - (dadc + da'dc' + da''dc''),\\
ad^2b + a'd^2b' + a''d^2b'' &= -dhdt - (dadb + da'db' + da''db''),\\
bd^2c + b'd^2c' + b''d^2c'' &= -dkdt - (dbdc + db'dc' + db''dc''),\\
cd^2a + c'd^2a' + c''d^2a'' &= -dldt - (dcda + dc'da' + dc''da'').
\end{aligned}
$$

Introduisons ces valeurs dans l'équation (V), il viendra

$$
(\mathrm{X})\quad \left\{
\begin{aligned}
\Sigma \mathrm{P}_m d_r s dt^2 = &-(da^2 + da'^2 + da''^2)\Sigma \frac{p}{g} x'dx'\\
&-(db^2 + db'^2 + db''^2)\Sigma \frac{p}{g} y'dy'\\
&-(dc^2 + dc'^2 + dc''^2)\Sigma \frac{p}{g} z'dz'\\
&-(dadb + da'db' + da''db'')\Sigma \frac{p}{g}(x'dy' + y'dx')\\
&-(dbdc + db'dc' + db''dc'')\Sigma \frac{p}{g}(y'dz' + z'dy')\\
&-(dadc + da'dc' + da''dc'')\Sigma \frac{p}{g}(z'dx' + x'dz')\\
&+dhdt\Sigma \frac{p}{g}(x'dy' - y'dx')\\
&+dkdt\Sigma \frac{p}{g}(y'dz' - z'dy')\\
&+dldt\Sigma \frac{p}{g}(z'dx' - x'dz').
\end{aligned}
\right.
$$

Lorsqu'on prendra la somme $\Sigma \mathrm{P}_m d_r s$ pour toutes les molécules du corps, comme les coordonnées x', y', z' se rapportent aux plans ayant le mouvement moyen, on aura

$$
\begin{aligned}
\Sigma \frac{p}{g}(x'dy' - y'dx') &= 0,\\
\Sigma \frac{p}{g}(y'dz' - z'dy') &= 0,\\
\Sigma \frac{p}{g}(z'dx' - x'dz') &= 0,
\end{aligned}
$$

ce qui fera disparaître les trois derniers termes de l'expression précédente. On pourra donc écrire :

$$
(\mathrm{Y})\quad \left\{
\begin{aligned}
\Sigma \mathrm{P}_{n} d_{r} s = & -\left[\left(\frac{da}{dt}\right)^2 + \left(\frac{da'}{dt}\right)^2 + \left(\frac{da''}{dt}\right)^2\right] \Sigma \frac{p}{2g} d(x'^2) \\
& -\left[\left(\frac{db}{dt}\right)^2 + \left(\frac{db'}{dt}\right)^2 + \left(\frac{db''}{dt}\right)^2\right] \Sigma \frac{p}{2g} d(y'^2) \\
& -\left[\left(\frac{dc}{dt}\right)^2 + \left(\frac{dc'}{dt}\right)^2 + \left(\frac{dc''}{dt}\right)^2\right] \Sigma \frac{2p}{2g} d(z'^2) \\
& - 2\left(\frac{da\,db + da'db' + da''db''}{dt^2}\right) \Sigma \frac{p}{2g} d(x'y') \\
& - 2\left(\frac{db\,dc + db'dc' + db''dc''}{dt^2}\right) \Sigma \frac{p}{2g} d(y'z') \\
& - 2\left(\frac{da\,dc + da'dc' + da''dc''}{dt^2}\right) \Sigma \frac{p}{2g} d(z'x').
\end{aligned}
\right.
$$

Ainsi le terme de correction dont nous voulons apprécier la grandeur sera

$$
\begin{aligned}
\int \Sigma \mathrm{P}_{n} d_{r} s = & -\int\left[\left(\frac{da}{dt}\right)^2 + \left(\frac{da'}{dt}\right)^2 + \left(\frac{da''}{dt}\right)^2\right] d\Sigma \frac{px'^2}{2g} \\
& -\int\left[\left(\frac{db}{dt}\right)^2 + \left(\frac{db'}{dt}\right)^2 + \left(\frac{db''}{dt}\right)^2\right] d\Sigma \frac{py'^2}{2g} \\
& -\int\left[\left(\frac{dc}{dt}\right)^2 + \left(\frac{dc'}{dt}\right)^2 + \left(\frac{dc''}{dt}\right)^2\right] d\Sigma \frac{pz'^2}{2g} \\
& -2\int\left(\frac{da\,db + da'db' + da''db''}{dt^2}\right) d\Sigma \frac{px'y'}{2g} \\
& -2\int\left(\frac{db\,dc + db'dc' + db''dc''}{dt^2}\right) d\Sigma \frac{py'z'}{2g} \\
& -2\int\left(\frac{da\,dc + da'dc' + da''dc''}{dt^2}\right) d\Sigma \frac{pz'x'}{2g}
\end{aligned}
$$

D'après la supposition que les molécules s'écartent peu de leurs positions, par rapport aux plans qui ont les mouvements moyens, les sommes qui sont différentiées et affectées du signe Σ varient très-peu pendant le mouvement. Désignons l'une de ces sommes par A, et représentons par P le coefficient variable avec le temps qui la multiplie sous le signe $\int$. Les intégrales seront de la forme

$$\int \mathrm{P}d\mathrm{A}.$$

Soient t_1 et t_0 les limites prises pour le temps, et P_0A_0, P_1A_1 les valeurs de la quantité PA pour les limites de l'intégrale; on aura en intégrant par partie

$$\int_{t_0}^{t_1} PdA = P_1A_1 - P_0A_0 - \int_{t_0}^{t_1} AdP.$$

P variant d'une manière continue, on peut toujours partager l'intégrale en un nombre fini et très-limité de parties pour lesquelles dP ne change pas de signe. En désignant par A' une valeur moyenne de A, pour l'intervalle de t_0 à t_1, on aura en vertu de ce que dP ne change pas de signe

$$\int_{t_0}^{t_1} AdP = A'(P_1 - P_0),$$

mais A étant une quantité qui ne varie pas sensiblement en vertu de l'hypothèse que les molécules s'écartent très-peu de leurs positions primitives, on peut poser

$$A_1 = A_0 + \alpha_1,$$
$$A' = A_0 + \alpha',$$

α_1 et α' étant des quantités très-petites.

Ainsi on aura

$$\int_{t_0}^{t_1} PdA = P_1(A_0 + \alpha_1) - P_0A_0 - (A_0 + \alpha')(P_1 - P_0)$$
$$= \alpha_1 P_1 - \alpha'(P_1 - P_0).$$

Comme α_1 et α' sont des quantités très-petites, il en sera de même de l'intégrale $\int_{t_0}^{t_1} PdA$. Ainsi les six intégrales qui forment la valeur de $\Sigma\int P_m d_s$ sont toutes très-petites pour chaque durée du mouvement, pendant laquelle les différentielles des quantités qui se rapportent au mouvement moyen, ne changent pas de signe. Comme on peut partager la durée du mouvement en un nombre fini d'intervalles semblables, il en résulte que $\int\Sigma P_m d_s$ sera une quantité négligeable, lorsque les molécules se déplaceront très-peu par rapport à des plans, ayant le mouvement moyen. Ainsi, dans cette hypothèse, on peut énoncer le théorème suivant :

Lorsque les molécules d'un corps solide sont animées de vitesses relatives, les unes par rapport aux autres, si dans ces mouvements relatifs, elles ne s'écartent de leurs positions primitives que de distances très-petites, par rapport aux dimensions du corps, le principe de la transmission du travail, ou l'équation des forces vives, a encore lieu, en ne considérant que les vitesses et les espaces décrits en vertu du seul MOUVEMENT MOYEN.

Principe de la transmission du travail pour une machine quelconque en ayant égard aux frottements.

51. Considérons maintenant une machine quelconque, composée d'une réunion de corps solides juxtaposés pendant le mouvement. Le théorème qu'on vient d'énoncer s'appliquera à chaque corps en particulier; mais au nombre des forces extérieures qui doivent entrer dans les quantités de travail $\Sigma\int Pd_m s$, il faudra mettre les actions mutuelles qui se produisent au contact des corps entre les molécules voisines.

Il n'en sera pas de ces actions comme de celles qui se développent entre les molécules d'un même corps : elles ne disparaîtront pas de l'équation définitive des forces vives. Elles laisseront pour chaque contact et pour chaque corps un terme de la forme

$$\Sigma\int Pd_m s.$$

Ce terme peut encore s'écrire $\Sigma\int Rd_m r$, la différentielle $d_m r$, n'étant prise qu'en faisant mouvoir les molécules du corps. En ajoutant les équations des forces vives pour ces deux corps, il suffira d'ajouter les deux différentielles $d_m r$, pour les deux molécules qui produisent l'une sur l'autre l'action R, et la somme sera encore exprimée par

$$\Sigma\int Rd_m r.$$

$d_m r$ étant ici la différentielle totale de la distance r qui sépare les molécules, quand les deux corps se meuvent à la fois.

Pour apprécier la valeur que doit prendre ce terme; remarquons que chaque action R étant fonction de la distance r des deux molécules, et reprenant ainsi la même valeur lorsque r redevient la même, pendant le passage de deux molécules, l'une devant l'autre, l'intégrale $\int Rdr$ prise, non pas comme la précédente pour le mouvement moyen, mais bien pour le mouvement effectif en tenant compte ainsi des vibrations, se composera de deux parties égales et de signe contraire; en sorte qu'on pourra poser

$$\int Rdr = 0.$$

Or, la distance r étant une fonction des coordonnées des molécules que l'on considère, pour chacun des deux corps rapportées aux plans animés du mouvement moyen et des cosinus des angles que ces plans mobiles font avec les axes fixes, la différentielle totale dr, équivaut à la somme des différentielles partielles $d_m r$ et $d_r r$ prises, l'une dans le mouvement moyen, c'est-à-dire en ne faisant varier que les cosinus en question, l'autre dans le mouvement relatif, c'est-à-dire en ne faisant varier que les coordonnées des molécules par rapport aux plans mobiles. On a donc

$$dr = d_m r + d_r r,$$

et par suite

$$\Sigma \int R d_m r + \Sigma R d_r r = 0.$$

Ainsi on a

$$\Sigma \int R d_m r = - \Sigma R d_r r,$$

la différentielle $d_r r$ peut se partager en deux parties, chacune se rapportant au seul mouvement relatif des molécules d'un seul corps; désignons ces différentielles partielles par $d'_r r$ et $d''_r r$; nous aurons

$$\Sigma \int R d_r r = \Sigma \int R d'_r r + \int R d''_r r,$$

et par suite

$$\Sigma \int R d_m r = - \Sigma \int R d'_r r - \Sigma \int R d''_r r.$$

Examinons à part chacun des termes

$$\Sigma \int R d'_r r \quad \text{et} \quad \Sigma \int R d''_r r;$$

comme ils sont tous les deux de même nature, il suffit d'en considérer un

$$\Sigma \int R d'_r r.$$

La différentielle $d'_r r$ est prise dans cette expression, en ne faisant varier qu'une des deux molécules, et uniquement pour le mouvement relatif. Remarquons qu'avant que la force R ait agi sur cette molécule, celle-ci était en équilibre sous l'influence des forces développées par toutes les molécules voisines. La nouvelle force R produite sur elle, la dérange de sa position d'équilibre; mais les forces que développent les molécules voisines du même corps, par suite de ce dérangement tendent à la rappeler vers sa première position, non directement; mais en la faisant osciller ou vibrer autour de cette position.

Pour le mouvement relatif et vibratoire des molécules ainsi dérangées par les actions au contact, on peut appliquer le principe des forces vives pour les mouvements relatifs établi article 30. Les forces fictives à introduire en raison du mouvement moyen qui entraîne chaque corps, ne donneront qu'un travail tout à fait insensible devant celui qui résulte des actions mutuelles qui acquièrent au moindre dérangement une intensité considérable. Ainsi, on sera dans le cas d'un corps immobile, dont les molécules sur une partie de la surface, et à une très-petite distance de cette surface, reçoivent des actions R qui les dérangent de leur position d'équilibre. Il résulte de ces dérangements des modifications aux actions mutuelles entre les molécules d'un même corps; nous désignerons par R' la résultante des nouvelles actions sur une molécule, laquelle est nulle dans la position d'équilibre. Nous représentons par $\Sigma \int R'dr'$, les quantités de travail dues à ces actions : v' étant la vitesse relative d'une molécule quelconque parmi celles que nous considérons, et p son poids; on aura par le principe des forces vives dans les mouvements relatifs, et en raison de ce qu'à l'origine de l'action de la force extérieure R, chaque molécule n'avait point de vitesse relative

$$\Sigma \frac{pv'^2}{2g} = \Sigma \int R d'_r r + \Sigma \int R'dr',$$

ou

$$\Sigma \int R d'_r r = \frac{\Sigma p v'^2}{2g} - \Sigma \int R'dr'.$$

Le travail dû aux actions R' ne peut être que résistant lorsque, ainsi que nous le supposons, les molécules avant leur dérangement, étaient dans un état d'équilibre stable qu'elles tendent à reprendre. Car les forces qui se développent, ont suivant les axes coordonnées des composantes qui agissent d'abord en sens contraire du déplacement, dans le sens des axes, sans quoi il n'y aurait pas de stabilité; ces composantes ne peuvent donc produire que des quantités de travail résistant, en considérant même après la période d'écart, de la position d'équilibre, une période de retour. Car dans celle-ci, le travail moteur ne pourrait l'emporter sur le travail résistant produit dans la période d'écart.

Ainsi les termes $\Sigma \int R'dr'$ sont négatifs, par conséquent la quantité $\Sigma \int R d'_r r$ se composera de deux parties positives, et sera toujours positive. Il en sera de même pour $\Sigma \int R d''_r r$ pour l'autre corps en contact.

Le travail dû aux frottements $\Sigma f R d_m r$ qui est égal à $-\Sigma f R d'_r r - \Sigma f R d''_r r$, est donc exprimé par une quantité négative et se trouve toujours une perte.

Ainsi dès que l'effet du frottement est de faire osciller les molécules voisines du contact, et par suite toutes les autres successivement, il en résulte qu'il y a un travail résistant à introduire lorsqu'on ne tient compte que des mouvements moyens des deux corps en contact ; ou en d'autres termes, qu'une portion du travail moteur se trouve perdue par l'emploi qui en est fait à ces vibrations, sans profiter aux mouvements moyens, les seuls dont on doive tenir compte dans la pratique.

On conclut des remarques précédentes, *que le principe de la transmission du travail a lieu pour un ensemble de corps solides, composant une machine quelconque, quelles que soient les vibrations produites dans ces corps par les frottements aux points de contact, pourvu qu'on ne tienne compte que des mouvements moyens, et qu'on ait égard aux quantités de travail résistant dues aux frottements.*

52. L'évaluation de ces quantités de travail se simplifie beaucoup par les considérations suivantes.

Évaluation du travail perdu par les frottements.

Le travail perdu par les frottements, se compose de termes de la forme $\Sigma f R d_m r$, $d_m r$ étant la variation de distance de deux molécules appartenant à deux corps différents, et situées très-près de la surface de contact; cette variation étant prise seulement en ne considérant que les mouvements moyens. Cette quantité ne changera pas, ainsi que toutes les quantités de travail dues à des actions mutuelles (article 34), si l'on donne à l'ensemble du système des deux corps en contact, un mouvement commun égal au mouvement moyen de l'un des corps et en sens opposé, de manière à annuler ce mouvement et à ramener ce corps au repos. L'évaluation des termes $\Sigma f R d_m r$, devient alors bien plus facile, puisqu'il n'y a plus à considérer la variation $d_m r$, que pour le mouvement d'un seul corps. Pour simplifier cette évaluation, remarquons qu'on peut remplacer $f R d_m r$ par $f P d_m s$, $d_m s$ étant le chemin décrit dans le mouvement moyen par une molécule du corps mobile, qui reçoit une action R d'une autre molécule du corps voisin devenu immobile, et P étant la composante de la force R dans le sens du chemin $d_m s$. Or très-près de la surface de contact, les vitesses du mouvement moyen des corps mobiles sont dirigées tangentiellement aux surfaces en contact, car lors même qu'il y aurait avec le mouvement de glissement un second mouvement de roulement, celui-ci pouvant être considéré comme une rotation imprimée au corps, autour d'une tangente à la surface de contact, ne donne que des vitesses nulles sur cette tangente et insensibles sur tous les points très-voisins du contact; ainsi $d_m s$ sera un chemin décrit tangentiellement aux surfaces de contact. Si l'on réunit les termes $\int P d_m s$ pour toutes les molécules, qui près des surfaces de contact ont toutes des vitesses égales, $d_m s$ sera commun, et la somme $\Sigma \int P d_m s$ deviendra $\int d_m s \Sigma P$. Cette expression est celle d'un travail dû à une force totale ΣP, laquelle est appliquée à un point fictif qui parcourt dans le temps dt, un chemin $d_m s$. La force ΣP est le frottement total pour l'ensemble des points qu'on a considérés comme ayant la même vitesse, et $d_m s$ est la quantité de glissement d'un corps sur l'autre, dans ce temps infiniment petit dt. Ainsi en général, *le travail perdu en frottement entre deux corps faisant partie d'une machine, s'évaluera par une intégrale, s'étendant à la durée du mouvement que l'on considère, et dont l'élément sera le produit du frottement total pour tous les points du contact qui ont des vitesses égales et parallèles, multiplié par l'élément de la longueur de glissement d'un corps sur l'autre.*

La valeur absolue de la perte de travail due au frottement ne peut être fixée que par des expériences. Pour les faire, il suffit de mettre deux corps en contact, et de donner à l'un d'eux un mouvement uniforme, sur l'autre rendu immobile. Comme il y a dans ce cas, à chaque instant, égalité entre le travail moteur produit sur le corps mobile, et le travail résistant uniquement dû aux actions moléculaires, qui se développent au contact; en mesurant le travail moteur, on a le travail résistant perdu en vibration.

On a reconnu ainsi que ce travail pouvait être considéré comme dû à une force résistante F, à laquelle on donne le nom de *frottement*, appliquée au corps mobile, au point de contact, et en sens inverse de son mouvement de glissement sur le corps immobile. L'intensité de cette force a été trouvée à très-peu près proportionnelle à la pression normale qui s'exerce au contact des deux corps, et en même temps indépendante de la vitesse; du moins jusqu'à des vitesses d'environ 3 mètres par seconde.

Nous consacrerons un des prochains chapitres aux calculs des frottements, qui jouent un rôle si important dans les machines.

Du choc.

53.— Lorsqu'il se produit un choc entre deux systèmes de corps ou machines quelconques, on ne peut pas admettre que les molécules d'un même corps conservent leurs distances relatives; le choc fait naître des ébranlements auxquels la théorie doit avoir égard. Il est toutefois permis de supposer, lorsqu'il s'agit de corps solides, que les déformations, et en général, les déplacements relatifs des molécules de chaque corps, aient été très-peu sensibles pendant le temps très-court, qui a été nécessaire pour opérer les changements de vitesse. En d'autres termes, on peut admettre que la communication du mouvement s'accomplit dans un temps très-court.

Considérons le mouvement de chaque molécule pendant la très-courte durée du choc, c'est-à-dire pendant qu'il s'opère un changement brusque dans sa vitesse. On devra regarder cette molécule comme soumise aux actions de toutes les molécules voisines, et aux forces extérieures (comme, par exemple, la gravité). Si nous choisissons pour vitesse virtuelle de chaque molécule, celle qui résulterait de l'hypothèse où les ébranlements n'auraient pas lieu, et où les molécules de chaque corps conserveraient leurs distances relatives, il est clair, ainsi que nous l'avons déjà dit, que les moments virtuels des actions mutuelles des molécules d'un même corps s'entre-détruiront, et qu'il ne restera que ceux des forces extérieures, que nous représenterons par $P\delta p$, et ceux des actions des molécules de deux corps différents, près des points de contact. Nous représenterons les derniers, par $R\delta r$. Ainsi on aura

$$\Sigma\frac{p}{g}\left(\frac{du}{dt}\,\delta x+\frac{dv}{dt}\,\delta y+\frac{dw}{dt}\,\delta z\right)=\Sigma P\delta p+\Sigma R\delta r.$$

Mais, d'après la nature des vitesses virtuelles δx, δy, δz que l'on a choisies, elles ne dépendent pour chaque molécule que de la position de l'axe instantané de rotation du système dont elle fait partie, en le supposant solidifié, et de la position de cette molécule par rapport à cet axe. Rien n'empêche de regarder cet axe comme invariable, pendant la courte durée du choc; et comme les molécules se dérangent peu, par hypothèse, pendant cette durée, les vitesses virtuelles seront extrêmement peu variables, bien que les vitesses effectives le soient considérablement. On peut donc intégrer l'équation ci-dessus par rapport au temps, pour la durée du choc, sans faire varier δx, δy, δz.

En désignant par u_0, v_0, w_0 les vitesses avant le choc, et par u_1, v_1, w_1, les vitesses après le choc, on aura ainsi

$$\Sigma \frac{p}{g} [(u_1 - u_0)\delta x + (v_1 - v_0)\delta(w_1 - w_0)y + \delta z] = \Sigma \int P \delta p dt + \Sigma \int R \delta r dt.$$

Quantités de mouvement.

Le produit $\frac{p}{g} a$, de la masse par la vitesse, est ce que l'on nomme quantité de mouvement. C'est l'intégrale d'une force qui agit sur le point libre en la prenant par rapport au temps. On appelle en général *quantité de mouvement* une intégrale $\int P dt$ d'une force P, par rapport au temps dont l'élément est dt.

Les forces extérieures P, qui sont ordinairement le poids des molécules, n'étant pas capables, par elles seules, de changer brusquement les vitesses, sont très petites vis-à-vis des actions moléculaires, qui produisent ces changements brusques. Dans un temps très-court, comme celui pour lequel nous venons d'intégrer, ces forces extérieures P ne peuvent donner que des termes insensibles par rapport au premier membre de cette équation. On pourra donc les négliger, et écrire :

$$\Sigma \frac{p}{g} [(u_1 - u_0)\delta x + (v_1 - v_0)\delta y + (w \quad - w_0)\delta z] = \Sigma \int \delta R r dt.$$

En choisissant convenablement les vitesses virtuelles, et en restant toujours dans la supposition qu'on les prend dans chaque corps comme si celui-ci restait solide, on peut ramener le second membre à ne contenir que les forces tangentielles. En effet, bien que les corps puissent se comprimer pendant le choc, et qu'ainsi les vitesses normales aux surfaces de contact ne soient pas égales, on peut, dans le choix des vitesses virtuelles, regarder les corps comme solidifiés, et faire ainsi abstraction de la compression effective, en supposant que les corps glissent l'un contre l'autre aux points de contact. Alors, pour deux molécules voisines, entre lesquelles se manifeste la force R, l'élément virtuel δr a une composante nulle dans le sens de la normale : le travail virtuel de la force R se réduit donc à celui de la composante F, suivant le plan tangent; et le second membre de l'équation peut s'écrire :

$$\Sigma \int F \delta f . \cos(F \delta f) . dt.$$

l'élément virtuel δf étant pris ici dans le mouvement virtuel et non dans le mouvement effectif.

On a, d'après cela,

$$\Sigma \frac{p}{g}[(u_1 - u_0)\,\delta x + (v_1 - v_0)\,\delta y + (w_1 - w_0)\,\delta z] = \Sigma \int F\delta f.\cos(F\delta f).\,dt.$$

Mais si le mouvement virtuel est choisi de manière que les corps en contact glissent, avec ou sans roulement, mais sans pivoter l'un sur l'autre, les éléments virtuels δf seront sensiblement égaux pour toutes les molécules en contact, et pour toute la durée du contact. Ainsi l'élément δf sera indépendant de la position de la molécule considérée; et, comme il est déjà indépendant du temps, de même que toutes les vitesses virtuelles, par suite de l'hypothèse que nous avons faite sur la rapidité du choc, il sortira des signes $\int$ et d'une partie de la somme Σ pour chaque contact : on aura ainsi

$$\Sigma \frac{p}{g}[(u_1 - u_0)\,\delta x + (v_1 - v_0)\,\delta y + (w_1 - w_0)\,\delta z] = \Sigma\delta f.\Sigma \int F\cos(F\delta f).\,dt,$$

le premier Σ du second membre s'appliquant aux divers contacts du corps, et le second à toutes les molécules voisines d'un même point de contact. On pourra alors remplacer pour abréger, $\Sigma\int F\cos(F\delta f).dt$, pour chaque contact, par une seule lettre F, indiquant la *quantité de mouvement* due à une force tangentielle que l'expérience a donnée comme résultante de toutes les actions dans ce sens qui sont dues au contact; c'est ce qu'on appelle la somme des quantités de mouvement dues aux frottements pendant le choc. En n'appliquant plus le signe Σ, dans le deuxième membre, qu'aux différents contacts ou aux différents éléments de contact pour lesquels δf ne serait plus le même, on mettra l'équation précédente sous la forme suivante :

$$\Sigma \frac{p}{g}[(u_1 - u_0)\,\delta x + (v_1 - v_0)\,\delta y + (w_1 - w_0)\,\delta z] = \Sigma F\delta f,$$

ou

$$\Sigma \frac{p}{g}(u_1\delta u + v_1\delta y + w_1\delta z) = \Sigma \frac{p}{g}(u_0\delta x + v_0\delta y + w_0\delta z) + \Sigma F\delta f.$$

Cette équation exprime : *qu'il existe, entre les quantités de mouvement dues aux vitesses qui ont lieu avant et après le choc, les relations qui exis-*

teraient entre des forces équivalentes appliquées aux mêmes systèmes de molécules, si ces systèmes étaient solides, et juxtaposés par certains points de contact; en tenant compte, toutefois, dans cette équivalence, des quantités de mouvement dues aux frottements qui se manifestent au contact des corps.

Principes de D'Alembert dans le choc des systèmes de corps.

D'après des expériences récentes de M. Morin, ces quantités de mouvement dues aux frottements pendant le choc paraissent devoir se calculer comme les frottements dus aux pressions ordinaires, c'est-à-dire qu'on peut les regarder comme en rapport constant avec la quantité de mouvement due aux actions normales, aux surfaces de contact. La méthode pour calculer ces dernières, est la même que pour les simples pressions entre les divers corps d'une machine en mouvement: nous reviendrons plus loin sur cette dernière détermination.

L'énoncé précédent renferme ce qu'on appelle le principe de d'Alembert, dans le choc des corps. Il étend à *des quantités de mouvement*, les relations que le principe des vitesses virtuelles donne pour des forces dans un mouvement quelconque. Mais il ne faut pas perdre de vue que c'est à la condition que, pendant le choc, c'est-à-dire pendant l'espace de temps qui s'écoule entre les instants où l'on évalue les deux systèmes de quantités de mouvement, les molécules des corps aient très-peu changé de position dans l'espace, ou, en d'autres termes, que leurs coordonnées n'aient varié que de quantités très-petites. Ce qu'on vient de dire ne s'appliquerait donc pas au choc de deux masses d'air qui se comprimeraient sensiblement pendant le temps que l'on prendrait pour la durée du choc.

54.— Nous remarquerons maintenant que si, après le choc, à l'instant où l'on prend les vitesses u_1, v_1, w_1, il y avait encore des ébranlements entre les molécules, le théorème précédent n'apprendrait rien, puisque des vitesses propres des molécules on ne pourrait rien conclure pour les vitesses d'ensemble et pour les mouvements des corps. On aura recours alors aux *mouvements moyens*, qui nous ont déjà servi à lever une difficulté analogue dans le principe des forces vives. Voici comment on procédera.

Les mouvements virtuels choisis pour fournir les δx, δy, δz qui entrent dans l'équation précédente, ne peuvent donner pour chaque corps qu'une translation du centre de gravité et une rotation autour de ce centre. Les sommes de moments virtuels qui en résultent produisent, et les sommes de quantités de mouvement de translation, et les sommes des moments des quantités de mouvement autour des axes de rotation virtuelle, par rapport aux centres de gravité de chaque corps. Or, ces quantités étant les mêmes pour les mouvements effectifs et pour les mouvements moyens, on peut substituer ces derniers dans l'équation précédente, et l'on aura, en désignant par u_m, v_m, w_m les vitesses composantes, dans le mouvement moyen,

$$\Sigma \frac{p}{g}(u_m \delta x + v_m \delta y + w_m \delta z) = \Sigma \frac{p}{g}(u_0 \delta x + v_0 \delta y + w_0 \delta z) + \Sigma F \delta f$$

Cette équation en fournira toujours autant de différentes qu'il en faudra pour déterminer les mouvements moyens de chaque corps composant la machine ; et cela en raison des systèmes différents qu'on pourra prendre pour les vitesses virtuelles δx, δy, δz, etc.

Si, à la fin du choc, c'est-à-dire à l'instant où l'on prend les vitesses moyennes u_m, v_m, w_m, les corps sont encore en contact, ces mêmes vitesses moyennes, étant encore compatibles avec les liaisons du système pendant le choc, pourront être prises pour vitesses virtuelles, et l'équation ci-dessus deviendra, en divisant par dt, et transposant,

$$\Sigma \frac{p}{g}(u^0 u_m + v_0 v_m + w^0 w_m) - \Sigma \frac{p}{g}(u^2_m + v^2_m + w^2_m) + \Sigma F \frac{\delta_m f}{dt} = 0.$$

Mais on a, pour éliminer les doubles produits, l'équation

$$u_0 u_m = \frac{1}{2}[u^2_0 + u^2_m - (u_0 - u_m)^2],$$

et d'autres semblables pour $v_0 v_m$ et pour $w_0 w_m$. En substituant, on trouve ainsi

$$\Sigma \frac{p}{2g}(u^2_0 + v^2_0 + w^2_0) - \Sigma \frac{p}{2g}(u^2_m + v^2_m + w^2_m) =$$
$$= \Sigma_m \frac{p}{2g}[(u_0 - u_m)^2 + (v_0 - v_m)^2 + (w_0 - w_m)^2] + \Sigma F \frac{\delta_m f}{dt}.$$

Il faut remarquer que le terme $-\Sigma F \frac{\delta_m f}{dt}$, sera en général positif, parce que la quantité de mouvement désignée par F par abréviation de $\int F \cos(F \delta f) dt$, est ordinairement négative. En effet la force F qui est sous cette intégrale agit en sens opposé de dp, c'est-à-dire du glissement effectif, des surfaces en contact. Cette direction du glissement changeant peu pendant le choc, sera peu différente de celle de $\delta_m f$, qui répond à la fin du choc. Ainsi la quantité de mouvement ci-dessus sera négative et le terme $-\Sigma F \frac{\delta_m f}{dt}$.

Théorème de Carnot.

L'équation ci-dessus renferme ce qu'on appelle le théorème de Carnot, dans le choc des corps mous, ou non élastiques. On entend ici par corps mous ou non élastiques, ceux qui, après le choc, restent juxtaposés en leurs points de contact. On voit donc que, pour ces corps, *la différence entre la force vive due aux vitesses avant le choc et celle qui est due aux vitesses moyennes après le choc, est égale à la somme de deux termes : 1° la force vive due aux vitesses perdues ou gagnées par l'effet du choc, c'est-à-dire aux vitesses qui, combinées avec celles qui ont lieu après le choc, donneraient pour résultantes celles qui avaient lieu avant le choc; 2° la somme des produits des quantités de mouvement dues aux frottements pendant le choc, par les vitesses relatives de frottement à la fin du choc.*

Ainsi on aura à ajouter, en général, à la perte exprimée par la force vive due aux vitesses perdues ou gagnées par le choc, une seconde perte due aux frottements.

55. La conception des corps mous, c'est-à-dire de corps qui après s'être choqués restent en contact n'est qu'une abstraction qui ne se rencontre pas dans la nature. Si l'on fait quelquefois cette supposition, c'est pour avoir un maximum de la perte de travail due au choc. Dans la réalité, les corps qui se sont choqués ne restent pas en contact, ils se séparent par une réaction moléculaire. C'est à cette tendance à se séparer ainsi, par l'effet de la réaction moléculaire, qu'on a donné le nom d'élasticité, en distinguant l'élasticité plus ou moins parfaite. L'élasticité parfaite serait la propriété qu'auraient certains corps de reprendre après le choc la même disposition des molécules qu'avant le choc : les actions mutuelles ayant repassé par les mêmes états de grandeurs, quand les distances reviennent les mêmes, en sorte que du moment où toute action aurait cessé entre les molécules voisines du contact dans les deux corps, il n'y aurait plus ni vibration, ni dérangement dans leur intérieur. Dans ce cas, il est clair qu'il n'y aurait aucune perte de force vive par l'effet du choc, même en ne prenant que les mouvements moyens; car les actions des molécules les unes

sur les autres reprenant les mêmes valeurs quand les distances sont revenues les mêmes, les intégrales $\int R dr$ sont toutes nulles, quand on les prend depuis le commencement du dérangement jusqu'à la fin; et comme il n'y a pas de mouvement relatif des molécules entre elles, à la fin du choc, la force vive du mouvement moyen qui forme la totalité de la force vive, doit rester la même. Cette supposition n'est qu'une abstraction qui ne se réalise qu'assez imparfaitement pour des corps particuliers, et dans des cas de choc tout spéciaux. Dans ces cas elle sert à déterminer les mouvements après le choc, comme nous le verrons plus loin dans les applications.

Principe sur le mouvement du centre de gravité.

56. Le principe qui a été énoncé à l'article 38 pour un corps solide libre, s'étend très-facilement à un système de corps formant une machine quelconque, et même au cas où il y a des chocs, si ce système n'est retenu à aucun poids fixe, ni à aucun corps extérieur par certaines liaisons, ou en d'autres termes s'il est libre de prendre des mouvements virtuels de transport parallèles à trois axes coordonnés, et pour lesquels toutes les vitesses virtuelles soient égales et parallèles.

Pour le prouver, procédons ici comme à cet article 38, et prenons pour vitesses virtuelles des vitesses égales et parallèles aux trois axes. En conservant les notations de ce même article, c'est-à-dire en désignant par U, V, W, les vitesses du centre de gravité dans les sens des trois axes, et par u, v, w, les vitesses analogues pour une molécule quelconque du système dont p est le poids; nous aurons en supprimant les facteurs communs aux deux membres qui sont les vitesses virtuelles,

$$(\mathrm{A}) \quad \left\{ \begin{array}{l} \Sigma p \dfrac{du}{dt} \text{ ou bien } \dfrac{dU}{dt} \Sigma p = \Sigma X, \\ \Sigma p \dfrac{dv}{dt} \text{ ou bien } \dfrac{dV}{dt} \Sigma p = \Sigma Y, \\ \Sigma p \dfrac{dw}{dt} \text{ ou bien } \dfrac{dW}{dt} \Sigma p = \Sigma Z. \end{array} \right.$$

Dans les seconds membres il ne reste rien, ni des actions des molécules d'un même corps, ni des actions des molécules de deux corps en contact faisant partie du système ou de la machine ; car ces actions se groupent par forces égales et opposées dont des sommes sont nulles dans les seconds membres.

Ces équations donnent pour un système ou une machine quelconque l'énoncé que nous avions déjà présenté article 38 pour un seul corps solide. Il consiste en ce que *dans tout système de corps libre dans l'espace, le centre de gravité se meut comme un point matériel libre qui ayant la masse totale serait soumis à toutes les forces extérieures qui agissent sur le système.*

S'il y a des chocs qui viennent de corps extérieurs, les forces très-grandes qu'ils produisent sur le système ne feront point exception à celles que l'on considère dans ce principe sur le mouvement du centre de gravité. Le point matériel fictif qui se meut comme ce centre modifiera alors son mouvement absolument comme s'il avait reçu lui-même les chocs extérieurs. En intégrant les deux membres des équations ci-dessus par rapport au temps, on transporte aux quantités de mouvement, le principe qu'on vient d'énoncer pour les forces. Ainsi on peut dire que : *lorsqu'il y a des chocs dus à des corps extérieurs au système, le centre de gravité prend un changement brusque de vitesse, comme un point matériel qui ayant la masse totale du système recevrait directement les quantités de mouvement dues à ces chocs.*

Conservation du mouvement du centre de gravité.

Dans le cas particulier où il n'y a aucune force extérieure au système mobile, et où il n'y a que des actions mutuelles des molécules entre elles, alors, comme ces actions peuvent ne pas compter au nombre des forces appliquées au centre de gravité, puisqu'en effet si on les appliquait, elles le détruiraient deux à deux, *ce centre se meut d'un mouvement uniforme et rectiligne comme un point matériel qui n'est soumis à aucune force* : il conserve ainsi sa quantité de mouvement. C'est cet énoncé qui est connu sous la dénomination de *principe de la conservation du mouvement du centre de gravité.* Lorsqu'il y a des chocs entre les corps mêmes qui font partie du système, ils n'altèrent en rien le mouvement du centre de gravité qui se fera comme s'ils n'avaient pas lieu puisque les actions très-grandes dues à ces chocs disparaissent dans les équations ci-dessus.

Principe sur la conservation des moments des quantités de mouvements.

57. Dans les cas où le système en mouvement n'est soumis à aucune force extérieure, et où les molécules des corps qui le composent, ne sont soumises

qu'à leurs actions mutuelles, soit dans leur état ordinaire, soit pendant le choc lorsqu'il s'en produit entre les corps du système que l'on considère; les moments des quantités de mouvement de l'ensemble des molécules restent les mêmes, quand on les prend par rapport à un axe autour duquel le système peut tourner librement.

On établit ce principe en procédant pour un système de corps, comme nous l'avons fait à l'article 37 pour un seul corps solide, c'est-à-dire en prenant pour vitesses virtuelles celles qui résultent de la supposition où l'on donnerait à tout le système, considéré comme solide, un mouvement de rotation autour d'un axe.

On a alors, en prenant cet axe pour celui des z comme à l'article 37,

$$\Sigma \frac{p}{g}\left(x\frac{dv}{dt} - y\frac{du}{dt}\right) = \Sigma(xY - yX).$$

Mais dans le cas où les forces X et Y proviennent d'actions mutuelles de molécules du système, soit pendant leur juxtaposition ordinaire, soit pendant leur choc, auquel cas ces actions deviennent incomparablement plus grandes, les seconds membres sont égaux à zéro, puisque les moments de deux actions égales et opposées donnent une somme nulle : ainsi on a

$$\Sigma \frac{p}{g}\left(x\frac{dv}{dt} - y\frac{du}{dt}\right) = 0.$$

En intégrant par rapport au temps, on en conclut

$$\Sigma \frac{p}{g}(xv - yu) = C:$$

C étant ici une constante par rapport au temps.

Le premier membre est la somme des moments des quantités de mouvement, en appelant *moment d'une quantité de mouvement* pour chaque molécule, celui d'une force fictive qui serait appliquée à cette molécule dans la direction de sa vitesse, et qui aurait pour mesure le produit de sa masse $\frac{p}{g}$ par cette vitesse.

On peut donc énoncer ce principe que *dans un système ou une machine quelconque, qui n'est soumise à aucune force extérieure, et qui ne reçoit ainsi que les actions qui résultent du contact ou du choc des corps qui la composent, les sommes des moments des quantités de mouvement de toutes ces molécules par rapport à une ligne qui peut servir d'axe de rotation dans un mouvement virtuel restent constantes pendant la durée du mouvement.*

Ce principe sert à déterminer le mouvement après le choc pour deux systèmes tournant autour de certains axes fixes.

Principe général de la transmission du travail.

58. Nous pouvons maintenant étendre à une machine formée d'un système de corps solides, le principe de la transmission du travail, en ayant égard aux frottements, aux ébranlements des molécules et aux chocs. Il suffira pour cela de prendre les mouvements moyens pour chaque corps, et d'ajouter au travail résistant, celui qui est dû aux frottements des corps de la machine entre eux, et de tenir compte des pertes de force vive qui seraient dues aux chocs brusques lorsqu'il s'en produit et qu'on n'est pas dans l'un de ces cas exceptionnels où il y a une élasticité à peu près parfaite. Si nous désignons par T_m la quantité de travail moteur due aux forces mouvantes extérieures pendant un certain temps pour lequel on veut appliquer le principe de la transmission du travail, et par T_r la quantité de travail résistant produite pendant le même temps par les forces extérieures, y compris les frottements produits par les corps extérieurs, par T_f la quantité de travail perdue par les frottements entre les corps qui composent la machine, et enfin par T_c la quantité de travail perdue par les chocs qui ont pu avoir lieu pendant la durée du mouvement que l'on considère; enfin, si l'on désigne, comme à l'article 42, par w la vitesse d'une molécule quelconque du système et par p son poids, on aura évidemment, d'après ce qui a été exposé dans les articles précédents

$$T_m - T_r - T_f - T_c = \Sigma \frac{pw^2}{2g} - \Sigma \frac{pw_0^2}{2g},$$

w_0 désignant ici la vitesse à l'origine du mouvement.

Lorsque le mouvement est considéré pour un temps un peu long, comparativement à celui qu'il faut à l'origine pour mettre la machine en mouvement et pour lui donner sa plus grande force vive, les termes $\Sigma \frac{pw^2}{2g}$ et $\Sigma \frac{pw_0^2}{2g}$, sont très-petits devant les autres, ou au moins leur différence est très-petite. On peut alors poser avec une très-grande approximation

$$T_m = T_r + T_f + T_c.$$

Si l'on représente par T'_m le travail moteur reçu par les corps extérieurs à la machine en raison des pressions que celle-ci produit sur ces corps, et si l'on désigne par T'_f le travail perdu en frottements entre ces corps extérieurs et ceux de la machine, lequel travail doit être évalué, comme on l'a dit à l'article 52, on aura par la définition même de T'_f,

$$T_r - T'_m = T'_f \quad \text{ou} \quad T_r = T'_m + T'_f;$$

en substituant dans la valeur précédente de T_m, on a

$$T_m = T'_m + T'_f + T_f + T_c.$$

Cette équation renferme l'énoncé le plus général du principe de la transmission du travail : elle établit que le travail moteur T'_m transmis par une machine sur les corps extérieurs qui résistent à son mouvement est plus petit que le travail moteur T_m reçu par cette machine, et que la différence se compose des pertes de travail dues aux frottements, tant des corps de la machine entre eux qu'avec les corps extérieurs qu'elle fait mouvoir, et des pertes dues aux chocs.

Si, au lieu de considérer ces mouvements dans un temps très-long, on ne prend les quantités de travail que pour un temps comparable à celui qui est nécessaire pour que la machine acquière son maximum de vitesse depuis l'origine de son mouvement, alors on ne pourra plus négliger l'accroissement ou la diminution de la somme des forces vives; et l'on posera

$$T_m = T'_m + T_f + T'_f + T_c + \Sigma\frac{pw^2}{2g} + \Sigma\frac{pw_0^2}{2g}.$$

Ici l'accroissement de la somme des forces vives, s'il y en a, n'a lieu qu'aux dépens du travail moteur, qui doit augmenter pour produire cet accroissement. Mais aussi cette augmentation momentanée n'est pas perdue, puisque lorsqu'il y aura plus tard un décroissement de force vive, ce sera à son tour le travail résistant T'_m, qui pourra augmenter sans qu'il soit nécessaire que T_m augmente. L'accroissement de force vive, ainsi qu'on l'a déjà fait remarquer, figure donc ici comme un travail en réserve qui est restitué dès que le mouvement se ralentit.

Considérations sur l'extension du principe de la transmission du travail aux corps flexibles et aux fluides.

Quoique nous nous proposions de revenir à part sur les questions de mécanique auxquelles donnent lieu les corps flexibles et les fluides, cependant, afin que les énoncés précédents ne paraissent pas restreints ici aux machines où ces corps ne sont pas employés, nous ajouterons les remarques suivantes.

En outre des corps solides on emploie dans les machines des cordes et des courroies. Pour appliquer dans ce cas le principe de la transmission du travail, il suffit de tenir compte dans la transmission des pertes qui résultent des déplacements moléculaires qui s'opèrent dans ces corps par leur flexion et leur redressement. L'expérience prouve que ces pertes sont très-peu sensibles, car les deux extrémités d'une corde, ou de tout système flexible qui en fait l'office, ayant la même vitesse dans le sens de leur longueur, la perte de travail se constate par la différence des forces qui les tirent dans le sens de leur longueur. Cette différence étant peu sensible, il en est de même des quantités de travail correspondantes.

Nous reviendrons plus loin sur le mode d'évaluation de ces pertes : pour le moment il suffit de concevoir qu'elles sont peu considérables.

Pour les fluides, on doit les considérer comme une réunion de très-petites sphères solides pouvant glisser les unes sur les autres sans frottement sensible, en sorte que rien n'empêche de leur appliquer le principe de la transmission du travail en ayant égard aux petites pertes dues aux frottements des particules entre elles et à celles qui sont dues aux chocs, quand il s'en produit. L'expérience montre que quand il n'y a pas de choc brusque, et qu'il n'y a que des frottements des particules fluides les unes sur les autres, ces pertes sont très-peu sensibles. Nous reviendrons par la suite sur les pertes de travail dans le mouvement des fluides : il suffit maintenant de faire sentir comment, en ayant égard à ces pertes, le principe de la transmission du travail reste applicable.

CHAPITRE II

Considérations générales sur les machines servant à transmettre le travail d'un moteur.

59. Il résulte des principes précédemment exposés que le *travail* est une quantité que l'on ne peut augmenter par l'emploi des machines. Celles-ci sont destinées à augmenter ou à diminuer, soit la force motrice, soit le chemin décrit dans un temps donné par son point d'application; à partager l'un ou l'autre en plusieurs portions, à modifier leurs positions et leurs directions; en un mot à changer tout ce qui constitue la force et le chemin, mais sans pouvoir jamais augmenter le travail. La portion de cette quantité que les machines peuvent reproduire est d'autant moins différente de celle qu'elles ont reçue, que les frottements sont moins considérables. S'il était possible de construire des machines sans frottement, on pourrait dire alors que le travail est une quantité qui ne se perd pas.

On peut comparer la transmission du travail par les machines à l'écoulement d'un fluide qui se répandrait dans les corps en passant de l'un à l'autre par les points de contact; se diviserait en plusieurs courants, dans le cas où un seul corps en pousse plusieurs; on formerait, au contraire, la réunion de plusieurs courants, dans le cas où plusieurs corps en poussent un seul. Ce fluide pourrait en outre s'accumuler dans certains corps et y rester en réserve jusqu'à ce que de nouveaux contacts, ou des contacts avec écoulement plus considérable, en fissent sortir une plus grande quantité: ce travail en réserve, que nous assimilons ici à un fluide, est ce que nous avons appelé la *force vive*.— En suivant toujours cette comparaison, une machine, dans le sens ordinaire du mot, est un ensemble de corps en mouvement disposés de manière à former une espèce de canal par où le travail prend son cours pour se transmettre, le plus intégralement possible, sur les points où l'on en a besoin. Il se perd peu à peu par les frottements et par les déformations des corps, ou bien il va se répandre dans la terre, où, en s'étendant indéfiniment, il devient bientôt insensible.

C'est le travail qui sert de base à l'évaluation de l'effet des moteurs dans le commerce, et c'est à cette quantité que se rapportent principalement toutes les questions d'économie, dans l'emploi des machines motrices, ainsi que nous allons le faire voir.

Nous ne produisons rien de ce qui est nécessaire à nos besoins, sans déplacer les corps ou changer leur forme; ce qui ne peut se faire, qu'en surmontant des résistances, et en exerçant certains efforts dans le sens du mouvement. C'est donc une chose utile que la faculté de produire ainsi le déplacement accompagné de la force dans le sens de ce déplacement; en d'autres termes, c'est une chose utile, que la faculté de produire du *travail.* Soit qu'on le tire des animaux, de l'air en mouvement, de la pression de la vapeur, ou de l'eau qui descend de localités plus élevées dans de plus basses, il est limité pour chaque temps, pour chaque lieu, et ne se crée pas à volonté; les machines ne font que l'employer ou le tenir en réserve sans pouvoir l'augmenter; dès lors la faculté de le produire, se vend, s'achète et s'économise comme toutes les choses utiles qui ne sont pas en extrême abondance, et qu'on ne peut se procurer sans dépenses.

Si nous n'avions pas les machines à notre disposition, deux déplacements différents seraient deux choses de natures distinctes, qui n'admettraient en général pour leur évaluation aucune base mathématique : il en serait de ces déplacements comme de beaucoup de choses utiles dont les valeurs ne sont pas établies sur des bases mathématiques. Mais les machines, comme on va le voir, donnent le moyen de poser pour les déplacements des moyens d'évaluation analogues à ceux qu'on possède pour des quantités plus ou moins grandes d'une même matière.

Lorsqu'une machine, qui reçoit ses forces mouvantes d'un certain moteur, est destinée à opérer un certain effet utile, il en résulte que les points qui agissent sur les corps à déplacer ou à déformer, reçoivent de ceux-ci des forces résistantes; mais ces forces ne sont pas en général les seules qui produisent le travail résistant; les frottements et diverses autres résistances, dont on ne peut se débarrasser, viennent ajouter un travail résistant à celui qui résulte de l'effet utile. Cependant, comme il y a une possibilité rationnelle à ne laisser subsister, en forces résistantes, que celles qui naissent de l'effet utile, ou au moins à diminuer considérablement toutes les autres forces comparativement à celles-là, on peut d'abord raisonner dans cette hypothèse; on verra facilement comment il faut modifier, dans la pratique, les conclusions qu'on tire de cette première abstraction. Supposons donc, pour le moment, que tout le travail résistant est produit par l'effet utile.

Si l'on a la faculté de produire un déplacement en exerçant un certain effort, on pourra, à l'aide d'une machine propre à modifier convenablement le mouvement et les forces, appliquer cette faculté à produire une certaine fabrication, par exemple à moudre du blé ou à tordre du fil. Or, la mouture de chaque litre de blé, ou la filature de chaque mètre du même fil, étant en général accompagnée des mêmes circonstances, exigera que les points sur lesquels la machine a agi aient décrit le même chemin en recevant le même effort; ainsi cette mouture ou cette torsion de fil donnera toujours lieu à la production d'une même quantité de ce que nous avons appelé *travail résistant*: par conséquent, le travail résistant produit sur la machine, sera proportionnel au nombre de litres de blé moulus ou au nombre de mètres de fil tordus dans un même temps par le moteur dont il s'agit. Or, comme d'après la supposition que nous venons de faire, qu'on pouvait d'abord négliger les résistances étrangères à l'effet utile, cette quantité de travail forme à elle seule toute celle qui est produite sur la machine, il en résulte qu'elle est sensiblement égale au travail moteur; ce dernier est donc aussi proportionnel à la quantité de blé moulu ou de fil tordu dans un même temps.

Pour comparer entre eux deux moteurs, il suffira donc de concevoir qu'on ait construit des machines à l'aide desquelles on puisse les appliquer à une même fabrication, par exemple à moudre du blé. Le nombre de litres de blé qu'on pourra moudre dans un temps donné, sera de même sensiblement proportionnel aux quantités de travail moteur produit sur ces machines à l'aide de ces moteurs pendant ce même temps. Mais il est clair que la valeur comparative des deux moutures sera mesurée par les nombres de litres de blé moulus; et comme ces derniers sont sensiblement proportionnels aux quantités de travail produit sur chaque machine, il s'ensuit que les deux moteurs auront des valeurs proportionnelles aux quantités de travail qu'ils peuvent produire sur ces machines.

C'est donc à cause de la facilité qu'on a aujourd'hui, et qu'on aura de plus en plus, de construire des machines pour y appliquer différents moteurs, et pour exécuter avec ces machines la même nature d'ouvrage, que l'on établit ainsi un mode de comparaison entre ces moteurs, par le moyen des quantités de ce même ouvrage qu'ils sont capables de produire. L'invention, le perfectionnement et la multiplicité des machines ont amené, et répandront de plus en plus ce mode d'évaluation, à peu près comme l'invention et le perfectionnement des outils destinés à diviser les matériaux, ont amené et répandu dans le commerce, la mesure de leur valeur par la quantité géométrique que l'on appelle le *volume*.

Dans ce mode de comparaison de la valeur de deux moteurs, nous avons supposé deux choses : 1° que, dans toutes les machines, le travail résistant dû à l'effet utile à produire est égal au travail moteur ; 2° qu'il n'en coûte rien pour se procurer des machines et pour les entretenir.

Il est facile de voir que ces hypothèses ne sont pas absolument nécessaires, et que la rigueur des conclusions subsiste encore, si l'on admet seulement : 1° que le travail résistant dû à l'effet utile, au lieu de former tout le travail résistant qui est produit, soit seulement en proportion constante avec celui-là, c'est-à-dire que les pertes de travail dues aux frottements et à toute autre cause, soient proportionnelles au travail moteur ; 2° que les frais d'établissement et d'entretien soient aussi proportionnels à ce même travail moteur. Ces proportionnalités, quoique déjà plus près de la vérité que l'hypothèse d'une égalité parfaite entre le travail moteur et celui qu'exige l'effet utile, n'ont cependant pas lieu en général dans la pratique. Aussi n'est-ce pas uniquement d'après la quantité de travail que peuvent produire les moteurs qu'on les paye dans le commerce; on a égard en outre au plus ou moins de perte de travail qui sera dû aux frottements et aux résistances étrangères à l'ouvrage à exécuter, dans les machines que l'on devra employer pour en recueillir le travail ; et l'on tient compte des frais nécessaires pour l'établissement de ces machines. Mais il est toujours indispensable de commencer par calculer le travail moteur qui peut être produit; c'est la mesure abstraite d'où l'on part pour y apporter les modifications voulues par chaque circonstance particulière.

Il en est du travail, pour évaluer les moteurs, comme de plusieurs éléments de mesures géométriques qui supposent aussi des abstractions ; dans la pratique, ce ne sont plus que des approximations.

Par exemple, quand on établit la valeur de certains corps en mesurant leurs volumes, comme on le fait pour la pierre et pour les bois ; on admet qu'avec un corps qui a un volume de deux unités, on peut faire deux volumes unitaires. Or, pour réaliser cette conception, il faut scier ou tailler ce corps, et en perdre une partie par cette opération : cette perte n'étant pas en proportion avec le volume, la rigueur du rapport géométrique ne subsiste plus pour l'évaluation en argent.

Sous ce rapport, il y a tout à fait analogie entre le volume pour l'évaluation de certains corps et le travail pour l'évaluation des moteurs. Les pertes dues aux frottements, dans les machines, correspondent aux pertes de matière dues à la division. Quant aux machines qui seraient nécessaires pour appliquer différents moteurs à la fabrication de différentes quantités d'une même espèce d'ouvrage, et pour comparer ainsi ces moteurs par le travail utile qu'ils peuvent produire, les frais d'établissement et d'entretien qu'elles exigent correspondent aussi à ce qu'il en coûterait en main-d'œuvre, en outils, ou en machines, pour effectuer les divisions de matière qui ramèneraient les différents volumes à des volumes unitaires servant de comparaison.

Ainsi le travail, comme nous l'avons défini, calculé pour toutes les forces que développe un moteur, joue le même rôle pour l'évaluation de ce moteur que le volume pour celle de certaines matières.

On peut entrevoir déjà combien l'étude de cette quantité est nécessaire à la théorie des machines et des moteurs. Ce que nous dirons dans le reste de cet ouvrage achèvera d'établir toute conviction à cet égard.

Il ne sera pas inutile de répondre ici à une difficulté qu'on fait quelquefois au sujet de la mesure de la valeur du déplacement par le travail, tel que nous l'avons défini. On dit que le temps est aussi un élément de valeur du déplacement, et que ce dernier ne doit pas être considéré indépendamment du plus ou moins de promptitude qu'on met à l'opérer.

Sans doute, dans beaucoup de cas, il est plus ou moins utile qu'un certain effet mécanique, c'est-à-dire un certain déplacement, soit produit plus ou moins promptement; mais ce genre d'utilité est du nombre de ceux qui ne sont pas susceptibles de mesure fixe. Lorsqu'on achète, on consulte sa convenance sous ce rapport, comme sous beaucoup d'autres, sans que le calcul ait prise sur ces circonstances de valeur. Deux déplacements semblables, comme le transport de deux fardeaux, exécutés dans des temps différents, sont deux choses utiles de natures distinctes, qui, sous le rapport du temps, n'admettent pas de comparaisons géométriques. Remarquons d'ailleurs que lorsqu'il s'agit d'opérer avec une machine une certaine quantité de déplacements semblables, comme il n'en coûte pas plus, dans beaucoup de cas, de les opérer simultanément que successivement, on ne peut faire entrer le temps comme élément de valeur de ces quantités de déplacements opérés. Supposons, par exemple, qu'on se propose d'employer dix hommes à élever des fardeaux : si l'on désire ensuite exécuter plus promptement cette élévation, on pourra toujours y employer simultanément vingt hommes; et, sans qu'il en coûte plus de journées, le même effet sera effectué dans un temps moitié moindre. Cette diminution de temps, pouvant ainsi être obtenue à volonté, ne doit pas entrer en général comme élément régulier dans la valeur. Supposons encore que l'on considère une machine à vapeur destinée à laminer du fer. Si l'on a intérêt à produire beaucoup de fer dans un jour, rien n'empêchera d'employer simultanément deux machines semblables; et alors, sans qu'il en coûte plus de charbon pour un poids déterminé de fer, on produira dans un jour, avec deux machines, ce qu'une seule produirait en deux jours. Puisqu'on a la faculté de diminuer le temps qu'il faut pour produire une certaine fabrication, sans qu'il y ait dans les dépenses une différence très-sensible, le temps n'est donc pas, en général, un élément qu'on puisse faire entrer dans l'estimation de la valeur du déplacement; ou, s'il peut y entrer quelquefois, c'est tout à fait en dehors du travail.

La distinction entre le temps et le travail, dans l'évaluation des moteurs, est tout à fait semblable à celle qui doit se faire dans l'achat de certaines matières, entre la quantité qu'on achète et le temps qui sera employé à la livrer. Quoiqu'il soit souvent très-utile que la fourniture d'une marchandise qui s'effectue peu à peu, à tant par jour, soit terminée dans huit jours au lieu de l'être dans un mois, cependant cela n'empêche pas que la quantité de cette marchandise ne forme toujours l'élément principal du marché, et celui qu'on ne pourrait omettre d'énoncer dans le contrat de vente.

Le nom de *travail*, que nous avons adopté, nous paraît très-propre à donner une idée juste de la quantité qu'il sert à désigner. On se rappellera facilement, lorsqu'on parlera du travail qu'un cheval produit par jour, que c'est l'effort avec lequel il peut tirer dans le sens du chemin, multiplié par ce chemin, ou plus généralement, que c'est l'intégrale du produit de cet effort par l'élément de ce chemin. Lorsqu'on dira que la vapeur fournie par un kilogramme de charbon produit une certaine quantité de travail, on se représentera facilement que cette quantité est la pression exercée sur le piston, multipliée par le chemin qu'il décrit, ou l'intégrale du produit de la pression par la différentielle du chemin.

Les expressions de *travail moteur*, *travail résistant*, *travail utile* et *travail perdu*, qui forment toutes les distinctions à établir dans l'emploi de ce mot pour la théorie des machines, seront d'un usage clair et facile.

Le travail ayant pour élément le produit d'un chemin infiniment petit par une force agissant dans le sens du chemin, aurait naturellement pour unité le travail qui résulte de l'unité de force, ou du kilogramme, exercée dans le sens du chemin, sur un point qui décrit l'unité de chemin, ou le mètre. Mais, comme pour les moteurs les plus ordinaires, tels que les chutes d'eau, les animaux et la vapeur, les nombres de ces unités, produites dans peu de temps, seraient trop considérables, et gêneraient les énoncés, on est généralement convenu de prendre pour unité le travail qui résulte d'une force de *mille kilogrammes*, exercée sur un point qui parcourt *un mètre* dans le sens de cette force. Cette unité paraît la plus convenable en ce qu'elle est assez petite pour dispenser d'un usage fréquent des fractions, et qu'elle est néanmoins assez grande pour que l'on n'ait jamais à énoncer des nombres trop considérables. Le travail que l'homme produit dans la journée est exprimé par des centaines de cette unité; celui que produit le cheval, dans le même temps, par des mille; et celui des machines à vapeur et des chutes d'eau, toujours dans une journée, l'est ordinairement par des centaines de mille : ces nombres ne sont pas assez considérables pour être hors d'usage.

Il serait à désirer qu'on adoptât un nom pour cette unité de travail. Quelques mécaniciens ont proposé de l'appeler *dynamie*. Si l'on veut prendre ainsi une dénomination dérivée du grec, on devrait y conserver quelque chose des racines de *force* et de *chemin* : sous ce rapport, nous proposerions l'expression de *dynamode*; nous l'emploierons dans le reste de cet ouvrage.

Il est bien important de ne pas perdre de vue que, pour que le produit d'une force par un chemin soit une quantité de l'espèce de celle que nous avons nommée *travail*, il faut que la force soit estimée dans le sens du chemin. A ce sujet, nous ferons remarquer que, dans quelques ouvrages où l'on a donné des tableaux des quantités de travail qui peuvent être produites dans une journée par les hommes et par les chevaux, dans différentes circonstances, on a mis dans ces tableaux les chemins que peuvent faire un homme ou un cheval, en portant ou en traînant différents fardeaux sur différentes espèces de routes, et l'on a inscrit le produit du chemin par le fardeau dans la même colonne que les quantités de travail, en leur attribuant le même nom. Sans doute il est utile de consigner ainsi divers résultats sur le transport horizontal des fardeaux; mais il ne faut pas désigner le produit du chemin et du poids transporté par le même nom qu'on donne au produit que nous appelons *travail;* je pense qu'il ne faut pas même donner de nom au premier produit.

D'abord, pour qu'on puisse confondre sous la même dénomination le travail et le produit d'un chemin par une force qui lui est perpendiculaire, il faudrait qu'il y eût une espèce d'équivalence entre ces deux quantités, que l'une pût se transformer dans l'autre; or, c'est ce qui n'est pas. Le même travail peut être accompagné d'une force perpendiculaire au chemin, celle-ci étant plus ou moins grande : ainsi, avec la même force de tirage, un cheval peut traîner horizontalement depuis une voiture légère jusqu'à un bateau d'un poids énorme. La faculté de produire le déplacement d'un corps, tandis qu'il est soumis à une force perpendiculaire au chemin décrit, ne peut donner lieu à un travail qui dépende en aucune manière du produit du chemin par une force normale ; et réciproquement, un certain travail ne peut donner lieu à un chemin et à une force normale dont le produit ait un rapport déterminé avec ce travail. Il n'y a aucune relation nécessaire entre ces deux espèces de produit; l'un des deux ne peut, en général, faire présumer ce que sera l'autre : il ne faut donc pas les désigner par le même mot.

Ce serait même faire une erreur que de donner un nom au produit d'un chemin par une force normale à sa direction, puisque les deux facteurs de ce produit ne peuvent s'échanger l'un dans l'autre à l'aide des machines, comme cela arrive pour le travail, et que deux produits égaux, dans ce sens, ne s'appliquent point en général à des choses qui aient une certaine espèce d'équivalence. Si, par circonstance particulière, cela paraît être ainsi, c'est que la force, dans le sens du chemin, devenant parfois une espèce de frottement, se trouve à peu près proportionnelle à une pression qui lui est perpendiculaire, et qu'alors le travail devient aussi proportionnel au produit du chemin par cette pression normale. Comme les deux éléments de travail peuvent se changer l'un dans l'autre, on peut en faire autant, dans ce cas, des deux éléments de l'autre produit; mais ce serait uniquement à cause de cette proportionnalité. Dès qu'elle n'a plus lieu, on ne peut plus comparer ensemble deux produits de chemins par des forces qui leur soient perpendiculaires.

Par exemple, quand il s'agit du tirage des chevaux sur une même nature de route, comme il y a à peu près proportionnalité entre le poids et la force du tirage, c'est-à-dire le nombre des chevaux à employer ; et, comme presque tous les fardeaux peuvent se diviser et se transporter sur plusieurs voitures, il en résulte qu'il en coûte à peu près autant de journées de cheval pour transporter une certaine quantité de marchandises à une certaine distance, que pour transporter une quantité moitié moindre à une distance double; en sorte que l'on peut approximativement regarder la dépense de transports, sur une espèce de route déterminée, comme proportionnelle aux produits des poids transportés par les chemins parcourus. Mais cette proportionnalité est subordonnée à ce qu'on puisse regarder le nombre des chevaux, ou la force du tirage dans le sens du chemin, comme proportionnelle au poids des matériaux; ce qui suppose qu'on ne considère qu'une même route. Dès que la viabilité change, il faut changer les bases d'évaluation, précisément en raison de la variation de ce que nous appelons *travail*, et en revenir à ne prendre que cette quantité pour évaluer les transports. Ainsi, lorsque le roulage demande 10 fr. de 1000 kilogrammes à transporter à 10 lieues, sur certaines routes, toutes choses égales d'ailleurs, il demandera 20 fr., si le mauvais état des routes exige des chevaux un travail double; en sorte que ce sera toujours le *travail*, tel que nous l'avons défini, qui sera la véritable base de ces estimations.

Du calcul des frottements dans les applications.

60. Nous allons nous occuper du frottement dans les machines, en nous bornant aux cas généraux qui se présentent le plus ordinairement dans les applications.

D'après les expériences connues sur le frottement, il y a un rapport constant, indépendant de la vitesse, entre la pression normale aux surfaces de contact et la force tangentielle à laquelle on donne le nom de frottement. On trouve dans les traités de mécanique pratique le tableau de ces rapports pour les différents corps solides les plus employés dans les machines.

L'évaluation des pertes de travail dues aux frottements exige que l'on détermine : 1° les pressions qui se produisent au contact; 2° l'élément du glissement que prennent l'un par rapport à l'autre, pendant que le frottement s'exerce, les points primitivement en contact.

La détermination des pressions étant la première question qui se présente dans cette recherche, nous allons d'abord montrer par un exemple la marche qu'on doit suivre pour la résoudre.

Concevons un système solide qui tourne autour d'un axe horizontal, terminé par deux tourillons reposant sur des coussinets ou paliers ; et supposons que ce système soit soumis à deux forces extérieures, situés dans des plans perpendiculaires à l'axe, l'une P, l'autre P′, dont les moments, par rapport à cet axe, soient Pp et $P'p'$. Appelons α et α' les angles que font respectivement ces forces avec l'horizon ; et désignons par Π le poids du système.

Les forces qui se produisent sur les tourillons devront être telles qu'il y ait équivalence entre les forces extérieures et celles qui seraient capables de faire prendre aux molécules qui composent le système, si elles étaient entièrement libres, le mouvement qu'elles prennent effectivement. Toutes les forces étant dans des plans perpendiculaires à l'axe, on n'aura pas à considérer de composantes dans le sens de cet axe, on n'aura donc à poser que les équations qui se rapportent aux sommes des composantes des forces, suivant des lignes situées dans des plans perpendiculaires à l'axe de rotation du système, et celles qui se rapportent aux sommes des moments des forces.

Prenons l'axe de rotation pour axe des z, et l'un des tourillons pour origine des coordonnées z ; désignons, comme à l'ordinaire, par u et v les composantes horizontales et verticales des vitesses. Soient ζ et ζ' les distances des plans verticaux passant par les forces P et P′ au tourillon pris pour origine ; l l'intervalle entre les deux tourillons ; soient ρ et ρ' les rayons des tourillons ; toutes ces quantités sont les données de la question ; désignons par Q et Q′ les forces normales qui se produisent sur ces tourillons, et par β et β' les angles que ces forces font avec les horizontales tracées dans les plans verticaux qui les contiennent, lesquels plans sont perpendiculaires à l'axe, lorsque les tourillons sont cylindriques ; ces quatre qnantités Q, Q′, β, β' sont à déterminer ; enfin soient f et f' les rapports des frottements aux pressions normales Q et Q′.

Si l'on remarque que Q et fQ étant perpendiculaires, l'angle du frottement fQ avec l'horizontale a pour sinus $-\cos\beta$, et pour cosinus $\sin\beta$; que, de plus, les forces P et P′ tendent par hypothèse à faire tourner en sens contraire, les six équations d'équivalence pour un corps solide fourniront les cinq suivantes, la sixième étant satisfaite d'elle-même, puisqu'elle se rapporte à la somme des composantes dans le sens de l'axe de rotation, lesquelles sont toutes nulles :

$$\Sigma\frac{p}{g}\cdot\frac{du}{dt} = \mathrm{P}\cos \;+\mathrm{P}'\cos\alpha'+\mathrm{Q}\cos\beta+\mathrm{Q}'\cos\beta'+f\mathrm{Q}\sin\beta+f'\mathrm{Q}'\sin\beta',$$

$$\Sigma\frac{p}{g}\cdot\frac{dv}{dt} = \mathrm{P}\sin\alpha+\mathrm{P}'\sin\alpha'+\mathrm{Q}\sin\beta+\mathrm{Q}'\sin\beta'-f\mathrm{Q}\cos\beta-f'\mathrm{Q}'\cos\beta'.$$

$$\Sigma\frac{p}{g}\left(x\frac{dv}{dt}-y\frac{du}{dt}\right) = \mathrm{P}p-\mathrm{P}'p'-f\mathrm{Q}\rho-f'\mathrm{Q}'\rho',$$

$$\Sigma\frac{p}{g}z\frac{dv}{dt} = \zeta\mathrm{P}\sin\alpha+\zeta'\mathrm{P}'\sin\alpha'+l\mathrm{Q}\sin\beta-lf\mathrm{Q}\cos\beta,$$

$$\Sigma\frac{p}{g}z\frac{du}{dt} = \zeta\mathrm{P}\cos\alpha+\zeta'\mathrm{P}'\cos\alpha'+l\mathrm{Q}\cos\beta+lf\mathrm{Q}\sin\beta.$$

En désignant par θ l'angle décrit par un plan passant par l'axe et entraîné avec le système quand il tourne, et par r le rayon vecteur mené de l'axe à un point quelconque du corps, on aura :

$$x = r\cos\theta, \qquad y = r\sin\theta,$$

d'où

$$dx = -y\,d\theta, \quad dy = x\,d\theta,$$

$$u = -y\frac{d\theta}{dt}, \quad v = x\frac{d\theta}{dt},$$

$$\frac{du}{dt} = -x\left(\frac{d\theta}{dt}\right)^2 - y\frac{d^2\theta}{dt^2}; \quad \frac{dv}{dt} = -y\left(\frac{d\theta}{dt}\right)^2 + x\frac{d^2\theta}{dt^2};$$

ou, en posant $\frac{d\theta}{dt} = \omega$:

$$\frac{du}{dt} = -\omega^2 x - y\frac{d\omega}{dt}; \quad \frac{dv}{dt} = -\omega^2 y + x\frac{d\omega}{dt}.$$

A l'aide de ces valeurs, les cinq équations du mouvement deviennent :

$$-\frac{\omega^2}{g}\Sigma px - \frac{1}{g}\cdot\frac{d\omega}{dt}\Sigma py = \mathrm{P}\cos\alpha+\mathrm{P}'\cos\alpha'+\mathrm{Q}\cos\beta+\mathrm{Q}'\cos\beta'+f\mathrm{Q}\sin\beta+f'\mathrm{Q}'\sin\beta'$$

$$-\frac{\omega^2}{g}\Sigma py + \frac{1}{g}\cdot\frac{d\omega}{dt}\Sigma px = \mathrm{P}\sin\alpha+\mathrm{P}'\sin\alpha'+\mathrm{Q}\sin\beta+\mathrm{Q}'\sin\beta'-f\mathrm{Q}\cos\beta-f'\mathrm{Q}'\cos\beta'.$$

$$\frac{1}{g}\cdot\frac{d\omega}{dt}\Sigma pr^2 = \mathrm{P}p-\mathrm{P}'p'-f\mathrm{Q}\rho-f'\mathrm{Q}'\rho',$$

$$-\frac{\omega^2}{g}\Sigma pyz + \frac{1}{g}\cdot\frac{d\omega}{dt}\Sigma pxz = \zeta\mathrm{P}\sin\alpha+\zeta'\mathrm{P}'\sin\alpha'+l\mathrm{Q}\sin\beta-lf\mathrm{Q}\cos\beta,$$

$$-\frac{\omega^2}{g}\Sigma pxz - \frac{1}{g}\cdot\frac{d\omega}{dt}\Sigma pyz = \zeta\mathrm{P}\cos\alpha+\zeta'\mathrm{P}'\cos\alpha'+l\mathrm{Q}\cos\beta+lf\mathrm{Q}\sin\beta.$$

Dans les applications ordinaires le centre de gravité du système est sur l'axe ; on a donc :

$$\Sigma px = 0 \quad \text{et} \quad \Sigma py = 0.$$

De plus, le corps est ordinairement terminé par une surface de révolution ayant pour axe l'axe de rotation même, ou du moins ce corps est symétrique, par rapport au plan des xz et des yz. On a donc aussi :

$$\Sigma pxz = 0 \quad \text{et} \quad \Sigma pyz = 0,$$

attendu que ces sommes se composent de termes qui sont deux à deux, égaux et de signe contraire. Dans ce cas, les cinq équations deviennent :

$$(1) \qquad P\cos\alpha + P'\cos\alpha' + Q(\cos\beta + f\sin\beta) + Q'(\cos\beta' + f'\sin\beta') = 0,$$

$$(2) \qquad P\sin\alpha + P\sin\alpha' + Q(\sin\beta - f\cos\beta) + Q'(\sin\beta' - f\cos\beta') = 0,$$

$$(3) \qquad \frac{d\omega}{dt}\cdot\Sigma\frac{p}{g}r^2 = Pp - P'p' - fQ\rho - f'Q'\rho',$$

$$(4) \qquad \zeta P\sin\alpha + \zeta' P'\sin\alpha' + lQ(\sin\beta - f\cos\beta) = 0,$$

$$(5) \qquad \zeta P\cos\alpha + \zeta' P'\cos\alpha' + lQ(\cos\beta + f\sin\beta) = 0.$$

Posons :

$$(6) \qquad \left\{ \begin{array}{ll} Q(\cos\beta + f\sin\beta) = X; & Q'(\cos\beta' + f'\sin\beta') = X'; \\ Q(\sin\beta - f\cos\beta) = Y; & Q'(\sin\beta' - f'\cos\beta') = Y'; \end{array} \right.$$

d'où

$$(7) \qquad Q = \sqrt{\frac{X^2 + Y^2}{1 + f^2}}, \qquad Q' = \sqrt{\frac{X'^2 + Y'^2}{1 + f'^2}};$$

les équations (1), (2), (4) et (5) donneront :

$$(8) \qquad \left\{ \begin{array}{l} X = -\dfrac{\zeta P\cos\alpha + \zeta' P'\cos\alpha'}{l}, \\ Y = -\dfrac{\zeta P\sin\alpha + \zeta' P'\sin\alpha'}{l}, \end{array} \right.$$

$$(9) \qquad \left\{ \begin{array}{l} X' = -\dfrac{(l-\zeta)P\cos\alpha + (l-\zeta')P'\cos\alpha'}{l}, \\ Y' = -\dfrac{(l-\zeta)P\sin\alpha + (l-\zeta')P'\sin\alpha'}{l}. \end{array} \right.$$

Pour trouver les points où les frottements se produisent, il faudra déterminer les quantités $\cos\beta$, $\sin\beta$, $\cos\beta'$, $\sin\beta'$. On tirera des équations (6) :

$$(10) \qquad \cos\beta = \frac{X - fY}{Q(1+f^2)}; \qquad \sin\beta = \frac{Y + fX}{Q(1+f^2)};$$

$$(11) \qquad \cos\beta' = \frac{X' - f'Y'}{Q'(1+f'^2)}; \qquad \sin\beta' = \frac{Y' + f'X'}{Q'(1+f'^2)};$$

formules dans lesquelles il faudrait mettre pour Q et Q', leurs valeurs (7), puis substituer à **X**, **Y**, **X'**, **Y'**, leurs valeurs (8) et (9).

Pour simplifier, désignons par φ l'angle dont la tangente est f; par R et R', les résultantes respectives de X, Y et de X', Y'; et par a et a' les angles que R et R' font avec l'horizontale; enfin supposons, ce qui arrive ordinairement, que les rapports f' et f soient égaux.

La force R étant la résultante de la somme X des composantes horizontales de Q et de fQ, et de la somme Y de leurs composantes verticales, on a $R = \sqrt{X^2 + Y^2}$, et comme $\frac{1}{\sqrt{1+f^2}} = \cos\varphi$, ces valeurs de Q et Q' deviendront :

$$Q = R\cos\varphi,$$
$$Q' = R'\cos\varphi.$$

D'ailleurs on a par la définition de l'angle a,

$$X = R\cos a, \qquad Y = R\sin a,$$
$$X' = R'\cos a', \qquad Y' = R'\sin a'.$$

A l'aide de ces relations, les équations (10) et (11) qui donnent $\sin\beta$, $\cos\beta$, $\sin\beta'$, $\cos\beta'$ pourront être mises sous la forme

$$\cos\beta = \cos(a+\varphi), \qquad \sin\beta = \sin(a+\varphi),$$
$$\cos\beta' = \cos(a'+\varphi), \qquad \sin\beta' = \sin(a'+\varphi),$$

d'où

$$\beta = a + \varphi \qquad \text{et} \qquad \beta' = a' + \varphi.$$

La quantité $\Sigma \frac{p}{g} r^2$, qui figure dans l'équation (3), est ce qu'on nomme ordinairement le *moment d'inertie* du système par rapport à l'axe de rotation.

Si on le désigne par k, l'équation (3) pourra s'écrire

$$\frac{d\omega}{dt} = Pp - P'p' - \sin\varphi\,(R\rho + R'\rho'),$$

ou, en supposant $\rho' = \rho$, ce qui arrive fréquemment :

$$k\frac{d\omega}{dt} = Pp - P'p' - \rho\sin\varphi.(R + R').$$

Cette équation servira à déterminer le mouvement angulaire du système, quand on connaîtra à chaque instant les forces P et P'.

Dans les cas les plus ordinaires, les forces P et P' sont parallèles, ou à angle droit.

Si elles sont parallèles, c'est ordinairement suivant la verticale, et de haut en bas qu'elles agissent : en prenant l'axe des y dans le sens de ces forces, on aura

$$\alpha = \alpha' = 270^\circ, \quad \sin\alpha = \sin\alpha' = -1, \quad \cos\alpha = \cos\alpha' = 0,$$

donc

$$X = 0, \quad Y = \frac{\zeta P + \zeta' P'}{l},$$

$$X' = 0, \quad Y' = \frac{(l-\zeta)P + (l-\zeta')P'}{l}.$$

Par suite

$$Q = Y, \quad Q' = Y';$$

mais

$$a = a' = 90^\circ, \quad \sin a = \sin a' = 1;$$

donc

$$Y = R, \quad Y' = R';$$

ainsi

$$R + R' = Y + Y' = P + P',$$

et l'équation du mouvement angulaire devient

$$k\frac{d\omega}{dt} = Pp - P'p' - \rho\cos\varphi\,(P + P').$$

Si les forces P et P' sont à angle droit, et qu'on ait

$$\alpha = 180^\circ, \quad \alpha' = 270^\circ,$$

d'où

$$\sin\alpha = 0, \quad \cos\alpha = -1, \quad \sin\alpha' = -1, \quad \cos\alpha' = 0;$$

il viendra :

$$X = \frac{\zeta P}{l}, \qquad Y = \frac{\zeta' P'}{l},$$

$$X' = \frac{(l-\zeta)P}{l}, \quad Y' = \frac{(l-\zeta')P'}{l}.$$

Des équations

$$X = R\cos a \quad \text{et} \quad Y = R\sin a,$$

on tire

$$\text{tang}\, a = \frac{X}{Y};$$

donc ici

$$\text{tang}\, a = \frac{\zeta P}{\zeta' P'};$$

de même

$$\text{tang}\, a' = \frac{(l-\zeta)P}{(l-\zeta')P'}.$$

Les autres quantités se déterminent comme dans le cas général.

Lorsque les forces P et P′ sont constantes en grandeur et en direction pendant le mouvement, les pertes de travail dues aux frottements sur les tourillons dans une seconde sont exprimées par

$$2\pi n\rho f Q \quad \text{et} \quad 2\pi n\rho' f' Q',$$

n étant le nombre de tours dans l'unité de temps. Et si l'on a $f' = f$ et $\rho' = \rho$, la perte totale a pour expression

$$2\pi n\rho f(Q + Q'),$$

les pressions Q et Q′ étant calculées d'après les formules précédentes.

61. Supposons maintenant que nous ayons deux systèmes de rotation, portant chacun sur deux coussinets ou paliers, et liés entre eux dans leur mouvement par l'engrenage de deux roues dentées ; les axes sont supposés parallèles.

Calcul de la pression qu'exercent l'une sur l'autre deux dents d'engrenage de deux systèmes de rotation dont le mouvement n'est pas uniforme.

Concevons qu'une force mouvante P (fig. 11), provenant d'un moteur quelconque, soit appliquée au premier système en A, à une distance p de l'axe de ce système, et qu'une force résistante P′ soit appliquée en C au second système, à une distance p' de son axe. Il se produira au point de contact B des deux engrenages une pression mutuelle : désignons par Q cette force estimée dans le sens de la normale. Si par le point B on conçoit un plan perpendiculaire aux axes, ce plan déterminera sur ces axes deux points que l'on pourra nommer les centres des deux systèmes : soient q et q' les perpendiculaires abaissées de ces centres sur la normale au point B ; et soient s et s' les perpendiculaires abaissées de ces mêmes centres sur la tangente.

Désignons par f le rapport du frottement à la pression. L'action mutuelle au contact se décomposera en deux forces : l'une Q normale, et l'autre fQ tangentielle.

Négligeons d'abord les frottements qui s'exercent sur les coussinets ou appuis des axes. Désignons par ω la vitesse angulaire du premier système, et par k son moment d'inertie par rapport à l'axe de rotation. Nous aurons par l'équation des moments :

$$k\frac{d\omega}{dt} = Pp - Qq \mp fQs. \qquad (A)$$

Pour le second système on aurait également, en désignant par des lettres accentuées les quantités analogues qui s'y rapportent,

$$k'\frac{d\omega'}{dt} = -P'p' + Qq' \pm fQs', \qquad (B)$$

le choix des signes, supérieurs ou inférieurs, dépendant du sens du glissement, qui peut changer suivant certaines conditions, ainsi que nous le montrerons plus loin.

Les vitessees ω et ω' sont liées entre elles par la condition du contact ; car si l'on considère le mouvement pendant un temps infiniment petit, on peut concevoir que l'élément de contact se transporte parallèlement à lui-même ; et alors, pour que le contact subsiste, il faut que les vitesses des deux corps au point de contact aient des composantes normales égales. Mais ces composantes normales du petit chemin décrit par le point de contact sont respectivement égales aux petits arcs décrits dans le même temps par le pied des perpendiculaires q et q' ; et comme ces perpendiculaires varient infiniment peu pendant le temps considéré, on peut regarder ces petits arcs comme des arcs de cercles ayant pour rayons q et q' ; la condition de leur égalité sera donc exprimée par

$$q d\omega = q' d\omega'.$$

Dans les engrenages ordinaires, le point de contact étant très-sensiblement dans le plan même des deux axes, les rapports $\frac{q}{s}$ et $\frac{q'}{s'}$ sont égaux. Si l'on élimine Q entre les équations (A) et (B) en ayant égard à l'égalité de ces rapports, on trouvera :

$$kq' \frac{d\omega}{dt} + k'q \frac{d\omega'}{dt} = Ppq' - P'p'q,$$

et comme, de la relation $q d\omega = q' d\omega'$, on tire $q \frac{d\omega}{dt} = q' \frac{d\omega'}{dt}$, cette équation deviendra :

$$\left(\frac{kq'^2 + k'q^2}{q'}\right) \frac{d\omega}{dt} = Ppq' - Pp'q$$

ou

$$\left(k + k' \frac{q^2}{q'^2}\right) \frac{d\omega}{dt} = Pp - P'p'.\frac{q}{q'}.$$

On peut retenir facilement cette équation en remarquant que, si l'on n'avait qu'un système de rotation, on aurait, en négligeant toujours le frottement des coussinets,

$$k \frac{d\omega}{dt} = Pp - P'p'.$$

Pour avoir égard au second système, on affectera le moment de la résistance P', appliquée à ce second système, du coefficient $\frac{q}{q'}$, et l'on ajoutera en même temps, au moment d'inertie k du premier système, le moment d'inertie k' du second, multiplié par le carré du rapport $\frac{q}{q'}$.

Quand le plan tangent au point de contact passe par les axes des deux systèmes, comme cela arrive ordinairement dans les engrenages, en appelant r et r' les rayons qui vont des centres des systèmes au point de contact, on a $q = r$ et $q' = r'$; et la formule précédente devient :

$$\left(k + k' \frac{r^2}{r'^2}\right) \frac{d\omega}{dt} = Pp - P'p'.\frac{r}{r'}.$$

ou bien

$$\frac{d\omega}{dt} = \frac{Pp - P'p'.\frac{r}{r'}}{k + k'.\frac{r^2}{r'^2}}.$$

Dans ce cas, s et s' étant nuls, ou du moins très-petits, le frottement a très-peu d'influence dans les équations (A) et (B) ci-dessus ; et l'on peut écrire :

$$k\frac{d\omega}{dt} = Pp - Qr \quad \text{et} \quad k'\frac{d\omega'}{dt} = -P'p' + Qr'.$$

En mettant dans la première de ces équations la valeur de $\frac{d\omega}{dt}$, on trouve :

$$Q = \frac{kP'p'r' + k'Ppr}{kr'^2 + k'r^2} = \frac{\frac{k}{r^2}P'\frac{p'}{r'} + \frac{k'}{r'^2}P\frac{p}{r}}{\frac{k}{r^2} + \frac{k'}{r'^2}}.$$

Pour simplifier cette valeur, désignons par $P_{,}$ et $P'_{,}$ les valeurs de $\frac{Pp}{r}$ et $\frac{P'p'}{r'}$, c'est-à-dire les forces P et P' rapportées au point de contact, et dans la direction d'une perpendiculaire au plan passant par les axes ; on aura alors :

$$Q = \frac{\frac{k}{r^2}P'_{,} + \frac{k'}{r'^2}P_{,}}{\frac{k}{r^2} + \frac{k'}{r'^2}}.$$

Les coefficients $\frac{k}{r^2}$ et $\frac{k'}{r'^2}$ peuvent être remplacés par des poids Π et Π' qui, placés au contact, auraient les mêmes moments d'inertie par rapport aux axes respectifs que chacun des systèmes considérés ; car on aurait alors, par exemple, $\Pi r^2 = k$, d'où $\frac{k}{r^2} = \Pi$. Ainsi donc, on pourra écrire

$$Q = \frac{\Pi P'_{,} + \Pi' P_{,}}{\Pi + \Pi'}. \qquad (Z)$$

Cette équation pourrait s'étendre sans difficulté au cas où, au lieu d'avoir deux systèmes de rotation, on en aurait un plus grand nombre. Alors on trouverait que le poids Π devrait représenter celui qui, placé aux points de contact et lié à l'une des dents qui le touchent et prenant ainsi sa vitesse, aurait la même force vive que l'ensemble des systèmes de rotation qui se trouvent du côté auquel répond cette dent. Le poids Π' aurait une signification toute analogue pour les systèmes complémentaires répondant à l'autre dent et à l'autre côté du contact.

La formule précédente qui donne la pression Q peut donc fournir, en général, le théorème suivant :

Dans un ensemble de systèmes de rotation se conduisant les uns les autres par des engrenages, si l'on calcule pour chaque côté du contact dans l'ordre de la transmission du mouvement : 1° la force qui, appliquée en ce point, peut remplacer toutes les autres ; 2° le poids qui, en prenant la vitesse de la dent, aurait la même force vive que tous les systèmes de rotation de ce même côté ; en multipliant chaque force par le poids qui répond au côté opposé et divisant la somme des produits par la somme de ces poids, on aura la pression exercée pendant le mouvement entre les deux dents.

On peut remarquer que, dans le cas où les forces P et P' seraient en relation telle qu'elles ne pussent par elles-mêmes ni produire le mouvement, ni altérer le mouvement existant, en d'autres termes, si ces forces se faisaient équilibre, les forces fictives $P_{,}$ et $P_{,}'$ seraient égales. On aurait donc

$$Q = P_{,} = P_{,}'$$

ainsi qu'on le sait pour ce cas.

Les moments d'inertie disparaissent alors comme facteurs communs, ainsi qu'on devait s'y attendre, puisque la solution de la question ne dépend plus que de considérations statiques.

On tire de la formule précédente (Z) une conséquence importante, sur laquelle il est essentiel d'arrêter son attention.

Dans beaucoup d'applications, l'action d'une des forces, de P' par exemple, est intermittente, c'est-à-dire que cette force varie beaucoup d'intensité dans un même tour du système. C'est ce qui arrive, notamment, quand on a des marteaux ou des pilons à faire mouvoir ; dans ce cas la force P' n'existe que par intervalles : elle devient nulle à certains instants, pour reparaître ensuite avec une assez grande intensité. Or, on voit par l'équation précédente que la pression Q au contact, qui change de valeur en même temps que P_1', variera cependant d'autant moins que P_1' aura un plus petit coefficient par rapport à celui de P_1. Ainsi l'influence de l'une des forces P_1' sur la pression Q est diminuée par la grandeur du coefficient Π' relatif au système où elle est appliquée.

Ainsi lorsque l'on veut ménager les dents d'un engrenage qui transmet le mouvement à un marteau de forge, il faut que le système de rotation qui est interposé entre les dents et le marteau, ait le plus grand moment d'inertie possible, ce moment étant rapporté au point de contact des dents.

Lorsqu'il s'agit d'évaluer les frottements à l'aide de la pression Q au contact, il suffit de calculer ainsi d'abord la pression Q par les formules précédentes, où l'on néglige les frottements; on se sert ensuite de la valeur de Q obtenue de cette manière, pour calculer ces frottements. On conçoit que l'erreur commise est très-petite.

Frottement des engrenages.

62. Pour comprendre tous les cas dans une même formule, nous supposerons que les plans des deux roues fassent entre eux un certain angle δ, et qu'il s'agisse ainsi de l'engrenage appelé conique.

Nous désignerons toujours par Q la pression normale à l'élément de contact; elle sera sensiblement perpendiculaire au plan des axes, et est supposée agir à une distance r de l'un de ces axes et à une distance r' de l'autre.

Soient θ et θ' les angles très-petits dont les deux systèmes ont tourné à un instant quelconque de la durée du contact de deux dents, depuis l'instant où le point de contact a passé dans le plan des axes.

Les composantes normales des vitesses des points en contact devant être égales, par la condition du contact même, la vitesse de glissement, ou la vitesse *relative*, ne dépendra que des composantes tangentielles des vitesses réelles. On sait de plus que si l'on a deux vitesses simultanées v, v', représentées par les droites AB, AC (fig. 12), la vitesse résultante sera représentée par AD, troisième côté du triangle ABD, formé en mettant les deux vitesses bout à bout, chacune dans sa direction propre; mais que s'il s'agit de la vitesse relative, c'est-à-dire de la résultante de l'une des deux vitesses AB, et de l'autre prise en sens contraire BE = AC, ce sera le troisième côté du triangle ABE, ou ce qui revient au même, le troisième côté BC du triangle ABC, formé par les deux vitesses données AB et AC partant d'un même point.

Cela posé, les vitesses absolues au contact, à un instant quelconque, sont

$$r\frac{d\theta}{dt} \quad \text{et} \quad r'\frac{d\theta'}{dt}.$$

Si on les projette sur le plan tangent, qui diffère très-peu du plan des axes de rotation, on aura

$$r\frac{d\theta}{dt}\sin\theta, \quad \text{et} \quad r'\frac{d\theta'}{dt}\sin\theta',$$

ou, à très-peu près

$$\frac{r\theta d\theta}{dt} \quad \text{et} \quad \frac{r'\theta' d\theta'}{dt}.$$

L'angle de ces composantes tangentielles sera d'ailleurs celui des roues, c'est-à-dire δ. La vitesse de glissement qui est le troisième côté du triangle construit sur ces deux composantes, sera donc

$$\frac{1}{dt}\sqrt{r^2\theta^2 d\theta^2 + r'^2\theta'^2 d\theta'^2 - 2rr'\theta\theta' d\theta d\theta' . \cos\delta}\,;$$

mais les vitesses absolues diffèrent très-peu des vitesses normales, puisque le plan de contact diffère très-peu du plan des axes; et les vitesses normales devant être égales pour qu'il y ait contact, il en sera à très-peu près de même des vitesses réelles, et l'on pourra écrire :

$$r\frac{d\theta}{dt} = r'\frac{d\theta'}{dt},$$

en conséquence, l'expression ci-dessus deviendra

$$\frac{rd\theta}{dt}\sqrt{\theta^2 + \theta'^2 - 2\theta\theta'\cos\delta}.$$

Si n et n' sont les nombres de dents des deux roues, on a

$$n'\theta' = n\theta \quad \text{d'où} \quad \theta' = \frac{n\theta}{n'}.$$

La vitesse de glissement devient donc

$$\frac{rn\theta d\theta}{dt}\sqrt{\frac{1}{n^2}+\frac{1}{n'^2}-\frac{2\cos\delta}{nn'}}.$$

L'élément de travail dû au frottement s'obtiendra en multipliant cette vitesse par $fQdt$, f étant toujours le rapport du frottement à la pression Q. Cet élément de travail sera donc

$$fQrn\theta d\theta\sqrt{\frac{1}{n^2}+\frac{1}{n'^2}-\frac{2\cos\delta}{nn'}}.$$

La pression Q pouvant être considérée comme constante pendant la durée du contact des deux dents, on intégrera l'expression précédente dans cette hypothèse. Ainsi le travail perdu par le frottement qui s'exerce entre deux dents, depuis l'instant où le contact avait lieu dans le plan des axes, jusqu'à celui où le premier système a décrit l'angle θ_1, aura pour valeur

$$\frac{1}{2}fQrn\theta_1^2\sqrt{\frac{1}{n^2}+\frac{1}{n'^2}-\frac{2\cos\delta}{nn'}}.$$

Le travail de la pression normale Q pendant le même temps est $Qr\theta_1$; si on le désigne par T, l'expression du travail dû au frottement deviendra

$$\frac{1}{2}fn\theta_1 T\sqrt{\frac{1}{n^2}+\frac{1}{n'^2}-\frac{2\cos\delta}{nn'}}.$$

Mais si, à l'instant où le contact cesse entre deux dents, il y en a deux autres pour lesquelles il commence, dans le plan des axes, comme cela a eu lieu pour les deux dents précédentes, on a $n\theta_1 = 2\pi$; ainsi le travail du frottement prend la forme

$$\pi fT\sqrt{\frac{1}{n^2}+\frac{1}{n'^2}-\frac{2\cos\delta}{nn'}}.$$

La même expression s'appliquant à toutes les dents successives, il suffit pour avoir le travail du frottement pour une durée quelconque du mouvement, de regarder T comme représentant le travail de la pression Q pour cette même durée. Ce travail T différant peu de celui qui est transmis à la roue, on peut prendre l'un pour l'autre; ce qui revient à négliger le frottement des tourillons ou coussinets.

Il peut arriver que le contact des dents commence au-dessous du plan des deux axes. Si l'on admet alors que, pour ce genre de glissement le coefficient f reste le même, et si l'on désigne par θ_2 l'angle décrit par le méridien qui passe au point de contact, depuis le commencement du contact jusqu'à l'instant où le point de tangence vient se placer dans le plan des axes, on aura pour le travail du frottement dû au contact des deux dents considérées,

$$\frac{1}{2}\, nfQr\,(\theta_1^2 + \theta_2^2)\sqrt{\frac{1}{n^2} + \frac{1}{n'^2} - \frac{2\cos\delta}{nn'}}.$$

Posons pour simplifier $\theta_2 = \alpha\theta_1$, nous aurons

$$n\theta_1\,(1 + \alpha) = 2\pi,$$
$$T = Qr\theta_1\,(1 + \alpha),$$
$$\theta_1^2 + \theta_2^2 = \theta_1^2(1 + \alpha^2),$$

et par suite

$$nQr\theta_1^2(1 + \alpha)^2 = 2\pi T.$$

En se servant de ces relations, le travail du frottement peut s'écrire

$$\frac{f\pi T\,(1 + \alpha^2)}{(1 + \alpha)^2}\sqrt{\frac{1}{n^2} + \frac{1}{n'^2} - \frac{2\cos\delta}{nn'}}.$$

Cette expression devient un minimum pour $\alpha = 1$, ou $\theta_2 = \theta_1$, c'est-à-dire quand le contact commence et finit à des distances angulaires égales au-dessous et au-dessus du plan des axes. Elle se réduit alors à la moitié de ce qu'elle est quand le contact se fait entièrement d'un même côté du plan des axes.

Quand les roues sont dans un même plan, mais qu'elles sont extérieures l'une à l'autre, comme cela arrive le plus souvent, on a $\delta = 180°$ et $\cos\delta = -1$. L'expression ci-dessus se réduit alors, dans le cas du maximum, c'est-à-dire pour $\alpha = 0$, ou pour $\alpha = \infty$, à

$$f\pi T\left(\frac{1}{n} + \frac{1}{n'}\right);$$

cette expression de la perte de travail due au frottement des engrenages est celle dont on fait usage le plus fréquemment (*).

Lorsque l'une des roues est intérieure à l'autre, on a $\delta = 0$ et $\cos \delta = 1$, l'expression du travail perdu devient alors

$$f\pi T \left(\frac{1}{n} - \frac{1}{n'}\right).$$

On voit que sa valeur est bien moindre que si les engrenages étaient extérieurs.

Il est bon de remarquer que, lorsque les engrenages sont neufs, bien que les choses soient disposées pour que plusieurs couples de dents touchent à la fois, il arrive toujours qu'il n'y en a réellement qu'un en contact. Dans ce cas, les nombres désignés par n et n' dans les formules ne sont plus les nombres de dents que portent les roues, mais seulement les nombres de dents qui touchent pendant un tour. Si, par exemple, les contacts n'ont lieu que de deux en deux dents, les pertes par le frottement sont doubles, puisqu'elles sont en raison inverse des nombres n et n'; et cet état de choses dure jusqu'à ce que le frottement ayant usé les dents qui se touchent, les autres finissent par s'atteindre, et agir à leur tour l'une sur l'autre. Ainsi, ce n'est pas seulement parce que les surfaces se polissent que les engrenages donnent moins de pertes par les frottements quand ils ont servi quelque temps, mais parce que toutes les dents arrivent alors régulièrement au contact, chacune à son tour.

Calcul du frottement, pour le plan incliné et le coin.

63. Soit un coin, ou un système quelconque, placé sur un plan incliné, et sollicité à descendre par un poids P (fig. 13), tandis qu'une force horizontale R tend à le faire monter. Si l'on appelle N la composante normale de la somme des résistances que le plan exerce sur le coin, et f le rapport du frottement à la pression, fN sera l'expression du frottement. Pour l'équilibre, on devra avoir,

(*) Cette formule est due à M. Poncelet.

entre les composantes verticales des diverses forces, la relation :

$$P + fN \sin\alpha - N\cos\alpha = 0,$$

et, entre les composantes horizontales, la relation :

$$R - fN\cos\alpha - N\sin\alpha = 0,$$

d'où l'on tire, en éliminant N,

$$R = \frac{P(\sin\alpha + f\cos\alpha)}{\cos\alpha - f\sin\alpha} = \frac{P(\text{tang}\,\alpha + f)}{1 - f\,\text{tang}\,\alpha}.$$

Si la force R est simplement destinée à soutenir le coin, la composante fN change de signe, et on trouve :

$$R = \frac{P(\text{tang}\,\alpha - f)}{1 + f\,\text{tang}\,\alpha}.$$

En posant $f = \text{tang}\,\varphi$, les deux formules pourront s'écrire :

$$R = P\,\text{tang}\,(\alpha \pm \varphi),$$

le signe supérieur se rapportant au cas où la force R est mouvante, et le signe inférieur au cas où elle est résistante.

Si l'on désigne par R′ la valeur de R relative à ce second cas, et que l'on continue à écrire R dans le premier, on aura entre les forces R et R′ nécessaires l'une pour faire monter le coin, et l'autre pour l'empêcher seulement de descendre, la relation

$$R' = R.\frac{\text{tang}\,(\alpha - \varphi)}{\text{tang}\,(\alpha + \varphi)}.$$

Lorsque α est moindre que φ, la valeur de R′ est négative, ce qui signifie que dans ce cas il faut exercer un effort sur le coin pour l'obliger à descendre.

Soit (fig. 14) l'angle BAD $= \varphi$, et soient DAC $=$ DAC′ $= \alpha$. Si l'on mène la droite MN perpendiculaire à AB, les longueurs MN et MN′ seront entre elles comme les forces R et R′.

Si le coin reçoit l'action d'un corps supérieur qui n'avance pas avec lui, comme serait un corps à comprimer, il y aura frottement sur la face supérieure

AB (fig. 15), du coin. Appelons P l'effort que le corps à comprimer exerce normalement à la face AB; $f'P$ sera le frottement sur cette face; conservant les notations précédentes, on trouvera, en opérant comme ci-dessus :

$$R = \frac{P[\sin\alpha + (f+f')\cos\alpha - ff'\sin\alpha]}{\cos\alpha - f\sin\alpha} = \frac{P[(1-ff')\tang\alpha + f + f']}{1 - f\tang\alpha}.$$

Cette formule s'applique au cas où la force R est parallèle à l'une quelconque des deux faces du coin. On en tire pour la pression P produite sur le corps à comprimer par l'action d'une force R parallèle à la face AB,

$$P = \frac{R(1 - f\tang\alpha)}{(1-ff')\tang\alpha + f + f'}.$$

S'il s'agissait seulement de maintenir le coin dans sa position, le signe du frottement changerait, et on aurait :

$$R' = \frac{P[(1-ff')\tang\alpha - f - f']}{1 + f\tang\alpha}.$$

Cette force sera négative quand on aura $\alpha < \varphi + \varphi'$, l'angle φ' étant celui dont la tangente est f'. C'est-à-dire qu'il faudra appliquer cette force en sens contraire de la direction primitive pour pouvoir retirer le coin.

Entre les forces R et R', on aura la relation ;

$$R' = R \cdot \frac{1 - f\tang\alpha}{1 + f\tang\alpha} \cdot \frac{(1-ff')\tang\alpha - f - f'}{(1-ff')\tang\alpha + f + f'}.$$

Supposons maintenant que la force R divise en deux parties égales l'angle formé par les faces du coin. Soit 2β cet angle, et P la pression normale exercée sur chacune des deux faces; on trouvera facilement :

$$R = 2P(\sin\beta + f\cos\beta),$$

ce qui donne pour la pression P exercée par chaque face du coin sur les obstacles extérieurs, en vertu de l'action d'une force R dirigée suivant la bissectrice de l'angle des faces,

$$P = \frac{1}{2} \cdot \frac{R}{\sin\beta + f\cos\beta}.$$

Si l'on ne veut que maintenir le coin, la force R′ nécessaire s'obtiendra encore en changeant le signe de f, ce qui donnera :

$$R' = 2P(\sin\beta - f\cos\beta).$$

Cette force sera négative pour $\beta < \varphi$; c'est-à-dire qu'alors la force nécessaire pour retirer le coin aura pour expression :

$$-2P(\sin\beta - f\cos\beta).$$

Entre les forces R et R′, on aura la relation :

$$R' = R.\frac{\sin\beta - f\cos\beta}{\sin\beta + f\cos\beta} = R.\frac{\operatorname{tang}\beta - f}{\operatorname{tang}\beta + f}.$$

Ces calculs s'appliquent à l'embrayage par frottement. Il consiste en un cône plein qui entre dans un cône vide comme un robinet ordinaire; le cône plein glisse sur un axe, et est amené contre le cône vide au moyen d'un levier. Soit Π le poids du cône plein, β l'angle générateur du cône, R l'effort exercé à l'aide du levier sur la tête du cône plein; f' le coefficient du frottement du cône plein sur son axe; f le coefficient du frottement des deux cônes. La force réellement appliquée à la tête du cône sera :

$$R - f'\Pi.$$

La somme des pressions normales exercées par le cône plein sur le cône vide (laquelle somme joue ici le même rôle que 2P dans la théorie précédente), aura pour expression, d'après ce qu'on a vu,

$$\frac{R - f'\Pi}{\sin\beta + f\cos\beta}.$$

Ainsi le frottement des deux cônes sera exprimé par

$$\frac{f(R - f'\Pi)}{\sin\beta + f\cos\beta}.$$

Si l'angle β est très-petit, cette valeur se réduit sensiblement à

$$R - f'\Pi.$$

Désignons par P la somme des pressions normales; nous aurons, comme on vient de le dire,

$$P = \frac{R - f'\Pi}{\sin\beta + f\cos\beta},$$

d'où

$$R = f'\Pi + P\,(\sin\beta + f\cos\beta).$$

Si l'on veut avoir la force R' nécessaire pour retirer le cône plein, il faudra dans cette formule changer à la fois les signes de R, de f' et de f, ce qui donnera :

$$R' = f'\Pi + P\,(f\cos\beta - \sin\beta),$$

et par conséquent, en éliminant P,

$$R' = f'\Pi + (R - f'\Pi).\frac{f\cos\beta - \sin\beta}{f\cos\beta + \sin\beta}.$$

Dans les cas ordinaires, on embraye pendant le mouvement; et, comme la vitesse de rotation est beaucoup plus grande que celle avec laquelle le cône plein se rapproche du cône vide, il en résulte que le frottement des deux cônes s'exerce dans un plan presque perpendiculaire à la direction de la force $R - f'\Pi$; il ne vient donc plus au secours de la composante P sin β de la pression normale; on peut alors négliger le terme f cos β au dénominateur de P, ce qui donne sensiblement :

$$P = \frac{R - f'\Pi}{\sin\beta}$$

et

$$fP = \frac{f(R - f'\Pi)}{\sin\beta}.$$

On donne ordinairement à sin β une valeur d'au moins $\frac{1}{20}$; si pour avoir une idée du frottement qui lie les deux systèmes et donne la force de l'embrayage, on prend pour des circonstances ordinaires $f = 0,28$, on trouve pour le frottement :

$$fP = 5,60\,(R - f'\Pi).$$

Pour retirer l'embrayage, le frottement agira dans le sens longitudinal, on aura donc, comme plus haut :

$$R' = f'\Pi + P(f\cos\beta - \sin\beta),$$

ou, en mettant pour P sa valeur actuelle $\frac{R - f'\Pi}{\sin\beta}$,

$$R' = f'\Pi + (R - f'\Pi)\left(\frac{f}{\tang\beta} - 1\right).$$

Vis à filet triangulaire.

64. Le frottement, dans la vis à filet triangulaire, pourrait se calculer par approximation à l'aide d'une certaine analogie avec le coin enfoncé entre deux plans inclinés; mais il sera plus rigoureux de reprendre les calculs.

Nous réduirons toujours la surface du filet à une seule hélice moyenne. Le système de la vis, dont nous supposerons, pour fixer les idées, l'axe vertical, sera soumis aux forces suivantes : 1° Un couple de forces R agissant horizontalement aux deux extrémités du levier qui la fait tourner pour l'élever; 2° une force P agissant verticalement de haut en bas sur la tête de la vis, et formant la résistance; 3° les pressions que l'écrou exerce sur la vis dans la direction des normales à la surface des filets, et les frottements le long de cette surface dans les directions des tangentes à l'hélice moyenne.

Nous désignerons par Q la somme des pressions normales sur le filet de la vis; fQ sera la somme des frottements tangentiels. On va voir que c'est en effet la somme de ces forces qu'il faut considérer ici, bien qu'elles soient exercées dans des directions différentes, parce qu'elles font toutes les mêmes angles avec l'axe sur lequel on doit les projeter, ou, en d'autres termes, suivant lequel on doit en prendre les composantes.

Désignons par α l'angle d'inclinaison de l'hélice par rapport au plan horizontal, et par β l'angle que la génératrice inclinée de la surface de la vis fait aussi avec le plan horizontal.

La pression sur le filet de la vis agira dans la direction de la normale, c'est-à-dire dans la direction d'une droite perpendiculaire à la fois à l'hélice et à la génératrice. Pour avoir l'angle qu'elle fait avec l'axe vertical de la vis, nous la rapporterons à trois axes rectangulaires, dont l'un, l'axe des z, sera l'axe même de la vis, l'axe des x passant par le point de la surface du filet où passe la normale considérée. Les cosinus des angles que la génératrice du filet fait avec les axes coordonnés seront alors :

avec l'axe des x,	$\cos\beta$;	nous le désignerons par	a
y,	0		b
z,	$\sin\beta$		c.

Les cosinus des angles que fait avec les mêmes axes la tangente à l'hélice pour ce point situé dans le plan des zx, seront

avec l'axe des x,	0	ou	a'
y,	$\cos\alpha$		b'
z,	$\sin\alpha$		c'.

D'après les règles connues de l'analyse appliquée à la géométrie, si une droite est perpendiculaire à deux autres faisant avec les axes des angles dont les cosinus sont a, b, c et a', b', c' ; elle fera avec les mêmes axes des angles dont les cosinus seront

avec l'axe des x, $$\frac{bc' - cb'}{\sqrt{(ab' - ba')^2 + (ca' - ac')^2 + (bc' - cb')^2}},$$

y, $$\frac{ca' - ac'}{\sqrt{(ab' - ba')^2 + (ca' - ac')^2 + (bc' - cb')^2}},$$

z, $$\frac{ab' - ba'}{\sqrt{(ab' - ba')^2 + (ca' - ac')^2 + (bc' - cb')^2}}.$$

Ainsi dans le problème qui nous occupe, la normale fera avec l'axe des y un angle qui aura pour cosinus

$$\frac{\cos\beta \sin\alpha}{\sqrt{\cos^2\alpha + \cos^2\beta \sin^2\alpha}} \quad \text{ou bien} \quad \frac{\cos\beta \operatorname{tang}\alpha}{\sqrt{1 + \operatorname{tang}^2\alpha \cos^2\beta}},$$

et avec l'axe des z un angle qui aura pour cosinus

$$\frac{\cos\beta}{\sqrt{1 + \operatorname{tang}^2\alpha \cos^2\beta}}.$$

Le frottement sur le filet agissant dans la direction de la tangente à l'hélice fera avec l'axe de la vis, ou l'axe des z, un angle dont le cosinus sera $\sin\alpha$.

Pour l'équilibre de toutes les forces appliquées à la vis, il faudra, entre autres conditions, que la somme des composantes dans le sens vertical soit nulle, ce qui donnera

$$P = \frac{Q\cos\beta}{\sqrt{1+\tang^2\alpha\cos^2\beta}} - fQ\sin\alpha. \qquad (1)$$

Prenons maintenant les moments par rapport à l'axe des z. Pour cela, rappelons que si x, y, z sont les coordonnées d'un point où est appliquée une force F, qui fait avec les axes les angles λ, μ, ν, le moment de cette force par rapport à l'axe des z est

$$F(x\cos\mu - y\cos\lambda).$$

Pour la pression normale Q on a

$$\cos\mu = \frac{\cos\beta\tang\alpha}{\sqrt{1+\tang^2\alpha\cos^2\beta}}.$$

Le point où la force Q est appliquée, étant pris sur l'axe des x à la distance r de l'origine, on a $y = 0$ et $x = r$; ainsi le moment de Q devient

$$\frac{Qr\cos\beta\tang\alpha}{\sqrt{1+\tang^2\alpha\cos^2\beta}}.$$

Si l'on admet que la force R qui agit à chaque extrémité du levier, soit aussi à la distance r de l'axe, l'équation des moments, en supprimant le facteur commun r, sera donc

$$2R = Q\frac{\cos\beta\tang\alpha}{\sqrt{1+\tang^2\alpha\cos^2\beta}} + fQ\cos\alpha. \qquad (2)$$

Éliminant Q entre les relations (1) et (2), on trouvera

$$2R = P\frac{\cos\beta\tang\alpha + f\cos\alpha\sqrt{1+\tang^2\alpha\cos^2\beta}}{\cos\beta - f\sin\alpha\sqrt{1+\tang^2\alpha\cos^2\beta}}. \qquad (3)$$

Telle est la relation entre la force P appliquée sur la tête de la vis, et la force R appliquée à chaque extrémité du levier qui la fait tourner ; cette force R étant rapportée à la distance de l'axe où se trouve l'hélice moyenne sur laquelle on peut supposer qu'agit le frottement.

Cette formule redonne celle qui convient à la vis à filet carré, c'est-à-dire celle du coin sur un plan incliné (63), quand on y fait $\beta = 0$; car on a alors

$$2R = P\frac{\tang \alpha + f}{1 - f \tang \alpha}.$$

Si le frottement était nul, l'angle β cesserait d'avoir de l'influence sur la force R, car en faisant $f = 0$ dans la formule générale, on trouve

$$2R = P \tang \alpha.$$

Si l'angle β devient très-grand, la force R devient très-considérable, en raison de ce que le dénominateur est très-petit; et les valeurs de β, α et f peuvent être telles que R devienne infinie, c'est-à-dire qu'il soit impossible de faire mouvoir la vis, quelque considérable que soit la force mouvante R.

Si, au lieu de vouloir vaincre la résistance P en faisant tourner la vis à l'aide des forces R, on fait agir ces forces R en sens contraire pour faire descendre la vis dans le sens de l'action de la force P; alors R et P seront des forces mouvantes, et le frottement sera la seule force résistante. On devra, dans les formules précédentes, changer le signe de f et de R; et l'on aura, en changeant ensuite les signes des deux membres,

$$2R = P.\frac{f \cos \alpha \sqrt{1 + \tang^2 \alpha \cos \beta} - \cos \beta \tang \alpha}{\cos \beta + f \sin \alpha \sqrt{1 + \tang^2 \alpha \cos^2 \beta}}.$$

Si l'angle β est très-petit, on peut prendre $\cos \beta = 1$, et

$$\sqrt{1 + \tang^2 \alpha \cos \beta} = \frac{1}{\cos \alpha},$$

ce qui donne

$$2R = P.\frac{f - \tang \alpha}{1 + f \tang \alpha},$$

formule connue pour la vis à filets carrés.

Si, au contraire, l'angle β est très-grand, $\cos \beta$ devient très-petit, et si l'on peut négliger $\cos \beta \tang \alpha$ devant $f \cos \alpha$, on obtient

$$2R = P \frac{f \cos \alpha}{\cos \beta + f \sin \alpha}.$$

On voit que dans ce cas, la force R croît avec f.

Calcul du frottement dans la vis sans fin.

65. Les points de la vis et de la dent de la roue qui sont en contact décrivent des cercles dans des plans perpendiculaires. Les vitesses angulaires doivent être telles que les vitesses effectives décomposées suivant la normale commune aux surfaces en contact soient égales. La surface du contact est celle du filet de la vis; la normale fait avec l'axe de la vis un angle α dont la tangente est $\frac{h}{2\pi r}$, h étant la hauteur du pas de la vis, et r le rayon qui va de l'axe de la vis aux points en contact. Si ω est la vitesse angulaire de rotation de la vis, $r\omega$ sera la vitesse effective du point frottant appartenant à la vis. La vitesse effective du point frottant appartenant à la roue sera $r'\omega'$; r' étant le rayon qui va au point de contact et ω' la vitese angulaire de la roue. Les composantes suivant la normale à la surface du filet devant être égales, on aura :

$$r\omega \sin \alpha = r'\omega' \cos \alpha.$$

La vitesse de glissement doit être la résultante des vitesses à angle droit $r\omega$ et $r'\omega'$, ainsi elle sera :

$$r\omega \sqrt{1 + \tang^2 \alpha}$$

ou

$$\frac{r\omega}{\cos \alpha}.$$

Si P est la pression normale, le frottement sera fP. Si R est la force appliquée à la vis et rapportée au milieu de la largeur du filet, on aura la relation connue

$$R = P \sin \alpha + f P \cos \alpha,$$

d'où

$$P = \frac{R}{\sin \alpha + f \cos \alpha}.$$

Le travail perdu en frottement sera l'intégrale

$$\int \frac{f \mathrm{P} r \omega dt}{\cos \alpha},$$

ou

$$\int \frac{f \mathrm{R} r \omega dt}{\cos \alpha (\sin \alpha + f \cos \alpha)}.$$

Si T est le travail transmis à la vis dans un certain temps, on aura :

$$\mathrm{T} = \int \mathrm{R} r \omega dt;$$

ainsi en désignant par T_f le travail perdu en frottement, on aura :

$$\mathrm{T}_f = \frac{f \mathrm{T}}{\frac{1}{2} \sin 2\alpha + f \cos^2 \alpha}.$$

On voit que la perte deviendra sensiblement égale à T, si l'angle α devient très-petit; ainsi la roue ne recevra qu'un travail insensible, et tout ce qui est communiqué à la vis sera perdu par le frottement.

Cette formule suppose qu'on admette que le point de contact est situé de manière que la vitesse de la roue soit sensiblement parallèle à l'axe de la vis; si elle lui était un peu inclinée, il y aurait un terme de plus pour la vitesse de glissement dans le sens du rayon de la roue, composante que nous avons négligée dans les calculs ci-dessus.

Supposons maintenant que l'on ne néglige pas l'angle que la vitesse du point frottant appartenant à la roue fait avec l'axe de la vis; soit θ' cet angle et r' le rayon qui va au point de contact, θ l'angle qui a été décrit en même temps par la vis et r le rayon de la vis qui va au point de contact; il faudra que les vitesses normales à la surface de la vis soient égales; ainsi on devra avoir :

$$d\theta . r \sin \alpha = r' d\theta' . \cos \theta' . \cos \alpha. \qquad (A)$$

Or, la vitesse de glissement est

$$\sqrt{r^2 d\theta^2 + r'^2 d\theta'^2},$$

ou bien

$$r d\theta \sqrt{1 + \tang^2 \alpha . \frac{1}{\cos^2 \theta'}}.$$

On peut remplacer $\frac{1}{\cos^2\theta'}$ par $1+\theta'^2$, et alors on a :

$$rd\theta\sqrt{1+\tang^2\alpha+\theta'^2\tang^2\alpha};$$

mais

$$1+\tang^2\alpha > 10\,\theta'^2\tang^2\alpha;$$

usant ici de la transformation de M. Poncelet qui donne $\sqrt{1+x^2}=1+\frac{x^2}{20}$, à un 1538° près, on aura :

$$rd\theta.\left[\sqrt{1+\tang^2\alpha}\left(1+\frac{\theta'\tang\alpha}{20\sqrt{1+\tang^2\alpha}}\right)\right],$$

ou, laissant en général β pour la fraction $\frac{1}{20}$.

$$\frac{rd\theta}{\cos\alpha}(1+\beta\theta'\sin\alpha).$$

Or, on a en intégrant l'équation (A),

$$r\theta\sin\alpha = r'\sin\theta\cos\alpha \quad \text{ou} \quad r\theta\tang\alpha = r'\theta',$$

d'où

$$\theta' = \frac{r\theta}{r'}\tang\alpha;$$

substituant dans la vitesse de glissement, on aura

$$\frac{rd\theta}{\cos\alpha}+\beta rd\theta\frac{r\theta}{r'}\tang^2\alpha.$$

En intégrant le travail élémentaire, on trouve d'après cela

$$\frac{fR}{(\sin\alpha+f\cos\alpha)}\cdot\frac{r\theta}{\cos\alpha}+\beta\frac{fR}{(\sin\alpha+f\cos\alpha)}\cdot\frac{r^2\theta^2}{2r'}\tang^2\alpha;$$

mais

$$Rr\theta = T, \qquad \frac{\theta r}{r'}=\theta', \qquad \text{et} \qquad \theta=\frac{2\pi}{n},$$

n étant le nombre des dents. On obtient donc enfin pour le travail perdu :

$$\frac{fT}{\cos\alpha(\sin\alpha+f\cos\alpha)}+\beta\frac{fT}{\sin\alpha+f\cos\alpha}\tang\alpha.\frac{\pi}{n}.$$

De la roideur des cordes.

66. On a reconnu qu'il fallait dépenser un certain travail pour plier une corde, et que celui qui est nécessaire pour la déplier est insensible.

Pour plier un mètre de longueur de corde, dont le diamètre est d, sur une poulie dont le rayon est R, il faut dépenser un travail proportionnel à

$$\frac{d^\mu}{R}(a + bP),$$

P étant la force de traction de la corde du côté où elle s'enroule; cela revient à dire qu'elle doit être tirée avec une force qui, indépendamment des autres circonstances, peut se représenter par

$$P + \frac{d^\mu}{R}(a + bP),$$

pourvu qu'on détermine convenablement par des expériences les coefficients numériques a et b. La formule ci-dessus a été vérifiée jusqu'à des tensions de 500 kilog.

L'exposant μ va à 1,80 pour des cordes un peu neuves et s'abaisse à 1,40 pour les vieilles cordes. On peut le prendre de 1,70. Pour une corde de $0^m,02$ de diamètre, on a :

$$ad^{1,70} = 0,1112 \quad \text{et} \quad bd^{1,70} = 0,00487;$$

Pour une corde goudronnée, de 30 fils de caret et de $0^m,023$ de diamètre, on a

$$ad^\mu = 0,1748, \quad bd^\mu = 0,00627.$$

Pour les cordes goudronnées, au lieu d'avoir égard au diamètre, on calcule les coefficients ad^μ, bd^μ d'après ces derniers nombres, et dans la proportion du nombre de fils de caret.

Il faut un repos de 5 à 6 minutes pour que la corde reproduise la même résistance pour se replier et pour qu'elle n'en prenne pas davantage pour se plier en sens contraire comme cela arrive souvent.

Si l'on a une poulie dont le rayon soit R, et qu'elle porte des tourillons dont les rayons soient r, que le coefficient du frottement des matières des tourillons sur les crapaudines ou la chappe soit représenté par f, que P soit la force mouvante appliquée à la corde et P_1 la force résistante, on aura :

$$PR = P_1R + (P+P_1)\frac{fr}{\sqrt{1+f^2}} + (a+bP_1)d^\mu,$$

ou, en appelant f' le quotient de f par $\sqrt{1+f^2}$, et tirant la valeur de P_1

$$P_1 = \frac{P\left(1-f'\frac{r}{R}\right) - \frac{ad^\mu}{R}}{1+f'\frac{r}{R}+\frac{bd^\mu}{R}}.$$

Ainsi, si T est le travail moteur reçu par un côté de la corde dont chaque point descend d'une hauteur h, le travail résistant exercé de l'autre côté sera :

$$\frac{T\left(1-f'\frac{r}{R}\right) - \frac{ad^\mu}{R}h}{1+f'\frac{r}{R}+\frac{bd^\mu}{R}}.$$

On perdra d'autant moins qu'on agira avec une plus grande force P.

Une corde ne doit pas être chargée de plus de 40 kilog. par fil de caret, ou environ 3,000,000 d^2 kilog., d étant son diamètre exprimé en mètres; ou en exprimant d en centimètres, 300 d^2 kilog.

Si l'on fait pour abréger

$$\frac{1-f'\frac{r}{R}}{1+f'\frac{r}{R}+b\frac{d^\mu}{R}} = \alpha \quad \text{et} \quad \frac{\frac{ad^\mu}{R}}{1+f'\frac{r}{R}+b\frac{d^\mu}{R}} = \beta,$$

on aura

$$P_1 = \alpha P - \beta.$$

Si l'on avait une suite de poulies semblables, on trouverait

$$P_2 = \alpha P_1 - \beta,$$
$$P_3 = \alpha P_2 - \beta,$$
etc.,

et par suite

$$P_n = \alpha^n P - \beta\left(\frac{1-\alpha^n}{1-\alpha}\right).$$

Ainsi le travail transmis pourra finir par devenir nul; cela aurait lieu si l'on avait $\alpha^n P(1-\alpha) = \beta(1-\alpha^n)$; d'où

$$n = \frac{\log\left[\dfrac{1}{P\dfrac{(1-\alpha)}{\beta}+1}\right]}{\log \alpha}.$$

Si l'on prend, par exemple, une poulie pour laquelle on ait $R = 0,10$, $r = 0,007$, $d = 0,02$, $f = 0,15$, et par suite $f' = 0,14$, on aura à peu près

$$\frac{ad^\mu}{R} = 1,112, \quad \frac{bd^\mu}{R} = 0,048,$$

et par suite

$$\alpha = 0,93, \quad \beta = 1,05.$$

Ainsi

$$P_1 = 0,93\,P - 1^k,05.$$

Avec 8 poulies on aurait

$$P_8 = 0,595\,P - 6^k,54.$$

Si la corde, toujours non goudronnée, eût eu 0,04 de diamètre, les tourillons de la poulie 0,01, et la poulie 0,15 les valeurs de $\frac{ad^\mu}{R}$ et $\frac{bd^\mu}{R}$ eussent été les précédentes multipliées par $2^{1,80} \times \frac{10}{15}$ ou à très-peu près par 2,32. Ainsi on aurait eu

$$\frac{ad^\mu}{R} = 2,580, \quad \frac{bd^\mu}{R} = 0,111,$$

$$f'\frac{r}{R} = 0,0093.$$

d'où

$$\alpha = 0{,}88 \quad \text{et} \quad \beta = 2{,}30\,,$$

par suite

$$P_1 = 0{,}88P - 2^k{,}30.$$

Avec 8 poulies on aurait

$$P_8 = 0{,}57P - 8^k{,}23.$$

Dans le cas des moufles, on aurait pour la résistance une force qui, au lieu d'être nP, serait

$$Q = P_1 + P_2 + P_3 \ldots + P_n\,;$$

en mettant la valeur de P_1, P_2, etc., on trouve

$$Q = P\alpha\,\frac{(1-\alpha^n)}{1-\alpha} - \frac{n\beta}{1-\alpha} + \frac{\alpha\beta}{1-\alpha}\cdot\frac{(1-\alpha^n)}{1-\alpha}.$$

ou bien encore

$$Q = \alpha\,\frac{(1-\alpha^n)}{1-\alpha}\,P - \frac{\beta}{1-\alpha}\cdot\left[n - \alpha\,\frac{(1-\alpha^n)}{(1-\alpha)}\right].$$

Ainsi pour une moufle de 8 poulies semblables à celles du premier exemple ci-dessus, on aurait

$$Q = 5{,}80P - 35^k{,}57 \quad \text{au lieu de} \quad Q = 8P.$$

Dans le deuxième exemple, on aurait

$$Q = 3{,}15P - 92^k{,}97 \quad \text{au lieu de} \quad Q = 8P.$$

Si l'on se sert d'une corde pour communiquer le mouvement d'un arbre à un autre, il faudra que la tension du côté le moins tendu, soit le quart de la force qui est donnée par le travail à transmettre ; il en résulte qu'en désignant par R' et R'' les rayons des deux roues, par ω' et ω'' leurs vitesses angulaires, et par T le travail reçu par le premier arbre, la perte de travail résultant des deux ploiements de la corde sera

$$\omega' R'.\left[\frac{d^2}{R'}\left(a + \frac{5bT}{4\omega' R'}\right) + \frac{d^2}{R''}\left(a + \frac{bT}{4\omega' R'}\right)\right].$$

Si l'on veut comparer la perte totale due à la roideur de la corde et aux frottements sur les axes, à celle qui aurait lieu avec un engrenage pour transmettre le mouvement entre des arbres horizontaux dans le même plan, on devra ajouter à l'expression ci-dessus, celle qui exprime la perte par les frottements sur les deux axes; et comparer la somme à l'expression qui exprime la perte analogue pour l'engrenage.

Or, on aura d'abord pour les frottements dans le cas de l'emploi de la corde, en supposant que les tourillons des deux arbres soient entièrement semblables, et d'un rayon ρ, et en représentant par π' et π'', les poids des deux arbres

$$\omega' \frac{\rho f}{\sqrt{1+f^2}} \sqrt{\left(\pi' + \frac{T}{\omega' R}\right)^2 + \left(\frac{3}{2}\frac{T}{\omega' R'}\right)^2} + \omega'' \frac{\rho f}{\sqrt{1+f^2}} \sqrt{\left(\pi'' + \frac{TR''}{\omega' R' R'''}\right)^2 + \left(\frac{3}{2}\frac{T}{\omega' R'}\right)^2}$$

en représentant par R le rayon du point où agit la force mouvante du premier arbre, et par R''' celui où agit la force résistante du second arbre.

Dans le cas de l'engrenage, on a

$$Tf\pi\left(\frac{1}{n} + \frac{1}{n'}\right).$$

Dans le cas où les cordes sont verticales, et où les roues sont l'une au-dessus de l'autre, on aura pour la perte due aux frottements sur les quatre tourillons, supposés toujours placés symétriquement par rapport au point où sont les roues de communication du mouvement

$$\omega \frac{f\rho}{\sqrt{1+f^2}} \left[\pi' + \frac{T}{\omega' R} + \frac{3T}{\omega' R'} - \pi'' + \frac{TR''}{\omega' R' R'''}\right],$$

ou

$$\omega \frac{f\rho}{\sqrt{1+f^2}} \left[\pi' - \pi'' + \frac{3T}{\omega R'} + \frac{T}{\omega' R} + \frac{TR''}{\omega' R' R'''}\right];$$

ou si π'' l'emporte sur la somme des forces $\frac{T}{\omega' R'}$ et $\frac{TR''}{\omega' R' R''}$,

$$\omega \frac{f\rho}{\sqrt{1+f^2}} \left[\pi' + \pi'' + \frac{T}{\omega' R} - \frac{TR''}{\omega' R' R'''}\right].$$

Du frottement de roulement.

67. Lorsque les matières dont sont formés les corps solides en contact ne sont pas d'une très-grande dureté, il se produit dans le roulement une perte de travail qui est due à la compression au point de contact. Il y a des circonstances où l'on ne peut négliger ce frottement.

Concevons qu'un cylindre A (fig. 16) roule sur un plan horizontal en appuyant sur ce plan avec un effort assez considérable pour le comprimer un peu. Il résultera du petit enfoncement produit sur le plan en B, qu'il faudra que le moteur dépense un certain travail pour opérer la compression successivement en tous les points du plan où passe le cylindre. Supposons que l'effort de ce moteur soit une traction horizontale appliquée au centre du cylindre. Ce dernier, pendant son mouvement, pourra être considéré comme soumis à une force résistante agissant de bas en haut, de C en D, un peu en avant du point le plus bas, et passant en avant du centre A du cylindre.

Quand même le plan B serait d'une matière très-élastique, et capable ainsi de se relever complétement après le passage du cylindre, ce passage ne donnerait pas moins lieu à une perte de travail; c'est ce que l'expérience prouve, et ce dont on peut se rendre compte, en remarquant que la petite force motrice qui se produit à l'arrière du cylindre par le relèvement du plan ne pourrait rendre un travail moteur égal à celui qui a été consommé à l'avant par la compression, qu'autant que les ébranlements produits dans l'intérieur de la masse auraient cessé entièrement après le passage, ce qui ne peut arriver, eu égard à la propagation de ces ébranlements.

Les frottements de roulement pour les métaux durs, et même pour les bois, sont peu de chose. Ils croissent à mesure que le diamètre diminue. On se rend facilement raison de cette loi en remarquant que lorsque le cylindre a un diamètre plus petit, il comprime davantage chaque point où il passe, et qu'il en résulte en définitive une plus grande consommation de travail pour une certaine longueur parcourue sur le plan. On trouvera dans les traités de mécanique pratique les principaux résultats de l'expérience, relativement à l'évaluation du frottement de roulement.

Des pertes de travail dans le choc.

68. La seule question de ce genre que l'on ait à résoudre dans les applications, est celle qui se rapporte au choc de deux systèmes de rotation, en y comprenant comme cas particulier celui où l'un des systèmes n'a qu'un mouvement de translation. C'est ainsi, par exemple, qu'on peut avoir à déterminer les pertes de travail occasionnées par le choc d'une roue à cames contre un marteau de forge ou contre les pilons qu'elle est destinée à faire mouvoir.

Pour calculer la perte de travail occasionnée par le choc de deux systèmes de rotation, il faudra faire l'hypothèse qui donne à cette perte la plus grande valeur qu'elle puisse acquérir, cette supposition étant sans inconvénient, tandis qu'il n'en serait pas de même d'une supposition contraire. Cette hypothèse consiste à regarder les corps comme dénués d'élasticité, c'est-à-dire comme restant juxtaposés après le choc. On cherche donc quelle a été la diminution de la force vive à l'instant où les corps, se touchant par le point où s'est fait le choc, se meuvent comme deux systèmes redevenus invariables de figure, se conduisent l'un l'autre, et ne forment ainsi qu'une machine.

Désignons par :

ω_0 et ω les vitesses angulaires avant et après le choc pour le système des cames ;

ω_0' et ω' les vitesses analogues pour le marteau ;

R et R′ les rayons menés des axes de rotation au point de contact ;

φ et φ' les angles que ces rayons font avec le plan tangent au contact des deux systèmes ;

ρ et ρ' les rayons des tourillons des deux systèmes ;

λ la quantité de mouvement due à la pression normale au contact ;

f et f' les coefficients du frottement sur les tourillons ;

f_1 celui du frottement au contact ;

P et Q les quantités de mouvement qui se produisent sur les tourillons de l'arbre des cames ;

P′ et Q′ les quantités analogues pour l'arbre du marteau ;

x, y, les coordonnées d'un point quelconque du système des cames ; l'axe des z étant parallèle à la tangente au point de choc ;

x', y' les coordonnées du système du marteau;
dm, dm' les éléments de masse de ces deux systèmes;
K et K′ les moments d'inertie des deux systèmes;
ξ' et η' les cordonnées du centre de gravité du deuxième système de rotation portant le marteau;
Π le poids du premier système;
Π' le poids du deuxième système.

On aura (52), pour le système des cames, les trois équations :

$$\left.\begin{aligned} (\omega-\omega_0)\int x\,dm &= -\lambda+Q \\ -(\omega-\omega_0)\int y\,dm &= +f_1\lambda+P \\ (\omega-\omega_0)\frac{K}{g} &= \lambda R\cos\theta+f_1\lambda R\sin\theta-\frac{f}{\sqrt{1+f^2}}\,\varepsilon\sqrt{P^2+Q^2} \end{aligned}\right\} \quad (A)$$

Le terme $\frac{f}{\sqrt{1+f^2}}\sqrt{P^2+Q^2}$ est l'expression du frottement quand la force résultant de la pression et du frottement est $\sqrt{P^2+Q^2}$; car alors l'angle de cette force avec la pression doit être l'angle du frottement dont la tangente est f, et la composante tangentielle de $\sqrt{P^2+Q^2}$, ou le frottement, est le produit de cette expression par le sinus de l'angle dont f est la tangente.

Pour le deuxième système, on aura comme pour le premier :

$$\left.\begin{aligned} (\omega'-\omega'_0)\int x'\,dm' &= +\lambda+Q' \\ -(\omega'-\omega'_0)\int y'\,dm' &= -f_1\lambda+P' \\ (\omega'-\omega'_0)\frac{K'}{g} &= -\lambda R'\cos\theta'+f_1\lambda R'\sin\theta'-\frac{f'}{\sqrt{1+f'^2}}\,\varepsilon'\sqrt{P'^2+Q'^2} \end{aligned}\right\} \quad (B)$$

Ces six équations donneront :

$$\lambda,\ P,\ Q,\ P',\ Q',$$

et il restera une équation contenant ω et ω'.

A cause de la juxtaposition admise à la fin du choc, les vitesses normales au contact sont égales; ainsi on a de plus :

$$\omega R\cos\theta=\omega' R'\cos\theta'.$$

On obtiendra définitivement les vitesses ω et ω' et l'on aura par là la force vive restante après le choc.

Si, pour prendre d'abord le cas le plus simple, on suppose : 1° que les centres de gravité soient sur les axes de rotation ; 2° que $\omega'=0$, 3° que l'on néglige les frottements, on aura :

$$-\lambda+Q=0$$
$$P=0,$$
$$(\omega-\omega_0)\frac{K}{g}=\lambda R\cos\theta$$
$$-\lambda=Q',$$
$$0=P'$$
$$\omega'\frac{K'}{g}=-\lambda R'\cos\theta',$$

équations qui donnent, en éliminant λ,

$$(\omega-\omega_0)\frac{K}{g}R'\cos\theta'+\omega'\frac{K'}{g}R\cos\theta=0\,;$$

et, comme on a $\omega R\cos\theta=\omega' R'\cos\theta'$, on trouvera :

$$\omega\frac{K}{g}R'\cos\theta'-\omega_0 KR'\cos\theta'+\frac{\omega R^2\cos^2\theta}{R'\cos\theta'}\cdot\frac{K}{g}=0,$$

d'où

$$\omega=\frac{\omega_0 KR'^2\cos^2\theta'}{KR'^2\cos^2\theta'+K'R^2\cos^2\theta}\,;$$

on aurait de même

$$\omega'=\frac{\omega_0 KRR'\cos\theta\cos\theta'}{KR'^2\cos^2\theta'+K'R^2\cos^2\theta}.$$

Si, pour abréger, on pose $R\cos\theta=p$, $R'\cos\theta'=p'$, on a :

$$\omega=\frac{\omega_0 K}{K+K'\frac{p^2}{p'^2}},\qquad \omega'=\frac{\omega_0 K\frac{p}{p'}}{K+K''\frac{p^2}{p'^2}}\,;$$

d'où l'on conclut que la force vive après le choc est

$$\frac{K\omega^2+K\omega'^2}{2g}=\frac{\frac{\omega_0^2}{2g}K^2\left(K+K'\frac{p^2}{p'^2}\right)}{\left(K+K'\frac{p^2}{p'^2}\right)^2}=\frac{\omega_0^2}{2g}\cdot\frac{K^2}{K+K'\frac{p^2}{p'^2}}.$$

Or, avant le choc, elle était simplement $\frac{\omega_0^2}{2g}$ K ; ainsi elle a diminué dans le rapport de K à K + K' $\frac{p^2}{p'^2}$, c'est-à-dire *dans le rapport des forces vives que posséderaient le système choquant, et les deux ensemble, si le second était conduit par le premier.*

Quant à la perte de force vive, on peut l'énoncer également ; car elle aurait pour expression :

$$\frac{K\omega_0^2}{2g} \cdot \frac{K' \frac{p^2}{p'^2}}{K + K' \frac{p^2}{p'^2}};$$

elle serait donc à la force vive avant le choc, *comme celle que posséderait le système choqué, s'il était conduit par l'autre, est à la force vive des deux systèmes.*

Dans cette supposition, si le système choqué devait avoir peu de force vive par rapport à l'autre quand il est conduit par ce dernier, alors K' $\frac{p^2}{p'^2}$ pourrait se négliger devant K, et l'on aurait pour la perte de force vive l'expression

$$K' \frac{p^2}{p'^2} \cdot \frac{\omega_0^2}{2g};$$

mais alors, la vitesse que prendrait le système choqué serait précisément $\omega_0 \frac{p}{p'}$, l'autre gardant sensiblement sa vitesse ω_0 ; ainsi, dans ce cas, la perte de force vive est égale à toute celle que prend le système choqué.

Si l'on n'avait pas supposé ω_0' nul, on aurait trouvé que la perte de la force vive dans le choc aurait eu pour expression

$$\frac{KK'}{2g} \cdot \frac{\left(\omega'_0 - \omega_0 \frac{p}{p'}\right)^2}{K + K' \frac{p^2}{p'^2}},$$

ou

$$\frac{K\omega_0^2}{2g} \cdot \frac{K' \left(\omega'_0 - \omega_0 \frac{p}{p'}\right)^2}{\left(K + K' \frac{p^2}{p'^2}\right)\omega_0^2}.$$

Ainsi *la perte de force vive est à la force vive du système choquant avant le choc, comme la force vive fictive qu'aurait l'autre système s'il prenait une vitesse égale à la différence entre celle qu'il a et celle qu'il aurait si l'autre le conduisait, est à la force vive de l'ensemble des deux systèmes dans cette hypothèse.*

Si $K'\frac{p}{p'}$ est petit devant K, alors l'expression de la perte est sensiblement

$$\frac{K'}{2g}\left(\omega_0'-\omega_0\frac{p}{p'}\right)^2,$$

c'est-à-dire *la force vive qu'aurait ce système à petite force vive s'il prenait la vitesse qui est la différence entre la sienne et celle qu'il aurait si l'autre l'avait conduit avant le choc.*

Toutes les considérations précédentes sur les pertes de forces vives dans le choc, dans le cas où il n'y a pas besoin d'avoir égard aux frottements, s'appliquent aux systèmes de translations en remplaçant par les poids des corps les forces vives virtuelles qui nous ont servi comme coefficient pour exprimer les pertes des forces vives.

Dans le cas plus général où les centres de gravité ne sont pas sur les axes, et où l'on tient compte des frottements, et dans les hypothèses précédentes qui consistent à admettre que les corps ne se séparent pas à la fin du choc, on traiterait les équations (A) et (B), en y laissant tous les termes.

Le calculs deviennent impraticables si l'on ne simplifie pas la difficulté qui vient des radicaux. Pour cela on peut procéder de deux manières, ou déterminer Q et Q' comme s'il n'y avait pas de frottement, pour les substituer dans ces équations, et reprendre alors le calcul ; ou employer une méthode qui a été donnée par M. Poncelet et consiste à remplacer approximativement $\sqrt{P^2+Q^2}$ par l'expression linéaire $\alpha P+\beta Q$ ou $Pr\cos\psi+Qr\sin\psi$. Dans cette expression, α et β, ou, ce qui revient au même, r et ψ sont des constantes choisies de manière à rendre un minimum la plus grande erreur numérique probable, d'après ce qu'on peut prévoir pour les limites entre lesquelles sera renfermé le rapport $\frac{P}{Q}$; P et Q étant des valeurs arithmétiques et sans aucun signe.

On trouve ainsi :

pour	$\frac{P}{Q} > 1$,	$r\cos\psi = \alpha = 0{,}96$,	$r\sin\psi = \beta = 0{,}40$,	erreur $\frac{1}{25}$
	$\frac{P}{Q} > 2$,	$0{,}98$,	$0{,}23$,	$\frac{1}{71}$
	$\frac{P}{Q} > 3$,	$0{,}99$,	$0{,}16$,	$\frac{1}{154}$
	$\frac{P}{Q} > 4$,	$0{,}99$,	$0{,}12$,	$\frac{1}{266}$.

Appliquons maintenant cette méthode au choc des cames contre un marteau, en supposant que le marteau soit en repos avant le choc, et que le centre de gravité du système des cames soit sur l'axe. Nous remplacerons donc

$$\sqrt{P^2+Q^2} \quad \text{par} \quad r(P\cos\psi + Q\sin\psi)$$

et

$$\sqrt{P'^2+Q'^2} \quad \text{par} \quad r(P'\cos\psi + Q'\sin\psi),$$

en prenant r et ψ de manière à donner la plus petite erreur probable dans l'étendue où peut tomber le rapport de P à Q.

On aura pour déterminer le mouvement après le choc, pour les cames :

$$0 = -\lambda + Q$$
$$0 = +f_1\lambda + P$$
$$(\omega - \omega_0)\frac{K}{g} = \lambda R\cos\theta + f_1\lambda R\sin\theta - \frac{rf\rho(P\cos\psi + Q\sin\psi)}{\sqrt{1+f^2}},$$

pour le marteau :

$$\frac{\omega'\Pi'\xi'}{g} = \lambda + Q'$$

$$-\frac{\omega'\Pi'\eta'}{g} = -f_1\lambda + P'$$

$$\frac{\omega'K'}{g} = -\lambda R'\cos\theta' + f_1\lambda R'\sin\theta' - \frac{rf'\rho'(P'\cos\psi + Q'\sin\psi)}{\sqrt{1+f'^2}},$$

et pour les deux systèmes

$$\omega R\cos\theta = \omega' R'\cos\theta'.$$

Ces 7 équations donnent les valeurs des 7 inconnues

$$P, Q, P', Q', \lambda, \omega, \omega'.$$

On en tire :

$$Q=\lambda,$$

$$P=-f_{i}\lambda,$$

$$(\omega-\omega_{o})\frac{K}{g}=\lambda R(\cos\theta+f_{i}\sin\theta)+\frac{rf\rho\lambda(f_{i}\cos\psi-\sin\psi)}{\sqrt{1+f^{2}}},$$

$$Q'=\frac{\omega'\Pi'\xi'}{g}-\lambda,$$

$$P'=f_{i}\lambda-\frac{\omega'\Pi'\eta'}{g},$$

$$\frac{\omega'K'}{g}=-R'(\cos\theta'-f_{i}\sin\theta')-\frac{rf'\rho'\lambda(f_{i}\cos\psi-\sin\psi)}{\sqrt{1+f'^{2}}}-\frac{rf\rho\omega\Pi}{g}(\xi'\sin\psi-\eta'\cos\psi).$$

En posant

$$f_{i}=\text{tang}\,\varphi_{i},\quad f=\text{tang}\,\varphi,\quad f'=\text{tang}\,\varphi',$$

$$\eta=l'\sin\mu\quad\text{et}\quad\xi'=l'\cos\mu,$$

on aura

$$(\omega-\omega_{o})\frac{K}{g}=\lambda R\frac{\cos(\theta-\varphi_{i})}{\cos\varphi_{i}}-\frac{rf\rho\lambda}{\sqrt{1+f^{2}}}\cdot\frac{\sin(\varphi_{i}-\psi)}{\cos\varphi_{i}},$$

$$\frac{\omega'K'}{g}=-\lambda R'\frac{\cos(\theta'+\varphi_{i})}{\cos\varphi_{i}}-\frac{rf'\rho'\lambda}{\sqrt{1+f'^{2}}}\cdot\frac{\sin(\varphi_{i}-\psi)}{\cos\varphi_{i}}-\frac{rf'\rho'\Pi'l'\omega'\sin(\psi-\mu)}{g},$$

et

$$\omega R\cos\theta=\omega'R'\cos\theta'.$$

Éliminant λ entre les deux premières équations, on aura :

$$\frac{(\omega-\omega_{o})K}{\omega'K'+rf'\rho'\Pi'l'\omega'\sin(\psi-\mu)}=\frac{rf\rho\sin(\varphi_{i}-\psi)-R\cos(\theta-\varphi_{i})\sqrt{1+f^{2}}}{R'\cos(\theta'+\varphi_{i})\sqrt{1+f'^{2}}+rf'\rho'\sin(\varphi_{i}-\psi)}\times\frac{\sqrt{1+f'^{2}}}{\sqrt{1+f^{2}}}.$$

En désignant, pour abréger, le second membre par $-\alpha$, on aura :

$$\omega K+\alpha\omega'[K'+rf'\rho'\Pi'l'\sin(\psi-\mu)]=K\omega_{o},$$

et

$$\omega R\cos\theta-\omega'R'\cos\theta'=0.$$

Posant de même, pour abréger, $rf'\rho'\Pi'l'=\beta$, il viendra :

$$K\omega + \alpha(K' + \beta)\omega' = K\omega_0,$$
$$R\cos\theta.\,\omega - R'\cos\theta'\omega' = 0;$$

d'où l'on tire

$$\omega' = \frac{KR\omega_0\cos\theta}{KR'\cos\theta' + R\alpha(K' + \beta)\cos\theta}$$

et

$$\omega = \frac{KR'\omega_0\cos\theta'}{KR'\cos\theta' + R\alpha(K' + \beta)\cos\theta}.$$

Pour avoir la perte de force vive par le choc, on n'aura plus qu'à calculer la différence

$$\frac{K\omega_0^2}{2g} - \frac{K\omega^2}{2g} - \frac{K'\omega'^2}{2g}.$$

En y substituant les valeurs ci-dessus, on trouvera :

$$\frac{K\omega_0^2}{2g}\left[1 - \frac{R^2\cos^2\theta + R'^2\cos^2\theta'}{\left[R'\cos\theta' + \frac{\alpha(K' + \beta)}{K}R\cos\theta\right]^2}\right].$$

Si l'on néglige les carrés des fractions f, f_1 et f' qui expriment les rapports des frottements aux quantités de mouvement normales qui se produisent dans le choc, on aura :

$$\alpha\left(\frac{K'}{K} + \beta\right) = \frac{K'R\cos\theta}{KR'\cos\theta'}.$$

On aurait pu, au lieu de prendre les équations d'équivalence dans chaque corps, en prendre une seule pour le système, tel qu'il est constitué après le choc, en exprimant alors cette équivalence par le principe des vitesses virtuelles, et en prenant pour ces vitesses celles qui ont lieu après le choc. Il est clair alors que les moments virtuels des deux frottements eussent été, toute réduction faite de la forme Fdf, F étant la force de frottement et df la vitesse de séparation du point en contact à la fin du choc. Or, il est facile de voir que cette vitesse df est nulle quand le point où se fait le choc est sur la ligne des centres, et qu'elle est très-petite quand le point est peu éloigné de la ligne des centres. Car alors les vitesses effectives des points en contact ayant même direction, et ces vitesses ayant d'ailleurs des composantes égales suivant la normale commune aux surfaces en contact, elles seront égales entre elles; conséquemment la vitesse relative df des deux points en contact sera nulle.

On serait arrivé au même résultat par les équations isolées exprimant l'équivalence dans chaque corps, en remarquant que dans ce cas les moments de la quantité de mouvement qui a pour composantes λ et $\lambda f_{,}$ sont, dans les deux systèmes d'équations de moments, proportionnels aux perpendiculaires p et p' de sorte qu'on fait l'élimination de ces moments dans l'équation des moments, comme si les termes $f_{,}\lambda$ n'existaient pas.

Il y a une circonstance particulière où les quantités de mouvement P′ et Q′ sont nulles; c'est celle où la quantité de mouvement due au choc a une direction telle qu'elle passe par le point qu'on appelle *centre de percussion*. Faisons cette supposition dans les équations précédentes qui se rapportent au marteau. Prenons les axes coordonnés de manière que l'axe des η' soit parallèle à la direction résultante de λ et $f_{,}\lambda$. Alors on aura, en égalant les composantes des quantités de mouvement dans le choc sur les tourillons,

$$(\omega' - \omega_0')\frac{\Pi'}{g}\,\eta' = \lambda\sqrt{1+f_{,}^2}$$

$$-(\omega' - \omega_0')\frac{\Pi'}{g}\,\xi' = 0.$$

La deuxième équation donne $\xi' = 0$, c'est-à-dire que le centre de gravité est sur la perpendiculaire abaissée sur la direction du choc $\lambda\sqrt{1+f_{,}^2}$.

Si l'on pose ensuite l'équation des moments, où disparaîtra le terme affecté de $\sqrt{P'^2 + Q'^2}$, on aura

$$(\omega' - \omega_0')\frac{K'}{g} = \lambda\sqrt{1+f_{,}^2}\,.\,l,$$

l étant la perpendiculaire abaissée de l'axe sur la direction de la ré ultante $\lambda\sqrt{1+f_{,}^2}$. On tire de cette équation, combinée avec la première

$$l = \frac{K'}{\Pi'\eta'},$$

c'est la distance à l'axe de rotation de la droite passant par le point où se fait le contact, et ayant pour direction celle de la quantité de mouvement $\lambda\sqrt{1+f^2}$, produite par le choc.

Le point à la distance l sur le rayon vecteur qui passe par le centre de gravité du système s'appelle le *centre de percussion*. Ce point ne peut exister qu'autant que le centre de gravité du système n'est pas sur l'axe de rotation.

Si K_1' est le moment d'inertie par rapport au centre de gravité du système, on a

$$K' = K_1' + \Pi'\eta'^2, \quad \text{d'où} \quad l = \eta' + \frac{K_1'}{\Pi'\eta'}.$$

Ainsi on voit que le centre de percussion est toujours au delà du centre de gravité : il sera le plus près possible de l'axe quand

$$\eta' = \sqrt{\frac{K_1'}{\Pi'}}; \quad \text{alors} \quad l = 2\eta' = 2\sqrt{\frac{K_1'}{\Pi'}}.$$

On peut appliquer les considérations sur le choc au battage d'un pieu avec le mouton. Désignons par p le poids du mouton et par p' le poids du pieu ; par v_0 la vitesse du mouton au moment où il atteint le pieu, et par v la vitesse du mouton lorsque le choc est fini. Appelons R la force variable que le terrain produit sur le pieu ; cette force R agira pendant tout le temps que le pieu s'enfoncera. Supposons d'abord que pendant la durée du choc du mouton contre le pieu, jusqu'à ce que l'extrémité du pieu ait pris la vitesse du mouton, la force R n'ait pas encore agi, c'est-à-dire que le mouvement ne soit pas transmis à l'extrémité du pieu, et que lorsque ce mouvement sera transmis le choc soit achevé et qu'ainsi le pieu ait pris la vitesse du mouton. En opérant de cette manière, on trouve que le pieu et le mouton prendront par l'effet du choc une vitesse qui sera

$$v = \frac{pv_0}{p+p'}.$$

Ainsi le système après le choc possédera la force vive

$$(p+p')\frac{v^2}{2g} \quad \text{ou} \quad \frac{p^2}{p+p'}\cdot\frac{v_0^2}{2g}.$$

Pour que cette force vive soit épuisée par la résistance R du sol, on devra avoir

$$\frac{p'^2}{p+p'}\cdot\frac{v_0^2}{2g}=\int \mathrm{R}dx,$$

dx étant l'élément vertical de l'enfoncement du pieu. Si l'on appelle H la hauteur totale dont le mouton est descendu et h la petite hauteur dont le pieu s'est enfoncé, en sorte que $h=\int dx$, on aura sensiblement, en admettant que R ait peu varié pendant l'enfoncement,

$$\frac{p'^2}{p+p'}\mathrm{H}=\int_0^h \mathrm{R}dx=\mathrm{R}h;$$

d'où

$$\mathrm{R}=\frac{p'^2}{p+p'}\cdot\frac{\mathrm{H}}{h}.$$

Si R croît à mesure que le pieu s'enfonce, ou au moins reste constante, alors en appelant R_1 la dernière valeur de R, qui est ainsi la plus grande, on aurait eu :

$$\int \mathrm{R}dx = \text{ ou } < \mathrm{R}_1 h;$$

ainsi

$$\mathrm{R}_1 = \text{ ou } > \frac{p'^2}{p+p'}\cdot\frac{\mathrm{H}}{h}.$$

Ainsi, dans l'hypothèse précédente, la résistance que le sol a présenté à la fin du choc serait au moins égale au produit $\frac{p'^2}{p+p'}\cdot\frac{\mathrm{H}}{h}$; et, en admettant qu'elle subsistât, le pieu pourrait sans s'enfoncer être chargé d'un poids égal à cette quantité. Si, par exemple, on a battu un pieu de chêne avec un mouton de 500^k, que ce pieu pèse 300^k, qu'il ait été enfoncé au refus de $0^m,004$ par coup, le mouton tombant de 4^m de hauteur, on aura $\mathrm{R}_1 > 312500^k$.

Le résultat précédent repose sur une supposition dont l'exactitude n'est pas démontrée, et qui même est contestable. Si l'on supposait donc, pour ne pas restreindre la question, que la force R a agi pendant la durée du choc, et que $\int \mathrm{R}dt$ soit la quantité de mouvement due à cette force pendant la durée du choc, on aurait

$$p(v-v_0)=p'v+\int \mathrm{R}dt,$$

d'où

$$v = \frac{pv_0 - \int R dt}{p+p'}.$$

La force vive restant au système après le choc serait donc

$$\frac{(pv_0 - \int R dt)^2}{p+p'}, \quad \text{et l'on aurait} \quad \frac{(pv_0 - \int R dt)^2}{p+p'} = \int R dx = R_1 h$$

Cette équation donnerait pour R_1 une valeur plus petite que celle que nous avions donnée tout à l'heure ; mais il n'y a pas moyen d'en tirer R_1. Cette équation fait voir au moins qu'il ne serait pas prudent de donner au pieu une charge plus grande que $\frac{p^2}{p+p'} \cdot \frac{H}{h}$, et qu'il faudrait même la rendre plus petite dans la pratique.

FIN DE LA PREMIÈRE PARTIE

DEUXIEME PARTIE.

DU CALCUL

DE L'EFFET DES MACHINES.

CHAPITRE PREMIER.

Du Calcul du travail pour les poids. — De la Roideur ; son influence sur la repartition du travail dans les compressions lentes. — Du Travail produit par l'expansion des gaz, application au calcul de celui qu'on tire de la vapeur avec une quantité de chaleur donnée. — Du Travail transmis par un courant fluide, à un canal et à un plan mobiles. — Du Calcul des forces vives. — Le principe de la transmission du Travail a encore lieu pour certains mouvements relatifs.

69. Nous allons maintenant nous occuper du calcul du travail dans différentes circonstances où il se réduit à des règles susceptibles d'être énoncées.

Examinons d'abord le travail qui est dû à des poids.

Rappelons-nous que l'élément de travail dû à une force F étant le produit Pds du petit arc ds par la composante P de cette force dans le sens de cet arc, peut aussi s'exprimer par le produit de la force F, par la projection de l'élément ds sur la direction de la force. Si donc cette force F est un poids et agit dans la direction de la verticale, et que z représente l'ordonnée verticale du point mobile, comptée positivement de haut en bas, en sorte que dz soit positif quand le poids descend; dz sera la projection de ds sur la direction de la force, et Fdz sera égal à l'élément de travail Pds. De plus, Pds devant entrer dans l'équation générale des forces vives avec un signe négatif quand l'angle de la force F avec ds est obtus, c'est-à-dire quand dz est négatif dans le mouvement réellement produit, il s'ensuit que l'élément de travail Fdz prendra le signe qu'il doit avoir dans l'équation des forces vives, et qu'on peut l'y introduire par addition algébrique, en laissant à dz à en déterminer le signe.

Si l'on a à considérer dans le mouvement d'une machine plusieurs poids p, p', p'', etc., la quantité de travail moteur ou résistant que ces poids introduiront dans l'équation générale des forces vives, aura pour expression

$$\int pdz + \int p'dz' + \int p''dz'' + \text{etc.}$$

Les poids p, p', etc., étant constants pendant le mouvement, il en résulte que si l'on désigne par z_0 et z, les ordonnées des positions correspondantes au premier et au dernier instant, ces intégrales deviennent

$$p\,(z - z_0) + p'\,(z' - z_0') + p''\,(z_0'' - z_0'') + \text{etc.}$$

ou bien

$$pz + p'z' + p''z'' + \text{etc.} - pz_0 - p'z_0' - p''z_0'' - \text{etc.}$$

Si l'on désigne par P le poids total $p + p' + p'' + \text{etc.}$, et par ζ_0 et ζ les ordonnées du centre de gravité de ces poids au premier et au dernier instant, l'expression précédente devient

$$\mathrm{P}(\zeta - \zeta_0),$$

résultat qu'on peut énoncer en disant que *le travail moteur ou résistant dû à plusieurs poids, est égal au produit du poids total par la hauteur verticale dont le centre de gravité s'est abaissé ou élevé; ou, en d'autres termes, qu'il est égal au travail dû à une force unique, égale au poids total, et appliquée au centre de gravité de tous les poids.*

Si ce centre de gravité s'est abaissé, le travail produit dans le mouvement sera un travail moteur; s'il s'est élevé, ce sera un travail résistant.

Nous remarquerons ici, à l'occasion des signes des éléments pdz, qu'en général lorsqu'on cherche le travail moteur produit par certaines forces, comme c'est toujours dans le but de l'introduire dans l'équation des forces vives, on ne doit faire d'autre distinction entre le travail moteur et le travail résistant, que celle qui résulte de leurs signes ; et comme ceux-ci sont toujours renfermés dans une même formule qui les fournit tels qu'ils doivent être, on est sûr que lorsqu'on calcule un certain travail moteur par une formule, celle-ci tient compte du travail résistant, et ne donne que l'excès du premier sur le dernier : c'est-à-dire qu'elle ne donne que ce qu'on doit introduire dans l'équation. Ainsi, dans le cas des poids, on peut supposer qu'une partie est descendue pendant le mouvement, et qu'une autre partie s'est élevée ; toujours l'excès du travail moteur sur le travail résistant est exprimé par une même intégrale qui devient le produit du poids total par la hauteur dont le centre de gravité est descendu.

L'énoncé précédent, où l'on introduit le centre de gravité, suppose que les poids sont constants.

70. Il est bon de faire voir que le calcul du travail dû à des poids en mouvement se simplifie quand un certain nombre de ces poids vient prendre la place qu'occupaient d'autres poids égaux, comme cela a lieu quand on considère une masse déterminée de liquide en mouvement dans un canal ou un vase quelconque. Alors, si le temps pendant lequel on veut calculer le travail n'est pas assez grand pour que tout le volume d'eau que l'on considère ait quitté tout l'espace de sa première position, il y aura une partie du vase qui aura toujours été occupée par une portion de cette eau. Examinons l'expression du travail dans ce cas.

Supposons des poids dont la somme est constante et égale à P ; le travail qu'ils produisent aura pour expression

$$P\zeta - P\zeta_{\prime},$$

ζ_0 et ζ étant les ordonnées des positions du centre de gravité au premier et au dernier instant. Si p désigne une partie du poids total, formée par une suite de particules qui, au dernier instant, occupent des positions qui étaient occupées au premier instant par d'autres particules formant un poids égal, il en résulte qu'en appelant z l'ordonnée du centre de gravité de ces poids p dans leur position commune au premier et au dernier instant, et en désignant par z'_0 et z', les ordonnées du centre de gravité du reste des poids $P-p$ au premier et au dernier instant, le travail total $P\zeta - P\zeta_0$ pourra, en vertu des propriétés connues des centres de gravité, se transformer en

$$pz + (P-p)z' - pz - (P-p)z'_0,$$

ou en réduisant

$$(P-p)z' - (P-p)z'_0,$$

expression qui n'est autre chose que le travail qui sera produit par les seuls poids $P-p$, tandis que leur centre de gravité serait descendu de la hauteur $z'-z'_0$. Ce résultat fait voir que le travail, dans ce cas, peut s'évaluer sans considérer la partie des corps pesants dont le premier emplacement a été occupé par d'autres corps égaux en poids, et qu'il suffit de le calculer, comme si des corps pesants avaient passé de la position des premiers poids $P-p$ au premier instant, à la position des autres poids $P-p$ au dernier instant. Ainsi, dans le cas d'un courant d'eau s'écoulant dans un canal, le travail produit sera le même que si une masse d'eau avait passé de l'emplacement abandonné en haut, à l'emplacement nouvellement occupé en bas. Si, par exemple, on ouvre une vanne dans une retenue d'eau, et qu'on en laisse sortir horizontalement un mètre cube, le travail dû à la descente très-peu sensible de toutes les particules d'eau de la retenue dans le mouvement produit, sera le même que si le mètre cube d'eau écoulé était descendu de la tranche supérieure du bief pour aller occuper l'espace où il se trouve après l'écoulement. Ce résultat s'aperçoit sans démonstration lorsqu'on tire l'eau par la superficie, parce qu'alors le mètre cube tiré descend en effet de toute la hauteur de la retenue; mais quand on ouvre une vanne au fond, ce n'est pas l'eau qui occupait la tranche supérieure qui vient sortir par la vanne, et néanmoins le travail produit a la même valeur que si c'était cette même eau qui fût descendue, sans que le reste du liquide eût pris part au mouvement.

71. Après avoir examiné tout ce qui est relatif au travail dû aux poids, nous allons considérer celui qui est dû à des réactions mutuelles.

Supposons qu'il y ait, au nombre des forces appliquées à un système, des attractions ou répulsions mutuelles, comme seraient, par exemple, des forces produites par un ressort qui agirait, soit pour rapprocher, soit pour écarter avec des forces égales les points placés à ses extrémités.

Désignons par R la force du ressort que nous supposerons répulsive, et par r

la distance qui sépare les deux points sur lesquels agissent les répulsions. On a vu, dans la première partie (34), que le travail de la force R se réduira toujours à $\int \mathrm{R}dr$, cette intégrale étant positive ou négative suivant que l'accroissement dr reste de même sens que R ou de sens contraire.

Lorsque les réactions R reprennent les mêmes valeurs quand r repasse par la même grandeur, c'est-à-dire lorsqu'elles restent les mêmes fonctions des distances, nous les appellerons *élastiques*. Nous dirons que des réactions sont imparfaitement *élastiques*, lorsque les forces ne reprennent pas des valeurs aussi grandes quand la distance des points revient la même. Ce sera ainsi appliquer aux réactions en général ce qu'on dit des ressorts.

Pour des réactions élastiques, l'intégrale $\int \mathrm{R}dr$ est nulle entre deux instants pour lesquels la distance r est redevenue la même : car alors cette intégrale se partage en deux portions parfaitement égales et de signes contraires, l'une pour l'extension de r, l'autre pour son décroissement; en sorte que le travail moteur et le travail résistant, produits entre les deux instants pour lesquels r a repris la même valeur, sont égaux et se compensent. Il n'y a alors dans le premier membre de l'équation des forces vives ni perte ni gain entre ces deux instants.

Un certain travail moteur ayant été employé à comprimer ou étendre un ressort parfaitement élastique, celui-ci peut ensuite revenir à la longueur primitive, et reproduire un travail moteur parfaitement égal à celui qu'il a reçu, puisque les deux portions de l'intégrale $\int \mathrm{R}dr$, l'une pour le travail résistant que le ressort produit en se déformant, et l'autre pour le travail moteur qu'il communique en revenant à la longueur primitive, seront parfaitement égales. C'est en ce sens qu'on dit qu'un ressort comprimé rend tout le travail qu'il a reçu et qu'il peut s'assimiler à une force vive, c'est-à-dire à un corps possédant de la vitesse, et pouvant produire un certain travail égal à celui qu'il a reçu.

Si la réaction n'est pas parfaitement élastique, l'intégrale $\int \mathrm{R}dr$ sera alors la différence entre les quantités de travail résistant et de travail moteur produits, d'une part pendant le dérangement du ressort, et d'une autre pendant son retour à la longueur primitive. Pour se représenter cette valeur de $\int \mathrm{R}dr$ étendue à une suite d'oscillations du ressort, on n'a qu'à concevoir une courbe dont r soit l'abscisse et R l'ordonnée. Le premier dérangement du ressort, produisant une force R dirigée en sens contraire de dr, donnera un travail résistant $\int \mathrm{R}dr$, qui sera l'aire de cette courbe; ensuite le ressort retournant à sa position de départ, le travail produit sera moteur : il se retranchera du premier précisément comme l'aire engendrée, quand l'abscisse r décroît, se retranche de la première aire engendrée, et la ramène à zéro quand l'abscisse revient au point de départ, si toutefois l'ordonnée R a conservé les mêmes valeurs à l'allée et au retour. Mais si R devient plus petit au retour à la même valeur r, alors la seconde aire décrite ne sera pas égale à la première; la différence, qui sera un travail résistant, sera l'aire comprise entre les deux courbes fournies par les deux valeurs de R. Si les oscillations se répètent, et qu'il y ait toujours ainsi une diminution dans la force R, il y aura à chaque oscillation un excès du travail résistant sur le travail moteur : ce sera la différence totale qu'il faudra introduire dans l'équation des forces vives pour la valeur de l'intégrale $\int \mathrm{R}dr$, c'est-à-dire pour la valeur totale du travail résistant dû aux réactions du ressort. Quelque peu élastique que soit ce ressort, cette différence totale, qui est la somme d'une série de termes de signes alternés allant tous en décroissant, ne pourra jamais être qu'inférieure au plus grand terme de la série, c'est-à-dire au travail qu'on emploierait à produire la plus grande compression et la plus grande extension qui ont eu lieu pendant le mouvement.

On conclut de ce qui précède, que si l'on se sert de l'intermédiaire d'un ressort pour transmettre à un corps le travail qu'une force produit sur un autre corps, il sera transmis en totalité, au moins sensiblement, si le temps pendant lequel on considère le mouvement est assez considérable pour qu'on puisse négliger devant ces quantités de travail, d'une part, celle qui est due une fois pour toutes à la plus grande compression et à la plus grande extension que le ressort a prises pendant le mouvement; et d'une autre, la variation de la force vive du corps qui est intermédiaire entre la force et le ressort. Ceci résulte évidemment de ce que la différence entre le travail reçu par le premier corps et le travail transmis au second, est égale à celle qui est due aux compressions et aux extensions du ressort qui les sépare, augmentée de la variation de la force vive du premier corps.

72. La considération des forces produites par un ressort, ou par toute espèce de réactions mutuelles, donne lieu à l'introduction d'une quantité dont la notion est très-utile dans la théorie du travail.

Si R désigne une force de réaction mutuelle, et r la distance qui sépare les points, nous appellerons *roideur*, dans cette réaction, la quantité $\frac{d\mathrm{R}}{dr}$ qui mesure la rapidité avec laquelle la force R croît ou décroît avec la variation de distance. Cette dénomination est conforme au sens qu'on donne à ce mot, quand on parle de la roideur d'un ressort. En effet, on dit dans le langage ordinaire qu'un ressort est plus ou moins roide, suivant que, pour un même dérangement d'une de ses extrémités, il réagit avec une force plus ou moins grande. La roideur est donc, dans ce sens, le rapport entre la force produite et le petit dérangement qui la fait naître. Comme on part alors de la position naturelle du ressort pour laquelle la force est toujours nulle, la force produite après le dérangement est, dans ce cas, l'accroissement de R correspondant à ce dérangement : la roideur, dans l'acception ordinaire du mot, est donc aussi la quantité $\frac{dR}{dr}$. Il est naturel d'étendre cette définition à tout autre état du ressort, et d'appeler de même roideur d'un ressort déjà comprimé, le rapport des accroissements dR et dr, pris pour un changement très-petit à partir de l'état que l'on considère. Il faut bien prendre garde qu'un ressort déjà comprimé ne serait pas très-roide pour cet état de compression, par cela seul qu'il produirait une très-grande force, mais seulement parce que cette force croîtrait rapidement si l'on venait à le comprimer davantage. Il peut avoir une roideur nulle ou très-faible pour une très-grande force de compression. Ceci doit s'entendre non-seulement des ressorts proprement dits, mais aussi des actions mutuelles, comme les attractions ou les répulsions entre les particules matérielles. Dans tous les corps très-solides, les réactions ont une grande roideur, puisqu'un dérangement insensible produit un accroissement de force très-considérable. Enfin, dans la supposition purement rationnelle que des corps sont parfaitement invariables de forme, les réactions entre leurs particules auront une roideur infinie, puisque la force croît sans que la distance change, et qu'alors $\frac{dR}{dr}$ est infini.

73. On va déjà voir, par ce qui suit, combien la considération de cette roideur peut être utile dans les questions qui se rapportent à la répartition du travail.

Conservons différents ressorts placés bout à bout en ligne droite, pour former un système susceptible de compression. Supposons que des forces opposées P et P′ soient appliquées aux deux extrémités de ce système, et qu'il en résulte une compression dans les ressorts. Admettons en outre que ces forces P et P′ croissent assez lentement pour que le mouvement se fasse sans vitesses sensibles, de manière qu'on puisse négliger les forces vives. Désignons par R, R′, R″, etc., les forces des ressorts qui seront variables, soit avec le degré de compression, soit avec le temps, mais sensiblement égales pour les différents ressorts, et représentons par dr, dr', dr'', etc., les éléments de compressions de ces ressorts. Comme nous supposons que les vitesses sont assez petites pour qu'on puisse négliger la variation de la somme des forces vives, le travail dû aux forces extrêmes sera égal à celui qui est absorbé par les compressions des ressorts, en sorte qu'on aura

$$\int \mathrm{P}ds + \int \mathrm{P}'ds' = \int \mathrm{R}dr + \int \mathrm{R}'dr' + \int \mathrm{R}''dr'' + \text{etc.},$$

si les forces P et P' produisent chacune un travail moteur; et

$$\int \mathrm{P}ds - \int \mathrm{P}'ds' = \int \mathrm{R}dr + \int \mathrm{R}'dr' + \int \mathrm{R}''dr'' + \text{etc.},$$

si la force P' produit un travail résistant, c'est-à-dire si le point sur lequel elle agit se meut en sens contraire de cette force.

Il est utile, dans beaucoup de cas, de savoir comment le travail total, produit par les forces extrêmes, s'est réparti entre les différents ressorts lorsque la compression a lieu ainsi lentement. Ce sont les valeurs des intégrales $\int \mathrm{R}dr$, $\int \mathrm{R}'dr'$ qu'il faut donc comparer entre elles. Dans cette hypothèse des mouvements lents, on a sensiblement à chaque instant

$$\mathrm{R} = \mathrm{R}' = \mathrm{R}'' = \text{etc.};$$

les intégrales $\int \mathrm{R}dr$, $\int \mathrm{R}'dr'$, prises pour l'étendue de la compression, peuvent se transformer en

$$\int \left(\mathrm{R}\frac{dr}{d\mathrm{R}}\right) d\mathrm{R}, \quad \int \left(\mathrm{R}'\frac{dr'}{d\mathrm{R}'}\right) d\mathrm{R}'.$$

Or, en intégrant ici par rapport à R et R', les limites seront les mêmes dans les deux intégrales, puisqu'on a à chaque instant $\mathrm{R} = \mathrm{R}'$. Ces deux intégrales seraient donc égales si l'on avait aussi à chaque instant $\frac{dr}{d\mathrm{R}} = \frac{dr'}{d\mathrm{R}'}$. La première sera plus grande que la seconde si l'on a $\frac{dr}{d\mathrm{R}} > \frac{dr'}{d\mathrm{R}'}$, ou bien $\frac{d\mathrm{R}}{dr} < \frac{d\mathrm{R}'}{dr'}$; c'est-à-dire si la roideur de la première réaction R a été constamment moindre que celle de la seconde R'. Ainsi, *lorsque plusieurs réactions ou plusieurs ressorts, placés bout à bout en ligne droite, sont comprimés assez lentement pour que les forces développées soient égales à chaque instant, les ressorts les moins roides pendant la durée de la compression absorbent le plus de travail.*

Si certains ressorts ou certaines réactions de ce système ne sont pas élastiques, c'est-à-dire ne peuvent rendre tout le travail absorbé, il y en aura d'autant moins de perdu que ces réactions seront plus roides. Bien entendu que ceci s'applique aux extensions comme aux compressions.

74. Cette influence de la roideur sur le travail absorbé par les réactions s'étend à tous les cas où, par une cause quelconque, l'égalité se maintient entre les forces qui agissent à chaque instant pour comprimer ou pour étendre différents ressorts, ou pour modifier l'intervalle de deux points entre lesquels il y a répulsion ou attraction.

Si, par exemple, on conçoit qu'un fluide renfermé dans un vase presse des pistons d'égales surfaces, lesquels résistent par les réactions de certains ressorts, et qu'on suppose qu'en poussant lentement le fluide dans le vase, on l'oblige à faire céder les pistons d'un mouvement assez lent pour que l'on puisse admettre l'égalité de pression comme dans le cas d'équilibre, il arrivera que les ressorts les moins roides absorberont le plus de travail. Si, par exemple, les ressorts sont produits par des gaz comprimés dans des tubes, comme la roideur sera d'autant plus grande que les tubes seront plus courts, il s'ensuit que ce seront les tubes les plus longs qui absorberont le plus de travail.

75. Si les forces qui agissent en même temps sur différents ressorts, au lieu d'être égales à chaque instant, devaient avoir des rapports constants entre elles, alors le travail absorbé dépendrait de deux éléments, savoir : de ces rapports, et de la roideur. En effet, si l'on a à chaque instant

$$R' = aR, \quad R'' = a'R, \text{ etc.},$$

on aura entre les quantités de travail les relations

$$\int R'\,dr' = a^2\int R\frac{dr'}{dR'}\,dR, \quad \int R''\,dr'' = a'^2\int R\frac{dr''}{dR''}\,dR, \text{ etc.},$$

les intégrales étant prises entre les mêmes limites par rapport à la variable R. Ainsi ces quantités varieront d'un ressort à un autre proportionnellement aux carrés des rapports a, a', etc., et en raison décroissante, avec les roideurs $\frac{dR}{dr'}$, $\frac{dR''}{dr''}$. C'est ce qui arriverait si dans l'exemple des pistons poussés dans des tubes par un fluide refoulé dans un vase, les surfaces de ces pistons étaient différentes.

76. On a quelquefois occasion de considérer la roideur, non plus pour le rapprochement ou l'écartement de deux points, mais pour le déplacement d'un seul point dans l'espace, lorsqu'une force accompagne ce déplacement. En appelant ds le petit arc décrit par le point mobile, et P la composante de la force dans le sens de ds, ce que nous appellerons roideur, dans ce cas, sera $\frac{dP}{ds}$. Si l'on construit une courbe dont s soit l'abscisse et P l'ordonnée, la tangente de son inclinaison sera la roideur; tandis que l'aire de cette courbe sera le travail dû à la force.

77. Si différentes forces agissent sur différents points mobiles, les quantités de travail produites en temps égaux seront $\int P ds$, $\int P' ds'$, etc., ou

$$\int P \frac{ds}{dt}\, dt, \quad \int P' \frac{ds'}{dt}\, dt, \text{ etc.}$$

Si l'on suppose que les intensités des forces P et P' soient égales à chaque instant, on aura $P = P'$ pour une même valeur du temps. Les limites des intégrales étant les mêmes, les quantités de travail les plus grandes correspondront à ceux des points mobiles pour lesquels les vitesses $\frac{ds}{dt}$, $\frac{ds'}{dt}$ auront été constamment plus grandes. On conclut de là que si des forces, agissant sur des masses différentes parfaitement libres, ont été constamment égales dans le sens du mouvement, et que ces masses n'aient pas eu de vitesses initiales, les quantités de travail les plus grandes correspondront aux plus petites masses. Car alors, comme on a à chaque instant, en raison de l'égalité entre les forces $m\frac{ds}{dt} = m'\frac{ds'}{dt} = $ etc., et par suite, $mv = m'v' = $ etc., vu que les vitesses initiales sont nulles, il s'ensuit que les vitesses les plus grandes correspondent aux masses les plus petites. On conclut encore que si un ressort ou une réaction quelconque agit d'un côté sur un corps libre, et d'un autre sur une masse qui, en outre de son inertie, offre un résistance, comme celle qui proviendrait par exemple des frottements, alors, comme la vitesse de cette masse sera à chaque instant moindre que si elle était libre, le travail qu'elle recevra sera encore plus petit en comparaison de celui qui est transmis à la masse libre qui est poussée par l'autre extrémité du ressort.

Il résulte de ces remarques, que, dans un canon où l'expansion du gaz produit des forces égales contre le projectile et contre la pièce; lorsque celle-ci est libre, le travail que reçoit le boulet est d'autant plus grand que la pièce a plus de masse : en sorte que, bien que ce qu'on appelle les quantités de mouvement, c'est-à-dire les produits des masses par les vitesses, soient égales de part et d'autre, les quantités de travail produites, qui sont mesurées ici par les forces vives, ne sont point égales pour le projectile et pour la pièce (*). Lorsque celle-ci est appuyée de manière à éprouver une résistance à son recul, en outre de son inertie, cette circonstance augmente le travail que reçoit le boulet et conséquemment sa vitesse.

78. Nous allons donner maintenant la mesure du travail produit par un gaz ou une vapeur contenue dans une enveloppe d'une forme quelconque à parois mobiles, dans la supposition où l'extension de l'enveloppe est assez lente pour que la pression qu'elle supporte soit sensiblement égale sur tous les points. Les résultats vont nous présenter de l'analogie avec ceux que nous avons trouvés pour les réactions ou les ressorts.

Concevons qu'un volume v, terminé par une surface quelconque, soit rempli de vapeur à une certaine tension; que ce volume puisse se dilater et même se déplacer pendant que de nouvelles vapeurs y arrivent. Désignons par da un élément de l'enveloppe à un instant quelconque; par h la hauteur d'une colonne d'eau qui produirait sur une base da la pression que ce même élément supporte par l'action de la vapeur; cette pression sera $\pi h da$, en désignant par π le poids de l'unité de volume de l'eau : cette force $\pi h da$ agira au centre de gravité de la surface da, et dans la direction de la normale. En représentant par dr la petite longueur interceptée sur cette normale, entre l'enveloppe que l'on considère à un certain instant et l'enveloppe considérée à l'instant suivant, l'élément de travail produit par la pression $\pi h da$, pendant

---

(*) Petit a fait cette remarque dans une note sur les machines, insérée dans le Traité de Lantz et Bétancourt

un temps infiniment petit, sera $\pi hdadr$; cet élément ayant le signe plus, quand le déplacement dr se fait du dedans au dehors, et le signe moins dans le cas contraire. Le travail total produit dans ce même temps infiniment petit pour toutes les pressions produites sur l'enveloppe, sera l'intégrale de $\pi hdadr$ étendue à toute l'enveloppe. Comme nous admettons que la hauteur h, qui représente l'intensité de la pression sur une surface donnée, est la même pour tous les points de l'enveloppe à un instant donné, ce travail a pour expression

$$\pi h \int dadr,$$

l'intégrale s'étendant à trois dimensions. Si l'on conçoit des normales qui entourent l'élément da, la portion de volume comprise entre les deux enveloppes consécutives et la surface presque cylindrique formée par ces normales, aura pour expression à la limite, le produit $dadr$; ainsi $\int dadr$ sera l'élément d'accroissement du volume total v : on aura donc

$$\int dadr = dv,$$

l'élément $dadr$ devant être pris négativement quand le déplacement dr se fait du dehors au dedans, en sens contraire de la pression. Mais on a vu qu'il fallait prendre les signes de la même manière pour l'élément du travail; ainsi, en désignant par T ce travail, on a toujours, quel que soit le signe,

$$dT = \pi hdv, \quad \text{d'où} \quad T = \pi \int hdv;$$

résultat qui montre que le travail total, produit sur les différents éléments des parois par l'expansion du gaz, ne dépend ni de la forme de l'enveloppe ni de son mouvement dans l'espace; il résulte seulement de la manière dont la pression varie avec le volume, et des valeurs de ce volume au commencement et à la fin du mouvement. h pourra être ou constant ou variable avec v; quoi qu'il en soit, le travail moteur produit ne dépendra que de la relation entre h et v, et des valeurs initiale et finale de v. Il se pourrait que h dépendît d'éléments autres que v, par exemple de la température de la vapeur, si elle n'est pas constante : cela ne changerait rien au principe, seulement on ne pourrait pas alors obtenir l'intégrale $\pi \int hdv$ sans savoir comment h varie, en même temps que v varie aussi.

Cette remarque est analogue à celle que nous avons faite pour le travail produit par la réaction entre deux points. Nous avons vu qu'il était aussi indépendant du mouvement propre des points, et qu'il résultait seulement du changement de la distance de ces points et de la manière dont la force variait avec cette distance.

Si h est constant, on a, en désignant par v_0 et v la première et la dernière valeur de v,

$$T = \pi h \int dv = \pi h (v - v_0),$$

c'est-à-dire qu'alors le travail produit par la vapeur est égal à celui qui est nécessaire pour élever à une hauteur h un poids d'eau d'un volume égal à l'accroissement qu'a pris celui de la vapeur. Si h était une hauteur de pression en mercure, alors $\pi (v - v_0)$ serait le poids d'un volume de mercure égal à ce même accroissement $v - v_0$.

79. Comme le vide absolu n'existe jamais derrière les parois du vase qui renferme la vapeur, il s'ensuit qu'il ne faut calculer la pression qu'en raison de la différence des pressions qui s'exercent en sens contraire. Si l'on désigne par h la colonne d'eau qui représente la pression du condenseur, on aura, pour le travail réellement produit par la vapeur,

$$\pi \int (h - h_1) dv.$$

Si l'on suppose différents gaz ou différentes vapeurs renfermées dans différentes enveloppes extensibles, dont les parois soient en contact, par exemple, deux vapeurs à tensions différentes renfermées dans deux cylindres et entre deux pistons mobiles dont l'un sert de séparation aux deux vapeurs, comme dans la machine de Woolf; le travail total produit par les deux vapeurs, sur les deux pistons mobiles, s'obtiendra en ayant égard à toutes les forces et à tous les déplacements qui résultent de l'expansion de ces gaz. Or, d'après ce que nous venons de voir, tout ce qui est dû aux forces produites par l'une de ces vapeurs ne dépend pas de son mouvement propre, mais seulement de l'accroissement du volume. Il s'ensuit qu'en réunissant les quantités de travail dues à toutes les forces que produisent ces deux vapeurs, on aura aussi un résultat indépendant du mouvement propre des parois; il ne dépendra que de l'accroissement de chaque volume. Si l'un des gaz a une force élastique πh et un volume v, l'autre une force élastique $\pi h'$ et un volume v', le travail total sera

$$\pi \int h dv + \pi \int h' dv'.$$

S'il y a une pression $\pi h_{,}$, dans le condenseur, qui agisse constamment sur les parois extérieures du volume total, c'est-à-dire ici sur le piston extérieur, il faudra retrancher le travail résistant

$$\pi \int h_{,} (dv + dv'),$$

puisque $dv + dv'$ est la différentielle du volume total ; il reste après cette soustraction

$$\pi \int (h - h_{,}) dv + \pi \int (h' - h_{,}) dv' :$$

c'est-à-dire que le travail moteur produit réellement sur les pistons, est le même que si la pression du condenseur eût agi immédiatement sur les parois de chaque volume partiel v et v'.

80. Nous allons appliquer ces formules au calcul du travail que peut produire la vapeur qu'on formerait à différentes températures, en usant pour sa formation de la totalité de la chaleur que développe la combustion d'un kilogramme de charbon de terre (*).

Nous partagerons ce travail en deux parties, celui qui est produit par la vapeur pendant sa formation, et celui qui est produit par l'expansion de cette même vapeur, en supposant qu'elle ne gagne ni ne perde plus aucune nouvelle quantité de chaleur pendant cette expansion.

Le travail produit par la formation de la vapeur sera

$$\int \pi (h - h_{,}) dv,$$

h et $h_{,}$ étant comme précédemment les hauteurs des colonnes d'eau qui pro-

(*) On trouve, dans les *Annales des Mines*, année 1824, un mémoire de M. Combes, où il a donné le calcul du travail qu'on peut obtenir avec une quantité de chaleur déterminée quand on l'emploie à former de la vapeur, mais il a suivi une méthode différente de celle que nous donnons ici. Néanmoins, nous devons l'idée de cette question à la lecture de ce mémoire.

duisent les pressions de la vapeur dans le cylindre et dans le condenseur. Si on désigne par v_0 le dernier volume occupé par cette vapeur, et qu'on la suppose formée à une pression constante désignée par πh_0, ce travail deviendra

$$\pi(h_0 - h_1)v_0,$$

ou bien en prenant ici pour unité le poids π d'un mètre cube d'eau qui est de 1000 kilog., afin d'avoir le travail exprimé en dynamodes (*),

$$h_0 v_0 \left(1 - \frac{h_1}{h_0}\right).$$

Pour réduire cette formule en nombres, dans la supposition où l'on emploie toute la chaleur produite par la combustion d'un kilogramme de charbon, il faudrait connaître, 1° cette quantité de chaleur; 2° la masse ou le poids de vapeur qu'on peut former à une température déterminée avec une quantité de chaleur donnée; 3° le volume, ou, ce qui revient au même, la densité de cette même vapeur; 4° enfin, la relation entre les températures et les forces élastiques des vapeurs à l'état de saturation. A l'exception de cette dernière loi, il n'y a rien de bien précis aujourd'hui sur ces données physiques. On ne peut donc présenter ici que des résultats approximatifs qui soient autant que possible des limites inférieures et supérieures.

D'après les expériences de MM. Clément et Desormes, toute la chaleur dégagée par la combustion d'un kilogramme de charbon serait mesurée par celle qui élèverait d'un degré 7000 litres d'eau. M. Despretz dit, dans son *Traité de Physique*, qu'il faudrait porter cette quantité au delà de 7914 litres que donne le charbon de bois d'après ses expériences.

On admet assez généralement jusqu'à présent que la quantité totale de chaleur nécessaire pour réduire en vapeur un poids donné d'eau prise à zéro de température, est sensiblement constante, quelle que soit la pression à laquelle on forme cette vapeur: les expériences de MM. Clément et Desormes donneraient ce résultat. D'après Southern la quantité de chaleur employée augmenterait de

---

(*) Ce que nous avons appelé *dynamode*, est le travail qui résulte d'une force de 1000 kilogrammes, exercée sur un point qui parcourt un mètre dans le sens de cette force.

celle qu'il faut pour élever la température de l'eau vaporisée, en sorte que ce ne serait que la chaleur latente employée à réduire l'eau en vapeur qui serait constante. Jusqu'à 8 atmosphères, limite des pressions pour lesquelles nous étendrons nos calculs, le surplus de chaleur que donne la seconde loi ne s'élève qu'à un neuvième environ, différence presque négligeable au degré d'approximation qu'on peut avoir ici. Nous pouvons donc admettre la supposition que la chaleur totale reste constante. Dans cette hypothèse, pour comparer les quantités de travail à une même consommation de chaleur ou de combustible, abstraction faite des pertes de calorique, il suffit de les comparer au poids de la vapeur formée, en sachant une fois pour toutes quelle quantité de chaleur il faut pour réduire en vapeur un kilogramme d'eau prise à zéro de température. En adoptant la moyenne des diverses expériences, cette quantité serait ce qu'il faut pour élever d'un degré 650 litres d'eau. Ainsi, la chaleur dégagée par la combustion d'un kilogramme de charbon de terre, formerait un poids de vapeur qui pourrait être porté de $10^{k},76$ à $12^{k},15$. Afin d'avoir des résultats faciles à modifier suivant ce qu'on saura sur le poids d'eau qu'on peut vaporiser dans les machines à vapeur, eu égard aux pertes de chaleur, nous calculerons le travail pour 10 kilog.; ce nombre pourra être considéré comme le produit au *minimum* de toute la quantité de chaleur dégagée par la combustion d'un kilogramme de houille.

Les physiciens ne sont pas d'accord sur le volume qu'occupe un kilogramme ou un litre d'eau réduit en vapeur à différentes températures. La plupart admettent qu'on peut appliquer ici la loi de dilatation des gaz, c'est-à-dire que ces volumes sont en raison inverse des pressions, et s'accroissent en outre, sous une même pression, de 0,00375 pour chaque degré de température. Southern prétend qu'ils sont simplement en raison inverse des pressions, sans égard aux températures. Il paraîtrait assez naturel, en effet, que la densité, au point de saturation, devînt plus forte qu'elle ne le serait suivant la loi de dilatation des gaz (*). Nous donnerons les résultats fournis par chacune de ces deux hypothèses.

Un kilogramme d'eau vaporisée à $100°$ centigrades occupant un volume de $1^{m},70$, et la vapeur exerçant une pression due à une hauteur d'eau de $10^{m},32$;

(*) C'est l'opinion à laquelle Dulong a été conduit par des expériences particulières, ainsi qu'il a bien voulu me le dire en me donnant des éclaircissements sur l'état de cette question.

le volume v_0 pour 10 kilogrammes de vapeur à une température et une pression quelconque θ_0 et h_0, sera tel qu'on aura, d'après la loi de Southern, $h_0 v_0 = 175,44$, et d'après la loi de dilatation des gaz,

$$h_0 v_0 = 127,59 (1 + 0,00375\theta_0).$$

En substituant dans l'expression du travail produit par la formation de la vapeur, on obtiendra :

Suivant la loi de Southern, $175,44\left(1 - \frac{h_1}{h_0}\right)$;

Suivant la loi de dilatation des gaz, $127,59 (1 + 00375\theta_0)\left(1 - \frac{h_1}{h_0}\right)$.

Si l'on se donne la pression h_1 derrière le piston ou dans le condenseur et qu'on prenne le rapport $\frac{h_1}{h_0}$ dans la table des forces élastiques qui a été donnée par Dulong comme la plus exacte qu'on ait jusqu'à présent, on trouvera les quantités de travail dues à la formation de 10 kilogrammes de vapeur. La quantité totale de chaleur employée à cet effet étant supposée constante, ces résultats donneront immédiatement les éléments de comparaison entre les quantités de travail et une même quantité de chaleur : ils sont portés dans le tableau qu'on trouvera à la fin de cet article.

Cherchons maintenant le supplément de travail qu'on pourrait obtenir théoriquement si avant la condensation on laissait la vapeur se dilater jusqu'à la pression h_1 qui a lieu dans le condenseur. Nous supposerons ensuite qu'elle ne se dilate que jusqu'à une pression supérieure à h_1.

Pour cela, reprenons la formule qui donne le travail de quelque manière que varie la force élastique avec le volume : elle est, en prenant pour unité le poids π d'un mètre cube d'eau,

$$\int (h - h_1) dv.$$

Ici les limites de l'intégrale devront correspondre au commencement et à la fin de l'expansion de la vapeur, c'est-à-dire que la première sera le volume v_0, qui répond à la pression h_0 de la formation, et la seconde le volume v_1, qui répond à la pression h_1 dans le condenseur. Ainsi, cette expression devient

$$\int_{v_0}^{v_1} h dv - h_1 (v_1 - v_0).$$

Si maintenant on veut réunir dans une même formule le travail total, on ajoutera à ce dernier celui qui est dû à la formation du volume v_0 de vapeur; savoir : $v_0 (h_0 - h_1)$; on aura ainsi

$$\int_{v_0}^{v_1} h dv - h_1 v_1 + h_0 v_0.$$

D'après la formule d'intégration par partie, cette expression se réduit à

$$\int_{h_1}^{h_0} v dh.$$

Telle est, indépendamment de toute hypothèse, la formule qui donne le travail total dû à la formation et à l'expansion de la vapeur, lorsqu'on pousse l'expansion aussi loin que possible, c'est-à-dire jusqu'à ce que la pression soit réduite à celle du condenseur.

Si l'on ne poussait l'expansion que jusqu'à ce que le volume et la pression eussent pris des valeurs h' et v' répondant à une pression supérieure à celle de la condensation, ce qui arrive dans une machine à vapeur, parce que le volume v' est limité par la course du piston, on trouverait facilement que le travail se réduit à

$$\int_{v_0}^{v'} h dv + v_0 h_0 \left(1 - \frac{v' h_1}{v_0 h_0}\right).$$

Comme nous ne nous occupons ici que d'un *maximum* théorique, nous supposerons que l'expansion soit poussée jusqu'à la pression h_1 du condenseur, et nous n'appliquerons que la première de ces formules.

En partant de la loi sur les densités qui suppose la dilatation analogue à celle des gaz, et en laissant un coefficient quelconque α pour représenter la dilatation par chaque degré, nous renfermerons ainsi dans une même formule l'autre hypothèse, qui suppose qu'il n'y a point de dilatation due à la température; il suffira, en effet, de poser alors $\alpha = 0$. Si l'on compare les variables v, h et θ, aux valeurs qu'elles ont pour le même poids de vapeur de 10 kilogrammes, formée à 100°, on aura

$$v = 175{,}44 \frac{(1 + \alpha\theta)}{h\,(1 + 100\alpha)}.$$

Le travail total dû à la formation et à l'expansion de la vapeur jusqu'au degré de pression du condenseur, ayant pour expression $\int_{h_1}^{h_0} v dh$, on mettra pour v la valeur précédente, et l'on aura

$$\frac{175,44}{(1+100\alpha)}\int_{h_1}^{h_0}(1+\alpha\theta)\frac{dh}{h}.$$

Pour compléter le calcul, il ne restera plus qu'à substituer sous l'intégrale pour h sa valeur en θ, ou pour θ sa valeur en h.

Pour arriver à cette relation, nous remarquerons que puisqu'il s'agit d'un *maximum* théorique, on doit supposer que la vapeur ne communique point de sa chaleur aux corps environnants pendant son expansion. A la vérité, cela ne peut être rigoureusement ainsi en réalité, mais au moins les résultats fournis par cette hypothèse donneront la limite de laquelle on peut s'approcher d'autant plus dans la pratique que les machines sont mieux combinées pour éviter les pertes de chaleur. En admettant donc que ces pertes soient nulles, il s'ensuit que la quantité de chaleur renfermée dans le poids de vapeur qui prend de l'expansion restera la même. Mais puisqu'on admet que la quantité totale de chaleur renfermée dans une même masse de vapeur à saturation reste la même, quelle que soit sa densité, il s'ensuit que réciproquement, si un poids donné de vapeur se dilate sans perdre de chaleur, cette vapeur restera à l'état de saturation; de sorte que sa température s'abaissera pendant la dilatation, de manière qu'à chaque instant il y aura entre la force élastique et cette température la relation qui est donnée par la table de Dalton. Si l'on admettait la loi de Southern, qui suppose qu'un poids de vapeur à saturation a besoin d'un peu plus de chaleur à une pression et une densité plus fortes, alors, à mesure que l'expansion se produirait, cet excès de chaleur porterait la température, et par conséquent la pression, pour chaque état du volume à un point plus élevé que pour la vapeur à saturation; on obtiendrait donc plus de travail que dans la supposition où la chaleur totale reste constante. Ainsi, en adoptant cette dernière loi, nous aurons des résultats plutôt trop faibles que trop forts.

Pour exprimer la relation donnée par expérience entre les températures et les forces élastiques à saturation, nous nous servirons d'une formule d'interpolation qui paraît être à la fois la plus simple et la plus approchée dans toute l'étendue des expériences; savoir :

$$h = (a + b\theta)^\mu,$$

On peut encore l'écrire ainsi :

$$\frac{h}{h_0} = \left\{\frac{1+\beta\theta}{1+\beta\theta_0}\right\}^\mu \ (^*),$$

h_0 et θ_0 étant des valeurs de h et θ pour lesquelles on veut que la formule soit satisfaite.

On déterminera très-facilement les constantes β et μ en choisissant dans la table dont nous avons parlé plus haut, trois points pour lesquels les pressions h_0, h_1 et h_2, correspondantes aux températures θ_0, θ_1 et θ_2, soient en progression géométrique. Nous avons pris ainsi pour l'étendue qu'on a lieu de considérer dans les machines à vapeur, $\theta_0 = 40°$, $\theta_1 = 92°$, et $\theta_2 = 173°$; ce qui donne

$$\beta = 0{,}01878 \quad \text{et} \quad \mu = 5{,}355.$$

Avec ces nombres, la valeur de h coïncide généralement à moins d'un centième, avec les pressions données par l'expérience (**).

Nous conserverons, pour abréger l'écriture, les lettres β et μ dans l'expression de h. En la substituant dans celle qui donne le travail, on aura

$$\frac{175{,}44}{1+100\alpha}\int \mu\frac{(1+\alpha\theta)\,\beta d\theta}{(1+\beta\theta)},$$

ou bien

$$\frac{175{,}44}{1+100\alpha}\left[\mu\alpha\int d\theta + \mu\left(1-\frac{\alpha}{\beta}\right)\int\frac{d\theta}{\frac{1}{\beta}+\theta}\right].$$

(*) Cette expression est celle qui a été employée depuis longtemps par Dulong. Je l'avais obtenue de mon côté, en remarquant que, comme dans la formule $\frac{h}{h_0} = \left\{\frac{1+0{,}00375\,\theta}{1+0{,}00375\theta_0}\right\}^\mu$, que Poisson a établie par des considérations théoriques, l'exposant μ ne pouvait rester constant dans une grande étendue, il y avait lieu d'essayer si, en changeant le coefficient de θ et de θ_0, on ne satisferait pas à une plus grande étendue des expériences, sans modifier cet exposant.

(**) Cette valeur donne à 224° une pression de 23,93 atmosphères. D'après ce que m'a dit Dulong, il résulte des expériences qu'il a faites avec la commission de l'Académie des sciences, qu'à cette température la pression est de 24 atmosphères.

En intégrant depuis la température θ_0 de la formation jusqu'à la température θ_1 de la condensation, on trouve

$$\frac{175{,}44}{1+100\alpha}\left[\mu\alpha(\theta_0-\theta_1)+\nu\left(1-\frac{\alpha}{\beta}\right)\log\left(\frac{\frac{1}{\beta}+\theta_0}{\frac{1}{\beta}+\theta_1}\right)\right].$$

Cette formule servira pour toute valeur qu'on voudra donner au coefficient de dilatation α. Il suffit qu'on puisse admettre qu'il reste constant à tous les degrés de température. Si on veut le prendre égal à zéro, pour avoir le travail, d'après la loi de Southern, on aura en réduisant en nombre, et changeant les logarithmes népériens en logarithmes des tables,

$$2163{,}25\log\left(\frac{53{,}24+\theta_0}{53{,}24+\theta_1}\right),\quad \text{ou encore}\quad 403{,}97\log\left(\frac{h_0}{h_1}\right)$$

Si l'on prend $\alpha=0{,}00375$, comme le font la plupart des physiciens, on aura, en se servant toujours des logarithmes des tables,

$$2{,}562(\theta_0-\theta_1)+1259{,}20\log\left(\frac{53{,}24+\theta_0}{53{,}24+\theta_1}\right).$$

Voici les résultats de ces formules et de celles qui donnent le travail quand on n'emploie pas l'expansion : les premiers supposent que l'expansion est poussée jusqu'à la pression du condenseur, qu'on a fait correspondre ici à 40°.

Température de la formation.	Pressions en atmosphères.	Quantités de travail dynamique pour 10 kil. de vapeur, en supposant qu'il n'y ait ni pertes de chaleur ni frottements, et que la condensation se fasse à 40°. L'unité du travail est ici le dynamode ou 1000 kil. élevés à 1m.			
		Sans employer l'expansion.		En employant l'expansion.	
		D'après la loi de dilatation des gaz, le coefficient α étant de 0,00375.	D'après la loi de Southern, en prenant le coefficient de dilatation α égal à 0.	D'après la loi de dilatation des gaz, le coefficient α étant de 0,00375.	D'après la loi de Southern, en prenant le coefficient de dilatation α égal à 0.
100°	1	163d	163d	425d	466d
122°	2	179	169	555	593
135°	3	188	171	628	660
145°,2	4	193	172	682	710
154°	5	199	173	729	750
161°,5	6	202	173	767	784
168°	7	205	174	800	812
173°	8	208	174	825	832

81. Nous allons nous occuper d'une autre question très-utile que présente la théorie du travail, c'est la recherche de celui qu'un courant de fluide peut communiquer à un corps qui se meut dans ce courant. Cette question est, en d'autres termes, la même que celle de la résistance des fluides, ou de la force qu'ils produisent contre un corps qu'ils rencontrent dans leur mouvement.

Ce problème est trop compliqué pour qu'on puisse le résoudre en général; on ne s'en est jamais occupé que pour le cas où le mouvement du corps étant uniforme, et celui du fluide étant devenu permanent par rapport au corps, on peut considérer ce mouvement comme s'opérant autour du corps par filets de formes constantes; encore n'a-t-on la solution de cette question que dans quelques cas particuliers, et en faisant des hypothèses qui ne sont pas entièrement exactes. Cependant, comme on arrive à des résultats assez d'accord avec ceux que l'expérience a fournis, il est intéressant de voir comment la théorie peut aussi en rendre raison (*).

Pour y parvenir, nous allons d'abord supposer qu'un fluide soit obligé de suivre un petit canal d'une section constante infiniment petite et d'une courbure quelconque, mais assez peu variable pour qu'on puisse admettre que les particules de ce fluide abandonnées à elles-mêmes, conservent des vitesses sensiblement constantes en se mouvant sans frottement dans ce canal supposé solide. Examinons à quelles actions celui-ci sera soumis en vertu des pressions que la force centrifuge du fluide produira sur chacun de ses éléments. Pour cela, cherchons, d'une part, les sommes des composantes de ces forces dans le sens de trois axes coordonnés, et d'une autre, les sommes de leurs moments.

Soit r le rayon de courbure pour un point quelconque de la courbe formée par le canal: en désignant par s l'arc de cette courbe, ce rayon sera égal à l'unité divisée par $\sqrt{\left(\frac{d^2x}{ds^2}\right)^2+\left(\frac{d^2y}{ds^2}\right)^2+\left(\frac{d^2z}{ds^2}\right)^2}$. Soit π le poids de l'unité de volume du fluide, u sa vitesse dans le canal, et a la section de celui-ci. La force centrifuge pour un élément fluide contenu dans la longueur très-petite ds, sera $\pi\,\frac{au^2}{gr}\,ds$. Les cosinus des angles que cette force fait avec les axes sont, comme on sait,

$$r\frac{d^2x}{ds^2},\quad r\frac{d^2y}{ds^2},\quad r\frac{d^2z}{ds^2};$$

donc les composantes suivant les trois axes, de la force centrifuge pour un élément, seront

$$\pi a\frac{u^2}{g}\,\frac{d^2x}{ds^2}ds,\quad \pi a\frac{u^2}{g}\,\frac{d^2y}{ds^2}ds,\quad \pi a\frac{u^2}{g}\,\frac{d^2z}{ds^2}ds.$$

En intégrant ces composantes par rapport à s pour toute l'étendue de la courbe, et en désignant par α_0, β_0, γ_0; α_1, β_1, γ_1, les angles que font avec les axes les directions des éléments extrêmes, on aura

(*) Toute la théorie de cet article et du suivant est analogue à celle que Lagrange a donnée dans le *Recueil de Turin*, année 1784, en admettant que les filets fussent courbés en arc de cercle.

$$\pi \frac{au^2}{g}(\cos\alpha_1 - \cos\alpha_0), \quad \pi \frac{au^2}{g}(\cos\beta_1 - \cos\beta_0), \quad \pi \frac{au^2}{g}(\cos\gamma_1 - \cos\gamma_0).$$

Ces sommes ne dépendent plus de la forme du canal, mais seulement des directions de ses éléments extrêmes. Nous allons voir qu'il en est de même pour les moments.

Pour un élément du canal, les moments estimés dans les plans coordonnés sont

$$\pi \frac{au^2}{g}\left(\frac{d^2x}{ds^2}y - \frac{d^2y}{ds^2}x\right), \ \pi \frac{au^2}{g}\left(\frac{d^2y}{ds^2}z - \frac{d^2z}{ds^2}y\right), \ \pi \frac{au^2}{g}\left(\frac{d^2z}{ds^2}x - \frac{d^2x}{ds^2}z\right).$$

Pour avoir la somme des moments, il faudra intégrer ces expressions par rapport à s. Or, il arrive que les intégrales s'obtiennent indépendamment de la forme du canal, parce que l'expression $\frac{d^2x}{d^2s}y - \frac{d^2y}{d^2s}x$ est la différentielle exacte de $\frac{dx}{ds}y - \frac{dy}{ds}x$. On aura donc, en intégrant entre les limites dont les coordonnées sont x_0, y_0, z_0; x_1, y_1, z_1,

$$\pi \frac{au^2}{g}(y_1 \cos\alpha_1 - x_1 \cos\beta_1 - y_0 \cos\alpha_0 + x_0 \cos\beta_0),$$

$$\pi \frac{au^2}{g}(z_1 \cos\beta_1 - y_1 \cos\gamma_1 - z_0 \cos\beta_0 + y_0 \cos\gamma_0),$$

$$\pi \frac{au^2}{g}(x_1 \cos\gamma_1 - z_1 \cos\alpha_1 - x_0 \cos\gamma_0 + z_0 \cos\alpha_0).$$

Ces expressions, comme les précédentes, ne dépendent que de la position des points extrêmes.

L'ensemble de ces six dernières formules démontre que toutes les forces centrifuges dues au mouvement du fluide dans le canal, peuvent se remplacer par deux forces égales à $\pi \frac{au^2}{g}$, appliquées tangentiellement au canal à ses deux extrémités, et dirigées du dehors au dedans. Ces deux forces en effet auraient précisément les mêmes composantes et les mêmes moments que toutes celles qui sont dues au mouvement du fluide. Chacune d'elles ayant pour expression $\pi \frac{au^2}{g}$, sera égale au poids d'un cylindre de fluide qui aurait pour base la section

a du canal, et pour hauteur $\frac{u^2}{g}$, ou le double de la hauteur due à la vitesse u.

Si l'on veut évaluer la pression que supporte le canal dans le sens de son premier élément, en appelant α l'angle de déviation que fait le dernier élément avec le premier, on trouve facilement que cette force est $\pi \frac{au^2}{g}(1-\cos\alpha)$. Elle devient $2\pi \frac{au^2}{g}$ quand on a $\cos\alpha = -1$, c'est-à-dire quand le fluide sort du canal dans une direction opposée à celle qu'il avait en y entrant.

82. Concevons maintenant qu'une veine d'un fluide incompressible ayant un mouvement horizontal, vienne rencontrer avec une vitesse u un plan vertical incliné d'un angle quelconque par rapport à la direction de cette veine, et qui la dépasse de tous côtés de manière à obliger tous les filets à devenir parallèles à sa surface. Nous pourrons faire abstraction du poids du fluide, qui n'a pas ici d'influence sensible sur les vitesses ni sur la pression contre le plan vertical.

Supposons que le mouvement soit arrivé à la permanence, c'est-à-dire que l'on puisse admettre que les molécules fluides qui passent par un même lieu ont la même vitesse, décrivent la même courbe, et se meuvent comme si elles suivaient un canal solide. Nous admettrons aussi que, dans l'étendue de la courbure de ces canaux ou filets, la vitesse se conserve sensiblement la même, en sorte que les sections de ces filets seront constantes dans cette étendue. Ces hypothèses sont assez d'accord avec ce que l'on observe dans le mouvement d'un fluide qui rencontre un corps fixe. En effet, si l'on examine de petits corps légers entraînés par le courant, on les voit décrire des courbes de formes constantes au même lieu, et l'on observe que les vitesses ne varient pas sensiblement dans l'étendue de ces courbes, en sorte que les particules se meuvent comme si elles glissaient sans frottement dans de petits canaux de formes invariables.

Pour trouver à l'aide de ces données la pression supportée par le plan, on peut employer deux considérations différentes : l'une qui peut ne pas paraître assez rigoureuse, mais qui a l'avantage d'être plus simple; l'autre qui est plus conforme aux principes de dynamique, et que, par cette raison, nous donnerons aussi, quoiqu'elle soit un peu plus longue. Voici la première :

Concevons des canaux rigides infiniment petits, dans lesquels les parties courbes de chaque filet fluide seraient obligées de se mouvoir, et supposons que ces canaux sans épaisseur soient posés les uns sur les autres : on ne changera rien par là au mouvement des particules du fluide. Si l'on regarde comme assez évident qu'on ne changera rien non plus à la pression que le mouvement produira contre le plan, on peut trouver facilement cette pression. En effet, ces tubes solides presseront le plan avec une force qui sera la composante normale au plan de la résultante des pressions auxquelles ces tubes seront soumis. Or, en vertu de ce qu'on a vu à l'article précédent, chaque canal peut être considéré comme sollicité seulement par deux forces appliquées tangentiellement à ses extrémités. L'une de ces extrémités étant parallèle au plan, les forces qu'elle introduit ne devront pas entrer dans la somme des composantes normales au plan; on n'aura donc à tenir compte que des forces appliquées à l'origine de la courbure de chaque filet. Celles-ci seront toutes dans la direction de la veine fluide; et comme chacune a pour expression $\pi \frac{au^2}{g}$, a étant la sectiou d'un filet, et π le poids de l'unité de volume du fluide, leur somme sera $\pi \frac{Au^2}{g}$, A étant la section totale de la veine. En désignant par α l'angle que le courant fluide fait avec le plan, la composante normale à ce plan aura pour expression $\pi \frac{Au^2}{g} \sin \alpha$: telle sera donc la valeur de la pression qu'il supporte.

Si l'on ne veut pas admettre, dans ce que nous venons de dire, que la supposition des canaux solides ne change rien aux pressions sur le plan, voici un autre genre de considération qui conduit aux mêmes conséquences.

Ainsi qu'on le fait dans tous les traités d'hydrodynamique pour trouver le mouvement des fluides, nous considérerons les forces données, qui seraient les poids des particules fluides, lorsqu'il faut y avoir égard; les pressions qui se produisent pendant le mouvement; enfin les forces totales, qui sont les résultantes de ces deux espèces de forces.

Faisons toujours abstraction du poids du fluide, comme on peut le faire quand le courant a un mouvement horizontal et que le plan est vertical. Dans ce cas les particules fluides, abandonnées à elles-mêmes, ne reçoivent de forces que celles qui résultent des pressions qui se produisent pendant le mouvement, tant à l'intérieur qu'à l'extérieur : au nombre de ces dernières, il faut mettre la réaction produite par le plan. Les forces totales, c'est-à-dire les forces qui, appliquées à chaque élément, produisent, sans le secours des pressions, le mouvement qui a lieu, sont ici les forces qui retiendraient chaque élément sur la courbe qu'il décrit. Les vitesses, étant supposées constantes, ces forces sont normales à ces courbes et directement opposées aux forces centrifuges. Comme elles doivent être, pour chaque élément, les résultantes des pressions qui agissent sur celui-ci, puisque nous faisons abstraction de la gravité, il devrait y avoir équilibre dans le fluide, si en laissant subsister les pressions comme elles existent pendant le mouvement, et en supposant que les particules n'aient pas de vitesses acquises, on venait à leur appliquer des forces opposées et égales aux forces totales, c'est-à-dire à les soumettre aux forces centrifuges elles-mêmes. Si maintenant on suppose que dans cet état d'équilibre on solidifie le fluide en le laissant indépendant du plan, cette solidification ne changera rien à la pression effective que ce plan supporte. Or, d'après les règles de la statique, cette pression, dans l'état d'équilibre, devra être la somme des composantes perpendiculaires au plan, d'abord pour toutes les forces centrifuges qu'on suppose agir sur le fluide devenu solide, et en outre pour les pressions sur la surface extérieure du fluide qui ne touche pas le plan. Or, ces dernières pouvant être supposées égales à la pression atmosphérique, laquelle est ordinairement contre-balancée par la même pression qui agit derrière le plan, on peut ne pas en tenir compte : ainsi il ne reste à calculer que la résultante des forces centrifuges. Pour cela on pourra composer d'abord toutes celles qui agissent sur un même filet; on trouvera ainsi comme précédemment deux forces tangentielles à ses extrémités, l'une dans la direction de la veine fluide, l'autre parallèle au plan. En réunissant enfin toutes les forces, on obtiendra pour la résultante perpendiculaire au plan, l'expression $\pi \frac{Au^2}{g} \sin \alpha$; A étant toujours la section du courant avant la déviation, π le poids de l'unité de volume du fluide, et α l'angle que le courant fait avec le plan.

Ce résultat ne s'applique, comme nous l'avons dit, qu'à un plan qui dépasse la veine fluide, parce qu'il faut que tous les filets deviennent parallèles à sa surface.

Pour le cas où le plan est perpendiculaire au courant, les expériences de Dubuat et Morosi donnent à un huitième près environ ce que fournit la formule $\pi \frac{Au^2}{g}$. On peut consulter à ce sujet la *Mécanique* de M. Christian, 1er vol., pag. 260 et suiv. Je ne connais pas d'expériences qui puissent servir de vérification quand l'angle α n'est pas droit; car toutes celles qu'on a sur les chocs obliques sont faites dans d'autres circonstances que celles que nous avons admises : ou bien le courant avait plus de largeur que le plan, ou il n'était pas libre de se dégager sur ce plan; ou encore celui-ci faisait partie d'une proue triangulaire; ou enfin on n'a pas débarrassé les expériences de l'influence du poids du fluide ni du frottement contre les surfaces quand celles-ci deviennent grandes comparativement à la section de la veine.

On pourrait appliquer la marche précédente pour trouver la pression produite contre la concavité d'une demi-sphère d'un diamètre plus grand qu'une veine fluide qui vient la rencontrer. Alors chaque filet, se déviant de deux angles droits pour sortir de la demi-sphère, on trouverait que la pression, dans le sens de la veine, est $2\pi A \frac{u^2}{g}$, c'est-à-dire le double de celle qui a lieu contre un plan perpendiculaire au courant : c'est en effet ce qui est confirmé par d'autres expériences de Morosi.

Lorsque les mouvements ne se font pas horizontalement, et qu'on ne peut pas négliger l'effet du poids du fluide, tous les résultats précédents devraient être modifiés; d'abord parce que la vitesse n'est plus constante dans les filets, et ensuite parce que la section de ceux-ci ne l'est pas non plus. Mais comme ordinairement dans les questions de ce genre qui sont applicables aux machines, les particules du fluide s'élèvent ou s'abaissent assez peu dans l'étendue des courbes de déviation des filets, la gravité ne modifie pas sensiblement la vitesse, et par conséquent la force centrifuge qui en résulte; en sorte qu'en calculant la pression sur le plan d'après une vitesse moyenne entre celles qui subsistent dans l'étendue de la courbure, on ne commettra pas une grande erreur.

Dans le cas où le plan n'est plus vertical, alors le poids du fluide augmente encore la pression qu'il supporte; mais il faut faire attention que ce poids ne commence à avoir de l'influence que pour la partie du fluide où le mouvement éprouve une modification à ce qu'il aurait été sans la présence du plan. C'est ce qu'on verrait facilement par la considération de l'équilibre entre les pressions, les poids, et les forces opposées à celles qui produisent les mouvements qui ont lieu. Ainsi lorsqu'une veine fluide tombe verticalement sur un plan horizontal, une fois que le mouvement est arrivé à la permanence, la pression sur le plan pourra se calculer assez approximativement pour la pratique, d'abord en prenant pour la vitesse dans les filets courbes celle qu'a acquise le courant en arrivant sur le plan, et ensuite en ajoutant le poids de tout le fluide qui se meut sur ce plan, et qui n'a pas l'accélération de vitesse que produirait la gravité.

83. Revenons maintenant au cas où l'on n'a pas besoin d'avoir égard au poids du fluide, et supposons qu'une surface plane est plongée dans un courant indéfini qui, au lieu d'être débordé par le plan comme nous l'avions supposé précédemment, le déborde au contraire de tous côtés sur une largeur assez considérable. Dans ce cas, on ne sait plus au juste, ni jusqu'où s'étendent les filets qui se dévient par la présence du plan, ni comment ils se dévient. On observe que, d'une part, ceux qui passent près du bord de la surface ne prennent plus une direction qui lui soit parallèle, et que d'une autre, des filets déjà éloignés de ce bord continuent encore à se dévier : en sorte que l'on ne peut plus trouver exactement la pression produite sur le plan. Cependant, si l'on admettait que la portion du courant qui se dévie est limitée à un cylindre circonscrit à la surface plane, et que les filets se dévient de manière à devenir parallèles au plan; si l'on pouvait supposer encore que les pressions dans le fluide, sur l'enveloppe extérieure de ces filets, peuvent être négligées comme égales à celle qui a lieu derrière le plan; alors B désignant l'aire de ce plan, et α l'angle qu'il fait avec la direction de la vitesse du courant, la pression produite normalement au plan serait $\pi B \frac{u^2}{g} \sin^2\alpha$: car il suffirait dans la formule que nous avons trouvée précédemment de remplacer A par B sin α. On sait trop peu jusqu'à quel point on doit admettre ces suppositions pour qu'on puisse employer cette formule avec quelque confiance, hors des cas où elle pourrait être vérifiée par l'observation.

D'après les expériences de d'Alembert, Condorcet et Bossut, sur la pression produite contre une surface plane qui se meut dans l'eau, cette formule donnerait le double de la pression observée pour de petites vitesses de moins de $1^m,30$ par seconde, et pour de petites surfaces d'un à deux pieds carrés, inclinées sur le courant d'un angle compris entre 90° et 60°. Mais comme, d'après ces mêmes expériences, les pressions sont d'autant plus au delà de la moitié de ce que donne la formule, que les vitesses sont plus grandes, on peut présumer qu'elle devient plus approchée pour des vitesses un peu considérables, quand l'angle α reste 90° et 60°. On peut croire aussi que la grandeur des surfaces ne serait pas sans influence sur l'exactitude de cette formule, comme Borda l'a observé pour le vent. Il serait à désirer qu'on refît, pour les courants d'eau, des expériences sur des surfaces plus grandes et des vitesses plus considérables. Au reste, il arrive heureusement que, dans le cas où le plan ne peut déborder le courant, celui-ci ayant une grande étendue, on a moins besoin de traiter par le calcul des questions qui se rapportent aux moyens d'économiser le travail : on ne s'en occupe guère alors que pour ce qui regarde les moulins à vent. Quant aux surfaces inclinées de moins d'un angle droit, on ne connait pas non plus d'expériences directes qui soient faites assez en grand et avec assez de précaution, pour rien faire préjuger sur la formule $\pi B \frac{u^2}{g} \sin^2\alpha$. Cependant, ce qui pourrait y faire ajouter quelque confiance, c'est que nous verrons plus loin que, pour des vents parcourant de 2^m à 9^m par $1''$, et agissant sur des surfaces de 20^m carrés, inclinées sur ces courants, si l'on applique cette formule ainsi qu'une autre que nous donnerons pour la diminution de la pression derrière l'aile, on tombe sur des résultats plus approchés de l'expérience qu'on ne pourrait s'y attendre. Pour de petites surfaces et de petites vitesses, et pour de petites valeurs de l'angle α, on ne peut plus s'en servir. Ainsi, il faut tout à fait la rejeter pour des éléments de surface; et l'on ne peut l'employer à la détermination de la forme du solide qui reçoit la moindre pression dans le sens du courant.

84. Pour passer de la pression supportée par un canal solide, ou par un plan, lorsque ceux-ci sont immobiles, aux pressions analogues lorsqu'ils ont un mouvement rectiligne uniforme, on remarquera que les pressions dues aux forces centrifuges, et même au poids du fluide, s'il y a lieu d'y avoir égard, ne seront nullement changées si l'on communique à tout le système du courant et du canal, ou du plan, un même mouvement uniforme qui détruise celui qu'avait le canal ou le plan. Mais alors ceux-ci étant ramenés au repos, on rentrera dans le cas précédent, et l'on aura les pressions au moyen de la vitesse du courant doué de ce nouveau mouvement, c'est-à-dire de la vitesse relative de ce courant, par rapport au canal ou au plan.

Il sera facile maintenant de trouver le travail transmis, soit au canal soit au plan, dans l'unité de temps, en vertu de la pression qu'ils supportent. Il suffira de prendre la composante de cette pression dans le sens de leur vitesse, et de multiplier cette composante par l'espace rectiligne qu'ils décrivent dans l'unité de temps.

Ainsi concevons qu'un courant ayant une section A et une vitesse u, entre tout entier dans un canal solide qui ait lui-même une vitesse v dans le même sens, et qui soit disposé de manière que son entrée étant dirigée dans le sens du courant, sa sortie fasse un angle α avec cette première direction d'entrée. En partant toujours de l'hypothèse que les vitesses relatives par rapport au canal dans les filets fluides restent sensiblement constantes, la pression qui sera produite sur ce canal, dans le sens de sa vitesse v, sera

$$\pi A \left(\frac{u - v}{g}\right)^2 (1 - \cos \alpha).$$

Il suffira pour avoir le travail que reçoit le canal dans l'unité de temps, de multiplier cette pression par l'espace v décrit pendant cette unité de temps, ce qui donnera

$$\pi A \left(\frac{u - v}{g}\right)^2 v (1 - \cos \alpha).$$

Au lieu du travail reçu par le canal dans l'unité de temps, on a plus souvent besoin de celui que produit une fois pour toutes le passage d'une quantité de liquide dont le poids serait P et conséquemment le volume $\frac{P}{\pi}$; alors il est clair qu'au lieu de multiplier la pression par la vitesse v, ou l'espace décrit dans l'unité de temps, il faudrait la multiplier par l'espace que décrirait le canal pendant le temps que ce volume $\frac{P}{\pi}$ met à y passer. Ce temps est égal à la longueur $\frac{P}{\pi A}$ divisée par la vitesse d'entrée dans le canal qui est $(u - v)$: il est donc $\frac{P}{\pi A (u - v)}$. Le chemin décrit par le canal est donc $\frac{Pv}{\pi A (u - v)}$, et conséquemment le travail transmis devient

$$\frac{2Pv(u - v)}{2g} (1 - \cos \alpha).$$

Si le courant, au lieu d'entrer dans un canal, arrive librement contre un plan incliné d'un angle α sur ce courant, et qui ait aussi une vitesse v dans le même sens que celle du courant, alors pour obtenir le travail transmis à ce plan dans l'unité de temps, on calculera d'abord la pression normale au plan qui est $\pi A \frac{(u - v)^2}{g} \sin \alpha$, lorsqu'on peut négliger l'effet de la gravité; on prendra la composante de cette force dans le sens de la vitesse, ce qui donnera $\pi A \frac{(u - v)^2}{g} \sin^2 \alpha$; ensuite on multipliera cette composante par l'espace décrit dans l'unité de temps, c'est-à-dire par v. On trouvera ainsi pour le travail transmis au plan mobile

$$\pi A \frac{(u-v)^2 v}{g} \sin^2 \alpha.$$

Si l'on veut le travail, non plus dans une seconde, mais pendant le temps qu'un poids P de fluide emploie à couler contre le plan, on mettra, comme précédemment, au lieu de la vitesse v, le chemin que ce plan décrit pendant ce temps, c'est-à-dire $\frac{Pv}{\pi A (u-v)}$; on aura ainsi

$$\frac{P(u-v)v}{g} \sin^2 \alpha.$$

Si l'on compare les expressions du travail transmis par un même courant, d'une part à un canal mobile, et d'une autre à un plan mobile qui déborde ce courant; on verra que, tant que l'angle α ne dépasse pas 90°, c'est la seconde qui l'emporte; mais quand le canal force les filets à se courber de plus d'un angle droit, c'est toujours celui-ci qui reçoit plus de travail que le plan.

Toute la théorie précédente est sans doute assez incomplète; comme elle suppose que les vitesses restent constantes dans les filets, elle ne serait rigoureusement applicable qu'autant que ces filets auraient une courbure constante, et qu'ils resteraient dans des couches d'égales pressions, ce qui ne peut avoir lieu, surtout à l'origine de la déviation et au centre de la veine. Cependant, comme quelques expériences sont d'accord, à peu de chose près, avec les résultats précédents, on peut regarder comme suffisamment exactes pour la pratique les hypothèses qui les ont fournis.

Il serait à désirer néanmoins qu'on fît encore, pour les apprécier avec plus de certitude, des expériences précises, où l'on eût soin de ne pas sortir des dispositions que suppose chaque formule.

Nous reviendrons plus loin, à la fin du deuxième chapitre, sur deux autres questions que présente encore la recherche du travail transmis par un courant fluide: l'une, pour obtenir le travail transmis à un vase mobile dans lequel entre une veine fluide; l'autre, pour trouver ce que reçoit un plan mobile par l'action d'un courant d'air, en ayant égard à la diminution de pression derrière le plan. Les considérations nécessaires pour résoudre ces problèmes, étant basées sur l'application du principe de la transmission du travail au mouvement des fluides, dont nous parlerons seulement dans le chapitre suivant, nous ne pouvions les exposer dans celui-ci, où nous nous sommes proposé seulement de donner le calcul du travail quand on connaît les forces, ou qu'on peut les trouver directement.

. . . . (*)

85. Dans l'évaluation de la variation de la somme des forces vives pour les mouvements permanents des fluides, on peut introduire une simplification analogue à celle que nous avons indiquée pour le calcul du travail des corps pesants, dans le cas où certains corps viennent prendre la place qui était occupée par d'autres : c'est ce que nous allons montrer.

On appelle *mouvements permanents* ceux qui se font de manière que différents points matériels qui viennent passer au même lieu de l'espace prennent la même vitesse avec la même direction quand ils y sont arrivés; tel serait dans quelques cas le mouvement que présente l'écoulement des eaux, soit dans une rivière, soit dans un vase.

Concevons donc, pour fixer les idées, que de l'eau sorte d'un bassin par une ouverture pour couler dans un canal horizontal, et qu'une source, amenant de nouvelle eau à la surface du bassin, entretienne le niveau constant de manière que le mouvement soit permanent. Pour appliquer l'équation des forces vives à une certaine masse d'eau, il faudra que cette masse soit formée au premier et au dernier instant des mêmes particules. Si, par exemple, on considère au premier instant un volume d'eau encore tout renfermé dans le bassin, il faudra examiner où est le volume des mêmes particules d'eau au dernier instant, pour prendre la somme des forces vives de ces mêmes particules, et en retrancher la somme des forces vives qu'elles avaient au premier instant. Mais il est clair que le volume commun aux deux espaces occupés par l'eau, au premier et au dernier instant, étant occupé par des particules qui ont les mêmes vitesses et les mêmes masses, la force vive de ces particules se détruira dans la soustraction; en sorte qu'il suffit de prendre la somme des forces vives des particules qui sont sorties de l'espace occupé primitivement, et d'en retrancher la

---

(*) Voir la première partie (nos 45, 46, 48, 51 et 60 à 66).

somme des forces vives de celles qui occupaient la portion de ce même espace qui a été abandonnée par d'autres particules. Ainsi, dans ce cas il faudra prendre la somme des forces vives qu'a le fluide écoulé hors du vase pendant le temps que l'on considère, et en retrancher la force vive qu'avait une portion de fluide occupant une tranche horizontale à la partie supérieure du bassin, et ayant un volume égal à celui qui s'est écoulé.

86. Nous allons examiner maintenant comment il faut interpréter l'équation générale des forces vives lorsque tout le système des corps auxquels on veut l'appliquer participe à un mouvement uniforme tout à fait obligatoire, et qu'on ne tient pas compte de ce mouvement, comme cela arrive à la surface de la terre, où l'on fait abstraction de son mouvement propre, ou comme cela arriverait pour une machine placée sur un bateau ayant une vitesse uniforme qui ne serait pas sensiblement altérée par la machine.

L'équation générale des forces vives se déduit de l'équivalence entre les forces données et les forces totales; ces dernières étant, comme nous l'avons dit, celles qui produiraient sur chaque point, sans le secours des pressions, les mouvements qui ont lieu: cette équivalence s'exprime à l'aide du principe des vitesses virtuelles.

Nous avons dit que lorsque les conditions qui assujettissent les points matériels qui forment une machine, étaient dépendantes du temps, on ne pouvait plus prendre les vitesses effectives pour vitesses virtuelles; celles-ci doivent résulter alors de la supposition où le temps ne varierait pas dans les conditions de liaisons. Ainsi, dans le cas où ces conditions obligent les points fixes de la machine à avancer nécessairement d'un mouvement uniforme dans un certain sens, il faut prendre pour vitesses virtuelles celles qui résulteraient de la supposition où ces points fixes cesseraient de se mouvoir, et redeviendraient réellement immobiles. Si donc, on suppose un observateur entraîné avec la machine, et ne pouvant s'apercevoir de son mouvement de translation, les vitesses effectives, pour cet observateur, pourront être prises pour vitesses virtuelles.

Désignons par x, y, z les coordonnées d'un point matériel quelconque de la machine, rapportées à des axes fixes dans l'espace, et par ξ, η, ζ les coordonnées du même point pour des axes qui participent au mouvement commun qui doit se produire nécessairement : ces coordonnées seront celles des positions des points pour un observateur qui ne tiendra pas compte du mouvement commun. Désignons par ds, ds', etc., les éléments des arcs décrits dans le mouvement relatif par les points où sont appliquées les forces données, soit mouvantes, soit résistantes. Représentons toujours par P et par P′ ces deux espèces de forces décomposées suivant les éléments ds et ds'. Si p désigne le poids d'un point matériel quelconque du système, les composantes des forces totales suivant les axes, c'est-à-dire de celles qui, sans le secours des pressions, produiraient les mouvements qui ont lieu, seront $\frac{pd^2x}{gdt^2}$, $\frac{pd^2y}{gdt^2}$, $\frac{pd^2z}{gdt^2}$. Pour exprimer une des conditions d'équivalence entre les forces données et les forces totales, on peut employer pour vitesses virtuelles, dans le principe général de Statique, les vitesses relatives ds, ds', etc., ainsi que celles dont les projections sur les axes sont $d\xi$, $d\eta$, $d\zeta$. Pour former les quantités de travail virtuel élémentaire des forces totales, on pourra substituer à la force totale les trois composantes $\frac{p}{g}\frac{d^2x}{dt^2}$, $\frac{p}{g}\frac{d^2y}{dt^2}$, $\frac{p}{g}\frac{d^2z}{dt^2}$; et comme les vitesses virtuelles qui leur correspondent ont, pour projections sur les axes, $d\xi$, $d\eta$, $d\zeta$, le travail virtuel élémentaire de l'une de ces forces totales deviendra $\frac{p}{g}\frac{d^2x}{dt^2}d\xi+\frac{p}{g}\frac{d^2y}{dt^2}d\eta+\frac{p}{g}\frac{d^2z}{dt^2}d\zeta$. En sorte qu'une des équations que fournit l'équivalence entre les forces données et les forces totales, sera

$$\Sigma Pds - \Sigma P'ds' = \Sigma \frac{p}{g}\left(\frac{d^2x}{dt^2}d\xi + \frac{d^2y}{dt^2}d\eta + \frac{d^2z}{dt^2}d\zeta\right).$$

Le mouvement commun à toute la machine peut être supposé parallèle à l'axe des x; comme il est uniforme, on a $x = at + \xi$ et $y = \eta$, $z = \zeta$. On en conclut $\frac{d^2x}{dt^2} = \frac{d^2\xi}{dt^2}$, $\frac{d^2y}{dt^2} = \frac{d^2\eta}{dt^2}$, $\frac{d^2z}{dt^2} = \frac{d^2\zeta}{dt^2}$; substituant dans l'équation ci-dessus, on trouve

$$\Sigma Pds - \Sigma P'ds' = \Sigma \frac{p}{g}\left(\frac{d^2\xi}{dt^2}d\xi + \frac{d^2\eta}{dt^2}d\eta + \frac{d^2\zeta}{dt^2}d\zeta\right).$$

Mais, en désignant par v l'une quelconque des vitesses dans le mouvement relatif, on a

$$v^2 = \frac{d\xi^2}{dt^2} + \frac{d\eta^2}{dt^2} + \frac{d\zeta^2}{dt^2}, \quad \text{d'où} \quad vdv = \frac{d^2\xi}{dt^2}d\xi + \frac{d^2\eta}{dt^2}d\eta + \frac{d^2\zeta}{dt^2}d\zeta;$$

il vient donc

$$\Sigma P ds - \Sigma P' ds' = \Sigma \frac{pv}{g} dv.$$

En intégrant cette équation par rapport au temps, et en représentant par v_0 la valeur de la vitesse v pour le premier instant, on trouvera

$$\Sigma \int P ds - \Sigma \int P' ds' = \Sigma \frac{pv^2}{2g} - \Sigma \frac{pv_0^2}{2g}.$$

Cette équation, par rapport au mouvement relatif, est entièrement semblable à l'équation des forces vives que nous avons déjà établie pour le mouvement absolu dans l'espace. Elle démontre donc cette proposition, que, *dans le cas où tous les points fixes d'une machine sont entraînés d'un mouvement uniforme et rectiligne dans l'espace, les principes sur la transmission du travail ont encore lieu pour le mouvement relatif seulement.* Ainsi, par exemple, comme à la surface de la terre, le mouvement de tous les points qui y sont invariablement fixés peut être considéré comme nécessairement uniforme, on peut dire que le principe de la transmission du travail a lieu sans qu'on ait à considérer le mouvement propre de la terre. Il en serait de même sur un vaisseau qui aurait un mouvement sensiblement uniforme : on peut appliquer l'équation des forces vives à une machine qui y serait placée, sans tenir compte du mouvement du vaisseau.

87. On peut appliquer ce même principe au mouvement d'un point matériel sur une courbe ou dans un canal infiniment étroit, auquel on donne un mouvement rectiligne et uniforme tout à fait obligatoire : les principes déduits de l'équation des forces vives auront encore lieu en faisant abstraction du mouvement du canal. Ainsi, lorsqu'il n'y a pas de frottement sensible dans ce canal, et qu'il n'y aura d'autres forces que la gravité, le point y entrant avec une certaine vitesse relative, s'y élèvera à la hauteur due à cette vitesse, et lorsqu'il redescendra, il prendra les mêmes vitesses en repassant aux mêmes hauteurs relatives. Si le canal est tout entier dans un plan horizontal, le point y conservera partout sa vitesse relative.

88. En partant de la remarque précédente, on retrouve l'expression que nous avons donnée par d'autres considérations à l'article (84), pour le travail transmis par un courant fluide qui circule dans un canal mobile, en supposant

toutefois ce canal horizontal, pour pouvoir négliger l'effet du poids du fluide ; ou bien en le supposant assez peu étendu pour que les vitesses relatives puissent ne pas y être sensiblement altérées par la gravité (*).

Conservons les mêmes notations qu'à l'article (84), c'est-à-dire désignons par u la vitesse du courant, par v celle du canal qui est dirigée suivant la même ligne, et par α l'angle que fait la dernière direction du canal avec la première qui est celle des vitesses u et v.

Concevons d'abord une seule particule, entrant dans le canal avec une vitesse absolue u et avec une vitesse relative $u - v$, qu'elle devra conserver en sortant dans une direction qui fera un angle α avec celle du mouvement du canal : cette particule alors aura en outre la vitesse v du canal qui l'entraîne dans son mouvement; donc elle possédera en définitive une vitesse qui, dans le sens horizontal parallèle au mouvement du canal, sera $v + (u - v)\cos\alpha$. Si l'on désigne par β et γ les angles que fait le dernier élément du canal avec deux autres axes fixes perpendiculaires à la direction de la vitesse v du canal, le carré de la vitesse de la particule en sortant du canal sera

$$[v + (u - v)\cos\alpha]^2 + (u - v)^2\cos^2\beta + (u - v)^2\cos^2\gamma,$$

ou bien

$$v^2 + (u - v)^2 + 2(u - v)v\cos\alpha.$$

En désignant le poids de cette particule par p, et remarquant qu'elle avait en entrant dans le canal la vitesse u, on trouvera que la force vive qu'elle a perdue est

$$\frac{p}{2g}[u^2 - v^2 - (u - v)^2 - 2(u - v)v\cos\alpha];$$

ou bien en réduisant

$$\frac{pv(u - v)}{g}(1 - \cos\alpha).$$

Remarquons maintenant que bien qu'assujettir la particule à rester sur le canal en mouvement, ce soit établir une liaison dépendante du temps, néanmoins on peut se débarrasser de cette liaison pour revenir à appliquer le

(*) Ce qui suit m'a été suggéré par une considération de M. Poncelet, dans son *Mémoire sur les roues à palettes courbes.*

principe de la transmission du travail au véritable mouvement absolu dans l'espace. En effet, la condition de l'assujettissement de la particule à rester sur le canal, revient à l'action d'une certaine force qui agit sur cette particule dans une direction toujours normale au canal. Si l'on remplace ce canal par cette force, alors le principe de la transmission du travail est applicable au mouvement absolu, puisqu'il n'y a plus de liaison dépendante du temps et que la particule redevient un point matériel libre. On peut donc assurer que le travail résistant, produit par cette force normale sur ce point mobile, est égal à la diminution de sa force vive. Ainsi, l'expression ci-dessus est la valeur du travail résistant produit par le canal sur la particule mobile. Comme la pression que celle-ci exerce sur le canal est égale et opposée à celle que le canal produit sur elle, le travail moteur reçu par le canal sera égal au travail résistant produit sur la particule, c'est-à-dire à

$$p \frac{v(u-v)}{g}(1-\cos\alpha).$$

Si l'on veut avoir le travail transmis, non plus par une particule d'eau, mais par toutes celles qu'un courant animé de la vitesse u dans la même direction que v, fait entrer dans le canal, toujours dans l'hypothèse où celui-ci est sensiblement horizontal, il suffira de remplacer le poids p par celui de tout le fluide qui entre dans ce canal. En désignant ce poids par P, on a donc pour ce travail, l'expression

$$\mathrm{P} \frac{v(u-v)}{g}(1-\cos\alpha).$$

Si, au lieu du travail transmis par un poids P de fluide, on voulait celui qui est produit dans l'unité de temps par le courant, en désignant par a la section du canal, et par π le poids de l'unité de volume du liquide, on remplacerait P par le poids de ce qui entre dans l'unité de temps, c'est-à-dire par $\pi a(u-v)$, et le travail deviendrait alors

$$\pi a \frac{v(u-v)^2}{g}(1-\cos\alpha) \text{ (*)}.$$

(*) Il est facile de conclure de l'expression de ce travail, la pression totale à laquelle le canal, considéré comme un corps solide, est soumis dans le sens de son mouvement. En

Ces deux expressions sont semblables à celles que nous avions trouvées précédemment pour le même cas (article 84).

L'expression du travail transmis au canal par une seule particule s'étendrait au cas où celui-ci n'est pas horizontal, pourvu que la particule, après être redescendue, soit par la même branche, soit par une seconde, ressortît au même niveau relatif où elle est entrée, pour qu'elle reprît ainsi, en quittant le canal, la même vitesse relative $u - v$. Mais il faut bien prendre garde que, dans ce cas, on ne passe plus avec autant de généralité du travail produit par une particule à celui que transmet un courant. D'abord il faut admettre pour cela que le fluide s'élève par une branche et redescend par une autre, ou au moins que le canal est assez large pour qu'il s'y établisse un courant ascendant et un courant descendant qui ne se gênent pas l'un l'autre. En outre, comme les vitesses se ralentissent à mesure que le fluide s'élève, il faut que le canal ait, dans le haut, une largeur suffisante pour que la colonne liquide s'élargisse en vertu de ces diminutions de vitesses, sans quoi le courant serait gêné à son entrée dans le canal, et ne pourrait commencer à s'élever avec la vitesse relative $u - v$. Or ces conditions ne peuvent être remplies dans la réalité quand on fait élever et redescendre le courant dans un même canal où le mouvement ascendant est gêné par le mouvement descendant. Elles ne peuvent guère s'appliquer qu'au cas où l'on fait entrer isolément et par intervalles de très-petites masses de liquides qui montent et descendent librement; ou bien pour le cas d'un courant continu, lorsque le canal a une branche descendante, et qu'il est assez élargi dans la partie la plus haute pour que les vitesses y dimi-

---

effet, si P est cette force, le travail transmis dans l'unité de temps est Pv, puisque P est estimé dans le sens de v; on a donc

$$Pv = \pi a \frac{v(u-v)^2}{g}(1-\cos\alpha),$$

d'où en ôtant le facteur commun v,

$$P = \pi a \frac{(u-v)^2}{g}(1-\cos\alpha);$$

expression qui est semblable à celle que nous avons trouvée à l'article 84.

nuent, sans empêcher que le fluide ne prenne à son entrée la vitesse $u-v$, comme si chaque particule était isolée.

89. Nous allons revenir encore sur l'extension qu'on peut donner à l'équation des forces vives, en démontrant que cette équation a lieu aussi dans un système libre de se transporter dans l'espace dans toutes les directions, lorsque l'on ne considère que le mouvement relatif par rapport à des axes de directions constantes passant par le centre de gravité. Nous donnerons cette proposition plutôt comme complément de la théorie que comme un principe dont nous ayons à faire usage dans cet ouvrage; en sorte que, si l'on ne cherche que ce qui est le plus immédiatement applicable à la pratique, on peut ne pas s'arrêter à ce qui termine ce chapitre.

Supposons que l'on considère un système libre, c'est-à-dire un système tel, que les points mobiles n'aient que des liaisons entre eux, sans en avoir aucune par rapport à des corps fixes; en sorte qu'un point quelconque du système pris à volonté puisse toujours se mouvoir dans tous les sens. Ce cas se présente, par exemple, pour une machine à vapeur placée sur un bateau, lorsque l'on comprend le bateau dans le système: il est clair en effet que l'ensemble de la machine et du bateau forme un système de points qui sont libres de se mouvoir dans tous les sens.

Désignons par X, Y, Z les composantes suivant les axes des forces mouvantes et résistantes qui sont appliquées aux différents points du système; par x, y, z les coordonnées de ces points par rapport à des axes fixes dans l'espace. En vertu de ce que les quantités de travail élémentaire Pds, $P'ds'$ moteur et résistant peuvent être comprises dans l'expression $Xdx + Xdy + Zdz$, l'équation des forces vives peut s'écrire ainsi,

$$\Sigma\int (Xdx + Ydy + Zdz) = \Sigma\frac{pv^2}{2g} - \Sigma\frac{pv_0^2}{2g}.$$

Pour transformer cette équation, représentons par ξ, η, ζ les coordonnées du centre de gravité, et par x', y', z' les coordonnées des points du système, par rapport à trois axes parallèles aux axes fixes et passant par ce centre de gravité. On aura

$$x = \xi + x', \quad y = \eta + y', \quad z = \zeta + z',$$

et par suite

$$dx = d\xi + dx', \quad dy = d\eta + dy', \quad dz = d\zeta + dz'.$$

Désignons par V la vitesse du centre de gravité, et par v' la vitesse d'un point quelconque par rapport aux axes mobiles qui se transportent avec ce centre; par V_0 et v'_0 ces vitesses au premier instant. En vertu de ce que nous avons démontré (article 48, 1re partie), au sujet de l'expression de la force vive totale on aura (*), en désignant par P la somme totale des poids p,

$$\Sigma \frac{pv^2}{2g} = \frac{PV^2}{2g} - \Sigma \frac{pv'^2}{2g}.$$

Substituant dans l'équation des forces vives cette valeur de $\Sigma \frac{pv^2}{2g}$, et une toute semblable pour $\Sigma \frac{pv_0^2}{2g}$; substituant aussi celles de dx, dy, dz, on trouvera

$$\Sigma \int [X(d\xi + dx') + Y(d\eta + dy') + Z(d\zeta + dz')] = \frac{PV^2}{2g} - \frac{PV_0^2}{2g} + \Sigma \frac{pv'^2}{2g} - \Sigma \frac{pv_0'^2}{2g}.$$

Comme les différentielles $d\xi$, $d\eta$, $d\zeta$ sont les mêmes dans tous les termes de la somme indiquée par le signe Σ, on peut écrire cette équation de la manière suivante,

$$\int (\Sigma X) d\xi + \int (\Sigma Y) d\eta + \int (\Sigma Z) d\zeta + \Sigma \int X dx' + \Sigma \int Y dy' + \Sigma \int Z dz' = \frac{PV^2}{2g} - \frac{PV_0^2}{2g} + \Sigma \frac{pv'^2}{2g} - \Sigma \frac{pv_0'^2}{2g}.$$

On démontre dans tous les traités de Mécanique, que pour un système libre comme celui dont nous nous occupons, le point géométrique où se trouve le centre de gravité de tous les corps qui font partie du système se meut comme un point matériel qui aurait pour poids le poids total du système, et qui serait sollicité par la résultante de toutes les forces qui produisent le mouvement, en supposant qu'on les ait transportées à ce point parallèlement à elles-mêmes. Ici les composantes de cette résultante seront, dans le sens des axes fixes, ΣX, ΣY, ΣZ. Or, dans le mouvement d'un point matériel libre, le travail dû à toutes les forces, tant mouvantes que résistantes, est égal à l'accroissement de la force vive; il faut donc que le travail dû aux forces ΣX, ΣY, ΣZ, appliquées au point

---

(*) On n'a point à considérer la troisième partie de la somme des forces vives due à l'ébranlement.

matériel fictif qui aurait pour poids P, soit égal à l'accroissement de la force vive de ce point, c'est-à-dire à $\frac{PV^2}{2g} - \frac{PV_0^2}{2g}$. Or ce travail est égal à $\int(\Sigma X)\,d\xi + \int(\Sigma Y)\,d\eta + \int(\Sigma Z)\,d\zeta$, puisque $d\xi$, $d\eta$, $d\zeta$ sont les projections de l'arc élémentaire décrit par le centre de gravité; ainsi on a

$$\int(\Sigma X)\,d\xi + \int(\Sigma Y)\,d\eta + \int(\Sigma Z)\,d\zeta = \frac{PV^2}{2g} - \frac{PV_0^2}{2g}.$$

Retranchant cette équation de celle des forces vives, comme nous venons de l'écrire plus haut, il restera

$$\Sigma\int(Xdx' + Ydy' + Zdz') = \Sigma\frac{pv'^2}{2g} - \Sigma\frac{pv_0'^2}{2g}.$$

Cette équation, par rapport au mouvement relatif, est tout à fait semblable à l'équation générale des forces vives pour le mouvement absolu; en effet $\int(Xdx' + Ydy' + Zdz')$ est le travail moteur et résistant qui serait produit par les forces dont X, Y, Z sont les composantes, si les points auxquels elles sont appliquées avaient pour coordonnées dans l'espace x', y', z'; c'est-à-dire que c'est le travail pour un observateur qui ne tiendrait pas compte du mouvement de translation du centre de gravité. D'un autre part, $\Sigma\frac{pv'^2}{2g} - \Sigma\frac{pv_0'^2}{2g}$ exprime la variation de la somme des forces vives, en ne l'évaluant que pour les vitesses relatives par rapport aux axes qui passent par le centre de gravité. Ainsi, *les principes déduits de l'équation des forces vives ont encore lieu pour un système se mouvant librement dans l'espace, lorsque les vitesses et les chemins décrits sont évalués par un observateur qui ne tient pas compte du mouvement de translation du centre de gravité, mais seulement du mouvement des points du système par rapport à trois axes de directions constantes, entraînés avec ce centre* (*).

En appliquant ce théorème à une machine sur un bateau, on en conclut qu'un observateur placé sur ce bateau, et qui ne tiendrait compte que des vitesses relatives à des axes de direction constante passant par le centre de gravité

(*) Cette proposition se trouve dans la *Mécanique analytique* de Lagrange.

du bateau, peut appliquer aux mouvements qu'il observe les principes que nous avons déduits de l'équation des forces vives : il lui suffira de tenir compte de toutes les forces qui produisent le mouvement du bateau et de la machine.

S'il se produisait à la surface de la terre des mouvements capables d'en ébranler une portion, on pourrait appliquer à cet ébranlement les principes déduits de l'équation des forces vives, en ayant égard seulement au mouvement diurne de la terre, et sans tenir compte du mouvement annuel.

CHAPITRE II.

Comment le principe de la transmission du Travail s'étend au mouvement des liquides.— Application à l'écoulement de l'eau par un petit orifice.— Du Travail transmis à un vase mobile dans lequel entre une veine fluide. — Comment le principe de la transmission du Travail s'étend au mouvement des fluides élastiques. — Application à l'écoulement des gaz. — Travail qu'exigent les Machines soufflantes. — Du Travail produit par le vent sur un plan mobile.

. . . . (*).

90. Après avoir exposé ce qui se rapporte aux applications du principe sur la transmission du travail, à des corps solides, il nous reste à montrer comment le même principe peut s'appliquer encore aux fluides incompressibles d'abord, et ensuite aux fluides élastiques.

On peut regarder un fluide incompressible comme formé d'une réunion de particules matérielles, solides, lesquelles glissent les unes sur les autres avec un frottement presque insensible. L'équation des forces vives s'appliquant à un ensemble de corps solides, réagissant les uns sur les autres, en quelque nombre qu'ils soient, sans qu'on doive tenir compte des réactions, autrement que par les frottements qu'elles produisent; il en sera de même d'un fluide incompressible. Pour lui appliquer l'équation des forces vives ou les principes qu'on en déduit, on n'aura pas à y faire entrer les pressions intérieures que les particules fluides exercent les unes sur les autres : il suffira, lorsqu'il s'agit d'un fluide pesant, par exemple, de mettre au nombre des forces mouvantes ou résistantes, les poids des particules et les pressions qui poussent extérieurement

(*) Voir la première partie (nos 47, 49, 50, 52 à 55 et 57).

les parties mobiles de l'enveloppe de la masse, et d'ajouter ensuite dans l'équation un terme négatif pour le travail résistant dû au frottement. A la vérité, celui-ci ne sera pas connu en général, mais au moins on sait par expérience qu'il est assez faible dans certains cas, et l'on peut ramener diverses recherches expérimentales à celles de cette perte de travail due aux frottements entre les particules de fluide.

Les fluides réputés incompressibles ne peuvent être considérés comme une réunion de petits corps solides qui maintiennent constants certains volumes, qu'autant que les forces qui leur sont appliquées ne varient pas trop rapidement pour devenir très-considérables. Dans le cas de certains chocs, le fluide qu'on appelle incompressible se comprime néanmoins, et l'on doit alors revenir à le concevoir comme un ensemble de points matériels, exerçant entre eux des répulsions mutuelles. Ces cas sont assez rares; car en vertu même de la fluidité, la rencontre d'un fluide avec un autre corps en mouvement ne produit pas ordinairement d'assez grandes forces, sur une grande étendue du fluide, pour qu'on ait jamais besoin d'avoir égard à sa compressibilité; elle ne serait en jeu que pour des chocs avec des vitesses qu'on n'a guère occasion de considérer, ou pour les cas où le liquide serait contenu dans un vase fermé dont les parois exercent des pressions énormes. Ainsi, dans les questions qui concernent ordinairement les machines, on peut regarder l'eau comme un fluide incompressible.

91. Nous allons appliquer les considérations du n° 58, au mouvement permanent de l'eau qui sort d'un vase pour s'écouler par un orifice assez petit pour qu'on puisse regarder toutes les particules fluides qui y passent comme ayant la même vitesse. Nous supposerons qu'à la sortie de cet orifice, la veine ait dans une petite étendue la forme cylindrique, et qu'ainsi toutes les vitesses y deviennent parallèles: c'est la section dans cette partie cylindrique que nous appellerons *l'orifice*. Pour qu'on se représente mieux cette supposition, nous pourrons concevoir qu'à partir du point de la veine où les vitesses commencent à être parallèles, on la fasse entrer dans un canal cylindrique dont la section sera précisément celle de la veine en ce point. Nous allons retrouver facilement la formule connue pour le mouvement, lorsque les vitesses ne varient plus avec le temps et que l'écoulement est devenu ce qu'on appelle permanent.

Établissons l'équation des forces vives pour une masse d'eau formée de ce qui est contenu dans le vase et dans le canal jusqu'à l'orifice, et suivons cette masse dans son mouvement, à mesure qu'une portion s'avance dans le canal, et tandis qu'une autre descend dans le vase. Les forces mouvantes sont ici, le poids du fluide et la pression à la superficie supérieure; les forces résistantes sont la pression sur la surface qui forme dans le canal le sommet du volume qu'on y considère, et en outre les frottements.

Désignons par P le poids de l'eau écoulée pendant un temps très-petit, Δt, et par h la hauteur verticale, entre le centre de gravité du nouveau volume d'eau qui s'est avancé dans le canal et le centre de gravité d'une tranche d'un volume égal à la surface supérieure du liquide dans le vase. Comme ce dernier volume a très-peu d'épaisseur, la hauteur h sera sensiblement égale à la distance verticale entre la surface supérieure du fluide et le centre de la veine qui s'écoule. D'après ce que nous avons établi, article 69, le travail moteur dû au poids de toutes les particules fluides que nous considérons sera exprimé par Ph. Représentons par π_0 la pression atmosphérique qui agit sur une unité de surface à la superficie supérieure du fluide; par a_0 sa section, et par u_0 les vitesses sensiblement constantes qui ont lieu à cette superficie. Le travail moteur, dû à cette pression, sera $\pi_0 a_0 u_0 \Delta t$. Désignons par π la pression pour une unité de surface qui serait pressée comme le sont les points de la tranche qui termine le volume que l'on considère dans la veine d'écoulement; représentons par a la section de cette veine, là où les particules se meuvent bien parallèlement; et enfin par u la vitesse qui a lieu dans cette veine. Le travail résistant, dû à la pression π pendant le même temps Δt, sera $\pi a u \Delta t$. Si nous désignons enfin par T le travail résistant dû aux frottements, le travail total sera: $Ph + \pi_0 a_0 u_0 \Delta t - \pi a u \Delta t - T$. Pour calculer l'accroissement de la force vive, il suffira, comme nous l'avons remarqué à l'article 85, de retrancher de celles des particules comprises dans ce volume nouvellement avancé par en bas, celles des particules qui étaient dans le volume abandonné en haut du vase: P étant le poids commun à ces deux volumes égaux de fluide, on a pour l'accroissement de la force vive $P\frac{u^2}{2g} - P\frac{u_0^2}{2g}$. Le principe de la transmission du travail donnera donc

$$Ph + \pi_0 a_0 u_0 \Delta t - \pi a u \Delta t - T = P\left(\frac{u^2 - u_0^2}{2g}\right).$$

On pourra simplifier cette équation en remarquant que le canal d'écoulement ayant peu de hauteur, la pression π entre les particules fluides, lorsqu'on y suppose le mouvement rectiligne et uniforme, sera très-peu différente de la pression atmosphérique π_0 qui s'exerce à la superficie du vase. D'autre part, le volume de la masse totale du fluide que l'on considère restant constant, la portion de ce volume qui avance en bas est égale à ce qui est abandonné par en haut; on a donc $a_0 u_0 \Delta t = au\Delta t$. Ainsi, dans l'équation précédente, les deux termes $\pi_0 a_0 u_0 \Delta t$ et $\pi au\Delta t$ se détruisent. Si l'on admet en outre qu'il n'y ait pas de frottements sensibles, on trouvera

$$Ph = P\left(\frac{u^2 - u_0^2}{2g}\right),$$

ou la formule connue

$$2gh = u^2 - u_0^2.$$

Les suppositions précédentes n'étant pas très-exactes, il n'est pas étonnant que l'observation ne confirme pas tout à fait ce résultat.

Les différences peuvent provenir, 1° de ce que dans ces expériences on ne mesure pas la section de la veine en un point où tous les filets soient parallèles, et où l'on puisse regarder la pression dans toute cette veine comme égale à celle de l'atmosphère; 2° de ce qu'on néglige les frottements, soit dans le vase, soit dans le canal; 3° enfin, de ce que l'on suppose que toutes les vitesses sont égales dans la veine.

Quand on veut comparer les résultats de l'expérience et ceux que donne la formule, on mesure la vitesse u en observant le volume d'eau écoulé dans l'unité de temps, et en divisant ce volume par la section de la veine. Si l'on désigne cette section par a, qu'on représente par u la vitesse d'un filet fluide dont la section est da; la vitesse moyenne déduite de l'observation, quand les vitesses ne sont pas les mêmes pour tous les filets de la veine d'écoulement, sera $\int \frac{uda}{a}$. Celle qui donnerait la force vive qui doit être introduite dans la formule précédente, est $\sqrt{\frac{\int pu^2}{P}}$, P étant le poids de l'eau écoulée dans l'unité de temps, et p le poids analogue pour un filet élémentaire de la veine. Or, le poids p d'un filet fluide, dont toutes les parties ont la vitesse u, est proportionnel au volume de ce filet, c'est-à-dire à uda; en sorte qu'on peut remplacer p par uda, et P par $\int uda$. La vitesse moyenne qui conserve l'exactitude à l'équation précédente est donc

$$\sqrt{\frac{\int u^3 da}{\int u da}}.$$

Cette expression diffère en général de la vitesse moyenne déduite de l'observation, savoir $\int \frac{u da}{a}$ (*).

92. Nous appliquerons encore le principe de la transmission du travail, dans le mouvement des liquides, à une question qui complétera ce que nous avons dit dans le chapitre I, sur le travail que peut transmettre une veine fluide, et qui trouvera son application immédiate dans la théorie des roues hydrauliques.

Nous allons chercher le travail que reçoit un vase mobile dans lequel entre un courant ou une veine fluide, dont les particules restent ensuite quelques instants dans ce vase, celui-ci étant supposé assez grand pour contenir ce que fournit le courant pendant un certain temps.

Supposons d'abord qu'une veine fluide, ayant une vitesse u, entre dans un vase immobile; désignons par P le poids de l'eau qui arrive ainsi dans le vase pendant l'unité de temps. Le liquide, après avoir conservé du mouvement dans le vase, en tournoyant pendant quelques instants, finira par y perdre ce mouvement en totalité, et tout le travail que possédaient les particules qui sont entrées pendant l'unité de temps, c'est-à-dire toute la force vive $P\frac{u^2}{2g}$, sera absorbée par les frottements dus aux mouvements de l'eau, et par les ébranlements qui pourront se propager au vase et à ses supports.

Concevons maintenant que la même veine fluide, dont toutes les parties sont

(*) En supposant que la vitesse décroisse du centre à la circonférence d'une veine circulaire, suivant la loi des ordonnées d'une parabole, on trouve que la vitesse qu'il faudrait substituer à celle qui est fournie par la quantité d'eau écoulée, est représentée par l'hypoténuse d'un triangle rectangle dont un des côtés est cette dernière vitesse, et l'autre la moitié de la différence qu'il y a entre la vitesse au centre, et celle qui a lieu à la circonférence de la veine.

toujours animées d'une vitesse u, arrive dans un vase qui ne soit plus immobile, mais qui possède déjà, dans le même sens que u, une vitesse v bien uniforme et tout à fait obligatoire. Examinons quel sera le travail que recevront les parois du vase dans l'unité de temps, par suite de la pression qu'elles éprouveront de la part du fluide qui y entre. Nous ferons abstraction de la pesanteur, en sorte que nous ne traiterons d'abord que du mouvement horizontal. Si l'on voulait ensuite considérer un mouvement vertical, il serait facile d'avoir égard au poids du fluide contenu dans le vase.

En vertu du principe sur la transmission du travail, celui que recevra le vase dans l'unité de temps sera égal à la force vive de l'eau qui y entre pendant ce temps, diminuée de la force vive qui reste à l'eau dans le vase et du travail perdu par les frottements et les ébranlements : cherchons d'abord à évaluer cette perte. Nous remarquerons, pour cela, qu'elle ne dépend que des mouvements relatifs des particules entre elles et par rapport au vase ; elle ne changerait certainement pas si l'on donnait à l'ensemble du vase et du fluide un mouvement commun quelconque, par exemple, une vitesse égale et opposée à celle du vase. Mais alors celui-ci deviendrait immobile, et l'eau y arrivant avec une vitesse $u - v$, y perdrait dans l'unité de temps un travail qui serait $P\frac{(u-v)^2}{2g}$; donc cette expression est aussi la mesure de ce qui est perdu par les frottements et les ébranlements, si l'on ne donne pas un mouvement commun au courant et au vase, et qu'on laisse à celui-ci la vitesse v dont nous l'avions supposé animé.

La force vive de l'eau qui entre dans le vase pendant l'unité de temps, avec une vitesse u, est $P\frac{u^2}{2g}$; la force vive qui restera à cette eau une fois qu'elle n'aura plus de mouvement relatif dans le vase, et que toutes ses particules auront pris la vitesse v de celui-ci, aura pour expression $P\frac{v^2}{2g}$; enfin, le travail perdu en frottement est égal à $P\frac{(u-v)^2}{2g}$. Ainsi le travail transmis aux parois du vase, toujours dans l'unité de temps, devant être égal à la première quantité diminuée de la somme des deux autres, aura pour expression

$$P\frac{u^2}{2g} - P\frac{v^2}{2g} - P\frac{(u-v)^2}{2g},$$

ou en réduisant

$$P\frac{v(u-v)}{g}\ (^*).$$

Il faut bien faire attention que le poids P du fluide qui entre dans le vase pendant l'unité de temps, n'est pas celui que fournirait en même temps l'orifice par où sort la veine. Si A est la section de cette veine, π le poids du mètre cube de fluide, P sera égal à $\pi A\,(u-v)$, tandis que le poids qui sort par l'orifice serait $\pi A u$. En mettant pour P sa valeur, le travail transmis dans l'unité de temps sera

$$\pi A\,\frac{v(u-v)^2}{g}.$$

93. Si, au lieu de supposer un seul vase qui recule devant le courant et ne reçoit pas ainsi autant d'eau que celui-ci en fournit, on imagine qu'après que ce premier vase a parcouru un certain espace, un second vienne se replacer devant lui et reparcourir le même chemin, jusqu'à ce qu'un troisième revienne se placer devant celui-ci, et ainsi de suite, de manière pourtant que chaque vase ne quitte pas le courant avant d'avoir reçu la portion qui est devant lui, et qui ne peut plus entrer dans le vase suivant : alors les vases, dans leur ensemble, auront reçu toute l'eau fournie par le courant, dans un temps donné. Le travail total qui leur sera transmis aura toujours pour expression

$$P\,\frac{v(u-v)}{g};$$

mais P deviendra ici une quantité constante; ce sera le poids total $\pi A u$ de l'eau fournie dans l'unité de temps par l'orifice d'où sort la veine, et non plus celui de l'eau reçue par un seul vase qui reculerait devant le courant.

Cette dernière expression est celle qu'il faut employer dans le cas d'une lame d'eau reçue par des augets ou des aubes emboîtées dans une roue hydraulique. Nous ne nous occuperons donc que de celle-là ; et si, pour simplifier les idées,

(*) Ce résultat a été donné par Petit, dans son cours de machines à l'École polytechnique; mais il l'avait fondé sur le théorème de Carnot, dont on ne voit pas qu'on puisse faire une application à ce cas.

nous ne parlons que d'un vase, il faudra supposer qu'il se présente au courant pendant le temps nécessaire pour que le poids P, fourni dans l'unité de temps, puisse y entrer totalement.

Nous venons de supposer, dans ces considérations, que l'eau reçue dans le vase y reste assez longtemps pour y perdre tout son mouvement relatif par les frottements. Mais pour passer au cas des augets ou des aubes d'une roue, quand elles sont emboîtées dans un coursier, il faut supposer que l'eau, après avoir été quelques instants dans le vase, en sort par une ouverture fort large, avant d'avoir perdu tout le mouvement relatif ou de bouillonnement qui eût été entièrement éteint par les frottements et les ébranlements, si l'eau y fût restée plus longtemps. Il est facile de voir que les résultats précédents s'étendent de même à ce cas.

Supposons toujours qu'il s'agisse d'une quantité d'eau limitée P, qui entre dans le vase, y reste quelques instants enfermée, puis en sort par son propre poids en passant par une large issue qui vient à s'ouvrir. Quelque peu de temps que l'eau ait été dans le vase, son centre de gravité y aura pris la vitesse v de ce vase. Chaque particule, dont nous représentons le poids par p, conserve encore une certaine vitesse par rapport à ce vase; nous désignerons cette vitesse par v', en négligeant la portion de la vitesse de sortie qui provient du poids de l'eau que nous mettons en dehors des calculs. La force vive de l'eau à la sortie du vase, en vertu de ce que nous avons établi, article 48, première partie, se composera, d'une part, de la force vive due à la vitesse v du centre de gravité, et d'une autre, de celle qui est due aux vitesses relatives à des axes passant par ce centre, c'est-à-dire aux vitesses v' (*). Elle sera donc

$$P\frac{v^2}{2g}+\Sigma p\frac{v'^2}{2g}.$$

Si l'on applique les mêmes considérations que nous venons d'employer pour trouver le travail perdu par les frottements et les ébranlements dans le vase avant que l'eau en sorte, on trouvera facilement que ce travail ne sera plus

(*) La troisième partie à faire entrer dans l'évaluation de la somme des forces vives, est nulle ici, puisqu'on n'a point à considérer d'ébranlement de la part des molécules.

$P\frac{(u-v)^2}{2g}$, comme si toutes les particules d'eau avaient perdu leurs vitesses relatives dans le vase en le quittant, mais qu'il deviendra

$$P\frac{(u-v)^2}{2g}-\Sigma p\frac{v'^2}{2g}.$$

Le travail transmis au vase en mouvement étant égal à la force vive de l'eau qui y entre, diminuée des deux expressions ci-dessus, on voit que le terme $\Sigma p\frac{v'^2}{2g}$ dû aux vitesses de tournoiement et de bouillonnement qui subsistent encore dans l'eau quand elle sort du vase, disparaît dans l'expression de ce travail transmis. En effet, il se trouve en moins dans le travail perdu en frottements et en ébranlements, et en plus dans celui qui provient de la force vive de l'eau à la sortie du vase. On a donc toujours pour le travail reçu par le vase

$$P\frac{u^2}{2g}-P\frac{v^2}{2g}-P\frac{(u-v)^2}{2g},$$

ou bien

$$P\frac{v(u-v)}{g}.$$

94. On peut considérer aussi le cas où la vitesse v du vase n'est pas dans la même direction que la vitesse u du courant. Remarquons d'abord que si l'on veut, dans ce cas, que l'eau fournie par le courant dans l'unité de temps soit reçue par le vase, il faut supposer l'ouverture suffisamment grande, ou plutôt il faut en concevoir plusieurs les unes au-dessus des autres, comme cela arrive pour les augets ou les aubes d'une roue hydraulique qui reçoit toute l'eau fournie par un courant.

La perte de travail par les mouvements relatifs dans le vase sera toujours égale, dans ce cas, à la force vive totale qu'aurait le fluide si l'on ramenait le vase au repos. Or, si l'on représente par α l'angle des deux vitesses du courant et du vase, cette force vive relative résultant de la vitesse u et d'une vitesse opposée à v, a pour valeur le produit de $\frac{P}{2g}$ par le carré de la vitesse résultante; elle sera donc

$$P\frac{u^2+v^2-2uv\cos\alpha}{2g}.$$

Telle est l'expression de la perte due aux frottements, aux ébranlements et aux vitesses de tournoiement qui peuvent se conserver dans le fluide quand il sort du vase. Le travail transmis sera donc

$$P\frac{u^2}{2g} - P\frac{v^2}{2g} - P\frac{u^2 + v^2 - 2uv\cos\alpha}{2g},$$

ou

$$P\frac{v(u\cos\alpha - v)}{g}.$$

Ainsi, le seul changement à faire dans ce cas, à la formule trouvée précédemment, c'est de substituer à la vitesse u du courant, sa composante $u\cos\alpha$ dans le sens de la vitesse du vase.

Il est bon de remarquer que cette formule et les précédentes ne supposent aucune hypothèse sur la nature du mouvement du fluide dans le vase; elles conviennent à toutes les circonstances physiques qui peuvent se présenter. En cela, elles sont plus exactes que celles que nous avons données à l'article 84, pour le travail transmis à un canal ou à un plan mobiles qui reçoivent l'action d'une veine fluide.

95. Comme conséquence des formules précédentes, on peut donner la pression moyenne que supporte, dans le sens de son mouvement, un vase mobile lorsqu'il reçoit une veine fluide. Supposons d'abord que la vitesse de celle-ci soit dans la même direction que celle du vase. Si l'on représente par F la force que nous cherchons, le travail transmis au vase dans l'unité de temps sera Fv. Mais, d'une autre part; ce travail a pour expression $Pv\frac{(u-v)}{g}$, en désignant par P le poids de l'eau reçue dans l'unité de temps; ainsi on a l'équation

$$Fv = P\frac{v(u-v)}{g},$$

ou bien

$$F = P\frac{(u-v)}{g}.$$

Si l'on désigne par A la section de la veine fluide à son arrivée dans le vase, et par π le poids du mètre cube de ce fluide, on aura $P = \pi A(u-v)$, d'où l'on conclut

$$F = \pi A \frac{(u - v)^2}{g}.$$

Cette formule subsistant, quelque petite que soit la vitesse v, on peut y faire $v = o$, et l'on a pour un vase en repos

$$F = \pi A \frac{u^2}{g};$$

c'est-à-dire que la pression est égale au poids d'une colonne liquide qui aurait pour base la section de la veine fluide, et pour hauteur le double de celle qui est due à la vitesse du fluide.

Dans le cas où le vase est en mouvement, si au lieu d'en considérer un seul, on imagine une série de vases, comme les augets ou les aubes d'une roue, alors pour leur ensemble, le poids total P de l'eau reçue dans l'unité de temps sera $\pi A u$; on aurait donc pour la pression moyenne qu'on pourrait concevoir comme supportée par le corps solide auquel ils seraient attachés

$$F = \pi A u \frac{(u - v)}{g}.$$

Cette expression diffère de celle que nous venons de trouver pour la pression sur un seul vase; mais il faut faire attention que cette dernière n'est que la pression hypothétique qui, appliquée à un point ayant la vitesse v des aubes ou des augets d'une roue hydraulique, donnerait la mesure du travail transmis par tout le courant fluide.

Si la veine fluide n'avait pas la même direction que celle de la vitesse du vase, quand celui-ci est mobile, et que l'angle de ces deux vitesses fût représenté par α, on trouverait facilement que la pression sur un seul vase, dans le sens de son mouvement, est

$$F = \pi A \frac{(u \cos \alpha - v)^2}{g},$$

et que, pour l'ensemble de plusieurs vases, recevant toute l'eau fournie par la veine dans l'unité de temps, cette pression devient

$$F = \pi A u \frac{(u \cos \alpha - v)}{g}$$

96. Nous allons examiner maintenant comment le principe de la transmission du travail peut s'appliquer au mouvement des fluides élastiques.

On doit considérer ces fluides comme un ensemble de particules matérielles qui réagissent les unes sur les autres par des répulsions mutuelles. Comme il n'existe plus alors aucune liaison de position entre ces particules, il suffira d'appliquer le principe de la transmission du travail comme on le ferait pour des points matériels libres, en tenant compte toutefois de toutes les forces qui se développent entre eux, et du travail qui résulte du rapprochement ou de l'écartement de ces points : ce qui introduit un terme de plus que dans le cas où il s'agit de fluides incompressibles. Comme ces forces sont des réactions mutuelles, ce travail ne dépendra pas du mouvement propre des particules, mais seulement de leur rapprochement ou de leur écartement, c'est-à-dire de la pression ou de la densité en chaque point du fluide. De cette dernière remarque nous conclurons que le travail moteur ou résistant qui est dû à ces actions réciproques des particules fluides, pendant la dilatation ou la compression, sera toujours le même, si la masse totale passe d'une densité déterminée à une autre aussi déterminée, quel que soit d'ailleurs le mouvement qu'elle ait pris. On aura donc l'expression de ce travail en le calculant pour une compression ou dilatation très-lente, lorsque le fluide est renfermé dans une enveloppe qui s'étend ou se resserre peu à peu. Mais alors, d'après le principe de la transmission du travail, le gaz, n'ayant pas pris de force vive, transmettra à la paroi qui l'enveloppe, dans le cas de la dilatation, tout le travail qui est dû aux réactions développées entre ses particules, ou il aura absorbé, dans le cas de la compression, un travail résistant égal à celui qu'a reçu cette même enveloppe. Ainsi on obtiendra, soit le travail moteur, soit le travail résistant qui est dû à ces réactions moléculaires par un changement d'état du gaz, en se servant de la formule établie à l'article 78, savoir $\pi\int p dv$; π représentant toujours le poids d'un mètre cube d'eau, p la hauteur de la colonne de ce liquide qui produirait la pression qui a lieu dans le gaz, à chaque instant, et dv la différentielle du volume variable. On sait que dans le cas où les températures restent constantes, comme cela arrive à très-peu près ordinairement, les volumes varient en raison inverse des densités ; en sorte qu'en désignant par p_0 et v_0 la première pression et le premier volume de départ, on a $pv = p_0 v_0$, ou bien $dv = -\frac{p_0 v_0}{p^2} dp$. Substituant dans l'intégrale, elle devient pour la dilatation. . . $\pi p_0 v_0 \log\left(\frac{p_0}{p}\right)$,

et pour la compression, $\pi p_0 v_0 \log\left(\frac{p}{p_0}\right)$.

Telles seront les expressions du travail moteur ou du travail résistant dû à la dilatation ou à la compression d'un volume v_0 d'un gaz, dont tous les points passent de la pression p_0 à la pression p.

Il est facile de comprendre que, si une masse d'air en changeant d'état n'a pas conservé la même densité en tous ses points, on pourra la partager en éléments de volume assez petits pour que dans l'étendue de chacun d'eux la densité soit la même. Alors le travail produit ou absorbé par chacun de ces éléments sera donné par l'expression $\pi p_0 v_0 \log\left(\frac{p_0}{p}\right)$, ou $\pi p_0 v_0 \log(p_0) - \pi p_0 v_0 \log(p)$; il ne dépendra que des premières et dernières densités. Pour l'étendre à toute la masse, il suffira de faire deux intégrales, chacune du genre de celles qu'on exécute quand on veut obtenir la masse d'un corps au moyen de sa densité; avec cette seule différence, que la densité sera remplacée ici dans la première intégrale par $\pi p_0 \log(p_0)$, et dans la seconde par $\pi p_0 \log(p)$. Si, dans les deux états de la masse fluide, au premier et au dernier instant que l'on considère, il y a des parties décomposables en éléments égaux en volumes deux à deux et de même densité, ceux qu'ils introduisent dans ces intégrales se détruisent deux à deux, et l'on n'aura à étendre les sommes qu'aux autres éléments de volumes pour lesquels les densités ne sont pas les mêmes au premier et au dernier instant. Ceci revient donc à dire que, dans l'évaluation du travail moteur ou résistant, dû au changement d'état d'un gaz pendant qu'il prend un mouvement quelconque, on n'aura pas besoin d'avoir égard à certaines parties de ce gaz au premier et au dernier état, lorsqu'elles seront décomposables en un même nombre d'éléments qui, dans les deux états du gaz, soient égaux en volume et en densité. Ainsi, si une masse d'air sort d'un réservoir, et qu'on admette qu'entre deux instants déterminés une portion de ce réservoir soit occupée par des masses ayant des densités égales aux mêmes lieux, on n'aura pas à tenir compte de cette portion dans le calcul du travail; il suffira de supposer que la portion de la masse d'air qui occupait l'espace abandonné dans le réservoir a passé elle-même de la densité qu'elle y avait à la densité du gaz qui est sorti du réservoir. Cette simplification est analogue à celle que nous avons indiquée à l'article 85 pour le calcul de la somme des forces vives.

Il est essentiel de ne pas perdre de vue que le travail moteur dû à la dilatation d'un gaz n'est reçu en totalité par les corps extérieurs, qu'autant que toutes les particules matérielles du fluide n'ont pas changé de vitesse ; autrement la force vive qu'elles gagneraient ou qu'elles perdraient, ferait varier d'autant moins, mais en sens contraire, le travail transmis à ces corps. De même, s'il s'agit de travail résistant dû à la compression, pour obtenir celui qui est produit sur ces corps extérieurs il faudrait ajouter ou retrancher à l'expression ci-dessus la force vive que gagneraient ou que perdraient les particules fluides.

97. Pour donner un exemple de l'application du principe de la transmission du travail à un fluide élastique, supposons qu'il s'agisse du mouvement de l'air qui sort d'un réservoir d'où il est chassé par la descente d'un piston, ou par le mouvement d'une paroi mobile de forme quelconque. Nous ferons sur l'orifice et sur la veine qui en sort les mêmes hypothèses que pour le mouvement de l'eau, c'est-à-dire que nous supposerons que dans une certaine étendue de la veine d'écoulement les vitesses deviennent parallèles : ce sera la section à l'origine de cette étendue de la veine que nous prendrons pour l'orifice. Nous supposerons en outre que le mouvement soit permanent, c'est-à-dire que les vitesses et les pressions ne varient pas d'un instant à l'autre au même lieu du réservoir.

Appliquons le principe de la transmission de travail à une certaine masse d'air remplissant le réservoir et se terminant à l'orifice, et considérons le mouvement pendant un temps peu considérable.

Il faudra tenir compte du travail produit par la pression du piston, de celui qui est dû à la pression qui agit sur la dernière tranche d'air que l'on considère dans la veine d'écoulement; du travail qui est produit par la descente ou l'ascension de l'air, par l'expansion de celui qui est sorti du réservoir, et enfin par les frottements.

Représentons par p_0 la hauteur de la colonne d'eau qui produirait la pression de l'air qui a lieu dans le réservoir, contre le piston ou la paroi mobile qui chasse l'air; cette pression sera due à celle de l'atmosphère et à la force qui agit en outre sur cette paroi. Désignons par p la hauteur analogue qui produirait la pression ou la densité de l'air qui passe dans la veine, et par P celle qui correspond à la pression atmosphérique. Représentons par u_0 la vitesse du piston, ou celle de la partie mobile de l'enveloppe de forme quelconque qui limite la masse d'air que l'on considère dans le réservoir. Désignons par v_0 le volume abandonné par cette enveloppe en se resserrant. Représentons par u la vitesse dans la veine d'écoulement, et par v le volume envahi dans cette veine par la masse d'air que nous considérons. Soient enfin h la hauteur du piston au-dessus de l'orifice, π le poids de l'unité de volume de l'eau, et ϖ le poids de l'unité de volume de l'air à la pression atmosphérique P et à la température qui a lieu pendant le phénomène. On aura, pour le travail moteur dû à la pression exercée par le piston ou l'enveloppe, dans le temps que nous considérons, l'expression $\pi p_0 v_0$; pour le travail résistant dû à la pression p qui a lieu dans le tuyau sur les dernières particules que l'on y considère, $\pi p v$; pour celui qui est dû au poids de l'air, l'expression $\varpi \frac{p_0 v_0 h}{P}$: ce dernier travail pourra être moteur ou résistant, suivant que l'orifice sera en bas ou en haut du réservoir. Comme les densités sont supposées rester les mêmes aux mêmes lieux dans le réservoir, le travail moteur dû aux dilatations de l'air se réduira, comme nous l'avons dit à l'article précédent, à celui qui résulte de la dilatation de l'air sorti du réservoir, c'est-à-dire à $\pi p_0 v_0 \log\left(\frac{p_0}{p}\right)$. Enfin, le travail résistant dû aux frottements sera une quantité inconnue que nous désignons par T. Quant à la variation de la somme des forces vives, comme il y a permanence dans les vitesses et les densités dans le réservoir, elle sera seulement la force vive du gaz sorti, moins la force vive d'une masse égale qui occupait l'espace envahi par l'enveloppe dans le réservoir. Le poids de cette masse est $\frac{\varpi}{P} p_0 v_0$. La vitesse dans la veine d'écoulement étant u, et celle contre l'enveloppe dans le vase, u_0, la variation de la somme des forces vives de tout le fluide en mouvement sera $\frac{\varpi}{P} p_0 v_0 \left(\frac{u^2 - u_0^2}{2g}\right)$. En appliquant donc le principe de la transmission du travail pour un temps peu considérable, pendant lequel le mouvement reste permanent, on aura

$$\pi p_0 v_0 - \pi p v \pm \frac{\varpi p_0 v_0 h}{P} + \pi p_0 v_0 \log\left(\frac{p_0}{p}\right) - T = \frac{\varpi p_0 v_0}{P}\left(\frac{u^2 - u_0^2}{2g}\right).$$

Nous mettons ici le double signe au travail dû au poids du gaz pour comprendre les deux cas où l'orifice est, ou en bas, ou en haut du réservoir.

En vertu de ce que les densités sont supposées ne pas varier dans le réservoir, la masse d'air qui a passé par l'orifice est égale à celle qui occupait l'espace envahi par le piston. En sorte qu'on a

$$p_0 v_0 = pv.$$

Cette égalité faisant disparaître les deux premiers termes de l'équation précédente, elle devient

$$\pm \frac{\varpi p_0 v_0 h}{P} + \pi p_0 v_0 \log\left(\frac{p_0}{p}\right) - T = \frac{\varpi p_0 v_0}{P}\left(\frac{u^2 - u_0^2}{2g}\right).$$

Si l'on néglige, 1° la petite quantité de travail dû au poids du petit volume d'air sorti pendant le temps peu considérable que l'on considère; 2° le travail qui est dû aux frottements; 3° le carré de la vitesse u_0 du piston ou de l'enveloppe mobile devant celui de la vitesse u dans la veine, ce qui suppose l'orifice assez petit devant l'étendue de cette enveloppe mobile; on obtient en supprimant le facteur commun $p_0 v_0$

$$\pi \log\left(\frac{p_0}{p}\right) = \frac{\varpi}{P}\,\frac{u^2}{2g},$$

ou bien

$$u = \sqrt{\left\{2g\,\frac{\pi}{\varpi}\,P \log\left(\frac{p_0}{p}\right)\right\}}.$$

Telle est la formule qui donne la vitesse u en fonction de la pression dans la veine. En prenant approximativement cette pression égale à celle de l'atmosphère, ainsi qu'on l'admet ordinairement dans ce cas, on trouve des vitesses qui ne dépassent guère de plus d'un dixième celles qu'ont fournies diverses expériences, toutefois, en mesurant l'orifice là seulement où les vitesses sont parallèles, ou, ce qui revient au même, en mettant un petit tuyau cylindrique qui détermine ce parallélisme.

Pour appliquer cette formule aux expériences que d'Aubuisson, ingénieur des mines, a faites pour de petites pressions d'un à deux centièmes d'atmosphère, on peut prendre $\log\left(\frac{p_0}{P}\right) = \frac{p_0 - P}{P}$, en négligeant une quantité moindre que $\frac{1}{2}\left(\frac{p_0 - P}{P}\right)^2$. On trouve alors

$$u = \sqrt{\left\{2g\,\frac{\pi}{\varpi}\,(p_0 - P)\right\}}.$$

Ici $p_0 - P$ est la hauteur d'eau qui représente l'excès de la pression contre le piston ou l'enveloppe mobile sur celle de l'atmosphère; c'est la pression due seulement à la force qu'on applique au piston.

Si l'on compare cette dernière valeur de u avec celles que fournissent les expériences dont nous venons de parler, on trouve qu'elle doit être affectée d'un coefficient de réduction d'environ 0,91. Je ne connais pas d'observations qui fassent connaître si l'on peut conserver ce coefficient pour de grandes pressions; mais néanmoins il paraît assez probable qu'on n'a pas besoin de le changer pour la pratique, en sorte qu'on peut poser

$$u = 0,91 \sqrt{\left\{2g \frac{\pi}{\varpi} P \log\left(\frac{p_0}{P}\right)\right\}}.$$

Il est bon de ne pas perdre de vue que les formules précédentes s'appliquent à une forme quelconque du réservoir et de l'enveloppe mobile; elles ne supposent que des pressions égales en tous les points de cette enveloppe, conjointement avec l'hypothèse de la permanence dans le mouvement.

On peut remarquer aussi que si l'on considère un réservoir un peu grand, ces mêmes formules s'appliqueraient au cas où il se viderait par l'effet de l'expansion de l'air, que l'enveloppe soit ou ne soit pas mobile; car alors les vitesses et les densités variant très-peu d'un instant à l'autre, on resterait dans les suppositions qui ont fourni ces formules. Il suffirait, pour obtenir la vitesse d'écoulement à un instant donné, de connaître à cet instant les pressions dans le réservoir et dans la veine (*).

On peut remarquer que, dans le cas où l'on connaîtrait la pression p_0, dans le réservoir, et la vitesse u qui doit avoir lieu à la sortie, on en conclurait le rapport $\frac{p_0}{p}$ entre les pressions dans ce réservoir et dans la veine d'écoulement, par la formule

$$\log\left(\frac{p_0}{p}\right) = \frac{\varpi}{\pi P} \frac{u^2}{2g}.$$

Nous ferons usage plus loin de ce résultat.

(*) Depuis que j'ai écrit ceci, j'ai eu connaissance d'un article des *Annales de Physique et de Chimie* où Navier a donné la même formule en se basant sur l'hypothèse du parallélisme des tranches.

98. La question qu'on se propose ordinairement relativement à l'emploi des moteurs pour faire marcher les machines soufflantes dans les hauts-fourneaux et les forges, c'est de connaître le travail qui est nécessaire pour chasser par un orifice déterminé, dans l'unité de temps, un volume donné qu'on suppose à la pression atmosphérique.

Cette question se résout très-facilement, sans supposer même d'autre permanence que celle de la vitesse d'écoulement, laquelle a lieu assez sensiblement, surtout quand il y a un réservoir; on n'a pas besoin de considérer les soufflets comme produisant une pression constante. En se reportant à ce que nous avons dit à l'article 96, on voit que le travail produit par le piston ou le soufflet s'emploie, en partie, à comprimer de l'air pris à la pression atmosphérique, et en partie à lui donner de la vitesse. Or, ce qui est employé à la compression, en ayant égard à la pression atmosphérique, se trouvant restitué quand l'air est revenu à sa première densité en sortant de l'orifice, on peut en faire abstraction; en sorte que l'on est dans le même cas que si le travail moteur du soufflet était immédiatement employé à produire la vitesse de l'air à la sortie de l'orifice. Si l'on désigne par V le volume qu'on veut faire sortir par seconde de temps, et par a l'orifice, la vitesse à la sortie devra être égale à $\frac{V}{a}$. Le gaz qui sort dans l'unité de temps aura donc une force vive égale au produit du carré de la vitesse $\frac{V^2}{a^2}$, multiplié par le quotient du poids ϖV de ce gaz, divisé par $2g$, ou à $\frac{\varpi V^3}{2ga^2}$. Ainsi le travail pour chasser le volume V par l'orifice doit être par unité de temps

$$\frac{\varpi V^3}{2ga^2}.$$

Ce résultat subsiste, quelle que soit la forme du soufflet, et sans qu'on doive y considérer un mode d'action permanent; il suffit que la vitesse reste sensiblement constante à l'orifice.

Ce travail devrait d'abord être augmenté de celui qui est perdu par les frottements dus au mouvement de l'air, et de l'erreur qu'on peut commettre en calculant la force vive à l'orifice par la vitesse moyenne $\frac{V}{a}$. Or, ces deux causes d'augmentation sont renfermées dans ce que l'observation a appris sur l'inexactitude de la formule de l'article 97. L'expérience ayant démontré qu'avec des ajutages cylindriques il faudrait, pour que la force vive, calculée sur la vitesse $\frac{V}{a}$ déduite de l'observation fût égale au travail dépensé, que cette vitesse fût augmentée dans le rapport de l'unité à 1,07; la force vive, qui est le produit du poids d'air écoulé ϖV par la hauteur due à cette vitesse, c'est-à-dire par $\frac{V^2}{2ga^2}$, doit être augmentée dans le rapport de l'unité à $(1,07)^2$ ou à 1,14. Ainsi, le travail moteur devra être

$$1,14 \, \varpi \, \frac{V^3}{2ga^2}.$$

Si le piston a du jeu et que l'air se perde, il faudra considérer ce jeu comme un orifice supplémentaire où la vitesse sera au plus la même que dans l'orifice principal. La surface de cet orifice étant désignée par a', le travail dépensé pour l'écoulement qui s'y fait, sera à celui qui s'emploie pour l'écoulement par l'orifice principal, dans le rapport de a' à a, en sorte qu'il aura pour valeur $1,14 \, \frac{a'}{a} \, \varpi \, \frac{V^3}{2ga^2}$. Ainsi, le travail total sera

$$1,14 \left(1 + \frac{a'}{a}\right) \varpi \, \frac{V^3}{2ga^2}.$$

Cette expression suppose que le tuyau de conduite n'est pas assez long pour que le frottement y augmente encore le travail. Elle ne comprend pas non plus ce qui est nécessaire pour vaincre les frottements des pistons et tous ceux qui peuvent exister depuis la roue motrice jusqu'à ces mêmes pistons; mais elle fournit toujours un *minimum* de travail en dessous duquel il est certain qu'on ne chasserait pas le volume V dans une seconde.

Si l'on veut appliquer la formule ci-dessus à la recherche de ce qu'il faut de travail au *minimum* pour faire marcher les soufflets d'un haut-fourneau qui, comme cela a lieu dans un grand nombre, doit recevoir par minute 36 mètres cubes d'air mesurés à la pression atmosphérique, on trouve, en supposant deux orifices de 0,04 de diamètre, et point de jeu dans les soufflets, qu'il faut par seconde au *minimum* un travail d'environ 2,44 dynamodes. Cette consommation de travail sur les soufflets exigerait, comme nous l'expliquerons plus loin, que la chute d'eau fournît environ une moitié en sus, en sorte que si sa hauteur est de $1^m,00$, le cours d'eau devra amener au moins $3^m,66$ cubes d'eau par seconde.

99. Comme une autre application des considérations précédentes sur le mouvement des gaz, nous allons chercher le travail que reçoit un plan mobile par l'action du vent.

Cette question, qui revient à trouver la force que le vent produit sur le plan, peut se diviser en deux autres : la recherche de l'accroissement de pression sur le côté du plan contre lequel le vent agit, et celle de la diminution de pression sur le côté opposé. Occupons-nous d'abord de la première. Nous remarquerons qu'on peut la ramener au cas où le plan est immobile et où il reçoit l'action du vent dans une direction quelconque; car, sans changer aucune des forces qui agissent sur ce plan, on peut lui communiquer, ainsi qu'à toute l'atmosphère en mouvement, une vitesse opposée à celle qu'il a; celui-ci deviendra alors immobile, et seulement le vent aura changé de direction et de vitesse. Nous n'avons donc qu'à chercher la pression qu'un vent de direction quelconque produit sur un plan en repos.

Si l'air était un fluide incompressible, nous pourrions exprimer cette pression au moyen de la formule approximative que nous avons donnée à l'article 84 pour la force produite par un courant indéfini contre un plan. Si l'on désigne par u la vitesse du vent, par α l'angle qu'elle fait avec le plan, par B la superficie de ce dernier, et par ϖ le poids de l'unité de volume de l'air à la densité où il se trouve dans la colonne qui forme le vent; cette formule est

$$\varpi \frac{Bu^2}{g} \sin^2 \alpha.$$

Elle suppose 1° que les vitesses des particules fluides restent sensiblement constantes dans l'étendue des courbes de déviation des filets; 2° que la quantité de ces filets qui se dévient par la présence du plan est limitée à ce qui était compris avant la déviation dans une surface cylindrique circonscrite au plan ; 3° enfin, que les déviations se font de manière que tous ces filets deviennent parallèles au plan.

On peut voir d'abord que la compressibilité de l'air n'influe pas ici sensiblement sur sa densité, et que pour les vents les plus forts, avec lesquels on fait marcher les moulins à vent, on peut regarder ce fluide comme incompressible : car si l'on calcule la plus grande pression qu'un vent très-fort puisse produire en supposant en effet l'air incompressible, on trouve qu'elle ne s'élève pas à $\frac{1}{800}$

de la pression atmosphérique. Ainsi, en rendant à cet air, supposé d'abord incompressible, toute sa compressibilité, il n'y aurait pas un changement sensible dans sa densité. On pourra donc se servir de la formule précédente en y prenant toujours pour ϖ le poids de l'unité de volume de l'air à la pression qui a lieu dans l'atmosphère environnante.

Quant à l'hypothèse sur les vitesses, ce n'est que par l'expérience qu'on peut savoir jusqu'à quel point elle est approchée. Comme nous l'avons déjà dit, les accroissements de pressions qui se produisent dans le fluide auprès du plan influent sur les vitesses dans les filets, si ceux-ci ne restent pas dans des couches d'égales pressions, condition qui ne peut être exactement remplie, surtout au centre de la veine à l'origine de la déviation. Enfin, l'autre supposition sur les déviations ne peut être non plus très-exacte. Nous n'emploierons donc la formule que ces hypothèses fournissent que parce que, comme on le verra plus loin, ses conséquences s'accordent assez bien avec l'expérience.

Occupons-nous maintenant de la diminution de pression sur le revers du plan. Pour y arriver, traitons en premier lieu le cas où, l'atmosphère étant immobile, le plan, d'abord en repos, vient tout à coup à quitter sa position avec une vitesse u perpendiculaire à sa surface.

Dans ce cas l'espace que le plan abandonne par derrière, et où le vide se ferait si l'air ne se mettait en mouvement, sera rempli par la tranche de fluide qui touchait le plan. A cause de la grandeur de la pression atmosphérique et du peu de temps qu'il lui faut pour donner à l'air dans le vide une vitesse égale à celle du plan, cette tranche prendra immédiatement cette même vitesse perpendiculairement à la surface du plan. Les autres particules d'air environnant le contour de ce plan n'auront pas le temps de venir immédiatement dans cette tranche vide très-mince; celle-ci ne sera remplie que par les particules qui touchaient le plan l'instant d'auparavant. Ces particules abandonnent à leur tour un espace qui sera remplacé aussi presque en totalité par l'air qui était derrière, et ainsi de suite, en sorte qu'il commencera à s'établir un courant continu. Cependant celui-ci s'éteindra assez près du plan, comme nous l'expliquerons tout à l'heure.

Si l'on conçoit maintenant une très-grande masse d'air limitée à une enveloppe fictive dont le plan fasse partie à l'instant où il commence à se mouvoir, celui-ci, en prenant sa vitesse, déterminera l'écoulement de l'air contenu dans ce réservoir, comme il se ferait par un orifice que ce plan aurait tenu fermé;

la vitesse de cet écoulement devra nécessairement être égale à celle de ce plan. L'enveloppe fictive du réservoir étant assez étendue pour que les vitesses absolues des particules d'air qu'elle touche soient presque nulles, la pression contre cette enveloppe sera sensiblement égale à la pression atmosphérique, à l'exception d'une petite portion qui environne de très-près l'orifice. La vitesse de l'écoulement atteignant instantanément celle du plan qu'elle ne peut plus dépasser, les vitesses dans le réservoir, déjà très-faibles, ne changeront pas sensiblement, puisque cet écoulement ne s'accélère pas. Le mouvement pourra donc être considéré comme permanent. En désignant toujours par p la hauteur de la colonne d'eau qui produit la pression contre le plan, c'est-à-dire dans la veine d'écoulement, par P la hauteur analogue pour la pression atmosphérique qui agit sur l'enveloppe du réservoir pendant qu'elle se contracte insensiblement, par u la vitesse du plan, et par π et ϖ les poids d'unité de volume de l'eau et de l'air; on aura la relation établie à l'article 97, en y remplaçant la pression p_0 dans le réservoir par la pression atmosphérique P, et en regardant p comme la pression dans la veine d'écoulement ou contre le plan. Ainsi on peut poser

$$\pi \log \left(\frac{P}{p}\right) = \frac{\varpi}{P} \frac{u^2}{2g}.$$

Mais comme $\log \left(\frac{P}{p}\right)$ est très-petit, on peut le remplacer par $\frac{P-p}{p}$, ou par $\frac{P-p}{P}$ qui en diffère peu, puisque P et p diffèrent peu entre eux; on a donc

$$\pi(P-p) = \varpi \frac{u^2}{2g}.$$

Si l'on appelle B la superficie du plan, $\pi B(P-p)$ sera la diminution de pression totale due à son mouvement; on a donc

$$\pi B(P-p) = \varpi B \frac{u^2}{2g};$$

c'est-à-dire que, dans nos hypothèses, la diminution totale de pression contre le revers du plan est égale au poids d'une colonne d'air, qui aurait pour base la superficie du plan, pour hauteur celle qui est due à la vitesse de ce plan, et dont la densité est celle de l'atmosphère.

Voyons maintenant comment cette pression se continue pendant le mouvement, et comment le phénomène présente toujours les circonstances nécessaires à l'application de la formule ci-dessus. S'il s'établissait un courant derrière le plan, comme cela arriverait dans un tuyau de conduite où ce plan formerait la base d'un piston mobile qui reculerait pendant que le réservoir qui fournit le courant resterait à la même place, il n'y aurait aucune difficulté; la pression resterait sur le plan ce qu'elle reste dans le tuyau où la vitesse est constante, et la formule ci-dessus serait très-exactement applicable à tous les instants. Mais le courant d'air ne pouvant exister derrière le plan qu'en vertu d'une diminution de pression, l'air extérieur qui l'enveloppe ne laissera pas subsister longtemps, ni cette diminution de pression, ni ce courant qu'elle détermine; il rétablira la pression de l'atmosphère et anéantira à mesure les vitesses. En même temps cet air se réunira à celui qui entretient l'écoulement contre le plan, de manière qu'il viendra à son tour passer dans la veine d'écoulement. Il s'établira ainsi une permanence de vitesses et de densité, par rapport au plan, de manière qu'à chaque instant ces deux éléments reprendront les mêmes valeurs, aux mêmes distances du plan. Alors l'espèce de réservoir que nous avons considéré devra s'appliquer, à chaque instant, à des particules qui ne seront pas les mêmes; il faudra concevoir qu'il se déplace dans l'espace, toutefois sans qu'il en résulte, pour les particules d'air qui le composent, d'autres vitesses que celles que comporte à chaque instant l'écoulement stable, dans un réservoir immobile. Il se présentera ici, comme dans les ondes, un déplacement du lieu géométrique où se produisent certaines vitesses, sans qu'il y ait, pour cela, un transport des particules matérielles autre que le petit déplacement qui résulte des vitesses qui ont lieu dans la petite étendue où elles sont sensibles. On peut encore comparer ce qui aura lieu ici, par l'effet du mouvement du plan, à ce qui se produirait si l'orifice d'un réservoir était pratiqué dans une plaque glissant dans des coulisses, pratiquée contre une paroi, et que l'orifice fût continuellement déplacé. Alors, si le temps nécessaire pour que l'écoulement arrive à la permanence est si petit que l'orifice ne se soit pas sensiblement dérangé pendant ce temps, l'écoulement se fera comme si celui-ci ne se déplaçait pas. C'est ce qui aura lieu aussi dans le cas qui nous occupe, la vitesse permanente de l'écoulement se produisant instantanément, le déplacement de l'orifice n'empêchera pas l'application de la formule de l'écoulement permanent.

Maintenant, si nous voulons en venir à considérer le plan mobile comme ne se mouvant pas seulement perpendiculairement à sa direction, mais comme se déplaçant encore dans le sens de sa surface, de manière que la vitesse fasse un angle α avec cette surface; ce second déplacement du réservoir et de l'orifice n'empêchera pas davantage l'application de la formule sur la pression derrière le plan. Seulement, il faut faire attention que l'air qui se précipite dans la tranche que le plan abandonne à chaque instant prendra toujours une vitesse perpendiculaire à sa surface, puisque, si l'on néglige les frottements devant les pressions considérables que reçoivent toutes les particules d'air qui le touchent, ces pressions sont dirigées normalement à ce plan. Ainsi l'écoulement, que nous assimilons à celui qui se fait par un orifice, se produira avec la vitesse qu'a le plan, perpendiculairement à sa surface, c'est-à-dire avec la vitesse $u \sin \alpha$. La diminution totale de pression contre le plan sera donc

$$\varpi B \frac{u^2 \sin^2 \alpha}{2g}.$$

Si, maintenant, on revient au cas où ce n'est plus le plan qui est mobile, mais l'air seul, qui vient le rencontrer avec une vitesse u faisant un angle α avec sa surface, on remarquera, comme nous l'avons dit, que la pression ne peut être changée en communiquant à l'air et au plan une vitesse égale et opposée à celle du plan; alors ce dernier sera immobile, et l'air viendra le rencontrer avec une vitesse u faisant un angle α avec sa surface. La dépression, dans ce dernier cas, sera donc toujours

$$\varpi B \frac{u^2 \sin^2 \alpha}{2g}.$$

Si l'on ajoute à cette expression celle que nous avons donnée, comme assez approximative, pour la pression sur l'autre côté du plan, où il reçoit l'action du vent, savoir, $\varpi B \frac{u^2 \sin^2 \alpha}{g}$, on aura pour la pression totale

$$\frac{3 \varpi B u^2 \sin^2 \alpha}{2g}.$$

En comparant cette expression aux résultats des expériences de Borda, pour de petites surfaces de quelques pouces carrés, cette valeur serait trop forte de moitié environ. Cela doit tenir surtout à l'expression de la pression du côté du vent, qui suppose que les filets quittent le plan dans la direction de sa surface : cette hypothèse, qui devient inexacte au contour, doit s'appliquer beaucoup moins aux petites surfaces. Mais nous verrons que, pour les ailes d'un moulin à vent, cette formule nous fournira, pour le travail, des valeurs assez approchées de ce que donne l'expérience.

100. Pour déduire de l'expression précédente le travail reçu par le plan, quand il est mobile en même temps que l'air, et qu'il possède une vitesse v dans une direction quelconque, faisant un angle β avec celle du vent, on cherchera d'abord la pression normale au plan, en ramenant celui-ci au repos. Pour cela, on concevra qu'on lui communique, ainsi qu'à l'atmosphère, une vitesse égale et opposée à celle qu'il a, afin de le rendre ainsi immobile. Alors la vitesse de l'air deviendra la résultante des deux vitesses u et v, sa valeur sera $\sqrt{u^2+v^2}$, et le sinus de l'angle qu'elle fait avec le plan sera $\frac{u\sin\alpha - v\sin\beta}{\sqrt{u^2+v^2}}$. On remplacera donc, dans la formule précédente, u^2 par u^2+v^2, et $\sin^2\alpha$ par $\frac{(u\sin\alpha - v\sin\beta)^2}{u^2+v^2}$; on aura ainsi, pour la pression,

$$\frac{3\varpi B}{2g}(u\sin\alpha - v\sin\beta)^2.$$

Pour avoir le travail transmis au plan dans l'unité de temps, il suffira de prendre la composante de cette force dans le sens de la vitesse v, et de multiplier cette composante par l'espace parcouru dans cette unité de temps, c'est-à-dire par cette vitesse ; on aura ainsi

$$\frac{3\varpi B}{2g}(u\sin\alpha - v\sin\beta)^2\, v\sin\beta.$$

Telle est l'expression approximative du travail que reçoit un plan mobile par l'effet du vent : u désignant ici la vitesse de ce vent, v celle du plan, α et β les angles que font ces vitesses avec ce plan, B sa superficie, et ϖ le poids de l'unité de volume de l'air.

Si le plan se meut dans la direction du vent, on a $\beta = \alpha$, et le travail devient

$$\frac{3\varpi B}{2g}(u - v)^2 \sin^2 \alpha.$$

Si le plan se meut perpendiculairement à la vitesse du vent, on a $\sin\beta = \cos\alpha$, et le travail qu'il reçoit dans l'unité de temps devient

$$\frac{3\varpi B}{2g}(u \sin \alpha - v \cos \alpha)^2 v \cos \alpha.$$

C'est cette dernière expression que nous emploierons pour les éléments d'une aile de moulin à vent.

CHAPITRE III.

Distinction entre les parties qui composent les machines destinées à opérer un effet continu. — Théorie des volants.—Des moyens de recueillir des moteurs le travail qu'ils mettent à notre disposition : 1° pour les chutes d'eau ; 2° pour les hommes et les animaux ; 3° pour la chaleur employée à former de la vapeur ; 4° pour l'action du vent. Des conditions à remplir pour retirer la plus grande quantité de travail possible de chacun de ces moteurs. Valeurs numériques connues jusqu'à présent pour ces quantités au *maximum*.— Comment il faut établir les bases des marchés sur les moteurs. — Des moyens mécaniques de mesurer le travail. — Des expériences sur les pertes de travail dans les renvois de mouvement. — Des différents effets utiles ; comment on peut les opérer avec plus ou moins de dépense de travail. Distinction entre les pertes qui tiennent à ces effets et celles qui n'y tiennent pas. — Des moyens d'évaluer par expérience les quantités de travail qu'exigent les différents effets utiles. — Nombres approximatifs pour quelques-unes de ces quantités.

101. Les machines dans lesquelles on doit considérer l'économie du travail sont celles qui ont pour but d'opérer un effet ou une fabrication qui se répète indéfiniment ; telles sont celles dont le mouvement est entretenu par les courants d'eau, par la vapeur, par le vent, ou par les animaux travaillant d'une manière continue. Il est clair que, dans ces machines, la moindre perte de travail se reproduisant sans cesse, et venant en déduction des quantités d'ouvrage exécutées, on a beaucoup d'intérêt à éviter ces pertes. Il n'en serait pas ainsi d'une machine destinée à se mouvoir rarement, ou à ne jamais employer qu'une très-faible quantité de travail.

La plupart des machines destinées à une fabrication continue peuvent se diviser en trois parties qu'on étudie presque séparément : 1° la partie destinée à recueillir le plus de travail possible de la source qui le fournit, et à rendre ce travail facilement transmissible; 2° la partie destinée à le transmettre sur des outils destinés à exécuter l'effet utile qu'on veut obtenir; 3° enfin, ces outils eux-mêmes.

L'étude de la partie de la machine destinée à recueillir le travail de sa première source est principalement du domaine de la Dynamique. L'étude de la partie destinée à transmettre le mouvement est principalement du ressort de la Géométrie; néanmoins, sous le rapport des moyens de diminuer les frottements et les ébranlements qui absorbent ou détournent le travail, elle est aussi du domaine de la Mécanique. Enfin, l'étude des outils tient à celle de l'art de la fabrication; elle n'est pas ordinairement du ressort de la Mécanique.

Ces trois parties n'ont pas de points de démarcation bien déterminés; elles n'existent pas dans toutes les machines; elles se confondent quelquefois pour ne présenter que deux ou même qu'une de ces parties; mais il est bon en théorie de les considérer chacune isolément. Ce sera surtout à la première partie que nous appliquerons des considérations théoriques pour en déduire les principes qui doivent guider dans sa construction.

102. Avant de nous en occuper, nous parlerons d'un accessoire qu'on ajoute, tantôt à l'une, tantôt à l'autre de ces parties d'une machine, et qui a pour but d'empêcher que certaines vitesses de rotation autour d'axes fixes ne varient trop lorsque le travail moteur ou le travail résistant ne croissent pas également. Nous verrons tout à l'heure, quand nous parlerons des moyens de recueillir le travail de différents moteurs, quel avantage on trouve à empêcher les variations trop sensibles dans les vitesses de rotation de certains axes. Sans entrer pour le moment dans aucun développement à ce sujet, nous ne nous occuperons d'abord que des moyens d'atteindre ce but.

Supposons d'abord, pour le cas le plus simple, que les vitesses des différentes parties de la machine conservent entre elles les mêmes rapports pendant le mouvement, en sorte que la vitesse d'un certain point étant v, celles des autres points soient représentées par av, a étant un coefficient qui ne varie pas avec le temps, mais qui dépendra du point de la machine dont av exprime la vitesse. La somme des forces vives $\Sigma \frac{pv^2}{2g}$ deviendra

$$\frac{v^2}{2} \Sigma \frac{pa^2}{g}.$$

La quantité $\Sigma \frac{pa^2}{g}$ dépend, et des rapports établis entre les vitesses par la construction de la machine, et du choix du point dont la vitesse v a été prise pour terme de comparaison. Dans le cas, par exemple, où l'on a trois systèmes de rotation se communiquant leur mouvement par des roues dentées, de manière que les vitesses angulaires soient proportionnelles aux nombres m, n, p, si la vitesse v se rapporte à un point situé à une distance R de l'axe du premier système, on aura, en appelant k, k', k'', les moments d'inertie autour des trois axes de rotation,

$$\Sigma \frac{pa^2}{g} = \frac{1}{R^2}\left(k + \frac{n^2}{m^2}k' + \frac{p^2}{m^2}k''\right).$$

Posons l'équation des forces vives, en prenant les intégrales depuis l'instant où la vitesse a une valeur v_0 qu'on veut conserver le plus possible. Nous aurons, en désignant toujours par $\int Pds$ le travail moteur, par $\int P'ds'$ le travail résistant, et par v la vitesse à la fin du temps que l'on considère,

$$\Sigma\int Pds - \Sigma\int P'ds' = \frac{1}{2}(v^2 - v_0^2)\,\Sigma\frac{pa^2}{g}.$$

Si les deux quantités $\Sigma\int Pds$, $\Sigma\int P'ds'$ croissaient également à partir d'un certain instant, la vitesse v, seule quantité variable avec le temps dans le second membre, ne varierait plus à partir de cet instant. Mais dans beaucoup de machines les quantités de travail moteur et résistant, $\Sigma\int Pds$, $\Sigma\int P'ds'$ ne croissent pas également : l'une des deux, par exemple, peut varier d'une manière discontinue, tandis que l'autre peut croître avec uniformité, en sorte que leur différence varierait comme les différences des ordonnées de deux courbes, dont l'une marche par ressauts, et dont l'autre est sensiblement une ligne droite. Toutes les deux peuvent aussi croître d'une manière discontinue, mais sans se suivre, en sorte que leur différence change continuellement de valeur. Cette variation dans le premier membre de l'équation ci-dessus en apporte une dans la valeur de la vitesse v; mais il est important de remarquer que ce changement sera d'autant plus petit par rapport à v_0 que le coefficient Σpa^2 sera plus grand. On pourra toujours, en augmentant les masses en mouvement, et surtout celles qui ont le plus de vitesse, rendre ce coefficient assez grand pour qu'une variation donnée dans le premier membre ne fasse changer v que d'une fraction donnée. Il en est ici du changement de la vitesse à peu près comme du changement du niveau dans un bassin où de l'eau entre par une ouverture supérieure et sort par une ouverture inférieure. Le liquide entrant ou sortant inégalement, le réservoir ne restera pas également plein; mais si sa capacité est considérable par rapport aux inégalités entre les quantités d'eau qu'il reçoit et qu'il laisse sortir, la hauteur de l'eau variera d'une manière peu sensible. On peut comparer l'eau qui entre dans le réservoir au travail moteur; l'eau qui sort, au travail résistant; l'eau contenue, à la somme des forces vives, c'est-à-dire au travail disponible; et enfin la hauteur du liquide dans le réservoir, à la vitesse v d'un des points de la machine. Cette analogie est propre à rendre sensible cette proposition, que *plus la somme des forces vives est grande, moins sont sensibles les changements de vitesses dus aux inégalités entre les accroissements du travail moteur et du travail résistant.*

Voyons comment on peut calculer les écarts de la vitesse v, et comment on peut faire en sorte qu'ils soient renfermés dans des limites données. Désignons par D la plus grande inégalité qui puisse avoir lieu entre le travail moteur et le travail résistant à partir d'un instant où la vitesse v a une valeur v_0 qu'on veut tâcher de conserver, et représentons par $\frac{v_0}{n}$ la fraction de la vitesse v_0 qui forme le plus grand accroissement qu'on veuille laisser prendre à cette vitesse. L'équation des forces vives donnera

$$D = \frac{1}{2}\left\{\left(v_0 + \frac{v_0}{n}\right)^2 - v_0^2\right\} \Sigma \frac{pa^2}{g},$$

ou bien

$$D = \frac{v_0^2}{2}\left(\frac{2}{n} + \frac{1}{n^2}\right) \Sigma \frac{pa^2}{g}.$$

On voit donc que si l'on se donne, d'une part, la vitesse v_0 et la fraction $\frac{v_0}{n}$ qui doit limiter ses écarts, et de l'autre, la plus grande variation D entre les accroissements des quantités de travail moteur et de travail résistant, on en conclura le coefficient $\Sigma \frac{pa^2}{g}$. Plus la fraction $\frac{1}{n}$ devra être petite, et plus ce coefficient devra être grand.

Comme on peut négliger ordinairement la fraction $\frac{1}{n^2}$, il suffira dans la pratique, de poser l'équation

$$D = \frac{v_0^2}{n} \Sigma \frac{pa^2}{g}.$$

Pour satisfaire à cette condition, on ajoute à la machine ce qu'on appelle un *volant* ou *régulateur*, c'est-à-dire un corps tournant autour d'un axe, et donnant une grande valeur à $\Sigma \frac{pa^2}{g}$. Pour que cette quantité soit la plus grande possible il faudra mettre ce volant autour de l'axe qui tourne le plus vite, et disposer la masse qui le forme de manière qu'elle ait un grand moment d'inertie par rapport à l'axe de rotation.

Supposons maintenant que la construction de la machine soit telle, que les vitesses de quelques-uns des corps qui la composent ne puissent conserver des rapports constants avec les autres vitesses, comme cela arrive lorsqu'il y a des mouvements de va-et-vient; alors il est clair que ce n'est que pour l'ensemble des corps susceptibles de conserver des vitesses uniformes que l'on peut régulariser le mouvement et rendre les vitesses sensiblement constantes en ajoutant un volant. Dans ce cas, lors même que le travail moteur et le travail résistant croîtraient toujours également, et que par suite la somme totale des forces vives ne changerait pas, comme une partie des vitesses ne peuvent rester uniformes, et que la portion de la somme des forces vives qui correspond à ces vitesses croîtra et diminuera alternativement, il faudra bien que l'autre portion de la somme des forces vives, pour le reste de la machine, diminue ou croisse en sens contraire. Cette dernière étant exprimée par $\frac{v^2}{2} \Sigma \frac{pa^2}{g}$, la vitesse v d'un certain point de cette partie de la machine devra varier. On rendra toujours, dans ce cas, les variations d'autant plus petites qu'on augmentera davantage le coefficient $\Sigma \frac{pa^2}{g}$; ce qu'on fera de même en ajoutant un volant dont la vitesse croisse et décroisse avec v.

Si l'on compare toujours le travail moteur à l'eau qui entre dans un bassin, le travail résistant à celle qui en sort, et la force vive de toute la portion de la machine susceptible de prendre des vitesses constantes à l'eau qui est contenue dans ce réservoir; il faudra supposer, dans le cas dont nous nous occupons, que le réservoir communique avec un cylindre rempli d'eau dont le niveau est forcé de varier par le mouvement de va-et-vient d'un piston; le volume variable de l'eau contenue dans le cylindre représentera la force vive de la partie de la machine dont les vitesses ne peuvent rester constantes quand bien même la somme des forces vives le serait. Ici, lors même que l'eau qui entre dans le réservoir serait à chaque instant égale à celle qui en sort, le changement de niveau qui doit arriver forcément dans le cylindre en amènerait un plus ou moins sensible dans ce réservoir. Mais plus sera grande la capacité de ce dernier, qu'on peut comparer au coefficient $\Sigma \frac{pa^2}{g}$ pour la partie de la machine qu'on veut régler, moins le niveau de l'eau, qu'on peut comparer à la vitesse v, changera sensiblement par le jeu alternatif du piston.

En ajoutant un volant à la machine, on peut, dans ce cas comme dans le précédent, resserrer les écarts de la vitesse v à moins de la fraction $\frac{1}{n}$ de l'une de ses valeurs. Pour s'assurer que l'on a satisfait à cette condition par de certaines dimensions données à ce volant, on prendra d'abord pour cette vitesse une limite qu'on saura être supérieure aux valeurs qu'elle peut prendre ; ce qui sera toujours facile, comme on le concevra mieux quand nous aurons parlé de l'emploi des moteurs. En partant de cette limite, on trouvera facilement la force vive qu'elle entraîne pour le système de va-et-vient, dans la position où celui-ci en a le plus. Comme on suppose que, dans ce cas, la somme totale des forces vives de toutes les parties de la machine ne varie pas, on aura ainsi une limite supérieure pour la variation relative à la partie qu'on veut régler. En appelant D cette limite, on aura approximativement, pour une vitesse quelconque v_0,

$$D > \frac{1}{2}\left[\left(v_0 + \frac{v_0}{n}\right)^2 - v_0^2\right] \Sigma \frac{pa^2}{g},$$

ou bien approximativement

$$D > \frac{v_0^2}{n} \Sigma \frac{pa^2}{g}.$$

En sorte que si cette inégalité laisse la fraction $\frac{1}{n}$ trop grande pour les plus petites valeurs de v_0 qu'on peut prévoir, on disposera le volant de manière qu'il augmente le coefficient $\Sigma \frac{pa^2}{g}$.

Supposons enfin que l'on ait à considérer à la fois dans une même machine les deux circonstances qui influent sur la variation de la vitesse qu'on veut régler, savoir, l'inégalité dans les accroissements des quantités de travail, et les alternatives obligées dans les forces vives du système de va-et-vient. Pour suivre la comparaison avec le réservoir d'eau, il faudra supposer des inégalités entre les quantités de liquide qui y entrent et celles qui en sortent, pendant que d'une autre part, le jeu d'un piston, dans un cylindre qui est en communication avec le bassin, ajoute et retire périodiquement de l'eau et contribue à changer le niveau qu'on voudrait rendre sensiblement constant.

Pour trouver approximativement dans la pratique une limite à la variation de la vitesse qu'on veut rendre constante, et pour s'assurer ainsi qu'elle ne changera pas trop, on pourra supposer le cas le plus défavorable, c'est-à-dire celui où les deux causes de variation influent dans le même sens sur la force vive de la partie de la machine qu'on veut régler. On cherchera d'abord le plus grand changement que peut produire la variation de force vive, on y ajoutera celle qui provient des plus grandes inégalités d'accroissement entre le travail moteur et le travail résistant, et en se servant de cette somme comme nous avons fait précédemment de la quantité D, on aura toujours moyen de disposer le volant pour que la vitesse à régler ne varie pas d'une fraction donnée. Ces calculs approximatifs suffiront dans la pratique, et n'offriront pas de difficultés dans leurs applications.

103. Nous allons examiner maintenant dans les machines la partie qui est destinée à recueillir le plus de travail possible du moteur. Elle exige pour chaque espèce de moteur une étude particulière, qui deviendrait fort longue si l'on voulait entrer dans tous les détails de construction. Nous ne nous en occuperons ici que pour donner des principes généraux sur l'économie du travail, et pour établir quelques règles qui résultent de ces principes.

Nous allons examiner successivement les appareils destinés à recueillir le travail et à le transmettre à une roue d'engrenage quelconque, lorsqu'on le tire : 1° des courants d'eau; 2° des hommes et des animaux; 3° de la vapeur; 4° des courants d'air.

104. Occupons-nous d'abord de l'emploi du travail que fournissent les courants d'eau. Nous donnerons un peu plus de détails sur ce moteur que sur les autres, d'abord, parce qu'il est le plus commun, et en outre, parce que plusieurs des considérations dans lesquelles nous entrerons s'appliqueront ensuite aux autres moteurs.

L'eau qui coule dans une rivière ou dans un canal reçoit de la gravité un travail dont la mesure est le poids de cette eau multiplié par la hauteur verticale dont est descendu son centre de gravité. Ce travail serait tout employé à accroître continuellement la vitesse du fluide sans les forces résistantes produites par les frottements qui l'absorbent en entier. Une fois qu'il n'y a plus d'accroissement de vitesses dans le courant, et que la rivière ou le canal a pris ce qu'on appelle un régime, c'est-à-dire une vitesse constante, on peut dire que le travail dû au poids de l'eau qui se rend des terres à la mer est employé à opérer ce transport en surmontant les frottements qui en résultent, de même que le tirage des chevaux opère celui des marchandises sur les routes. Ce travail qu'exige le transport de l'eau est d'autant plus considérable que la vitesse est plus grande, puisque les frottements augmentent avec la rapidité du courant. Il en résulte que, pour obtenir une certaine vitesse, il faut une pente qui produise un travail suffisant. Le courant fournissant une quantité d'eau déterminée, la section de la rivière dépend de la vitesse; lors donc qu'on a la faculté d'augmenter cette section, soit en tenant les eaux plus hautes dans leur lit, soit en les laissant s'étendre en largeur, on peut diminuer la vitesse, et dès lors diminuer aussi la pente nécessaire pour fournir le travail que doivent absorber les frottements. C'est ce qu'on fait à l'aide des retenues ou barrages : ils économisent une portion du travail qui serait perdu par l'accroissement de frottements que produirait une vitesse plus grande qu'il n'est nécessaire, et cette portion économisée se transmet à des usines où elle est employée à diverses fabrications. Mais une fois que la pente est devenue très-faible, on accroîtrait dans une proportion énorme les inondations, si l'on voulait la diminuer encore pour économiser une très-petite quantité de travail; on ne peut donc jamais disposer au plus, dans un jour, que d'un travail égal au produit du poids de l'eau que fournit la rivière dans ce temps, multiplié par la hauteur verticale dont on peut diminuer la pente totale sans rendre la section par trop grande et sans produire des inondations. Ainsi, chaque localité fixe une limite pour le travail qu'on peut rendre disponible dans une rivière.

Il faut remarquer qu'un courant d'eau ne peut pas fournir, même en théorie, tout le travail qui est dû à la hauteur dont on peut diminuer la pente; car à chaque barrage où l'on établira une machine destinée à recueillir le travail dû à la chute qu'il forme, il faudra que toute l'eau de la rivière entre dans la machine et en sorte ensuite sans occuper immédiatement un espace aussi grand que celui de la rivière; conséquemment il faudra qu'elle prenne pour sortir de cette machine une vitesse plus grande que celle qu'elle avait dans la rivière. Or, ces accroissements de vitesse exigent l'emploi d'une certaine portion de travail, qui est ensuite perdue dans le courant par les frottements. On rend cette portion la plus petite possible, en ne resserrant pas trop l'espace par lequel se fait cette sortie; mais on perd toujours ainsi quelques décimètres de chute. Comme cette hauteur perdue peut varier dans les différentes machines, et que c'est une perfection à atteindre que de la diminuer, il convient, quand on veut apprécier ces machines, de comparer le travail qu'elles recueillent à celui qui est dû à la chute totale : celle-ci se mesurera en prenant la distance verticale qui sépare les surfaces des deux courants à quelque distance au-dessus et au-dessous du barrage, là où la rivière a un cours réglé.

105. Il est bon de remarquer que, lorsqu'on parle du plus ou du moins de travail disponible par la chute d'eau que forme un courant, on sous-entend que ce travail est calculé pour un temps donné, par exemple, pour une journée. Un cours d'eau qui descend, étant une source indéfinie de travail, il faut, pour donner une idée de cette source, énoncer ce qu'elle produit dans une certaine unité de temps, comme dans une seconde ou dans vingt-quatre heures. Il y a ici analogie entre l'évaluation d'une source de travail et celle d'une source d'eau. Quand on évalue le produit d'une fontaine, on le fait par le moyen de l'eau qu'elle peut fournir dans un temps donné. On emploie quelquefois pour cela une certaine unité qu'on appelle *pouce de fontainier*. On pourrait prendre une unité analogue pour les sources continues de travail : tel serait un nombre exact d'unités de travail fournies dans un certain temps. Mais au reste il ne paraît pas très-nécessaire d'introduire encore un nouveau mot, dont on peut toujours se passer en énonçant le travail fourni par jour, ou par heure, ou par seconde. Ce serait peut-être trop que d'introduire deux dénominations nouvelles, et alors la préférence doit être donnée à l'unité absolue plutôt qu'à l'unité de produit continu : cette seconde unité peut s'exprimer plus facilement au moyen de la première, que celle-ci ne pourrait s'énoncer au moyen de l'autre. Il en est des unités de travail comme de celles des capacités des liquides : on se passerait plutôt du pouce de fontainier, comme unité de produit continu, que du litre, comme unité absolue. Nous ne serions donc pas de l'avis de quelques géomètres, qui avaient proposé de consacrer le mot *dyname* à l'unité d'une source continue de travail, sans donner de nom à l'autre unité. On peut d'ailleurs conserver, pour la première, la dénomination en usage de *force d'un cheval*; nous en expliquerons le sens un peu plus loin, en parlant du travail du cheval.

106. Les moyens le plus en usage pour recueillir le travail dû au poids de

l'eau qui descend d'un courant supérieur à un courant inférieur, sont les roues à augets et les roues à aubes ou à palettes. Dans les roues à augets, on tire l'eau du bief par sa superficie, et on la fait arriver sur la roue avec peu de vitesse; elle entre dans des seaux ou augets qui la descendent lentement, pendant qu'elle leur transmet le travail dû à son poids. Dans les roues à aubes ou à palettes, on tire l'eau de la retenue par un orifice inférieur; ce liquide arrivant sur les aubes avec la vitesse due à la chute, produit sur cette roue une partie du travail total qu'il peut transmettre, c'est-à-dire de sa force vive.

Nous ferons remarquer que les termes d'*augets* et d'*aubes* ou *palettes* n'ont point de distinction bien prononcée. Pour nous conformer à l'usage, et pour éviter tout embarras à ce sujet, nous appellerons *augets* ce qui est destiné à recevoir l'eau dans les roues où elle agit principalement par son poids, et nous appellerons *aubes* et *palettes* ce qui est destiné à recevoir l'eau quand elle n'agit que par la vitesse acquise : les palettes sont de simples plans; les aubes sont plutôt des surfaces recourbées, ou des espèces de vases ou canaux où le courant entre et sort facilement. On emploie quelquefois ces deux dénominations l'une pour l'autre.

Pour transmettre le travail d'une chute d'eau, on a imaginé encore d'autres systèmes que les roues à augets et que les roues à aubes ou à palettes; mais ils rentrent tous, soit dans le premier mode, où l'on fait agir l'eau par son poids, en ne lui laissant acquérir que très-peu de vitesse, soit dans le second, où le travail dû à la descente de l'eau commence par s'accumuler sur ce liquide, pour lui donner une certaine vitesse, qu'il perd ensuite, en grande partie, en transmettant à la machine une quantité de travail dont le *maximum* théorique a pour mesure la force vive qu'il possède. On peut combiner aussi des dispositions qui participent de ces deux systèmes; mais l'étude que nous ferons de ceux-ci suffira pour mettre en état d'apprécier facilement toutes les autres combinaisons.

107. Occupons-nous d'abord des roues à augets, c'est-à-dire de celles où l'eau est reçue avant d'avoir acquis une grande vitesse, pour agir par son poids pendant qu'elle descend; examinons, en premier lieu, ce qu'on peut reconnaître sans calculs.

Il est clair que le travail qui est transmis aux augets sera d'autant plus grand qu'ils recevront une plus grande partie de l'eau qui descend, et que celle-ci y entrera avec moins de vitesse relative par rapport aux augets, puisque c'est cette vitesse relative qui donne lieu aux pertes de travail dues aux bouillonnements, aux frottements et aux ébranlements que la roue peut prendre et communiquer au sol environnant. On voit aussi évidemment que l'eau quittant les augets avec la vitesse de ceux-ci, possédera encore une certaine force vive, et n'aura pas transmis tout le travail dû à la chute. Conséquemment, il faudra donner à la roue le moins de vitesse possible; il suffit que l'eau de la rivière puisse s'écouler en passant ainsi par les augets. Si donc on a plus d'eau à y faire passer, il vaudra mieux donner plus de largeur à ces augets que d'augmenter leur vitesse. Il ne faudra pas non plus donner trop d'épaisseur à la lame d'eau qu'ils reçoivent, parce qu'il y aurait une différence trop sensible entre les vitesses du dessus et du dessous de cette lame, et qu'il en résulterait des frottements et des ébranlements plus sensibles à son entrée dans ces augets. Comme l'eau qui arrive sur la roue doit passer dans un espace que les localités limitent ordinairement, il faut bien qu'elle ait une certaine vitesse. Pour profiter le plus possible de celle-ci, comme nous l'expliquerons tout à l'heure, on fait arriver l'eau un peu au-dessous du diamètre horizontal de la roue, en un point où la direction de la vitesse des augets fait un angle aigu avec celle de la lame qui vient les rencontrer. Il faut avoir aussi le soin d'emboîter la roue dans un canal qui empêche qu'une partie de l'eau fournie par le bief ne coule dans le coursier sans entrer dans les augets. Il est clair, en effet, que ce liquide, qu'ils ne reçoivent pas, ne peut transmettre aucun travail à la roue, et que celui qui en sort avant d'être arrivé au bas de la chute ne transmet pas tout le travail qu'il reçoit de la gravité, et qu'il aurait pu communiquer.

Le poids de l'eau que fournit la chute, et qui entre dans les augets, produira par sa descente du bief supérieur au bief inférieur, une quantité de travail qui se partagera en deux parties : une portion sera employée à donner à l'eau qui arrive sur la roue une certaine force vive; l'autre sera transmise aux augets, pendant qu'ils descendent avec le liquide. La première portion, c'est-à-dire la force vive qu'a l'eau à son entrée dans l'auget, se partagera en trois parties : une première sera perdue en bouillonnements de l'eau et en ébranlements de l'auget et de la roue; une seconde sera transmise à cet auget et produira un certain travail moteur, que la roue transmettra en outre de celui qui sera dû au poids de cette eau, pendant qu'elle reste dans l'auget; enfin, une troisième sera la force vive qui restera à l'eau en quittant l'auget. Il est clair que, de ces trois parties, une seule sera employée utilement, les deux autres seront perdues sans profit : il faut donc chercher à rendre la somme de ces deux pertes aussi petite que possible. Or, pour cela, il suffit de faire tourner la roue le plus lentement possible, et de faire entrer l'eau dans l'auget avec une faible vitesse. Mais on ne peut pas diminuer cette dernière vitesse indéfiniment, car il faut bien que l'eau fournie par la rivière, ou au moins que celle qu'on veut utiliser par minute, par exemple, passe dans une certaine ouverture pour arriver dans les augets; dès lors il y a, suivant les localités, une vitesse qui est un *minimum*. Plus cette ouverture sera grande, c'est-à-dire plus la roue à augets sera large, moins il y aura de travail perdu; mais comme les économies de travail ne portent plus que sur peu de chose, une fois qu'on a réduit la vitesse à un certain *minimum*, et qu'il en coûterait plus alors en frais de construction, pour augmenter la largeur de la roue et du coursier, qu'on ne gagnerait à économiser une petite fraction de travail, on s'arrête à ce terme.

On doit donc se proposer cette question : lorsque la vitesse de l'eau qui arrive dans les augets est déterminée, quelle vitesse faut-il donner à la roue pour qu'elle reçoive le *maximum* de travail, c'est-à-dire pour que les deux pertes dont nous venons de parler soient un *minimum*? Après avoir traité d'abord cette question pour le travail transmis immédiatement aux augets ou à la roue qui les porte, nous reviendrons plus loin au cas où le travail qu'on veut rendre un *maximum* est celui que peut fournir une roue intérieure, ou telle autre partie de la machine, recevant son mouvement par des renvois plus ou moins compliqués, qui font perdre encore une portion du travail.

108. Supposons les augets assez peu profonds, et la lame d'eau assez mince pour qu'on puisse regarder comme égales toutes les vitesses des différents points de ces augets, ainsi que celles des différentes particules d'eau qui y entrent. Nous admettrons aussi qu'à cause de la grande masse de la roue et des systèmes mobiles qu'elle fait marcher, la vitesse de rotation de cette roue reste très-sensiblement constante, de telle sorte qu'on puisse assimiler les augets à des vases ayant un mouvement uniforme. Désignons par u les vitesses communes à toutes les particules d'eau, par v la vitesse de l'auget, par α l'angle de ces deux vitesses, et par P le poids de l'eau qui s'écoule pendant l'unité de temps. Une portion de la force vive que possède, à son entrée dans l'auget, l'eau écoulée pendant l'unité de temps, sera transmise à la roue. Cette portion, en vertu de ce que nous avons dit (article 93), sera

$$P\frac{v(u\cos\alpha - v)}{g}.$$

Cette expression croissant avec $\cos\alpha$, c'est-à-dire à mesure que α diminue, on devra chercher à rendre cet angle le plus petit possible. C'est à quoi l'on parvient en faisant arriver la lame d'eau, comme nous l'avons dit, en un point de la roue où les augets se meuvent dans une direction qui diffère peu de celle de cette lame; mais comme il n'est pas possible de rendre cet angle α tout à fait nul, puisqu'il faut que l'eau entre dans les augets par les ouvertures qu'ils présentent, on doit laisser $\cos\alpha$ dans l'expression du travail transmis.

La valeur de v, qui rend ce travail un *maximum*, est $v = \frac{u\cos\alpha}{2}$. Ainsi, pour que l'on perde la plus petite portion possible de la force vive de l'eau, à son entrée dans l'auget, il faut que la vitesse de ce dernier soit moitié de celle de la lame, cette vitesse étant estimée dans le sens de l'autre. Le travail transmis alors, par le seul effet de la vitesse acquise u, est $P\frac{u^2\cos^2\alpha}{4g}$, c'est-à-dire un peu moins de moitié de la force vive $P\frac{u^2}{2g}$ que possède l'eau à son entrée dans ces augets.

Si h désigne la hauteur dont descend le centre de gravité de l'eau, pendant qu'elle reste contenue dans l'auget, le travail transmis à la roue par le poids P de fluide qui est reçu dans l'unité de temps, sera Ph. En y ajoutant celui qui provient de la vitesse acquise quand le liquide arrive sur la roue, on aura pour le travail total

$$Ph + P\frac{v(u\cos\alpha - v)}{g}.$$

Pour $v = \frac{u\cos\alpha}{2}$, sa valeur, qui est un *maximum*, devient

$$Ph + P\frac{u^2\cos^2\alpha}{4g}.$$

D'après cette formule, on ne perdrait de tout le travail dû à la chute, qui est à très-peu près $Ph + P\frac{u^2}{2g}$, que la quantité $P\frac{u^2}{2g}\left(1 - \frac{\cos^2\alpha}{2}\right)$, c'est-à-dire un peu plus de la moitié de la force vive de l'eau à son arrivée sur la roue. Cependant, comme dans la pratique il est difficile que tout le liquide soit reçu dans les augets, et qu'il ne les quitte pas avant d'être arrivé au bas de la chute, on ne recueille guère au plus que sept à huit dixièmes du travail total, c'est-à-dire du poids de l'eau multiplié par la hauteur de la chute.

Si, dans l'expression générale du travail transmis à la roue, savoir, $Ph + P\frac{v(u\cos\alpha - v)}{g}$, on fait $v = u\cos\alpha$, elle se réduit à Ph. Si v était plus grand que $u\cos\alpha$, le terme $P\frac{v(u\cos\alpha - v)}{g}$ changeant de signe, le travail transmis deviendrait plus petit que Ph, et il diminuerait indéfiniment, à mesure que v croîtrait. Ceci résulte évidemment de ce que l'auget ayant plus de vitesse que l'eau qui sort du réservoir supérieur, cette eau serait poussée dans le sens de son mouvement, et presserait en sens contraire le dessus de l'auget, pour s'opposer au mouvement de la roue. Il se produirait ainsi une force résistante et un travail résistant qui se retrancherait du travail moteur Ph, que la gravité produit par la descente de l'eau.

Il semblerait d'abord, d'après la formule précédente, que si v devenait très-petit, et enfin zéro, le travail resterait égal à Ph. Ce résultat, pour être vrai, supposerait que le même poids P d'eau passe toujours dans la roue pendant l'unité de temps; mais il est clair que lorsque v est plus petit que u, il faut, pour que cette condition soit remplie, que la section du courant qui remplit les augets, et qui descend avec une vitesse v, pendant que la roue tourne, soit plus grande que celle qu'il avait en entrant dans l'auget avec la vitesse u, et cela dans le rapport de u à v. La capacité des augets fixe une limite à v, en dessous de laquelle toute l'eau fournie par le courant supérieur, dans l'unité de temps, ne passerait plus par les augets. Pour des valeurs de v plus petites que cette limite, la quantité qu'il faudrait mettre dans la formule ci-dessus, à la place de P, pour représenter l'eau que reçoit la roue pendant l'unité de temps, irait en décroissant proportionnellement à v. Il s'ensuit, comme on va le voir, que si la vitesse des augets, supposée assez petite pour qu'ils commencent à être pleins, est encore supérieure à celle qui eût correspondu au *maximum* si ces augets eussent été plus grands, elle sera celle qui conviendra au *maximum* dans ce cas; en sorte que le travail reçu par la roue irait en décroissant si elle diminuait.

En effet, si l'on désigne par v_0 cette vitesse des augets qui commence à être assez petite pour que la lame d'eau les remplisse, pour des vitesses plus petites, il faudra réduire le travail recueilli, dans le rapport de v à v_0; en sorte qu'en le désignant par T, tant que v est plus grand que v_0, il deviendra $T\frac{v}{v_0}$ une fois que v sera plus petit. Il est facile de voir que ce dernier travail $T\frac{v}{v_0}$ décroît avec v, à partir de l'instant où $v = v_0$; si toutefois cette valeur v_0 n'est pas beaucoup plus grande que celle qui rend T un *maximum*, c'est-à-dire que $\frac{u \cos \alpha}{2}$. En effet, on sait qu'une fonction décroît avec la variable, quand sa dérivée est positive ; la dérivée de $T \frac{v}{v^0}$ devient, pour $v = v_0$, $\frac{dT}{dv} + \frac{T}{v_0}$, quantité qui est positive tant que le terme $\frac{dT}{dv}$ n'a pas une valeur négative égale à $\frac{T}{v_0}$. Or, quand T est un *maximum*, on a $\frac{dT}{dv} = 0$; on voit donc qu'après ce *maximum*, tant que la valeur négative de $\frac{dT}{dv}$ n'est pas un peu grande, la fonction $T \frac{v}{v_0}$ décroît avec v. Ainsi, une fois que les augets sont pleins, c'est-à-dire une fois que v devient plus petit que v_0, si cette dernière valeur n'est pas trop supérieure à $\frac{u \cos \alpha}{2}$, le *maximum* de travail recueilli correspond à la vitesse pour laquelle les augets sont pleins. Si cette vitesse v_0 est plus petite que $\frac{u \cos \alpha}{2}$, le *maximum* de travail correspond toujours à $v = \frac{u \cos \alpha}{2}$. C'est ce qui arrive le plus ordinairement, parce qu'on fait en sorte que les augets aient assez de capacité pour que toute l'eau fournie passe encore dans la roue pour cette vitesse.

On peut remarquer que lorsque la vitesse de la roue est trop petite pour que les augets débitent l'eau que fournit le courant, alors celle-ci s'élève dans le bief supérieur. Cette élévation néanmoins a promptement un terme ; d'abord, parce qu'elle produit toujours une légère augmentation de la vitesse des augets, et par suite de l'eau qu'ils descendent ; et ensuite parce qu'une plus grande portion du liquide coule entre les augets et le coursier, et que bientôt cette portion, qui croît avec la charge à l'entrée, suffit pour le débit de ce qui ne pouvait passer par les augets. Souvent aussi, un déversoir qui laisse écouler librement l'eau du bief quand elle s'élève au-dessus d'une hauteur donnée, arrête aussi cette surélévation, et fait que toute l'eau est dépensée sans que les augets en prennent davantage.

En résumant les conséquences des considérations précédentes, nous dirons que lorsqu'il s'agit d'une roue à augets déjà établie, et pour laquelle la section et la vitesse du courant d'eau qu'on y fait entrer sont aussi déterminées, si la capacité des augets permet d'y faire passer toute l'eau du bief avec une vitesse v

moitié de la vitesse $u \cos \alpha$, c'est-à-dire de celle de la lame d'eau qu'ils reçoivent, cette vitesse étant estimée dans le sens de celle des augets, le travail transmis dans l'unité de temps est un *maximum*, ainsi qu'on vient de le dire pour $v = \frac{u \cos \alpha}{2}$. Mais lorsqu'il s'agit d'établir une roue à augets et tous ses accessoires, et de disposer de la vitesse u elle-même et de l'angle α, on tâchera de diminuer cet angle en faisant arriver l'eau presque tangentiellement à la roue; et en même temps on diminuera le plus possible la vitesse u aveclaquelle l'eau arrive sur la roue, ce qu'on fera en augmentant la largeur de la lame autant que les localités le permettent. Comme il faudra bien que cette vitesse reste assez grande pour que toute l'eau dont on peut disposer dans l'unité de temps se débite par l'orifice, on cherchera encore à utiliser la plus grande partie possible de la force vive de l'eau qui entre dans les augets, en ne donnant à ceux-ci que la vitesse $\frac{u \cos \alpha}{2}$, pourvu qu'alors toute l'eau fournie dans l'unité de temps par le bief supérieur ne cesse pas de pouvoir passer par ces augets. Il faudra pour cela que ceux-ci, quand ils sont pleins, forment un courant ayant une section à peu près double de celle de la lame d'eau avant qu'elle y entre. Pour peu que cette condition ne soit pas remplie en même temps que celle qui se rapporte à la vitesse de la roue, on perdrait plus de travail en raison de ce qu'une partie de l'eau serait obligée de passer ailleurs que dans les augets, qu'on n'en aurait gagné en cherchant à employer une portion de la force vive du liquide à l'aide d'une diminution de cette vitesse. C'est par cette raison que, pour être bien sûr que les augets reçoivent toute l'eau possible dans l'unité de temps, on préfère donner à la roue une vitesse un peu plus forte qu'il ne le faudrait à la rigueur. Souvent même par économie de construction, pour ne pas avoir des augets très-larges, on leur laisse une vitesse à peu près égale à celle qu'a l'eau en y entrant, et l'on ne recueille que le travail dû au poids de l'eau pendant qu'elle descend. Dans ce cas, ainsi que nous venons de le faire voir, les augets étant supposés remplis, si l'on donnait à la roue une vitesse moindre, le travail recueilli diminuerait.

Ainsi, dans tous les cas, il y a pour les augets d'une roue hydraulique une vitesse qui convient au *maximum* du travail à recueillir par la roue dans l'unité de temps : nous dirons plus loin comment on parvient, dans le premier établissement des autres parties de la machine, à disposer les choses de manière que cette vitesse se produise.

109. Examinons maintenant la théorie analogue pour les roues à aubes ou à palettes (*), c'est à-dire pour celles où l'eau sort de la retenue par une ouverture inférieure, et acquiert ainsi une grande force vive qu'elle transmet en partie à la roue sans agir par son poids.

On peut distinguer deux modes de construction de ces roues : dans le premier, les aubes sont emboîtées par un coursier de manière à former des vases qui sont fermés un instant par ce coursier après que l'eau y est entrée, et qui se rouvrent ensuite quand l'aube se dégage de ce coursier; dans le second mode, les aubes ne sont pas emboîtées par le coursier, l'eau qu'elles reçoivent ne fait que circuler pour se dégager par les côtés, et même par-dessus.

110. Occupons-nous d'abord du premier mode, c'est-à-dire de celui où le coursier emboîte les aubes assez longtemps pour que l'eau qu'elles ont reçue ne puisse les quitter qu'après que son centre de gravité n'a plus que la vitesse v de la roue. Alors on peut assimiler ces aubes et le coursier qui les renferme à un vase qui se meut dans une certaine direction avec une vitesse v, et dans lequel de l'eau, après être entrée avec une vitesse u faisant un petit angle α avec cette même direction, ne peut sortir avant que son centre de gravité ait perdu son mouvement relatif par rapport au vase, c'ast-à-dire avant qu'il ait pris la vitesse v. Or, nous avons vu (article 94) que dans ce cas le travail transmis au vase dans l'unité de temps, par un poids P d'eau, est

$$P\frac{v(u\cos\alpha - v)}{g}.$$

Le *maximum* de cette expression par rapport à v correspond à $v = \frac{u\cos\alpha}{2}$; elle devient alors égale à

$$\frac{P}{2}\frac{u^2}{2g}\cos^2\alpha.$$

Comme ordinairement l'angle α est très-petit, ce travail est sensiblement égal à

$$\frac{P}{2}\cdot\frac{u^2}{2g},$$

(*) Le mot d'*aube* sera pour nous le terme générique s'appliquant à tout ce qui reçoit le choc de l'eau : ces aubes deviendront des palettes quand elles seront de simples plans non emboîtés.

c'est-à-dire à la moitié de la force vive que possède l'eau à son entrée dans l'auget. L'autre moitié de la force vive se trouve perdue en partie par les bouillonnements et les ébranlements, et en partie par la vitesse que conserve le centre de gravité de l'eau enfermée entre deux aubes au moment où celles-ci quittent le fluide. Ainsi, dans les roues construites de manière que le coursier emboîte complétement les aubes, celles-ci recueillent le *maximum* de travail d'une lame d'eau ayant une vitesse et une section déterminées : lorsque leur vitesse est moitié de celle de l'eau, ce *maximum* est la moitié de la force vive que possède le courant en arrivant sur la roue.

Je ne connais pas d'expériences qui soient faites avec précision pour ce cas; mais celles où les dispositions approchaient le plus de ce que nous venons de supposer n'ont guère donné plus que le tiers du travail dû à la chute. Il faut faire attention que ce travail total est toujours un peu supérieur à la force vive de l'eau qui arrive sur la roue, en sorte que bien qu'on recueille alors, suivant la théorie, la moitié de cette force vive, lorsque le coursier emboîte bien les aubes, on ne doit pas obtenir tout à fait la moitié du travail dû à la chute.

111. Examinons maintenant le second mode de construction de ces roues; supposons qu'au lieu d'emboîter les aubes ou les palettes dans un coursier qui ferme l'issue à l'eau de tous côtés, on laisse à cette eau toute facilité pour se dégager. Pour prendre d'abord le cas où la théorie a quelque chose de plus précis, concevons qu'au lieu de palettes plates, on adapte à la roue des aubes ou des vases en forme de canaux recourbés, construits de manière à obliger chaque particule d'eau à se dévier horizontalement, et à quitter la roue dans une direction qui fait un certain angle avec celle qu'elle avait en y entrant. Chaque aube sera donc une espèce de canal recourbé en forme de portion de cercle, présentant, lorsqu'il se plonge dans le courant, une ouverture assez large pour que toute l'eau puisse y entrer et s'y dévier ensuite dans une direction sensiblement horizontale. Nous supposerons que cette eau, en sortant de l'aube, puisse se répandre dans un bassin latéral où l'écoulement ne soit pas gêné. Ceci ne s'applique, bien entendu, qu'au cas où la roue n'est pas plongée dans un courant indéfini, mais seulement au cas où elle reçoit un courant limité dans sa largeur, et à côté duquel on peut ménager un espace libre pour recevoir l'eau à sa sortie. Bien qu'on ne construise pas ordinairement des aubes qui fassent ainsi dévier horizontalement tous les filets du courant d'eau qu'elles reçoivent, cependant il est bon d'étudier ce cas, parce qu'on y ramène ensuite

avec quelque approximation les diverses constructions en usage, savoir, les aubes courbées horizontalement ou verticalement.

Supposons que l'espèce de canal que forme l'aube ait assez peu de longueur pour que chaque particule d'eau qui y est entrée en soit sortie avant que le mouvement de la roue l'ait sensiblement relevée. Ici, comme l'eau peut sortir librement de l'aube, et qu'on peut regarder le mouvement de celle-ci comme uniforme et rectiligne pendant que l'eau la parcourt, que de plus la courbe décrite par chaque particule fluide est sensiblement dans un plan horizontal, et qu'ainsi l'effet de la gravité peut être négligé, on pourra supposer que la vitesse relative de l'eau par rapport à l'aube reste constante dans les filets fluides pendant que l'aube les force à se dévier. Nous ferons donc ici l'application de ce que nous avons dit à l'article 84 sur le travail transmis par un courant à un canal ayant un mouvement uniforme et rectiligne.

Si u est toujours la vitesse du courant à son entrée dans l'aube en forme de canal, v celle de cette aube, que α soit l'angle de la déviation totale qu'a subie la vitesse relative du fluide depuis son entrée dans l'aube jusqu'à sa sortie, on aura, pour le travail transmis à l'aube par un poids P de fluide,

$$P\,\frac{v(u-v)}{g}\,(1-\cos\alpha).$$

Il est clair que si plusieurs aubes semblables se succèdent, et qu'on ajoute les quantités de travail que chacune reçoit pendant que le fluide y passe, on aura pour somme une expression toute pareille à la précédente, à cela près que P y deviendra le poids total de fluide fourni par le courant dans l'unité de temps. Mais remarquons qu'il faut pour cela que l'intervalle des aubes soit tel, que chacune ne quitte pas le fond du coursier avant que toute l'eau qui se trouvait devant y soit entrée; car, dans le cas contraire, il y aurait une portion de fluide qui s'écoulerait sans avoir atteint l'aube et sans avoir produit aucun travail. Si l'on désigne par l la longueur de la partie de la circonférence extérieure de la roue qui reste emboîtée dans le coursier pour que l'eau soit forcée d'entrer dans les aubes, et par e l'intervalle de ces aubes mesuré sur cette même circonférence, il faudra approximativement que cet intervalle e ne dépasse pas $l\,\frac{(u-v)}{u}$, sans quoi les dernières particules fluides de la portion de courant qui est entre deux aubes n'auraient pas le temps d'atteindre celle qui est devant au moment où celle-ci commence à quitter le fond du coursier. Mais dès qu'on a $e < l\frac{(u-v)}{u}$, toute l'eau fournie par la chute dans l'unité de temps, dont nous désignons le poids par P, sera reçue par les aubes, et le travail transmis sera égal à

$$P\frac{v(u-v)}{g}(1-\cos\alpha).$$

Pour que cette expression soit un *maximum* par rapport à α et à v, il faut qu'on ait, $\cos\alpha = -1$, et $v = \frac{u}{2}$. Ainsi, pour recueillir de la chute un *maximum* de travail avec ce système de roues, il faut que l'aube forme un canal dans lequel l'eau se dévie de deux angles droits, comme dans un demi-cercle, et que la vitesse de l'aube soit moitié de celle du courant (*).

(*) Si, en partant de ce que la pression sur chaque aube est proportionnelle au carré de la vitesse relative $(u-v)$, ainsi que cela résulte des formules de l'art. 84, on voulait en conclure qu'elle doit l'être de même sur l'ensemble de la roue, on trouverait que le travail transmis est proportionnel à $(u-v)^2 v$, et que son *maximum* correspond à $v = \frac{u}{3}$.

Cependant nous avons trouvé pour le même cas qu'on devrait avoir $v = \frac{u}{2}$. L'erreur, dans le premier résultat, vient de ce qu'il ne s'appliquerait qu'à une seule aube toujours plongée dans le courant, et ne recevant pas ainsi dans l'unité de temps toute l'eau que fournit le courant, puisqu'elle recule devant lui. Lorsque l'on considère toute une roue, il y a deux pressions qu'il ne faut pas confondre : une pression moyenne hypothétique qui, appliquée à la roue, au centre d'une aube mobile, produirait le travail que recueille la roue, et la pression qui agit sur chaque aube en particulier, en vertu de la vitesse acquise par la portion de fluide qui se trouve entre deux aubes consécutives. Cette dernière est bien proportionnelle au carré de la vitesse relative $(u-v)$; mais si l'on a égard à sa durée, c'est-à-dire à l'espace que décrit l'aube pendant le temps que la portion du courant qui est devant emploie à couler dedans, on trouve toujours que le travail total transmis à la roue contient le facteur variable $v(u-v)$, et qu'ainsi son *maximum* correspond à $v = \frac{u}{2}$. En effet, admettons toujours que l'aube fasse dévier le courant fluide d'un angle α, et cherchons le travail transmis à l'aube par l'action de ce courant; nous réunirons ensuite toutes ces quantités de travail pour l'ensemble des aubes. Si A est la section du courant qui entre dans l'aube, et π le poids de l'unité de volume de l'eau, la pression exercée sur cette aube, dans le sens du courant qu'elle reçoit, sera, d'après ce que nous avons vu (art. 84),

Le travail transmis deviendra alors égal à

$$P\frac{u^2}{2g},$$

c'est-à-dire à toute la force vive de l'eau qui arrive sur la roue; il est donc le

---

$$\pi A\frac{(u-v)^2}{g}(1-\cos\alpha),$$

en supposant que le courant remplisse le canal depuis son origine jusqu'au point où la déviation est d'un angle égal à α. Lorsque le liquide n'est pas encore arrivé à l'extrémité du canal, c'est-à-dire que la déviation extrême n'est pas encore de la plus grande valeur de α, cet angle, dans l'expression ci-dessus, se rapporte à l'extrémité de la portion de courbe que cette eau occupe à l'instant que l'on considère. Cette pression est donc variable jusqu'à ce que le canal soit plein; elle reste constante ensuite tant qu'il reste plein; puis elle redevient variable quand il se vide. Or, en réunissant le travail dû à la pression variable pendant que l'aube se remplit, à celui qui est dû à la pression variable pendant qu'elle se vide, il est facile de voir que comme le mouvement de l'aube est supposé uniforme, ainsi que celui de l'eau dans le canal qu'elle forme, on aura une somme égale à ce qu'on obtiendrait si le canal restait plein pour l'une de ces périodes égales : en sorte qu'on peut regarder la force comme constante, et supposer qu'elle agit depuis que l'eau a commencé à entrer jusqu'à l'instant où elle cesse d'entrer. Soit s le chemin décrit par l'aube pendant ce temps; le travail qu'elle aura reçu sera donc

$$\pi As\frac{(u-v)^2}{g}(1-\cos\alpha).$$

Pour trouver la valeur de s, remarquons que cet espace sera celui qu'aura décrit l'aube depuis l'instant où elle a commencé à entrer dans le courant, jusqu'à celui où la dernière portion de ce couramt, qui n'est pas interceptée par une seconde aube qui vient se mettre devant la première, aura atteint son entrée. Cet espace est le chemin que doit parcourir un point ayant une vitesse u, pour atteindre un point qui a une vitesse v, et qui est parti avec une avance e égale à l'intervalle des aubes. On a donc $s=\frac{eu}{u-v}$, et le travail transmis à une aube par le courant que l'on considère sera par conséquent

$$\pi Au\frac{e(u-v)}{g}(1-\cos\alpha).$$

Cette expression ne se rapportant qu'à une aube, pour avoir le travail que reçoit la roue plus grand possible pour tous les systèmes où, avant de faire agir l'eau, on la laissera acquérir toute la vitesse que la chute peut lui donner. Cependant nous allons voir que, même en admettant toujours les suppositions sur lesquelles est basée la formule précédente, on ne peut pas recueillir en totalité ce *maximum* théorique égal au travail dû à la chute d'eau.

D'abord, cette force vive totale $P\frac{u^2}{2g}$ que possède l'eau en arrivant sur les aubes ne peut jamais être tout à fait égale au travail dû à la descente de ce même poids P pour la hauteur de la chute, ainsi que l'expérience l'a appris; de sorte que, même en admettant qu'on pût transmettre un travail égal à $P\frac{u^2}{2g}$, il y aurait déjà une différence en faveur des roues à augets remplissant aussi de leur côté toutes les conditions rationnelles qui leur conviennent.

En admettant que les conditions $\cos\alpha = -1$ et $v = \frac{u}{2}$ fussent remplies, l'eau qui sort de l'aube n'aurait plus qu'une vitesse nulle, comme cela doit être pour qu'elle ait transmis un travail égal à sa force vive. En effet, sa vitesse relative dans l'aube étant $u - v$, ou $\frac{u}{2}$, et celle de l'aube étant en sens con-

---

dans l'unité de temps, il faudra la multiplier par le nombre d'aubes qui entrent dans le courant pendant ce temps. Or, e étant l'intervalle des aubes, ce nombre sera $\frac{v}{e}$: ainsi le travail transmis dans l'unité de temps sera

$$\pi A\,\frac{uv(u-v)}{g}\,(1-\cos\alpha).$$

Ici $\pi A u$ est le poids de l'eau que fournit le courant dans l'unité de temps; c'est ce que nous avions désigné par P. L'expression précédente devient donc

$$P\,\frac{v(u-v)}{g}\,(1-\cos\alpha).$$

Ainsi, en partant de la pression sur chaque aube, qui est proportionnelle au carré de la vitesse, nous retrouvons, pour le travail transmis à la roue, la même expression que celle que nous avons employée : son *maximum* correspond toujours bien à $v = \frac{u}{2}$.

traire $\frac{u}{2}$, ces vitesses se détruisent, et l'eau sort de l'aube sans vitesse ; c'est dans ce cas l'aube qui abandonne une eau devenue immobile.

La condition que l'eau quitte l'aube avec une vitesse nulle ne pourrait être rigoureusement remplie qu'autant qu'il n'y aurait qu'une aube, et qu'il existerait un espace libre sur le côté de la roue où le liquide pût venir s'arrêter ainsi ; mais dans la réalité, pour une série d'aubes tournant dans un espace fixe, il n'est pas possible que l'eau quitte cet espace sans une vitesse moyenne qui dépend du débouché qu'on peut donner pour sa sortie. Si l'on admettait pour un instant, comme cela est possible pour une aube, que l'eau sortit avec une vitesse nulle, alors l'aube suivante la pousserait devant elle en tournant, et lui donnerait nécessairement une vitesse dans le sens de son mouvement. La nécessité que l'eau fournie par le courant dans l'unité de temps sorte de la surface de révolution dans laquelle la roue tourne, détermine un *minimum* de vitesse moyenne de sortie. La force vive qui est due à cette vitesse viendra toujours en déduction du travail qu'on peut retirer de la chute d'eau.

Pour conserver cette légère vitesse, il suffit que celle de l'aube ne détruise pas complétement la vitesse relative de l'eau qui en sort ; or, cela peut arriver de deux manières, soit parce que l'angle α ne serait pas tout à fait de deux droits, soit parce que v ne serait pas égal à $\frac{u}{2}$. Il est facile de voir qu'en laissant toujours $v = \frac{u}{2}$, et donnant seulement à α une valeur un peu différente de deux droits, on aura une vitesse de sortie qui sera la résultante de deux vitesses égales, l'une tangente au cercle décrit par la roue, et l'autre tangente à l'extrémité de l'aube ; par conséquent cette vitesse sera à peu près perpendiculaire à ces deux directions, vu que celles-ci sont à peu près directement opposées. Si l'on désigne par θ le supplément de l'angle α, la valeur de cette vitesse de sortie sera $u \sin \frac{\theta}{2}$. On voit donc qu'en prenant l'angle θ assez petit, cette vitesse sera faible et aura la direction la plus favorable à l'écoulement de l'eau. Si, par exemple, on prend seulement θ de manière qu'on ait $\sin \frac{\theta}{2} = \frac{1}{4}$, la vitesse de sortie sera $\frac{u}{4}$: on ne perdra avec cette vitesse que le seizième de la force vive totale. Pour que l'on puisse diminuer ainsi la vitesse qu'a l'eau lorsqu'elle quitte l'aube, il faut lui préparer un débouché suffisant à sa sortie.

A l'examen d'une roue hydraulique, si l'on évalue par aperçu la section du courant d'eau qui quitte les aubes, on reconnaîtra si une grande portion de sa force vive a pu leur être transmise : plus cette section sera grande, et plus le courant aura donné de sa force vive.

Je ne sache pas qu'on ait essayé de construire des roues avec des aubes formant des canaux horizontaux. Tout ce qu'on pourrait faire pour approcher de cette conception rationnelle, ce serait de courber les aubes horizontalement et de les emboîter par-dessus et par-dessous pour que les filets fluides sortissent seulement par le côté de la roue en se déviant de près de deux angles droits. Je doute que cette construction en grand puisse être facile, et que la dépense à faire n'excède pas celle qu'il faudrait pour établir une bonne roue à augets, prenant l'eau à la surface du bief supérieur, et pour y joindre, s'il le fallait, les renvois de mouvements qui redonneraient dans l'usine la même vitesse de rotation que celle que fournit la roue à aubes. Comme l'expérience prouve, conformément aux indications que donne la théorie, que ces roues à augets, quand elles remplissent bien les conditions qui leur conviennent, recueillent toujours plus de travail que les autres, on ne doit chercher pour ces dernières aucun perfectionnement qui rendrait leur construction plus chère que celle des roues à augets, en y joignant, si cela est nécessaire, un renvoi de mouvement qui augmente la vitesse de rotation dans l'intérieur de l'usine.

112. M. Poncelet a imaginé de construire des aubes en forme de canaux verticaux où l'eau s'élève et redescend pour sortir par la même ouverture par laquelle elle est entrée. Cette disposition a l'avantage d'être d'une construction facile. L'expérience a prouvé que le travail recueilli par ces roues pouvait être d'environ cinq dixièmes du travail dû à la chute du courant. On trouvera le mémoire de M. Poncelet sur cette forme d'aube, dans un ouvrage qu'il a publié sur les roues hydrauliques.

En considérant toujours, dans ce système de roues, le mouvement de l'aube comme rectiligne et uniforme pendant qu'une particule fluide la parcourt, on pourra appliquer ce que nous avons dit à la fin de l'article 88. Mais, comme nous l'avons remarqué, la théorie qui est basée sur ce que la vitesse relative de l'eau par rapport au canal, lorsqu'elle en sort, est la même que celle qu'elle avait en y entrant, ne peut guère s'appliquer qu'à de petites masses liquides entrant et sortant isolément, et pouvant s'assimiler chacune à une particule mobile. La vitesse relative $u - v$ avec laquelle une particule se meut dans le canal redeviendra la même quand elle sera au même point de la courbe en redescendant ; en sorte qu'en sortant de l'aube courbe, cette particule, après s'y être élevée à la hauteur due à la vitesse relative $(u-v)$ avec laquelle elle y est entrée, aura cette même vitesse relative ; celle-ci se produisant en sens directement opposé à la vitesse v de l'aube, il en résultera pour l'eau qui sort une vitesse résultante égale à $2v-u$. Ainsi, ce canal vertical détourne de deux angles droits la direction de la vitesse relative de la particule d'eau, absolument comme si, au lieu de s'élever, elle se fût déviée horizontalement dans un canal en demi-cercle pour en sortir dans une direction parallèle et opposée à celle qu'elle avait en entrant. Cette vitesse de sortie $2v-u$ devient nulle quand $v=\frac{u}{2}$; dans ce cas, la particule fluide aurait transmis toute sa force vive en quittant l'aube.

Lorsqu'on ne considère ainsi qu'une particule d'eau qui se meut librement dans l'aube, la théorie est la même pour le mouvement dans une aube courbée verticalement ou dans une aube courbée horizontalement ; la gravité n'a point d'influence quand la particule est revenue à l'entrée de l'aube ; son effet s'est borné à retourner le sens de la vitesse. Mais quand il y a un courant continu entrant dans un canal vertical, alors la même théorie devient beaucoup moins applicable, ainsi que nous l'avons remarqué à l'article 88. Les particules déjà élevées, dont la vitesse est moindre, gênent le mouvement de celles qui sont en dessous et qui ont plus de vitesse. En outre, le fluide qui redescend se choque avec celui qui devrait encore s'élever, et il en résulte beaucoup de pertes de force vive par les bouillonnements. Il n'est donc pas étonnant que bien que, d'après un aperçu théorique, on puisse recueillir un travail presque égal à la la force vive, on n'en recueille réellement qu'environ les cinq dixièmes.

113. Examinons maintenant le cas où les aubes sont formées de plans ou palettes plus larges et plus hautes que le courant, et qui forcent ainsi tous les filets fluides, ou au moins une grande partie, à devenir parallèles à ces plans en se dégageant librement par les côtés et par-dessus. Alors, comme la vitesse relative dans chaque filet se conserve sensiblement constante, soit parce que la déviation se fait en grande partie horizontalement, soit parce qu'elle s'opère dans une petite étendue ; qu'en outre le sens de la vitesse du plan diffère peu de celui de la vitesse du courant ; on peut appliquer approximativement à ce cas la formule donnée article 84 sur le travail transmis à un plan mobile par une masse ou un poids déterminé de fluide. Il est clair, en effet, que comme les

angles que font ces palettes avec la direction du courant varient assez peu pendant qu'elles restent plongées, le travail transmis à plusieurs palettes qui se succèdent sera sensiblement le même que si une seule recevait l'action du fluide P que fournit la veine dans une seconde, et qu'elle conservât en même temps une inclinaison moyenne entre la plus grande et la plus petite de celles qu'elle a par rapport au courant pendant qu'elle est en présence de celui-ci. On peut admettre dans la pratique que l'angle du courant et de la palette, pour cette position moyenne, diffère très-peu de 90°; ainsi, on fera dans la formule de l'article cité $\sin \alpha = 1$. Elle donnera alors pour le travail transmis à la roue

$$P \frac{v(u-v)}{g}.$$

Cette expression devient un *maximum* pour $v = \frac{u}{2}$; sa valeur est alors $P \frac{u^2}{4g}$, ou la moitié de la force vive que possède le courant en arrivant sur les palettes.

On peut remarquer que ce travail serait le même que celui qu'on a trouvé pour le cas où les aubes sont enfermées dans un coursier, et où l'on peut les assimiler à des vases recevant toute la lame d'eau. Mais comme ici les palettes ne sont pas rigoureusement d'équerre au courant pour une partie du temps pendant lequel celui-ci agit, que leur vitesse n'est pas non plus exactement dans le sens de celle de l'eau, que d'ailleurs, dans la pratique, il n'arrive pas que les déviations des filets se fassent de manière qu'ils deviennent tous parallèles aux palettes, l'expression précédente est trop forte. L'expérience ne donne guère, en effet, au lieu de la moitié de la force vive due au courant pour le travail recueilli avec la vitesse la plus favorable, qu'environ le tiers de cette force vive, ou un peu moins du tiers du travail dû à la chute. Ainsi, quand on ne pourra pas construire des aubes recourbées, soit horizontalement, soit verticalement, et qu'on n'aura que des palettes planes, il vaudra toujours mieux les emboîter de tous côtés, que de laisser le courant libre de se dégager après avoir rencontré ces palettes.

Il est bon de remarquer que tant que les palettes ne sont pas encore devenues perpendiculaires au courant, leur épaisseur, qui ne peut être négligée dans quelques cas, présentera ordinairement une face perpendiculaire à leur plan, sur laquelle une petite partie du courant viendra se détourner sans produire de travail, puisque ces petites faces n'ont qu'une vitesse perpendiculaire à la pression. On devra donc rendre ces épaisseurs aussi petites que possible, et diminuer aussi le nombre des palettes pour diminuer le nombre de ces faces. Mais, d'une autre part, il y a une limite à l'écartement à donner à celles-ci; car il faut que l'eau comprise entre deux palettes ait le temps d'atteindre celle qui est devant au moment où celle-ci commencerait à abandonner une portion du courant. Si l'on désigne, comme à l'article 111, par l la portion de la circonférence extérieure de la roue pour laquelle les palettes touchent sensiblement le fond du coursier, et par e l'intervalle de ces palettes, il faudra toujours qu'on ait approximativement $e < \frac{l(u-v)}{u}$.

114. Lorsque les palettes sont plongées dans un courant indéfini qui les dépasse, alors on n'a plus d'expression un peu exacte du travail transmis, parce qu'on ne sait plus, ni à quelle portion du courant s'étendent les déviations, ni de combien sont déviés les filets qui approchent des bords de la palette. Cependant, si l'on admet que les formes de ces filets ne changent pas sensiblement avec les vitesses, l'expression du travail contiendra encore le facteur variable $v(u-v)$, qui est commun à ce que transmet chaque filet fluide. Le *maximum* à recueillir de leur ensemble correspondrait donc toujours à $v = \frac{u}{2}$. Au reste, ce n'est pas dans ce cas qu'il importe beaucoup de recueillir le plus possible du courant, puisque sa largeur dépassant celle des palettes, si l'on avait besoin de plus de travail, on pourrait toujours les élargir. Quand le courant est indéfini, on a ainsi autant de travail qu'on en veut, et l'on ne cherche plus autant à l'économiser.

Cependant, dans le cas où l'on voudra savoir approximativement ce qu'on peut recueillir avec une roue dont les palettes plongent dans un courant qui les déborde, on pourra le calculer comme pour le cas où elles sont plus larges que le courant, lorsque celui-ci n'aurait qu'une surface moitié de celle de chaque palette. En effet, les expériences sur la pression dans un fluide indéfini ne donnent que celle qui serait produite par ce courant fictif contre un plan plus large. Ainsi; pour avoir approximativement ce travail en se donnant la surface A des palettes, on remplacera le poids P de l'eau reçue dans l'unité de temps par $\frac{1}{2}\pi Au$, au lieu de πAu, et l'on aura pour le travail

$$\frac{\pi}{2}\frac{Auv(u-v)}{g}.$$

Son *maximum*, qui a lieu pour $v = \frac{u}{2}$, deviendra

$$\frac{\pi A u}{4} \frac{u^2}{2g},$$

c'est-à-dire le quart de la force vive de la portion du courant interceptée par l'aube. Ce résultat n'est pas rigoureux, puisque la pression sur chaque aube n'est pas exactement ce que nous venons de la supposer; elle devient d'autant plus supérieure à cette valeur, que les vitesses sont plus grandes; mais au moins aura-t-on par là une approximation qu'il est toujours utile de connaître.

115. Dans tout ce que nous avons dit jusqu'à présent sur la valeur de la vitesse de la circonférence des roues à augets ou des roues à aubes qui correspond au *maximum* de travail, nous n'avons considéré que celui que reçoit la roue elle-même. Dans la pratique, le travail qu'on veut rendre un *maximum* n'est pas précisément celui que reçoit la roue, c'est celui que transmettent certains corps de la machine agissant le plus immédiatement possible sur les points dont le déplacement constitue l'effet utile : ce dernier travail est toujours inférieur au premier de toutes les pertes dues aux frottements et quelquefois aux chocs qui ont lieu dans les systèmes de transmission. Tant que la machine se meut avec la même vitesse, ces pertes sont proportionnelles au nombre de tours de chaque roue, et en général au nombre de périodes de mouvement que la machine a effectuées. Comme l'expérience prouve que les frottements restent à peu près les mêmes pour des vitesses qui ne sont pas trop différentes, il s'ensuit que le travail qu'ils font perdre dans l'unité de temps, pour différentes valeurs de la vitesse v des aubes ou des augets, sera toujours à peu près proportionnel seulement au nombre de périodes de mouvement de la machine, ou bien par conséquent à cette vitesse v. Si donc on suppose, comme cela arrive le plus souvent, qu'il n'y a pas d'autres pertes que celles qui sont dues à ces frottements, on peut représenter ce travail perdu par vf. Ici f serait égal à une force fictive qui, appliquée à la roue motrice à la même distance de l'axe que les augets, produirait un travail égal à celui qui se perd en frottement par les renvois de mouvement depuis cette roue jusqu'aux points où l'on veut obtenir un *maximum* de travail.

A la rigueur, les frottements ne dépendant pas seulement des poids des corps qui s'appuient les uns sur les autres, mais aussi des efforts dus à l'action du moteur, et ces efforts variant avec la vitesse, les frottements varieraient aussi pour une même période de mouvement; en sorte que dans l'expression vf, f ne serait pas tout à fait indépendant de v. Néanmoins il sera toujours utile de voir l'influence qu'auraient sur la détermination de la valeur de v, pour le *maximum* de travail utile, les pertes par les frottements, dans les cas où l'on pourra les supposer toujours les mêmes pour chaque période de mouvement de la machine.

Nous avons trouvé que le travail que reçoit immédiatement la roue dans l'unité de temps est,

1° Pour le cas des augets lorsque l'eau agit en partie par son poids,

$$Ph + P\frac{v(u\cos\alpha - v)}{g};$$

2° Pour le cas des aubes emboîtées dans le coursier, ou des palettes sensiblement d'équerre au courant,

$$P\frac{v(u-v)}{g};$$

3° Dans le cas des aubes faisant fonction de canaux et forçant le courant à se dévier d'un angle α,

$$P\frac{v(u-v)}{g}(1-\cos\alpha).$$

Le travail qu'on veut rendre un *maximum* s'obtiendra en retranchant de ces expressions le produit fv. En égalant à zéro les dérivées par rapport à v, on a des équations d'où l'on tire

Pour le premier cas, $\quad v = \frac{u}{2}\cos\alpha - \frac{fg}{2P};$

Pour le second, $\quad v = \frac{u}{2} - \frac{fg}{2P};$

Pour le troisième, $\quad v = \frac{u}{2} - \frac{fg}{2P(1-\cos\alpha)}.$

On voit donc que la vitesse qui correspond au *maximum* d'effet produit dans l'unité de temps doit toujours être au-dessous de $\frac{u}{2}$. Moins il y aura de pertes par les renvois entre la roue motrice et les points où l'on veut que le travail soit un *maximum*, moins aussi la vitesse v différera de $\frac{u}{2}$, ou de $\frac{u \cos \alpha}{2}$. Mais quelque simple que soit la machine, s'agirait-il seulement d'élever des poids avec une corde qui s'enroule sur un cylindre, les pertes de travail dues aux frottements des axes et au ploiement de la corde, feront toujours correspondre le *maximum* à une valeur de v sensiblement plus petite. Cette conséquence est tout à fait d'accord avec ce que l'expérience a appris.

Pour se faire une idée de la quantité $\frac{fg}{2P}$ qu'il faut retrancher de $\frac{u}{2}$ pour obtenir la seconde de ces valeurs de la vitesse v, supposons qu'on sache par expérience que pour une roue à aubes emboîtées, le frottement fait perdre dans l'unité de temps la $n^{ième}$ partie du travail total qu'elle reçoit quand elle marche avec la vitesse $v = \frac{u}{2}$; on aura pour cette valeur de v,

$$fv = \frac{1}{n} P \frac{v(u-v)}{2g},$$

ou en substituant $\frac{u}{2}$ pour v,

$$\frac{fg}{2P} = \frac{u}{4n}.$$

Mais f restant sensiblement le même pour $v = \frac{u}{2}$ et pour des valeurs variables de v, on peut substituer cette fraction à celle qui entre dans la valeur de v, et l'on a

$$v = \frac{u}{2} \left\{ 1 - \frac{1}{2n} \right\}.$$

Ainsi, en admettant que dans un moulin, par exemple, on sache par expérience que quand la roue motrice a une vitesse moitié de celle du courant, les frottements, depuis la meule jusqu'à la roue motrice, font perdre le quart du travail que reçoit cette roue; pour recueillir un *maximum* de travail sur la meule, on devra donner aux aubes ou aux palettes une vitesse qui, au lieu d'être la moitié de celle du courant, sera les $\frac{7}{16}$ de cette vitesse. Ces résultats numériques supposent, comme nous l'avons dit, que les forces produites par les frottements ne varient pas sensiblement quand on change la vitesse de la roue motrice. Bien que cette hypothèse ne donne qu'une approximation, on n'en voit pas moins, par ce que nous venons de dire, comment les frottements et les autres pertes de travail, depuis la roue jusqu'au point où s'opère l'effet utile, tendent à diminuer la valeur de la vitesse qui correspond au *maximum* du travail utile.

116. Dans l'établissement des machines destinées à recueillir le travail d'une chute d'eau, on doit distinguer deux cas : ou le courant fournit un travail beaucoup supérieur à celui dont on a besoin, en sorte qu'on n'a pas de motifs de l'économiser; ou bien, ce travail n'excédant pas celui dont on a besoin, il faut tâcher de le recueillir en totalité. Dans le premier cas, on ne se dirige que par des considérations d'économie dans la construction de la machine; alors les roues à aubes ou à palettes s'emploient de préférence. Outre que par elles-mêmes elles coûtent moins que les roues à augets, elles ont aussi l'avantage, lorsqu'on a besoin d'une assez grande vitesse, de dispenser des systèmes d'engrenages qu'il faudrait joindre à une roue à augets qui marche plus lentement. Dans le second cas, c'est-à-dire lorsqu'on veut obtenir le plus de travail possible de la chute d'eau, ce sont les roues à augets qu'on emploie. L'expérience montre que lorsqu'on leur donne une faible vitesse, elles recueillent environ sept dixièmes du travail dû à la chute, tandis que les roues à aubes ou à palettes, où l'on reçoit l'eau en dessous, ne recueillent, pour le système ordinaire des palettes ou aubes planes, que trois dixièmes environ du travail total de la chute, et pour les meilleurs systèmes qu'on ait encore employés que les cinq dixièmes de ce travail.

117. Nous ne nous occuperons point de quelques autres systèmes imaginés pour recueillir le travail des chutes d'eau; cet examen sortirait du plan de cet ouvrage; nous nous sommes proposé seulement, de donner les moyens d'obtenir le plus de travail possible. L'étude que nous venons de faire des conditions à remplir pour cela ne doit pas laisser douter que la roue à augets ne satisfasse aussi bien que possible à ces conditions, et ne fournisse autant de travail que toute autre combinaison qui pourrait coûter plus à établir. Les autres systèmes ne peuvent avoir pour but que de dispenser de quelques renvois de mouvement, en donnant de suite, soit une vitesse de rotation plus grande, soit une position verticale à l'axe de rotation. C'est seulement quand la source de travail est sura-

bondante que d'autres machines peuvent être bonnes pour économiser les frais d'établissement de quelques renvois de mouvement. Au reste, s'il arrive qu'on ait à apprécier, sous le rapport de l'économie du travail, quelque système nouveau, on comprend qu'il suffira d'examiner seulement si l'eau arrive sans vitesse sensible au plus bas de la chute dont on peut disposer, ce qui exige qu'elle ait pour cela une large issue, et si la machine ne donne pas lieu à des changements de vitesse ou à des bouillonnements dans le fluide qui fassent perdre une partie du travail en ébranlements et en frottements.

118. Il ne suffit pas, dans la pratique, de connaître la vitesse qu'il faut donner à une roue à augets ou à aubes pour qu'elle recueille le plus de travail possible dans un temps donné, il faut encore trouver le moyen de disposer les choses de manière que cette vitesse soit produite, et qu'elle ne varie qu'entre des limites assez resserrées.

D'abord, pour empêcher qu'il n'y ait des changements trop sensibles dans la vitesse, on conçoit, d'après ce que nous avons dit article 102, que s'il y a, par la nature de l'effet à produire, trop d'inégalité dans les quantités de travail résistant, il suffira d'ajouter un volant, ou enfin de donner, par un moyen quelconque, assez de force vive à la machine pour que la vitesse de la roue varie peu par ces inégalités. Une fois qu'on aura atteint ce but, il ne restera plus qu'à faire en sorte que la vitesse moyenne qui s'établira soit celle qui convient au *maximum* d'effet.

Pour arriver à la solution de cette question, il faut d'abord que l'on conçoive comment, lorsque la somme des forces vives de la machine croît ou décroît avec la vitesse v des augets ou des aubes, ce qui a lieu en général, et ce qui peut toujours avoir lieu en ajoutant un volant, cette vitesse doit toujours osciller autour de celle qui est telle que le travail moteur est égal au travail résistant dans une unité de temps assez grande pour comprendre un nombre un peu considérable de périodes de travail. On entend ici par *période de travail* le temps nécessaire pour que la machine accomplisse un des effets qu'elle répète indéfiniment, et pour lesquels toutes les quantités de travail moteur et résistant se reproduisent les mêmes. Par exemple, s'il s'agit de mouvoir des marteaux ou des pistons, ce sera le temps qui sépare deux coups de marteaux ou deux élévations de pistons; ce sera un temps plus petit encore s'il s'agit d'un travail résistant plus continu, comme dans une filature. Cette période, quelle qu'elle soit, correspondra à un chemin déterminé des augets ou des aubes de la roue.

Considérons le mouvement pendant une unité de temps assez grande pour qu'on puisse la regarder approximativement comme comprenant un nombre exact des périodes de travail dont nous venons de parler, et pour qu'on puisse négliger ainsi le travail qui se produit pour des fractions de période qui compléteraient cette unité de temps. Si l'on suppose que la vitesse v vienne à changer, le nombre entier des périodes de travail achevées dans l'unité de temps variera à peu près proportionnellement à v, puisque chacune de ces périodes n'exige qu'un chemin déterminé des augets ou de la roue. Or, le travail résistant produit dans une période, c'est-à-dire pour un chemin déterminé de la roue et par suite des autres points de la machine, ne peut devenir plus petit quand la vitesse devient plus grande; il arrivera même au contraire, le plus ordinairement, qu'à cause des résistances diverses qui croissent avec la vitesse, il deviendra un peu plus grand; en sorte que le travail résistant total qui est produit dans une unité de temps croîtra au moins en raison du nombre des périodes, et par conséquent au moins aussi en raison de la vitesse v. Ce travail résistant n'aura point de *maximum* relativement à cette vitesse variable; plus elle croîtra, plus il sera grand. Il n'en sera pas de même du travail moteur produit pendant cette même unité; nous avons vu que pour les roues à augets et pour les roues à aubes, il a un *maximum* pour une certaine valeur de v au delà de laquelle il décroît.

Si l'on représente les quantités de travail moteur et résistant produites dans l'unité de temps, chacune par l'ordonnée d'une courbe dont l'abscisse soit la vitesse v, supposée sensiblement constante pendant cette unité, la courbe du travail résistant partira de l'origine et ira en s'élevant comme une ligne droite, ou plus rapidement qu'une ligne droite en prenant une forme convexe vers l'axe; la courbe du travail moteur partira aussi de l'origine et reviendra sur elle-même comme une demi-ellipse. Ces deux courbes se couperont nécessairement, puisque sans cela le travail résistant l'emportant toujours sur le travail moteur, la force vive irait en diminuant sans cesse jusqu'à zéro, et la machine s'arrêterait.

Maintenant on peut établir facilement que la vitesse doit osciller autour de celle qui correspond au point d'intersection de ces courbes, et qui par conséquent sera telle, qu'il y ait égalité entre le travail moteur et le travail résistant, produits tous deux dans l'unité de temps : cette vitesse sera ce qu'on peut appeler la *vitesse de stabilité*. Remarquons en effet qu'auprès du point d'intersection des deux courbes, celle du travail résistant s'inclinera plus que l'autre; donc, si l'on suppose que pendant une unité de temps, la vitesse, c'est-à-dire l'abscisse de ces courbes, vient par une cause quelconque à rester plus grande que celle qui correspond à l'intersection, le travail résistant l'emporterait sur le travail moteur; conséquemment la force vive diminuerait. Comme nous avons admis que, soit par l'addition d'un volant, soit par la seule disposition de la machine, la vitesse v de la roue croissait et décroissait avec la force vive totale de la machine, cette vitesse devrait diminuer aussi; donc elle ira en s'approchant de la vitesse de stabilité. D'une autre part, si l'on suppose que la vitesse reste plus petite que celle qui correspond au point d'intersection des courbes, on voit qu'avant ce point la courbe du travail moteur est au-dessus de l'autre. Ce travail moteur l'emportant donc sur le travail résistant, la force vive doit croître dans l'unité de temps, et il en sera de même de la vitesse de la roue. Ainsi, soit qu'on suppose cette vitesse pendant l'unité de temps, ou en dessus ou en dessous de la vitesse de stabilité, elle ira en s'en rapprochant. Si l'on se rappelle ce que nous avons dit sur les volants, on concevra facilement comment on pourra resserrer les écarts que pourrait prendre la vitesse de la roue par suite des inégalités dans le travail qu'exige l'effet auquel elle est destinée : on obtiendra donc une vitesse sensiblement constante. Pour qu'elle soit celle qui correspond au *maximum* de travail à recueillir sur la roue, il ne restera qu'à faire en sorte que l'intersection des courbes dont nous venons de parler se trouve au point le plus élevé de celle qui se rapporte au travail moteur : nous allons entrer à ce sujet dans quelques développements.

119. Quand la dépense d'eau est donnée, ce qui entraîne que la courbe du travail moteur ait une forme donnée, on parvient à faire correspondre la vitesse de stabilité au point *maximum* du travail moteur, en cherchant à incliner plus ou moins la courbe du travail résistant, c'est-à-dire en modifiant, quand cela est possible, le travail résistant produit dans l'unité de temps pour une vitesse donnée; mais si, au contraire, le travail résistant est donné pour chaque vitesse, et que la courbe de celui-ci ne puisse changer, il ne reste d'autre moyen que de modifier celle du travail moteur, lorsque cela est possible.

Occupons-nous d'abord de la première supposition où l'on se donne la chute d'eau, c'est-à-dire le travail moteur pour toutes les vitesses que peut prendre la roue, et où l'on peut seulement modifier le travail résistant produit avec une vitesse donnée. Il faut, par cette modification, amener la vitesse de stabilité à prendre la valeur qui correspond au *maximum* du travail moteur dans l'unité de temps. Voyons comment on y parviendra dans la pratique.

Il y a deux cas à distinguer : ou bien la partie de la machine destinée à opérer l'effet utile sera construite de telle sorte que, sans rien changer à sa construction, on pourra faire varier le travail résistant dû à cet effet dans l'unité de temps, avec une vitesse donnée, ou pour un tour de roue, ce qui revient au même ; ou bien cela ne se pourra pas ainsi, et il faudra faire un changement dans les constructions premières pour modifier sensiblement le travail dû à l'effet utile par chaque tour de roue.

Dans le premier cas, on arrivera sans difficulté à donner à la vitesse de stabilité la valeur convenable. Pour cela, on augmentera peu à peu le travail résistant dû à l'effet utile, jusqu'à ce que la vitesse de stabilité soit celle qui répond au *maximum*. Par exemple, s'il s'agit d'une machine à aplatir des barres de fer entre des cylindres, on pourra augmenter la largeur ou le nombre des pièces de fer qu'on fera passer entre les cylindres, et le travail résistant augmentera à peu près proportionnellement à cette largeur ou à ce nombre. S'il s'agit d'écraser des matières sous une meule, on pourra, dans beaucoup de cas, fournir plus ou moins de matière dans un temps donné, et dès lors augmenter le travail résistant. Enfin, il y a encore des machines où, par les dispositions préalables, on s'est réservé la faculté d'augmenter ou de diminuer le travail, comme dans les filatures où, en engrenant ou désengrenant des métiers de broches, on ajoute ou l'on retranche autant de travail résistant qu'on le veut. Pour des dispositions de ce genre, on arrivera très-facilement à amener la vitesse de stabilité à la valeur qu'elle doit avoir.

Dans le second cas, où l'on ne peut pas changer le travail dû à l'effet utile pour une vitesse donnée de la roue à aubes ou à augets, sans changer la construction première de la machine, nous allons montrer par un exemple comment on arrivera à établir cette construction première, de manière que la vitesse de stabilité corresponde au *maximum* de travail.

Supposons, pour fixer les idées, que la roue à aubes ou à augets soit destinée à faire mouvoir un marteau de forges qui soit levé par des cames. Il sera facile d'étendre à tout autre cas ce que nous dirons pour cet exemple. Ici le travail résistant pour l'unité de temps correspondant à une vitesse donnée, dépend du nombre de cames adaptées autour de l'arbre qui les supporte ; il ne peut changer qu'en mettant plus ou moins de ces cames, et qu'en modifiant ainsi la construction première de la machine. Voici comment on s'y prendra pour combiner cette disposition première. On saura par expérience de combien il faut élever le marteau pour obtenir un battage convenable du fer; on aura ainsi le travail consommé pour élever le marteau à chaque coup. S'il y a des frottements des cames contre les mentonnets du marteau, ou même des chocs, on s'aidera des résultats de l'expérience, ou de ceux des théories que nous avons donnés (première partie, n°s 52 et 68), pour estimer approximativement le travail que ces frottements et ces chocs feront perdre; on aura donc le travail résistant qu'exige chaque coup de marteau. D'une autre part, en jaugeant le cours d'eau moteur, on saura combien la roue reçoit d'eau par unité de temps, par exemple, par minute : le poids de cette eau, multiplié par la hauteur de la chute, donnera un certain travail. En consultant les expériences faites sur le genre de roue qu'on emploiera, on saura quelle portion de ce travail elle peut recueillir quand elle a pris la vitesse qui correspond au *maximum* d'effet ou de travail utile : ce sera, par exemple, pour une roue à augets, environ 0,70 de ce travail; pour les roues à aubes courbes, environ 0,50, et pour les roues à aubes planes ordinaires, environ 0,30. En divisant ce travail par celui que demande chaque coup de marteau, on aura le nombre de coups qu'on peut frapper par minute. Mais connaissant la vitesse de la circonférence de la roue hydraulique, par la condition de recueillir le plus de travail possible, on en conclura celle de l'arbre qui porte les cames; on saura donc le nombre de tours que cet arbre doit faire par minute, et dès lors aussi le nombre de coups de marteau qu'il peut frapper pour chacun de ses tours. Comme on ne pourra prendre qu'un entier pour le nombre des cames, on choisira celui qui approche le plus du quotient exact qu'on aura trouvé. Ces cames étant ainsi distribuées autour de l'arbre qui les porte, il faudra de toute nécessité que la machine prenne d'elle-même la vitesse qui convient au *maximum* de travail à recueillir, puisque c'est avec cette vitesse seule que le travail moteur et le travail résistant seront égaux et qu'il pourra y avoir stabilité.

120. Revenons enfin à la seconde supposition que nous avons distinguée plus haut, c'est-à-dire à celle où la nature de l'effet à produire ne permet pas de faire varier, même dans la construction première, le travail résistant qu'il doit exiger. C'est ce qui arriverait dans l'exemple dont nous venons de nous occuper, si les coups de marteau devaient se succéder à un intervalle de temps déterminé, et devaient ainsi produire dans l'unité de temps un travail résistant

aussi déterminé. Alors on ne peut arriver à économiser le travail moteur qu'en construisant les engrenages dans la machine de manière que l'arbre qui porte les cames ayant la vitesse nécessaire au nombre de coups de marteau qu'on veut frapper par minute, celle de la roue hydraulique corresponde toujours au *maximum* de travail à recueillir de la chute d'eau. Mais pour que cette dernière vitesse se produise, il faut que cette chute d'eau fournisse une quantité de travail convenable dans chaque unité de temps: ce sera, pour les roues à aubes planes, environ trois fois celui qu'exige le jeu des marteaux et les frottements et autres pertes depuis l'arbre de la roue à aubes; pour les roues à augets, environ une fois et demie le même travail; et pour les roues à aubes courbes, environ deux fois. Si donc le courant ne fournit pas assez d'eau dans l'unité de temps, il ne restera d'autre moyen, pour en tirer toujours le plus de parti possible, que de retenir l'eau en réserve dans un bief ou dans un étang, afin que quand on la fait arriver sur la roue, on soit maître d'augmenter ce débouché et de faire couler dans l'unité de temps la quantité d'eau suffisante. Alors la courbe du travail moteur prendra une amplitude telle, que son point *maximum* viendra se mettre sur la courbe du travail résistant, au point qui est donné par la quantité de ce travail qu'on veut nécessairement obtenir. Pour varier ainsi la quantité d'eau qui arrive sur la roue, et par suite le travail qui lui est transmis avec une vitesse donnée, il vaudra mieux élargir le débouché de la lame d'eau que de l'approfondir; sa hauteur doit être combinée avec la construction de la roue, et il y aurait des pertes de travail à la changer. En donnant préalablement un surplus de largeur aux aubes ou aux augets, on peut augmenter celle de la lame d'eau sans qu'il en résulte des pertes en plus grande proportion que la dépense de travail.

Il y a des effets qui exigent des consommations variables de travail: pour le battage du fer, par exemple, tantôt il faut presser les coups de marteau, tantôt il faut les ralentir. Pour une parfaite économie de travail dans ce cas, il faudrait des systèmes de cames de rechange qui permissent de multiplier les coups de marteau sans changer la vitesse de la roue à aubes ou à augets. Alors, en même temps qu'on multiplierait le nombre des coups de marteau, on élargirait dans la même proportion la lame d'eau reçue par la roue en levant des venteles adjacentes. Mais une pareille perfection pourrait bien devenir trop gênante, et l'économie de travail qu'on y trouverait ne vaudrait probablement pas la dépense qu'occasionneraient ces dispositions. C'est au reste sur quoi on ne peut guère se prononcer d'une manière générale ; tout dépend des valeurs que les circonstances peuvent donner au travail à économiser.

121. Nous allons maintenant donner quelques considérations sur les moyens de recueillir le travail des hommes et des animaux.

Lorsqu'on emploie les hommes comme moteur, on remarque que, suivant qu'ils agissent à l'aide de tels ou tels muscles, ils produisent plus ou moins de travail en se fatiguant également, et qu'en agissant avec les mêmes membres, le travail produit pour une même fatigue varie avec la rapidité du mouvement de ces membres et avec l'effort qu'ils ont à développer. Ainsi, à fatigue égale au bout de la journée, l'homme, avec les muscles des jambes, produit plus de travail qu'avec ceux des bras, et, en agissant avec ses jambes, il produit le plus de travail possible, lorsque les mouvements n'ont pas plus de rapidité que dans la marche ordinaire et que l'effort à exercer approche le plus possible de celui que ses muscles exercent habituellement dans la marche, c'est-à-dire du poids de la partie supérieure du corps. Si l'homme agissait avec trop de rapidité, bien que d'une part les chemins décrits par les points qu'il pousse soient plus considérables, la force le serait beaucoup moins : l'expérience prouve qu'il n'y a pas compensation et que le travail diminuerait. S'il agissait au contraire avec trop de lenteur, il pourrait exercer un plus grand effort ; mais les chemins décrits diminueraient : l'expérience prouve qu'il n'y a pas non plus compensation, en sorte que le travail diminue encore. Le *maximum* correspond au travail qu'il produit pour élever son corps en marchant sur une pente douce. Ce travail a pour mesure le produit de son poids par la hauteur dont il a été élevé. Tout appareil destiné à recueillir le plus de travail possible de l'homme, et à le transmettre à une machine, doit donc être disposé de manière qu'il agisse par les muscles de ses jambes avec une vitesse semblable à celle de la marche, et en exerçant l'effort qu'il produit habituellement pour élever son corps en marchant. Ce but est atteint à peu près en faisant agir les jambes sur une roue qui cède et tourne, pendant que la partie supérieure du corps reste immobile. On pourrait encore placer chaque pied sur un appui mobile qui pût s'abaisser d'une petite hauteur sous la pression du pied, et qui se relevât à l'aide d'un volant (*)

(*) Ce moyen a été proposé par M. Frimot, pour faire mouvoir des pompes.

On tirerait encore plus de travail de l'homme en disposant une rampe ou un escalier où il pût s'élever pour se laisser redescendre sur un plateau mobile, où le poids de son corps seul agirait pendant qu'il se reposerait; mais la difficulté de mettre ce mode à exécution doit faire renoncer à s'en servir, vu surtout qu'il ne produirait pas beaucoup plus que ce que l'on recueille de l'homme, en se servant de la roue de carrière ou du tambour.

La diminution de travail commence à devenir très-sensible quand, au lieu de se servir d'un tambour, où même de toutes les machines ordinaires pour appliquer le travail de l'homme à l'élévation des fardeaux, on les lui fait porter sur ses épaules, tandis qu'il monte sur un escalier ou sur une échelle. C'est ce que l'expérience prouve très-évidemment, et ce que du reste on peut pressentir, en remarquant que l'homme produisant, par l'élévation du poids de son propre corps, le plus de travail possible, il ne doit plus déjà en produire autant si ce poids se trouve surchargé d'un fardeau. Si donc on ne compte pour le travail recueilli que celui de l'élévation du fardeau, et qu'on perde tout celui qui a été produit pour élever le poids du corps, à plus forte raison n'en recueillera-t-on qu'une bien plus petite quantité.

122. On pourrait lier les résultats fournis par l'expérience sur le travail de l'homme au moyen d'une théorie empirique que je suis loin de présenter ici comme une explication de ces résultats, mais seulement comme un moyen de les faire retenir. On pourra se représenter l'homme comme produisant son effort à l'aide du mouvement d'un fluide matériel qui circule dans ses membres et qui agit sur les points qu'il pousse, à peu près comme un courant d'eau contre les aubes d'une roue. On supposera que la fatigue est d'autant plus grande au bout d'un temps donné, que ce courant a plus de vitesse, en sorte que pour soutenir son travail d'une manière continue avec un certain repos et une certaine nourriture, l'homme ne pourra donner à ce courant qu'une vitesse déterminée. Il résulte de cette conception, 1° qu'à fatigue égale, au bout de la journée, l'effort que l'homme doit exercer pour produire le plus de travail possible sur des points mobiles, doit être les $\frac{4}{9}$ de celui qu'il pourrait continuer pendant le même temps sans remuer son corps; de même que, dans ce cas, l'effort d'un courant d'eau contre un plan mobile doit être les $\frac{4}{9}$ de ce qu'il serait contre le même plan quand il est fixe; 2° que le poids que l'homme peut porter pour produire le plus de travail, non compris l'élévation du poids de son corps, est

égal à ce poids multiplié par 0,597, ce qui est assez bien confirmé par les expériences de Coulomb; 3° enfin, que la vitesse verticale qu'il doit prendre dans ce cas doit être celle qu'il donnerait à son corps s'il l'élevait seul, multipliée par 0,47, ce qui est encore confirmé, à peu de chose près, par ces mêmes expériences. Pour arriver à ces conséquences de la théorie empirique d'où nous sommes partis, il faut admettre d'abord que le poids du corps est l'effort que l'homme doit faire pour produire le plus de travail, et ensuite que les efforts produits par un courant de vitesse déterminée contre un corps fixe ou mobile sont proportionnels au carré de la vitesse relative. En comparant l'effort contre le corps et la vitesse de ce dernier pour le *maximum* de travail, avec l'effort et la vitesse qui seraient nécessaires pour que le *maximum* ait lieu seulement pour le travail dû à l'excès d'un effort plus grand sur le premier, on trouve facilement les résultats qu'on vient de citer (*).

(*) Voici les calculs auxquels on est conduit en assimilant ainsi le travail de l'homme qui élève une charge à celui d'un courant fluide qui a une vitesse déterminée. Si l'on désigne, par P l'effort exercé par le courant quand il produit le *maximum* de travail contre un mobile dont la vitesse est V, cet effort P correspondant au poids du corps de l'homme; par P′ le surplus d'effort quand la vitesse v du mobile est moindre que V qui convient au *maximum*, cet effort P′ représentant la charge que l'homme élève en sus du poids de son corps; si u est la vitesse du courant du fluide; on aura pour l'effort total, $P+P'=C(u-v)^2$; C représente ici un coefficient que l'on regarde comme constant. Comme on a $P'=C(u-v)^2-P$, le travail dû à l'élévation de ce poids P′ avec la vitesse v sera, dans l'unité de temps, $C(u-v)^2v-Pv$. Pour qu'il devienne un *maximum*, on doit avoir $v=\frac{2}{3}u-\sqrt{\left(\frac{u^2}{9}+\frac{P}{3C}\right)}$: il ne faut prendre que le signe moins, parce que v ne peut être plus grand que u. P n'étant autre chose que la valeur de $C(u-v)^2$, quand le travail $C(u-v)^2v$ est un *maximum*, c'est-à-dire quand $v=V=\frac{u}{3}$; on a $P=\frac{4}{9}Cu^2$. Mettant cette valeur dans v, on trouve $v=u\frac{(2-\sqrt{\frac{1}{3}})}{3}=(2-\sqrt{\frac{1}{3}})V=0,474V$. Ainsi la vitesse v de la charge pour le *maximum* de travail, en ne considérant que l'élévation de cette seule charge, serait les 0,47 de celle que prend le corps de l'homme quand il n'a rien à élever. Pour avoir la valeur de cette charge, on substituera la valeur $v=\frac{u}{3}(2-\sqrt{\frac{1}{3}})$ dans $P'=C(u-v)^2-P$, ce qui donnera $P'=Cu^2\left(1-\frac{2-\sqrt{\frac{1}{3}}}{3}\right)^2-P$. On tirera Cu^2 de l'équation $P=\frac{4}{9}Cu^2$, et il viendra, en substituant, $P'=\frac{1}{4}P(1+\sqrt{\frac{1}{3}})^2-P$. ou, en réduisant, $P'=0,597P$: ainsi la charge P′ serait les 0,597 du poids P du corps.

123. Lorsqu'on n'a pas pour principal but d'économiser le travail de l'homme, mais qu'on veut plutôt éviter les dépenses de construction des machines qui servent à transmettre ce travail pour opérer certains effets; alors, au lieu de la force des jambes, on emploie celle des bras : l'adresse de ces membres dispense des renvois de mouvement. Mais ce serait une erreur que de croire que, pour éviter les pertes qu'occasionne toujours la transmission nécessaire pour obtenir et le chemin et la force qu'exige l'effet qu'on veut produire, il vaudrait mieux se dispenser de ces renvois de mouvement et faire agir l'homme immédiatement. On perd presque toujours moins à transmettre le travail qu'on ne perdrait à faire agir l'homme d'une manière qui ne correspondît point au *maximum* de travail. c'est pour cela que dans les fabrications qui se continuent indéfiniment, et où la dépense des machines est peu de chose en comparaison du produit de la fabrication, si l'on ne peut employer que des hommes pour moteur, il faut d'abord établir une première partie de la machine destinée à recueillir le *maximum* de travail; ensuite, à l'aide d'une seconde partie, on se procurera les mouvements nécessaires à l'opération qu'on veut exécuter. Si un homme ne produit pas assez de travail dans un temps donné, on en mettra plusieurs, et, sans changer le mode d'agir de chacun d'eux, on parviendra à se procurer sur les outils la force et la vitesse dont on a besoin. Si l'effet à produire donne lieu à un travail résistant qui ne soit pas fourni uniformément, alors on ajoutera un volant à la machine, pour éviter que les hommes n'agissent avec des forces et des vitesses trop sensiblement variables, et ne donnent pas ainsi le *maximum* de travail.

124. Les chevaux n'agissent dans les machines qu'en tirant horizontalement; il ne paraît pas qu'on puisse les employer d'une autre manière. Cependant il est assez probable qu'en élevant le poids de leur corps sur une pente douce, ils produiraient plus de travail qu'en tirant; mais la difficulté de faire agir leurs pieds sur un plan mobile, comme on le fait pour les hommes, empêche qu'on ne se serve de ce mode de produire du travail. C'est en les attelant à un manége qu'on en retire un *maximum* de travail. Ce *maximum* exige que leur vitesse soit à peu près celle de la marche au pas, et que la force du tirage ait une certaine valeur qui varie suivant l'individu. On doit donc disposer le manége de manière que le cheval exerce un tirage déterminé, et marche avec une vitesse déterminée. C'est l'expérience seule qui fait connaître ces éléments pour chaque espèce de chevaux. Pour se procurer la force et la vitesse nécessaires à l'effet

qu on a en vue, on fera usage de renvois de mouvements, en employant autant de chevaux que cela sera nécessaire pour qu'avec une vitesse donnée on ait aussi une force déterminée, c'est-à-dire pour qu'on obtienne un certain travail par seconde de temps. Si l'effet à produire exige une consommation de travail qui ne soit pas uniforme, comme lorsqu'il s'agit de faire mouvoir un marteau, alors on fait usage du volant pour éviter que le cheval n'exerce un effort et une vitesse trop sensiblement variables, et ne donne pas alors son *maximum* de travail.

Les hommes et les animaux étant aujourd'hui des moteurs bien plus chers que la vapeur, on ne les emploie plus pour tout ce qui demande un travail très-continu et assez considérable; mais ils sont toujours utiles lorsque le travail ne doit être fourni que pendant un temps limité, ou bien par intervalles, ou lorsque le peu de travail dont on a besoin ne vaut pas les frais d'établissement des moteurs à vapeur.

125. D'après un tableau donné par Navier dans ses Notes sur Bélidor, l'homme dans une journée, en élevant le poids de son corps seulement, produit 280 des unités que nous appelons dynamodes; lorsqu'il agit sur une roue de carrière, 251; sur un cabestan en se servant de ses bras, 207; sur une manivelle, 172. Toutes ces quantités supposent les vitesses les plus favorables au travail; elles sont de $0^m,60$ à $0^m,75$ pour les bras, et pour les jambes de $0^m,15$, cette dernière vitesse étant mesurée verticalement.

Suivant le même tableau de Navier, un cheval ordinaire, en prenant la vitesse la plus favorable au travail, qui est à peu près de $0^m,90$ par seconde, produit dans la journée de 8 heures un travail de 1166 dynamodes.

Les Anglais, qui ont de forts chevaux, portent aujourd'hui, dans l'estimation des machines à vapeur, le travail d'une journée de 8 heures à environ 2190 dynamodes. Le cheval de machine à vapeur étant supposé travailler 24 heures, c'est-à-dire valant trois chevaux travaillant chacun 8 heures, représente donc, suivant les mesures anglaises, un produit de 6570 dynamodes par jour, ou de $0^d,076$ par seconde. Comme plusieurs mécaniciens français commencent à s'entendre pour fixer ce qu'ils appellent *force d'un cheval* au produit de $0^d,075$ par seconde, il est à désirer qu'on s'arrête à ce nombre, qui est assez près des mesures anglaises pour en être regardé comme la traduction en unités métriques. Ainsi, il serait entendu, qu'en livrant la *force d'un cheval*, on met à la disposition du fabricant un travail par seconde de 75 kilogrammes élevés à un mètre (*).

126. Nous allons donner maintenant, pour l'emploi de la vapeur comme moteur, quelques considérations qui ressortent de la théorie. Si elles ne donnent pas des résultats positifs, elles auront toujours l'avantage de montrer de combien d'éléments divers dépend le travail qu'on en recueille, et d'apprendre à mettre beaucoup de réserve avant de prononcer auquel de ces éléments on doit un accroissement dans les effets produits par une machine à vapeur.

Les machines destinées à recueillir le travail de la vapeur sont composées ordinairement, comme on sait, de la chaudière, du cylindre et de son piston, du balancier, et du volant destiné à régulariser le mouvement. C'est de l'arbre de ce volant qu'on transmet ce travail à la machine destinée à la fabrication qu'on a en vue, comme on le fait de l'arbre d'une roue hydraulique. En suivant l'analogie entre ces machines destinées l'une et l'autre à recueillir le travail, nous assimilerons la dépense de charbon dans le foyer, à la dépense d'eau, et le travail que pourrait produire toute la chaleur dégagée, au travail de la chute, c'est-à-dire au produit de la quantité d'eau par la hauteur totale dont elle descend. De même qu'on apprécie la roue hydraulique, en comparant le travail qu'elle peut transmettre, au travail total de la chute d'eau, on devrait apprécier également la machine à vapeur en comparant le travail que peut transmettre l'arbre du volant, à celui que produirait toute la chaleur dépensée. Mais comme ce *maximum* n'est pas encore bien fixé dans l'état actuel de la Physique, que d'ailleurs il paraît qu'il dépend de la température à laquelle on forme la vapeur, et qu'il ne reste pas proportionnel à la quantité de charbon brûlé, c'est dans la pratique à cette dernière quantité que l'on compare le travail recueilli. La nature

(*) Si l'on voulait introduire le travail de la journée d'un homme comme unité de comparaison, il serait assez convenable d'adopter pour le produit moyen le nombre de 216 dynamodes, qui est à peu près ce qu'il fournit en agissant pour tirer ou pour pousser horizontalement : le travail d'une journée d'homme serait alors exactement le 30e de ce qu'on adopte aujourd'hui pour le produit, par jour, du cheval de machine à vapeur. En admettant que l'homme ne travaille que pendant 8 heures, son produit par seconde, durant ce temps, serait le 10e du produit du cheval de machine, et pourrait élever ainsi à un mètre un poids de $7^{kil.},50$.

du charbon étant très-variable, puisqu'il y en a qui fournit presqu'un tiers de chaleur de plus qu'un autre, il serait plus exact de tout rapporter à une quantité de chaleur déterminée; mais on n'en est pas encore venu là, soit que, d'une part, cet élément manque d'une unité facile à énoncer, soit que même on ne sache pas encore assez bien quelle quantité de chaleur on produit avec les divers charbons qu'on emploie. En attendant que de nouvelles recherches expérimentales permettent de mettre plus de précision dans les énoncés, on se contente donc de comparer le travail recueilli au poids du charbon brûlé, en distinguant assez vaguement les diverses qualités de ce charbon.

127. De même qu'il y a toujours dans la réalité, pour les chutes d'eau, une portion du liquide qui ne vient pas passer par les augets ou contre les aubes ou palettes, il peut y avoir aussi, pour les foyers des machines à vapeur, lorsqu'ils sont mal construits, une portion sensible du courant de chaleur qui ne passe pas contre les parois de la chaudière. Il faut chercher d'abord à diminuer cette quantité autant que possible, par la construction du foyer, ce qui est toujours assez facile, en plaçant celui-ci presque dans la chaudière, et en forçant ainsi le courant de chaleur à la traverser, comme on force le courant d'eau à passer par les augets ou les aubes d'une roue. Mais de même que l'eau, après avoir passé par les aubes, peut n'avoir transmis que très-peu de travail, le courant de chaleur qui est emmené par le courant d'air qui entretient le foyer peut communiquer trop peu de calorique à la chaudière, et en conserver une grande partie en la quittant. On a bien la ressource d'allonger le circuit du courant de chaleur en contact avec la chaudière, par une construction convenable; mais la machine une fois établie, la perte, à la sortie de ce circuit, peut encore devenir plus ou moins grande, suivant la température que la vitesse du piston entretient dans l'eau de la chaudière. C'est ainsi que, pour une roue à palettes ou à aubes, après l'avoir construite de la manière la plus convenable, il faut encore lui donner une vitesse telle, que le travail transmis dans l'intérieur de la machine, déduction faite des pertes par les frottements, soit le plus grand possible. On aperçoit donc ici, pour les machines à vapeur, une question analogue à celle dont nous nous sommes occupés pour les roues hydrauliques : quelle vitesse faut-il donner au piston ou au volant, c'est-à-dire avec quelle rapidité faut-il laisser se dégager la vapeur, pour que, dans un temps donné, on retire d'un foyer déterminé le plus de travail possible de l'arbre du volant? Quoiqu'on ne puisse pas obtenir par la théorie la solution de cette question, il sera toujours bon de faire sentir

que le *maximum* existe, et de montrer les éléments qui font croître et décroître le travail qu'on recueille par kilogramme de charbon brûlé.

Remarquons d'abord que la température de la vapeur pour une même machine et pour un foyer d'une même intensité de chaleur, dépend de la vitesse du piston. Car, si l'on pouvait supposer que cette température de la vapeur qui se forme ne changeât pas quand la vitesse du piston augmente, le poids de vapeur dépensé dans l'unité de temps étant plus grand quand les coups de piston sont plus précipités, la chaleur sortie de la chaudière, qui est proportionnelle à ce poids de vapeur, deviendrait aussi plus grande ; dès lors, comme nous supposons que la combustion reste dans le même état, l'eau de la chaudière ne pourrait pas se conserver à la même température comme on le suppose, puisqu'elle dépenserait plus de chaleur dans le même temps et qu'elle n'en recevrait pas davantage : il faut donc que cette température s'abaisse quand le piston marche plus rapidement. Ainsi, la question de la vitesse à donner au piston revient à celle de la température qu'il convient de laisser prendre à la vapeur pour un certain degré d'activité de la combustion.

Le travail qu'on recueille pour chaque kilogramme d'eau vaporisée peut se représenter par trois termes : 1° le *maximum* théorique que peut fournir la vapeur si elle ne perdait point de chaleur avant la condensation ; 2° la déduction qu'il faut faire pour les pertes de chaleur ; 3° le travail perdu par le frottement du piston. Ces termes dépendant de la température θ_0 de la formation de la vapeur, nous les désignerons par $F(\theta_0)$, $\psi(\theta_0)$, et $\varphi(\theta_0)$; en sorte que le travail qu'on pourra recueillir d'un kilogramme de vapeur sera représenté par $F(\theta_0) - \psi(\theta^0) - \varphi(\theta_0)$.

Si nous désignons par N le nombre de kilogrammes d'eau vaporisée par un foyer d'une intensité de chaleur déterminée, pendant qu'on dépense un kilogramme de charbon, ce qui répond à un temps donné, le travail total recueilli de l'arbre du volant de la machine, pendant ce temps, sera représenté par $N\{F(\theta_0) - \psi(\theta_0) - \varphi(\theta_0)\}$.

La quantité N de kilogrammes d'eau vaporisée dans un temps donné étant proportionnelle à la quantité de chaleur qui passe du foyer dans la chaudière, ce facteur N, pour un même foyer, variera avec la température θ_0 de l'eau dans la chaudière. On sait, en effet, que plus est élevée la température d'un corps mis en présence d'un foyer, moins il prend de chaleur dans un temps donné. Cette vérité physique devient tout à fait sensible ici, en remarquant que, dans le cas où la chaudière serait fermée, la température atteindrait un *maximum*, et que l'eau ne prendrait plus de chaleur du tout; il faut donc que la température soit inférieure à ce *maximum*, pour qu'il y ait de la chaleur employée à former de la vapeur; le facteur N serait nul pour une certaine valeur de θ_0 qu'on n'obtiendrait qu'en fermant tout à fait la chaudière, et il sera d'autant plus petit que θ_0 sera moins en dessous de cette limite.

Examinons maintenant comment varie aussi avec la température θ_0 le second facteur $F(\theta_0)-\psi(\theta_0)-\varphi(\theta_0)$, qui, dans l'expression du travail total, représente celui qu'on recueille pour chaque kilogramme de vapeur formée. Supposons d'abord qu'on ne se serve pas de l'expansion. Nous avons donné à l'article 80 la quantité de travail que produiraient dans ce cas 10 kilogrammes de vapeur s'il n'y avait point de pertes de chaleur. Suivant qu'on admettra la loi de Southern ou celle de la dilatation des gaz, le premier terme $F(\theta_0)$, qui représente le travail théorique pour un kilogramme seulement, sera donné par l'une ou l'autre de ces équations,

$$F(\theta_0) = 17{,}54\left(1-\frac{h_1}{h_0}\right) \quad \text{ou} \quad F(\theta_0) = 12{,}76(1+0{,}00375\theta_0)\left(1-\frac{h_1}{h_0}\right).$$

Ces deux expressions décroissent évidemment avec h_0 et conséquemment avec θ_0; elles deviendraient nulles pour $h_0 = h_1$.

Si l'on suppose maintenant qu'on se serve de l'expansion jusqu'à un volume déterminé v', ainsi que cela arrive dans les machines à cause de la hauteur limitée de la course du piston, on aura, d'après la formule que nous avons donnée au même article 80,

$$F(\theta_0) = \int_{v_0}^{v'} h\,dv + h_0 v_0 \left\{1 - \frac{v' h_1}{v_0 h_0}\right\}.$$

Soit que l'on suppose avec Southern que la force élastique soit en raison inverse du volume, ou qu'on admette la loi de dilatation des gaz, on a pour la première hypothèse, $h = \frac{h_0 v_0}{v}$, et pour la seconde, $h < \frac{h_0 v_0}{v}$; car la température allant en diminuant pendant l'expansion, le produit hv ne peut être que plus petit que $h_0 v_0$, qui correspond à la formation de la vapeur. On aura donc

$$F(\theta_0) = \text{ ou } < h_0 v_0 \left\{\log\left(\frac{v'}{v_0}\right) + 1 - \frac{v' h_1}{v_0 h_0}\right\}.$$

L'expansion ne se poussant que jusqu'à un volume v' qui est dans un rapport donné n avec le volume de formation v_0, on aura $\frac{v'}{v_0} = n$, et cette formule devient

$$F(\theta_0) = \text{ou} < h_0 v_0 \left\{ \log(n) + 1 - n \frac{h_1}{h_0} \right\}.$$

Le produit $h_0 v_0$ ne pouvant point croître quand h_0 diminuera, le second membre de cette inégalité devient nul quand on a

$$h_0 = h_1 \frac{n}{1 + \log(n)}.$$

Ainsi, le travail théorique $F(\theta_0)$ deviendra nul aussi pour une valeur encore moindre de h_0, et conséquemment de θ_0 qui décroît avec h_0.

Maintenant si l'on considère, non plus le travail théorique $F(\theta_0)$, mais le travail réellement disponible que nous avons exprimé par $F(\theta_0) - \psi(\theta_0) - \varphi(\theta_0)$, il est clair qu'il deviendra nul pour une valeur encore moindre de θ_0. En effet, les pertes $\varphi(\theta_0)$ dues aux frottements augmenteront nécessairement quand θ_0 diminuera ; car le même poids de vapeur fournissant plus de coups de piston quand la vapeur se forme à une température plus basse, et le frottement étant à très-peu près le même pour chaque coup de piston, le travail résistant produit pendant que ce même poids de vapeur se dépense ira en augmentant. Quant au terme $\psi(\theta_0)$, qui représente la diminution qui est due aux pertes de chaleur, de quelque manière qu'il varie, quand même il serait moindre à des températures plus basses, il ne peut que faire décroître le travail, qui n'en deviendra nul que plus tôt encore que si ces pertes n'existaient pas. On ne peut donc se refuser à reconnaître que le travail recueilli par kilogramme de vapeur finira par décroître assez rapidement avec la température de formation.

Ainsi le travail total qui est recueilli dans un temps donné deviendra très-petit pour deux valeurs extrêmes de la température θ_0, d'abord à cause du peu de vapeur produite quand cette température est trop élevée, et ensuite à cause du peu de travail recueilli avec une quantité donnée de vapeur, quand cette même température devient trop basse. On conçoit donc comment il doit y avoir un *maximum* pour une certaine température intermédiaire.

Si ce n'est plus avec un foyer d'une intensité déterminée qu'on veut produire du travail, mais en formant de la vapeur à une température et une pression donnée, alors il est clair que c'est la température de la combustion qu'il faudra porter assez haut pour obtenir le *maximum* de travail par kilogramme de charbon brûlé.

128. Si l'on prend pour abscisse d'une courbe la vitesse moyenne du piston ou celle du volant d'une machine à vapeur, et pour ordonnée le travail moteur que peut produire cette machine dans l'unité de temps sur l'arbre du volant, cette courbe, partant de l'origine des abscisses, s'élèvera, puis s'abaissera pour revenir recouper l'axe à une certaine distance. Cette forme de courbe étant semblable à celle que nous avons considérée pour le travail recueilli dans l'unité de temps par les roues hydrauliques, on prouverait, comme nous l'avons fait pour ces roues, que la vitesse du volant oscille autour de celle qui est telle que le travail moteur est égal au travail résistant pour chaque période de mouvement, ou pour une unité de temps qui comprend plusieurs de ces périodes. Cette stabilité autour d'une certaine vitesse résulte, comme on l'a vu à l'article 118, de ce que le travail moteur produit dans l'unité de temps, aux environs de la vitesse qui donne cette égalité, croît moins rapidement avec la vitesse que le travail résistant. En se reportant à ce que nous avons dit pour les roues hydrauliques, on verra comment, connaissant une fois par expérience le *maximum* de travail qu'on peut recueillir d'un certain foyer, on pourra s'y prendre dans les différents cas pour que le piston prenne la vitesse qui convient à ce *maximum*; il suffira de raisonner sur la vitesse du volant absolument comme nous l'avons fait sur celle de la roue.

Tant que les expériences manqueront pour évaluer *à priori* le travail moteur *maximum* que peut transmettre l'arbre du volant d'une machine à vapeur, on ne sera jamais sûr, ou de faire marcher la machine avec une vitesse convenable, ou de donner au foyer l'activité qui convient à la vitesse qu'on veut avoir, et l'on brûlera souvent plus de charbon qu'il ne le faudrait. C'est ainsi que, dans l'emploi des chutes d'eau par les roues à aubes, on dépense plus d'eau pour produire un certain effet quand on ne dispose pas les choses de manière que la roue prenne la vitesse convenable, ou de manière que la vitesse du courant soit celle qui convient à la vitesse qu'on veut donner à la roue.

129. Les expériences sur le *maximum* de travail à retirer d'un foyer offrent beaucoup de difficultés ; il en faudrait faire, non-seulement pour diverses températures, mais aussi pour chaque espèce de machine employée pour recueillir

ce travail, puisque les frottements et d'autres genres de pertes influent sur le point qui convient au *maximum*. Jusqu'à ce qu'on ait des observations de ce genre, voici un aperçu d'après lequel on pourra conclure approximativement la vitesse du piston et le travail à recueillir, quand on saura toutefois la température à laquelle on doit former la vapeur.

Quelques auteurs portent la quantité de chaleur employée pour les dispositions les plus favorables à 0,60 de la chaleur totale, dans le cas où on forme la vapeur à des pressions qui ne dépassent guère trois ou quatre atmosphères. Le facteur N de l'article 127, qui représente le nombre de litres d'eau vaporisée par kilogramme de charbon, serait alors égal à 6. Quel que soit ce nombre N, une fois qu'on le connaîtra, on pourra en déduire approximativement le volume de la vapeur formée à une température θ_0 pour chaque kilogramme de charbon consommé. Si v_0 et h_0 désignent toujours le volume et la pression de cette vapeur, on trouvera, suivant qu'on adoptera la loi de Southern ou celle de la dilatation des gaz (article 80),

$$h_0 v_0 = 17{,}544\mathrm{N} \quad \text{ou bien} \quad h_0 v_0 = 12{,}759\,(1 + 0{,}00375\theta_0)\,\mathrm{N};$$

et comme, d'après la formule d'interpolation donnée à l'article cité, on a $h_0 = 0{,}03782\,(1 + 0{,}01878\theta_0)^{5{,}355}$, on en conclura deux limites entre lesquelles on prendra approximativement le volume v_0 qui est dû à la première formation de la vapeur produite par chaque kilogramme de combustible dépensé. Connaissant le poids de charbon qu'on voudra brûler par jour, on en déduira donc facilement le nombre de coups de piston et la vitesse du volant. Pour qu'elle se conserve telle, il faudra disposer les choses de manière que lorsqu'elle se produit le travail résistant sur ce volant soit bien égal au travail moteur qu'il reçoit. Ainsi, quand on forme de la vapeur à des pressions qui ne sont pas trop élevées, on prendra les six dixièmes du travail qu'on obtiendrait de l'emploi de toute la chaleur dégagée par la quantité de charbon brûlé dans le foyer dans un temps donné, par exemple, dans une seconde; on aura ainsi celui qui est produit sur le piston : on tiendra compte du frottement et des autres pertes, que l'on porte assez généralement au tiers de cette dernière quantité, et ce qui restera donnera le travail résistant qui devra se produire sur l'arbre du volant, quand sa vitesse sera celle qui convient au *maximum*.

En partant de ces données et des résultats les moins élevés de l'article 80, on trouverait que si l'on brûlait un kilogramme de houille dans un certain temps, il faudrait, quand la vapeur est formée à une atmosphère, que le travail résistant sur l'arbre du volant fût pour le même temps de 65 dynamodes si l'on ne se sert pas de l'expansion de la vapeur, et de 170 de ces unités si l'on se sert de l'expansion.

Si l'on admet qu'à 8 atmosphères on utilise de même les six dixièmes de la chaleur totale, et que les frottements n'absorbent toujours que le tiers du travail produit sur le piston, en partant du résultat de l'article 80 qui porterait à 208 dynamodes le travail dû à toute la chaleur sans profiter de l'expansion de la vapeur, et à 825 dynamodes quand on emploie l'expansion, on trouverait qu'on peut recueillir de l'arbre du volant, dans le premier cas, 83 dynamodes par kilogramme de charbon brûlé, et dans le second cas, 330. Ce dernier résultat excède encore beaucoup ce qu'on produit généralement aujourd'hui dans les machines à haute pression, où l'on profite de l'expansion de la vapeur.

130. D'après ce qui est cité dans un Mémoire publié par M. Combes, ingénieur, dans les *Annales des Mines*, année 1824, voici ce que donnent pour l'effet utile, déduction faite de toutes pertes, les machines établies en France : celles des mines d'Anzin, près de Valenciennes, construites dans le système de Woolf, à 3 ou 4 atmosphères, produisent par kilogramme de charbon, et suivant la qualité de ce combustible, de 22 à 32 dynamodes; les meilleures machines à haute pression et à expansion produisent environ 115 de ces unités pour le même poids de charbon.

M. Tredgold admettant dans l'évaluation du produit des mines de Cornouailles qu'en calculant l'eau élevée par les courses des pistons, on n'a guère plus que le travail qui serait transmis par le balancier, porte ce produit de 137 à 170 dynamodes par kilogramme de charbon. Ces résultats paraîtront bien forts pour des machines où la vapeur ne s'emploie pas à une très-haute pression. Néanmoins, nous remarquerons qu'en supposant qu'il fût possible d'employer toute la chaleur de la combustion pour former la vapeur à trois atmosphères, si l'on fait usage de la dilatation jusqu'à une pression correspondante à 40°, et si l'on emploie de bon charbon qui vaporise 12 litres d'eau par kilogramme, on obtiendra, suivant notre théorie, 753 dynamodes par kilogramme de charbon. Comme d'ailleurs il est possible qu'on ne perde que les quatre dixièmes de la chaleur produite, et qu'il n'y ait qu'un tiers du travail qui soit absorbé en frottement depuis le piston jusqu'à l'eau à élever, on pourrait obtenir pour cette élévation d'eau jusqu'à 301 dynamodes.

La qualité du combustible a une grande influence sur ces résultats : il y a telle nature de houille qui dégage presque un tiers de chaleur de plus qu'une autre, en sorte que les produits des machines ne sont réellement comparables que lorsqu'on se sert du même charbon.

S'il s'agissait de constater une amélioration dans la construction d'une machine à vapeur, il faudrait prendre garde de ne pas confondre un accroissement de travail qui peut être dû à la qualité du charbon, avec celui qui tiendrait à la construction des cylindres et des systèmes de renvois de mouvement. On ne doit pas perdre de vue, dans ce genre d'examen, que la construction du foyer et de la chaudière, la manière de conduire le feu, peuvent entrer pour beaucoup dans une économie de travail; et surtout, que quand la température de la chaudière sera dans un rapport convenable avec celle du foyer, et que par suite la vitesse du piston, ou celle du volant, ne sera ni trop grande ni trop petite, il pourra en résulter aussi des accroissements dans le produit du travail par kilogramme de charbon brûlé. On conçoit donc combien il faut mettre de réserve avant de prononcer sur les avantages qui peuvent résulter de la seule disposition des renvois de mouvement.

131. Il nous reste à dire quelque chose sur les moyens de recueillir le travail des courants d'air. On sait que les machines destinées à cet objet sont des roues garnies d'ailes ; elles recueillent le travail à peu près comme les roues à aubes qui reçoivent celui d'un courant d'eau.

La quantité d'air en mouvement étant indéfinie, on en retirerait un travail aussi grand qu'on voudrait en augmentant les dimensions des ailes, si les frais de construction et d'entretien des machines ne mettaient pas une limite au profit qu'on peut y trouver. L'emplacement nécessaire pour présenter au vent beaucoup d'ailes à la fois, la fragilité de celles-ci lors des ouragans, le peu de constance des vents, qui ne règnent un peu régulièrement que dans des lieux élevés éloignés des habitations ; toutes ces circonstances sont autant de causes qui empêchent de tirer un grand parti des courants d'air, quoique théoriquement ce moteur nous offre une quantité de travail presque indéfinie.

Il y a cette différence entre les courants d'air et les courants d'eau, que ces derniers étant presque toujours limités lorsqu'on les reçoit à leur sortie d'une retenue ou d'un barrage, on ne peut pas augmenter le travail qu'on en retire en augmentant les dimensions des aubes, tandis qu'on peut toujours le faire pour le vent : aussi ne met-on pas ordinairement un grand intérêt à construire les ailes de manière à satisfaire rigoureusement à la condition de retirer le plus de travail possible d'un courant d'air d'une section déterminée ; on se borne à chercher quelles sont les dispositions qui, sans rien coûter de plus en construction, sont les plus favorables. Sous ce rapport, il y en a qui sont indiquées par l'expérience et par la théorie, et qu'on adopte effectivement.

Nous allons examiner quelle est la disposition à donner aux ailes d'un moulin à vent, d'une longueur et d'une largeur données, pour qu'elles recueillent le plus de travail possible. Euler s'est occupé de cette question dans un Mémoire inséré dans le *Recueil de Berlin*; mais comme il est parti de formules établies presque d'une manière empirique, et qu'en outre il n'a pas poussé ses calculs jusqu'aux applications, il nous a paru convenable de reprendre ici cette question, en nous appuyant sur la formule que nous avons donnée (article 100). Si les hypothèses qu'il faut faire pour l'appliquer aux ailes d'un moulin à vent ne sont pas complétement admissibles, cependant, comme elles donnent des résultats assez bien confirmés par l'expérience, l'analyse à laquelle elles conduisent n'est pas tout à fait indigne d'attention. Au reste, on pourra si l'on veut ne pas s'arrêter à ces calculs et se contenter de prendre comme des données d'observation les dispositions fournies par la théorie, puisqu'elles sont toutes d'accord avec celles que l'expérience a fait adopter.

Comme il n'en coûte pas plus de donner aux ailes des moulins à vent la forme d'une surface gauche que celle d'une surface plane, puisque l'on peut incliner différemment les traverses qui sont adaptées aux volants ou rayons qui forment l'axe de chaque aile, on doit chercher comment il convient de varier les différentes inclinaisons de ces traverses à mesure qu'on s'éloigne de l'axe de rotation. Nous supposerons donc à l'aile la forme d'une surface gauche quelconque. Si l'on concevait des plans isolés au lieu des éléments de cette surface, on trouverait que leurs inclinaisons doivent assez peu varier entre les deux extrémités de l'aile ; il en résulte que la surface gauche inconnue ne doit pas être très-courbe. Nous ferons donc l'hypothèse que, quelle que soit la forme qu'on doive donner à l'aile, on peut partager sa surface en éléments qu'on pourra regarder comme des plans diversement inclinés. En outre, comme chacun de ces éléments plans doit passer par le volant ou axe de l'aile qui est toujours dans le plan de rotation perpendiculaire au vent, on pourra prendre pour l'angle que l'élément fait avec le vent celui d'une génératrice avec l'axe de rotation ; ainsi, l'aile se trouvera décomposée en éléments sensiblement plans, qui feront avec le vent des angles variables : ces angles seront ceux de chaque génératrice avec l'axe de rotation, c'est-à-dire avec l'arbre qui porte les ailes.

Remarquons maintenant que, bien que la formule de l'article 100 sur la pression que le vent produit contre un plan ne puisse pas du tout s'appliquer, en ce qui concerne la pression du côté du vent, à des éléments de surface très-petits dans les deux sens, ni même à des éléments très-étroits dans un sens, mais qui seraient seulement isolés, on peut cependant l'appliquer sans trop grande erreur aux éléments que nous considérons. En effet, la condition de l'exactitude de la formule sur la pression du côté du vent, est que les filets fluides interceptés dans le courant d'air par la présence du plan se dévient tous jusqu'à devenir parallèles au plan. Or, ici, à cause de la longueur de l'aile, on conçoit qu'à l'exception de ce qui est très-près des extrémités, les déviations se feront dans la direction de la ligne la plus courte qui est sensiblement la génératrice transversale, à peu près comme si le courant d'air se divisait par tranches perpendiculaires au rayon ou axe de l'aile, et que les filets ne pussent sortir de ces tranches. Dans ce cas, il n'y a plus d'autres inexactitudes dans la formule que celle qui résulte de ce qui arrive aux deux extrémités de la largeur de l'aile, où les déviations ne sont plus ce qu'on les suppose. Mais les ailes étant déjà assez larges, il arrive que cette cause d'erreur n'est pas très-sensible. Quant à la diminution de pression sur le revers de l'aile, si l'on se reporte à ce que nous avons dit pour la trouver, on verra qu'il n'y a pas de raison pour ne pas l'appliquer avec une grande approximation aux éléments transversaux de l'aile.

En supposant donc que le vent souffle dans la direction de l'axe de rotation des ailes, les éléments de celles-ci auront des vitesses perpendiculaires à celle du vent, et nous devrons appliquer à chacun d'eux la formule de l'article 100, pour le cas où le plan se meut perpendiculairement à la direction du vent. Si nous désignons par α l'angle qu'un des éléments fait avec la direction du vent, ou avec l'axe de rotation, par r sa distance à cet axe, et par ω la vitesse angulaire commune à tous les éléments, la vitesse v de chacun sera représentée par ωr. Si l'on désigne par l la largeur de l'aile, qui sera la longueur de l'élément, la superficie de celui-ci sera ldr. Ainsi, en représentant toujours par ϖ le poids de l'unité de volume de l'air, le travail que recevra cet élément dans l'unité de temps, pour une vitesse du vent représentée par u, sera

$$\frac{3\varpi l}{2g}\, dr\,(u \sin \alpha - \omega r \cos \alpha)^2\, \omega r \cos \alpha.$$

Il faut faire attention que cette formule ne s'applique au travail reçu par l'élément qu'autant que le vent le rencontre par-desaus, c'est-à-dire qu'autant que $u \sin \alpha - v \cos \alpha$ est positif; mais il arrive que cette condition est satisfaite pour les résultats que nous trouverons.

Si nous faisons la somme de ces quantités de travail pour tous les éléments d'une aile, en commençant à la distance r_0 de l'axe, et en finissant à la distance r_1, et si nous prenons le quadruple du résultat pour avoir tout de suite le travail sur les quatre ailes, nous aurons

$$\frac{6\varpi l}{g}\int_{r_0}^{r_1}(u \sin \alpha - \omega r \cos \alpha)^2\, \omega r \cos \alpha dr.$$

Ce n'est pas tout à fait ce travail qu'il s'agit de rendre un *maximum*, c'est celui dont on peut réellement disposer pour l'employer à un effet utile; en sorte qu'il faudrait en retrancher au moins la portion que fait perdre le frottement de l'arbre dans les coussinets. Or, d'après les expériences de Coulomb, ce frottement ne varie pas beaucoup avec la vitesse de rotation, il ne dépend guère que des pressions. Comme la partie variable de celles-ci est insensible devant le poids de l'arbre et de ses ailes, on peut supposer que le frottement est constant; en sorte que le travail qu'il fait perdre dans l'unité de temps peut être regardé comme proportionnel aux arcs parcourus par les points frottants, et par conséquent aussi à la vitesse de rotation à l'unité de distance, c'est-à-dire à ω. On pourra donc représenter ce travail perdu par $f\omega$. L'expression du travail qu'on peut recueillir de l'arbre qui porte les ailes deviendra ainsi

$$\frac{6\varpi l}{2g}\int_{r_0}^{r_1}(u \sin \alpha - \omega r \cos \alpha)^2\, \omega r \cos \alpha dr - f\omega.$$

Pour rendre ce travail un *maximum*, on peut faire varier la dépendance qu'il y a entre α et r, et en outre la valeur de ω. Le *maximum* absolu par rapport à ces deux éléments devant entraîner le *maximum* relatif quand l'un des deux ne change pas, il faudra d'abord satisfaire à la condition relative à la fonction inconnue de α en r sans faire varier ω. Pour cette première partie de la question, le terme $f\omega$ n'entre pour rien dans le calcul.

Soit par les principes du calcul des variations, soit par les considérations géométriques ordinaires, on verra que pour que l'intégrale devienne la plus grande possible, il faut que chacun de ses éléments soit un *maximum* par rapport à α. En désignant pour abréger par V la fonction à intégrer, la quantité à rendre un *maximum* étant exprimée par

$$\frac{6\varpi l}{2g}\int_{r_0}^{r_1} \mathrm{V}dr,$$

on devra avoir pour chaque valeur de r

$$\frac{d\mathrm{V}}{d\alpha}=0.$$

Exécutant cette différentiation, et remarquant que la valeur de α qu'on tirerait du facteur commun ωr $(u \sin\alpha - \omega r \cos\alpha)$ ne correspond pas au *maximum* du travail, puisqu'elle le rendrait nul, on obtient en ôtant ce facteur

$$2\,(u\cos\alpha+\omega r \sin\alpha)-(u\sin\alpha-\omega r\cos\alpha)\,\omega r\sin\alpha=0,$$

ou

$$u\,(\mathrm{tang}^2\alpha-2)=3\omega r\,\mathrm{tang}\,\alpha;$$

d'où l'on tire

$$\mathrm{tang}\,\alpha=\frac{3\omega r}{2u}+\sqrt{\left\{\left(\frac{3\omega r}{2u}\right)^2+2\right\}}.$$

Telle est donc déjà la relation entre α et r. On ne doit prendre ici que la valeur positive du radical, parce que l'autre valeur rendrait tang α négative, et qu'alors le vent prenant l'aile par derrière, le travail ne serait plus moteur.

Pour achever de satisfaire aux conditions du *maximum* relativement à la valeur de ω, il faudrait substituer dans l'expression du travail la valeur de α en r résultant de l'équation que nous venons de trouver; on exécuterait l'intégration, et l'on réduirait ainsi l'expression à ne plus contenir que ω, pour égaler ensuite à zéro sa dérivée par rapport à cette variable. On peut simplifier ces calculs en remarquant que cette condition du *maximum* peut être représentée par

$$\frac{6\varpi l}{2g}\int_{r_0}^{r_1}\left(\frac{d\mathrm{V}}{d\omega}\right)dr-f=0;$$

la différentiation étant faite ici à la fois par rapport à la variable ω qui paraît explicitement et par rapport à cette même variable qui sera introduite par la valeur de α en r que nous venons de trouver. Si l'on désigne par $\frac{dV}{d\omega}$ la dérivée partielle de V prise par rapport à la lettre explicite ω, sans que celle-ci varie dans la valeur de α, on aura pour la dérivée totale $\left(\frac{dV}{d\omega}\right)$ qui entre dans l'équation précédente, la valeur

$$\left(\frac{dV}{d\omega}\right) = \frac{dV}{d\omega} + \frac{dV}{d\alpha}\frac{d\alpha}{d\omega}.$$

Or, comme en vertu de la première condition qui a déterminé la relation entre α et r, on a $\frac{dV}{d\alpha} = 0$, l'équation ci-dessus se réduit à

$$\left(\frac{dV}{d\omega}\right) = \frac{dV}{d\omega}.$$

Ainsi la condition du *maximum* devient

$$\frac{6\varpi l}{2g}\int_{r_0}^{r_1}\frac{dV}{d\omega}dr - f = 0.$$

En développant $\frac{dV}{d\omega}$, et y introduisant les simplifications que donne la relation déjà trouvée en r et α, on obtient

$$\frac{6\varpi l}{2g}\int_{r_0}^{r_1} 2u\,(u \sin \alpha - \omega r \cos \alpha)\frac{r\cos^3\alpha}{\sin \alpha}dr - f = 0.$$

Il faudrait mettre ici pour α sa valeur en r et ω; après avoir intégré, on aurait l'équation qui déterminerait ω. Or, il sera plus simple de mettre r et dr, en α, $d\alpha$ et ω, et ensuite d'intégrer par rapport à α, en mettant alors pour les limites de cette variable, que nous représenterons par α_0 et α_1, les valeurs données par les équations

$$\text{tang}\,\alpha_0 = \frac{3\omega r_0}{2u} + \sqrt{\left\{\left(\frac{3\omega r_0}{2u}\right)^2 + 2\right\}}.$$

$$\text{tang}\,\alpha_1 = \frac{3\omega r_1}{2u} + \sqrt{\left\{\left(\frac{3\omega r_1}{2u}\right)^2 + 2\right\}}.$$

En mettant donc pour r et dr les valeurs tirées de la relation trouvée précédemment, laquelle donne

$$r = \frac{u}{3\omega}\left(\frac{1 - 3\cos^2\alpha}{\sin\alpha\cos\alpha}\right),$$

$$dr = \frac{u}{3\omega}\left(\frac{1 + \cos^2\alpha}{\sin^2\alpha\cos^2\alpha}\right) d\alpha,$$

on obtient

$$\frac{24}{27}\frac{\varpi l u^4}{\omega^2}\int_{\alpha_0}^{\alpha_1}\frac{(1 - 3\cos^2\alpha)(1 + \cos^2\alpha)}{\sin^5\alpha}\,d\alpha - f = 0.$$

Si l'on représente par $\varphi(\alpha)$ l'intégrale indéfinie à exécuter en α, on trouve par les méthodes connues

$$\varphi(\alpha) = \frac{5\cos^3\alpha - 3\cos\alpha}{2\sin^4\alpha} - \frac{1}{2}\log\left(\tang\frac{1}{2}\alpha\right);$$

en sorte qu'on aura pour la condition du *maximum*

$$\frac{24}{27}\frac{\varpi l u^4}{\omega^2}\left\{\varphi(\alpha_1) - \varphi(\alpha_0)\right\} - f = 0,$$

ou bien

$$\omega - \sqrt{\left\{\frac{24}{27}\frac{l u^4}{f}\left(\varphi(\alpha_1) - \varphi(\alpha_0)\right)\right\}} = 0.$$

Cette équation, dans laquelle α_0 et α_1 sont des fonctions déjà compliquées en ω, le devient elle-même beaucoup trop pour qu'on puisse la résoudre par rapport à cette inconnue. Mais pour discuter les résultats admis par expérience, il suffira d'y faire des substitutions successives pour différentes valeurs de la vitesse angulaire ω : de cette manière nous trouverons entre quels nombres sont comprises les racines. Une fois que nous aurons ainsi approximativement la valeur de ω pour chaque vitesse du vent, nous en déduirons la forme des ales pour chacune de ces vitesses par la formule $\tang\alpha = \frac{3\omega r}{2u} + \sqrt{\left\{\left(\frac{3\omega r}{2u}\right)^2 + 2\right\}}$.

132. Pour trouver ainsi les valeurs de ω, par des substitutions successives, nous allons d'abord réduire toutes les lettres en nombres, en adoptant les données

qui conviennent aux moulins pour lesquels Coulomb a consigné des résultats d'expérience (*).

Voyons d'abord quelle est la valeur du coefficient f; il doit être égal à une force qui, appliquée à un mètre de l'axe, produirait le même travail que le frottement. Dans les moulins que Coulomb a observés, il a reconnu que pour vaincre les frottements quand on a égard aux poids des pilons soulevés à chaque instant, il fallait une force de 3 kilogrammes à l'extrémité de l'aile, ou à 12 mètres de l'axe. La force équivalente à 1 mètre de l'axe, est de 36 kilogrammes. Nous y ajouterons quelque chose pour tenir compte du frottement sur la base du pivot de l'arbre quand la pression du vent la fait appuyer contre la crapaudine. Cette pression étant d'environ 200 kilogrammes pour les vents les plus ordinaires, le frottement peut-être évalué au plus à une force de 40 kilogrammes agissant à une distance réduite de $0^m,03$ de l'axe; de sorte que la force équivalente qui serait appliquée à un mètre de l'axe serait égale à $1^{kil},21$; ce qui ferait en tout $37^{kil},21$: nous prendrons en nombre rond, $f=38$ kil.

Pour les moulins observés par Coulomb, la tenture de l'aile commençant à 2^m de l'axe et finissant à 12^m, on a $r_0=2^m$ et $r_1=12^m$. La largeur de la toile étant d'un peu plus de six pieds, on prendra $l=2^m,00$ Enfin, on peut prendre très-approximativement pour le poids d'un mètre cube d'air, $\varpi=1^{kil},30$.

Coulomb a fait des observations pour des vitesses du vent de $2^m,27$, de $4^m,05$, de $6^m,50$ et de $9^m,10$ par seconde. Nous commencerons par examiner ce que donneront les calculs précédents pour un vent de $4^m,05$, qu'on peut regarder comme celui qui a lieu le plus souvent.

Pour cette vitesse du vent, on est dans l'usage de donner à l'arbre qui porte les ailes une vitesse de rotation de 7 à 8 tours par minute, ce qui donne pour la vitesse à l'unité de distance de l'axe, $\omega=0,785$. Pour reconnaître si cette valeur est loin de celle qui satisfait à l'équation du *maximum* que nous venons de trouver, on déterminera d'abord les limites α_0 et α_1 qui en résultent; on trouve $\alpha_0=64°\ 38'\ 30''$, et $\alpha_1=82°\ 8'\ 40''$. En mettant ces valeurs et celles des autres lettres dans l'équation du *maximum*, et poussant l'approximation jusqu'à

(*) Toutes les observations de Coulomb, auxquelles nous comparerons ici les résultats du calcul, se trouvent dans sa *Théorie des Machines simples*, page 298, et en grande partie, dans le *Traité des Machines*, de M. Hachette, page 225, édition de 1828.

la quatrième décimale, le premier membre, qui devrait être nul, se réduit à $-0{,}0741$. Si l'on refait des substitutions analogues pour $\omega = 0{,}70$, on trouve que ce même premier membre devient $+0{,}0094$. Ainsi il y a une valeur de ω entre $0{,}785$ et $0{,}70$: elle sera très-près de $0{,}70$. Cette racine conviendra au *maximum;* car en faisant d'autres substitutions, on verra que les résultats s'écartent davantage de zéro. Ainsi, la vitesse angulaire $0{,}785$ qu'on donne aux ailes pour ce vent ne diffère pas beaucoup de la valeur que fournit la théorie.

Les autres éléments adoptés par expérience diffèrent aussi très-peu des résultats du calcul. En effet, Coulomb a constaté qu'on donne aux ailes la forme d'une surface gauche dont les génératrices extrêmes font, la première à 2^m de l'axe, un angle de 60°, et l'autre, à 12^m, un angle qui varie de 78 à 84°, ou qui est moyennement de 81°; que, dans l'intervalle, les inclinaisons varient de manière que les extrémités des génératrices forment une ligne très-peu courbe. Or si, dans l'équation

$$\tan \alpha = \frac{3\omega r}{2u} + \sqrt{\left[\left(\frac{3\omega r}{2u}\right)^2 + 2\right]},$$

on substitue $\omega = 0{,}70$ et $u = 4{,}05$, on trouve que les angles α_0 et α_1, aux extrémités, sont de 63° et de 81°. Dans l'intervalle, les inclinaisons des génératrices qui sont données par l'équation ci-dessus seraient telles, que la courbe formée par leurs extrémités serait une ligne à double courbure différant assez peu d'une hyperbole et même d'une ligne droite (*).

Ainsi pour un vent de $4^m{,}05$, qui doit être celui avec lequel le moulin marche le plus souvent, l'accord entre les dispositions que la pratique a fait admettre et celles qu'indique notre théorie, est aussi grand que possible.

(*) Pour construire exactement la surface donnée par le calcul, on devrait concevoir un plan perpendiculaire à l'axe de rotation à une distance quelconque b du rayon ou ligne milieu de l'aile. Les génératrices transversales de celles-ci, prolongées jusqu'à ce plan, viendraient le rencontrer suivant une hyperbole, dont une asymptote serait la projection de la ligne milieu de l'aile sur ce plan, prolongée du côté opposé à cette aile, et l'autre asymptote serait une ligne partant de l'axe de rotation et faisant, avec la première, un angle obtus dont la tangente serait $\frac{3\omega b}{u}$. Cette courbe couperait un diamètre perpendiculaire à la première asymptote à une distance égale à $b\sqrt{2}$.

La forme des ailes une fois arrêtée dans la pratique, il est clair que dès qu'elle correspond à la condition du *maximum* absolu, pour le vent de $4^m,05$, elle ne peut plus y correspondre encore pour d'autres vitesses du vent ; en sorte que, pour ces autres vents, ce ne sera plus la vitesse angulaire déterminée par ce *maximum* absolu lorsqu'on fait varier la forme des ailes pour chaque vent, qui devra être celle qui correspondra au *maximum* lorsque la forme de l'aile ne change plus. Ainsi il doit arriver que les vitesses angulaires satisfaisant à l'équation du *maximum* absolu ne soient pas celles qu'on donne dans la pratique. Effectivement, Coulomb a constaté que, pour les vents de $2^m,27$ et de $6^m,50$, on donnait les vitesses angulaires de 0,31 et de 1,36. Or, en reprenant des calculs analogues à ceux que nous venons d'indiquer, voici ce que fournit notre théorie, quand on fait varier la forme des ailes.

Pour une vitesse de vent de $2^m,27$, le *maximum* absolu tombe entre

$$\omega = 0{,}18, \qquad \alpha_0 = 59^\circ\ 3', \qquad \alpha_1 = 73^\circ\ 40',$$

et

$$\omega = 0{,}22, \qquad \alpha_0 = 59^\circ\ 30', \qquad \alpha_1 = 75^\circ\ 6';$$

car ces deux valeurs de ω, substituées dans l'équation du *maximum*, donnent $+\ 0{,}0135$ et $-\ 0{,}0192$.

Pour une vitesse de vent de $6^m,50$, ce même *maximum* tombe entre

$$\omega = 1{,}64, \qquad \alpha_0 = 67^\circ\ 4', \qquad \alpha_1 = 83^\circ\ 51',$$

et

$$\omega = 1{,}80, \qquad \alpha_0 = 67^\circ\ 58', \qquad \alpha_1 = 84^\circ\ 22';$$

car ces deux valeurs de ω donnent, dans l'équation du *maximum*, $+\ 0{,}169$ et $-\ 0{,}016$.

Ainsi on voit déjà qu'il faudrait rendre les ailes d'autant plus perpendiculaires à l'axe de rotation, que le vent le plus fréquent serait plus considérable.

133. Ne nous occupons plus maintenant que de la forme qui a été adoptée par expérience.

Cherchons d'abord la vitesse angulaire pour le *maximum*, en laissant cette forme constante, et pour cela exprimons le travail au moyen de cette vitesse. En prenant pour le vent de 4,05, $\omega = 0{,}70$, on trouve que la relation précédemment trouvée entre r et α, pour le *maximum* relatif à la forme de l'aile seulement, devient

$$\tan g\,\alpha = 0{,}518\,\frac{r}{2} + \sqrt{\left[\left(0{,}518\,\frac{r}{2}\right)^2 + 2\right]}.$$

Cette formule donne aux extrémités de l'aile

$$\alpha_0 = 63°\ 42'\ 55'', \qquad \alpha_1 = 81°\ 17'\ 28''.$$

Ces angles étant très-près de ceux de 60° et de 81°, que Coulomb a trouvés, et la forme du reste de l'aile s'accordant d'ailleurs assez bien avec celle des moulins qu'il a observés, nous regarderons la formule ci-dessus comme pouvant s'appliquer aux ailes de ces moulins.

Pour abréger l'écriture, nous représenterons par $\frac{1}{a}$ le coefficient numérique 0,518, ce qui revient à poser $a = 1{,}928$; nous aurons

$$\tan g\,\alpha = \frac{r}{2a} + \sqrt{\left(\frac{r^2}{4a^2} + 2\right)}.$$

Au lieu de mettre α en r dans l'expression du travail, il sera plus commode de mettre r en α, en intégrant entre les limites α_0 et α_1, qui correspondent aux extrémités de l'aile. On tirera de l'équation ci-dessus

$$r = a\left(\frac{1 - 3\cos^2\alpha}{\sin\alpha\cos\alpha}\right),$$
$$dr = a\left(\frac{1 + \cos^2\alpha}{\sin^2\alpha\cos^2\alpha}\right) d\alpha,$$

valeurs qu'il faudra substituer dans l'expression du travail, qui est

$$\frac{6\varpi l}{g}\int (u\sin\alpha - \omega r\cos\alpha)^2\,\omega r\cos\alpha\,dr - \omega f.$$

Si l'on développe d'abord cette expression, elle devient

$$\frac{6\varpi l}{g}\left(\omega u^2\int_{r_0}^{r_1}\sin^2\alpha\cos\alpha\,r\,dr - 2\omega^2 u\int_{r_0}^{r_1}\sin\alpha\cos^2\alpha\,r^2\,dr + \omega^3\int_{r_0}^{r_1}\cos^3\alpha\,r^3\,dr\right) - f\omega$$

En substituant les valeurs de r et de dr, le facteur a sort des intégrales en α. Si, pour abréger, on représente ces intégrales indéfinies par $\varphi(\alpha)$, $\chi(\alpha)$, $\psi(\alpha)$, et leurs valeurs entre les limites par P, Q, R, on pourra écrire

$$\int_{\alpha_0}^{\alpha_1} \frac{(1-3\cos^2\alpha)^3(1+\cos^2\alpha)}{\sin^5\alpha\cos^2\alpha}\,d\alpha = \varphi(\alpha_1)-\varphi(\alpha_0) = \mathrm{P},$$

$$\int_{\alpha_0}^{\alpha_1} \frac{(1-3\cos^2\alpha)^2(1+\cos^2\alpha)}{\sin^3\alpha\cos^2\alpha}\,d\alpha = \chi(\alpha_1)-\chi(\alpha_0) = \mathrm{Q},$$

$$\int_{\alpha_0}^{\alpha_1} \frac{(1-3\cos^2\alpha)(1+\cos^2\alpha)}{\sin\alpha\cos^2\alpha}\,d\alpha = \psi(\alpha_1)-\psi(\alpha_0) = \mathrm{R}.$$

Le travail se trouve exprimé alors par

$$\frac{6\varpi l}{g}(\mathrm{R}a^2u^2\omega - 2\mathrm{Q}a^3u\omega^2 + \mathrm{P}a^4\omega^3) - f\omega.$$

La condition du *maximum* devient donc

$$\frac{6\varpi l}{g}(\mathrm{R}a^2u^2 - 4\mathrm{Q}a^3u\omega + 3\mathrm{P}a^4\omega^2) - f = 0;$$

on en tire

$$\omega = \frac{u}{a}\left[\frac{2\mathrm{Q}}{3\mathrm{P}} - \sqrt{\left(\frac{4\mathrm{Q}^2}{9\mathrm{P}^2} + \frac{gf}{18\varpi l a^2u^2} - \frac{\mathrm{R}}{3\mathrm{P}}\right)}\right].$$

Le signe positif du radical donnerait aux deux éléments extrêmes des vitesses au delà de celles qui correspondraient au *maximum* de travail qu'ils peuvent recevoir. En effet, ces dernières sont données par $\omega = \frac{u \tang \alpha}{3r}$, comme il serait facile de le voir, en cherchant le *maximum*, par rapport à ω, de l'expression $\frac{3\varpi l}{2g}dr(u\sin\alpha - \omega r\cos\alpha)^2\omega r\cos\alpha$. Or, d'après les valeurs de tang α_1, tang α_0, on verrait que, pour les éléments extrêmes, ω doit être d'environ $\frac{u}{3}$ et $\frac{u}{6}$; tandis que suivant les nombres que nous donnerons pour P, Q, R, on aurait, en prenant le signe positif du radical, une valeur de ω qui serait plus grande que $\frac{u}{2}$; elle ne pourrait donc évidemment pas correspondre au *maximum* pour l'ensemble des éléments, puisqu'alors aucun d'eux ne recevrait le plus de travail possible.

Pour réduire en nombre la valeur de ω, ainsi que l'expression du travail, il faudra calculer les intégrales P, Q, R. Or, en appliquant les méthodes connues, on trouve pour les intégrales indéfinies, que nous avons représentées par $\varphi(\alpha)$, $\chi(\alpha)$, $\psi(\alpha)$, les valeurs

$$\varphi(\alpha) = -27\frac{\cos^3\alpha}{\sin^4\alpha} + 135\frac{\cos^3\alpha}{\sin^4\alpha} - 105\frac{\cos\alpha}{\sin^4\alpha} + \frac{1}{\cos\alpha\sin^4\alpha} - 54\log\left(\tang\frac{1}{2}\alpha\right) \text{ (*)},$$

$$\chi(\alpha) = 9\frac{\cos^2\alpha}{\sin^2\alpha} - 14\frac{\cos\alpha}{\sin^2\alpha} + \frac{1}{\cos\alpha\sin^2\alpha} - 16\log\left(\tang\frac{1}{2}\alpha\right),$$

$$\psi(\alpha) = \frac{1}{\cos\alpha} - 3\cos\alpha - 4\log\left(\tang\frac{1}{2}\alpha\right).$$

En les prenant entre les angles $\alpha^\circ = 63^\circ\ 42'\ 55''$ et $\alpha_1 = 81^\circ\ 17'\ 28''$, qui correspondent à $\omega = 0{,}70$, et qui diffèrent très-peu de ceux que Coulomb a mesurés, on trouve, en calculant par logarithmes et s'arrêtant à la troisième décimale,

$$P = 2{,}963, \quad Q = 3{,}382, \quad R = 3{,}928\ ;$$

substituant avec ces valeurs, $a = 1{,}928$, $f = 38{,}00$, $g = 9{,}8088$, et $\varpi = 1{,}30$, on trouve,

$$\omega = 0{,}518\, u \left[0{,}761 - \sqrt{\left(0{,}1372 + \frac{0{,}7228}{u^2}\right)} \right].$$

Cette formule confirme déjà la règle pratique énoncée par Coulomb, savoir, qu'on établit un rapport à peu près constant entre la vitesse des ailes et celle du vent ; car, dès que u devient de 3^m ou 4^m, le terme $\frac{0{,}7228}{u^2}$ sous le radical a peu d'influence sur le coefficient de u, lequel reste ainsi à peu près constant. Au reste, voici la comparaison entre les résultats de la formule ci-dessus et les vitesses observées.

Pour la vitesse du vent de $2^m{,}27$, la formule donne $\omega = 0{,}28$, et l'observation $\omega = 0{,}31$ (**).

(*) Il faut faire attention que les logarithmes sont hyperboliques.

(**) Cette vitesse serait un peu forte, puisque Coulomb la donne comme étant *à peine* celle qui avait lieu ; la vitesse effective se rapprocherait donc encore plus de celle que donne la formule.

Pour la vitesse du vent de $4^m,05$, la formule donne $\omega = 0,70$, l'observation $\omega = 0,785$.

Pour la vitesse du vent de $6^m,50$, la formule donne $\omega = 1,24$, et l'observation $\omega = 1,36$.

Pour la vitesse du vent de $9^m,10$, il faut changer la formule, parce qu'on repliait 2^m de toile à l'extrémité de chaque aile; alors, pour calculer les intégrales définies P, Q, R, il faut modifier la seconde limite de r, et par suite, celle de α. Au lieu d'avoir, comme pour les ailes entières, $\alpha_1 = 81° 17' 28''$, on a $\alpha_1 = 79° 46' 41''$: avec cette seconde limite, on trouve

$$P = 2,093, \quad Q = 2,494, \quad R = 2,987.$$

On en déduit $\omega = 1,89$: l'observation donne $\omega = 1,83$.

L'accord de ces résultats est aussi grand qu'on peut l'attendre des hypothèses d'où nous sommes partis.

Si l'on appelle N le nombre de tours que font les ailes par minute, on aura $\omega = \frac{6,283N}{60}$, ou bien $N = 9,354\,\omega$. Si dans la valeur de ω on laisse en dehors le facteur u, en substituant seulement sa valeur sous le radical, on aura, pour les quatre vitesses du vent que nous venons de citer,

$$N = 1,16u, \qquad N = 1,65u, \qquad N = 1,82u, \qquad N = 1,98u.$$

Ce résultat conduit à la règle approximative qu'on trouve énoncée dans le *Traité des Machines* de M. Hachette, que le nombre de tours, par minute, doit être près du double du nombre de mètres qui exprime la vitesse du vent, surtout quand cette vitesse n'est pas trop faible.

134. Il nous reste à faire la comparaison la plus essentielle à l'appréciation du degré d'approximation de la formule sur la pression produite par le vent : c'est celle du travail que les ailes reçoivent dans une seconde de temps d'après cette formule, avec celui qui résulte des observations de Coulomb. Comme on connaît par ces observations les poids soulevés dans un temps donné, on en conclura le travail reçu par les ailes, en tenant compte du travail perdu par les frottements et par le choc des pilons. Le premier sera le produit $f\omega$ ou 38ω; le second s'obtiendra approximativement par la formule établie au n° 68, en y supposant infini le rayon du marteau. Le contact se faisant à la distance horizontale de

0,57 de l'axe, si l'on désigne par P la somme des poids des pilons choqués pendant une seconde; la somme des forces vives, qui est approximativement la mesure de la perte due aux chocs, sera

$$(0,57)^2 \frac{P\omega^2}{2g}, \text{ ou } 0,0165\, P\omega^2.$$

Chaque poids étant élevé de $0^m,49$, il en résulte que le travail dû à l'élévation de leur somme P, sera 0,49P; ainsi, celui qui, suivant l'observation, est reçu par les ailes dans une seconde de temps, sera exprimé par

$$0,49P + 0,0165\, \omega^2 P + 38\omega.$$

On négligerait encore ici le frottement des pilons contre les cames; mais comme ces cames étaient de simples rayons qui glissaient très-peu contre les pilons, on peut négliger ce frottement.

En partant du poids P qui résulte des observations de Coulomb, voici ce que l'on obtient:

1° Pour la vitesse du vent de $2^m,27$, et pour $\omega = 0,31$, comme on a observé que $P = 51$ kilogrammes, on en conclut pour le travail, que nous désignerons par T, en l'exprimant en dynamodes, $T = 0,0369$;

2° Pour la même vitesse du vent, mais pour $\omega = 0,576$, le moulin ne soulevant pas de pilons, ce qui donne $P = 0$, on en conclut $T = 0,0219$;

3° Pour la vitesse du vent de $4^m,05$, et pour $\omega = 0,785$, comme on a $P = 296^{kil},33$, on en conclut $T = 0,1779$;

4° Pour la vitesse du vent de $6^m,50$, et pour $\omega = 1,36$, comme on a $P = 1213^{kil},33$, on en conclut $T = 0,6826$;

5° Enfin, pour la vitesse du vent de 9,10, les ailes ayant deux mètres de longueur de moins, et pour $\omega = 1,83$, comme on a $P = 1633^{kil},33$, on en conclut $T = 0,9598$.

Nous aurions pu dès l'origine nous servir de la seconde observation pour trouver la valeur du coefficient f du frottement, en admettant l'exactitude de la formule sur le travail reçu par les ailes; mais notre objet étant d'apprécier cette exactitude, il valait mieux déterminer ce coefficient directement sur d'autres expériences, et voir ensuite quel accord il y avait entre les deux observations: or, il est aussi grand que possible; car il résulte des nombres consignés dans le tableau suivant, que le frottement, évalué par la formule qui donne la pression produite par l'air, eût été de 40 kilogrammes, au lieu de 38 kilogrammes que nous avons adopté.

Pour obtenir par le calcul les quantités de travail produites sur les ailes, lesquelles doivent être comparées à celles qui résultent des expériences, on se servira de l'expression trouvée précédemment, en ne déduisant plus le frottement, savoir:

$$\frac{6\varpi l}{g}(Ra^2u^2\omega - 2Qa^3u\omega^2 + Pa^4\omega^3).$$

On aura soin d'y changer les coefficients P, Q, R, comme nous l'avons indiqué, quand on réduit de $2^m,00$ la longueur des ailes pour le vent de $9^m,10$; on trouve ainsi la comparaison suivante.

TABLEAU de comparaison des quantités de travail que reçoivent les ailes d'un moulin à vent, suivant la théorie et suivant l'observation, les quatre ailes ayant chacune 10 mètres de long sur 2 mètres de large (*).

VITESSE du VENT u	VITESSE des ailes à 1^m de l'axe ω	TRAVAIL PRODUIT SUR LES AILES pendant une seconde exprimé en dynamodes ou 1000 kil. élevés à $1^m,00$ — Par la formule.	Par l'observation.	RAPPORTS entre les résultats de l'expérience et ceux de la théorie.
2,27	0,31	0,0222	0,0369 (**)	1,66
Idem.	0,58	0.0233	0,0219	0,94
4,05	0,78	0,1378	0,1779	1,28
6,50	1,36	0,5714	0,6826	1,19
9,10	1,83	1,2274	0,9598	0,78

(*) Pour rendre les calculs un peu moins longs, j'ai adopté la longueur de 10 mètres, quoique Coulomb ait trouvé 32 pieds ou $10^m,40$ de tenture; avec cette longueur, les résultats théoriques eussent été un peu plus forts.

(**) Observation douteuse.

La première observation est celle qui s'écarte le plus du résultat des formules; mais il faut remarquer que Coulomb dit que les ailes faisaient à peine trois tours par minute, et qu'il serait possible que les poids élevés, calculés dans l'hypothèse des trois tours, fussent trop considérables. La vitesse du vent ayant une grande influence sur le travail qui, pour une même vitesse des ailes, varie à peu près comme le carré de celle du vent, quelques inexactitudes dans les mesures de u peuvent entraîner d'assez grandes différences entre les résultats de l'expérience et ceux des formules, sans rien prouver contre ces dernières. La plus grande proportion qu'on trouve ici dans la différence entre la théorie et l'observation, pour la dernière vitesse du vent, de $9^{m},10$, peut venir en partie de ce que la longueur de la toile ne paraît pas avoir été mesurée avec exactitude dans ce cas.

Quand même il n'y aurait aucune cause d'inexactitude dans les formules, ce qui n'est certainement pas, il ne pourrait pas se présenter ici une concordance parfaite; car on n'est pas certain d'avoir bien exactement les éléments des expériences. La forme des ailes n'est qu'approximativement celle qui était adoptée dans les moulins qu'on a observés. Il est possible qu'on ait pris dans le calcul des angles $\alpha_{\prime\prime}$ et $\alpha_{\prime}$ un peu trop forts. En les diminuant un peu, on augmenterait les produits pour les petites vitesses du vent, et on les diminuerait pour les plus grandes, ce qui donnerait des rapports plus constants avec les résultats des expériences.

En définitive, les différences ne sont pas assez grandes pour faire rejeter plutôt ici l'usage des formules qu'on ne le fait dans d'autres théories d'approximation où l'accord n'est pas plus complet.

135. Il faut remarquer que les quantités de travail qui sont consignées dans le tableau ci-dessus ne sont pas celles dont on peut disposer pour opérer l'effet utile qu'on a en vue; il faut en déduire les pertes par le frottement. Quant aux pertes par le choc des cames, on ne doit pas les soustraire, puisqu'elles tiennent au genre d'effet, et qu'elles n'existeraient plus, ou qu'elles seraient remplacées par des pertes fort différentes, si l'on opérait un autre effet.

Nous donnerons ci-dessous le tableau de ces quantités de travail qu'un moulin à vent met à la disposition du fabricant, en présentant les résultats de la théorie à côté de ceux de l'observation. Nous y ajouterons les quantités que donnent les formules pour des changements dans la vitesse angulaire et dans la forme des ailes, afin qu'on voie l'influence que peuvent avoir ces éléments sur les quantités de travail qu'on recueille.

Quand on change la forme des ailes de manière à satisfaire à la condition du *maximum* pour différentes vitesses du vent, et qu'ainsi on a toujours $\tan\alpha = \frac{3\omega r}{2u} + \sqrt{\left[\left(\frac{3\omega r}{2u}\right)^2 + 2\right]}$, on trouve que ce travail se réduit à

$$\frac{24\varpi l u^4}{81 g\omega} \int \frac{(1 - 3\cos^2\alpha)(1 + \cos^2\alpha)}{\sin^5\alpha \cos^2\alpha} d\alpha.$$

En représentant l'intégrale par $\Psi(\alpha)$, laquelle a pour valeur

$$\Psi(\alpha) = \frac{1}{\cos\alpha \sin^4\alpha} - \frac{3}{2}\frac{\cos\alpha}{\sin^2\alpha} + \frac{3}{2}\log\left(\tan\frac{1}{2}\alpha\right),$$

ce travail *maximum* devient

$$\frac{24\varpi l u^4}{81 g\omega}\left[\Psi(\alpha_1) - \Psi(\alpha_0)\right].$$

C'est d'après cette formule que nous avons calculé les trois quantités de travail du tableau ci-après, qui répondent à la forme des ailes qui convient au double *maximum* par rapport à leur forme et à leur vitesse angulaire. Nous n'avons pas donné ce *maximum* pour la quatrième, parce que, dès qu'on est obligé de diminuer la longueur de la tenture, il n'y a pas lieu de chercher à recueillir plus de travail qu'on n'en obtient dans la pratique.

TABLEAU des quantités de travail qu'on peut recueillir par seconde, de l'arbre d'un moulin à vent ayant quatre ailes dont les tentures ont 10 mètres de long sur 2 mètres de large (*), chacune commençant à 2 mètres de l'axe de rotation et finissant à 12 mètres de cet axe.

VITESSE de rotation des ailes, à 1m,00 de l'axe ω.	ANGLES que font, avec l'axe de rotation, les premières et dernières traverses des ailes. A 2m de l'axe α_0	A l'extrémité α_1	TRAVAIL à recueillir par seconde, exprimé en dynamodes, ou 1000kil. élevés à 1m,00. Par la formule.	Par l'observation.	OBSERVATIONS.
		Vitesse du vent de 2m,27.			
0,10	63°42	81°17′	0,0065		
0,20	*Id.*	*Id.*	0,0098		Maximum de travail par rapport à la vitesse de rotation seulement.
0,28	*Id.*	*Id.*	0,0106	. . . .	
0,31	*Id.*	*Id.*	0,0105	0,0250 (**)	
0,40	*Id.*	*Id.*	0,0088		
0,58	*Id.*	*Id.*	0,0014	0,0000	
0,18	59° 3′	73°40′	0,0121	. . . .	Double maximum par rapport à la vitesse de rotation et à la forme des ailes.
		Vitesse du vent de 4m,05.			
0,33	63°42′	81°17′	0,0822		Double maximum par rapport à la vitesse de rotation et à la forme des ailes.
0,70	*Id.*	*Id.*	0,1094	. . . .	
0,78	*Id.*	*Id.*	0,1080	0,1480	
1,00	*Id.*	*Id.*	0,0957		
		Vitesse du vent de 6m,50.			
1,00	63°42′	81°17′	0,5073		Maximum par rapport à la vitesse de rotation seulement.
1,24	*Id.*	*Id.*	0,5232	. . . .	
1,36	*Id.*	*Id.*	0,5197	0,6309	
1,50	*Id.*	*Id.*	0,5070		
2,00	*Id.*	*Id.*	0,4025		
1,80	67°58′	84°22′	0,5346	. . . .	Double maximum par rapport à la vitesse de rotation et à la forme des ailes.
		Vitesse du vent de 9m,10.			
1,00	63°42′	79°46′	0,9537		Très-près du maximum par rapport à la vitesse de rotation seulement.
1,83	*Id.*	*Id.*	1,1568	0,8901 . . .	
2,50	*Id.*	*Id.*	1,0470		

(*) Comme nous l'avons fait remarquer dans la note précédente, la longueur des ailes était de 10m,40 pour les moulins sur lesquels portent les observations ; en sorte qu'à la rigueur les résultats théoriques devraient être un peu plus forts ; mais cette différence peut être négligée pour le degré d'approximation qu'il est possible d'avoir ici.

(**) Observation douteuse.

On voit, par les résultats de la quatrième colonne de ce tableau, combien, pour une même vitesse du vent, les quantités de travail varient peu pour des écarts très-sensibles dans la vitesse angulaire; on y voit aussi que les quantités de travail qu'on recueille dans le cas du double *maximum*, correspondant à d'autres formes des ailes que celles qu'on a adoptées, ne sont pas beaucoup plus considérables que si l'on ne changeait pas cette forme.

Ainsi, la théorie confirme ce que Coulomb a observé, savoir : que les produits de différents moulins à vent, marchant dans des circonstances assez différentes, étaient sensiblement les mêmes. On voit qu'il y aurait très-peu à gagner à changer la forme des ailes pour des vents différents, et que pour la forme qu'on aura choisie, on peut laisser tourner les ailes avec des vitesses de rotation assez différentes de celles qui conviennent au *maximum*, sans qu'on recueille sensiblement moins de travail.

Dans les cas où l'on voudra déterminer *à priori* avec quelque approximation le travail qu'on peut recueillir d'un moulin à vent, lorsque les éléments ne seront plus les mêmes que pour les observations de Coulomb, on pourra, à défaut de nouvelles expériences, se servir des formules qui ont fourni les résultats théoriques consignés dans ce tableau, et modifier toutefois les nombres qu'elles donneront dans le sens qui résulte des comparaisons ci-dessus. En se donnant la vitesse du vent, les dimensions et la forme des ailes, on aura assez approximativement le travail qu'on peut recueillir.

136. Dans la pratique, une fois qu'on aura construit les ailes suivant la forme qui répond au *maximum* absolu pour le vent le plus fréquent, il faudra chercher à faire prendre aux ailes, pour ce vent, la vitesse angulaire déterminée par les calculs précédents; or, en se donnant cette vitesse, on en conclura celle de toutes les roues du moulin. S'il s'agit, par exemple, d'élever des pilons, on saura conséquemment combien l'arbre qui porte les cames devra faire de tours par minute. Mais pour que cette vitesse puisse subsister, il faudra que le travail que cet arbre aura à transmettre dans l'unité de temps, dans une minute, par exemple, soit égal à celui qu'il reçoit. Ce dernier étant connu, soit par les formules précédentes, soit par les résultats d'expériences que nous venons de donner, on le divisera par le travail qu'exige l'élévation de chaque pilon, y compris les pertes de toute nature, et l'on aura pour quotient le nombre de pilons que le moulin devra élever par minute, et conséquemment le nombre de cames qu'il faut mettre autour de l'arbre qui les porte, puisqu'on connaît la

vitesse de celui-ci. Les choses étant ainsi disposées, les ailes arriveront d'elles-mêmes à prendre la vitesse la plus favorable à la fabrication. Si le travail résistant se produit trop inégalement, et que la roue qui porte les ailes ne puisse suffire pour faire fonction de volant et resserrer suffisamment les écarts de la vitesse de rotation, on ajouterait un volant à celui des axes du moulin qui a le mouvement de rotation le plus rapide; par ce moyen, la vitesse des ailes s'écarterait aussi peu qu'on voudrait de celle qui convient au *maximum*. On ne doit pas, au reste, attacher trop d'importance à ce que la vitesse de rotation soit bien exactement celle qui convient au *maximum*, puisqu'on a vu dans le tableau précédent qu'elle peut en différer encore beaucoup sans que le travail diminue sensiblement.

137. En terminant ici ce que nous nous proposions de dire sur la théorie de chaque système propre à recueillir le travail des moteurs, nous rappellerons qu'en général, quelle que soit la vitesse qu'on veuille obtenir sur les outils qui doivent opérer l'effet utile, il ne faudra pas changer celle de la partie de la machine qui est destinée à recueillir le travail quand on voudra en retirer le plus possible. Ce sera le plus souvent par des renvois de mouvement qu'on devra se procurer la vitesse qu'exige cet effet. Il ne faut pas perdre de vue néanmoins qu'il y a bien des cas où les dépenses en perfectionnement de machines, n'étant pas compensées par l'accroissement qui en résulte pour les produits, on devra se contenter de recueillir un travail qui ne sera pas le plus grand possible. Ce sont là des questions d'argent qu'on résoudra dans chaque cas particulier suivant les valeurs de chaque chose. Mais dès qu'on attache beaucoup de prix à ce qu'on fabrique, qu'un léger accroissement dans la production a promptement couvert quelques dépenses en machines, c'est à tort qu'on néglige d'économiser le travail : le principal soin qu'on doit avoir alors, c'est de disposer un premier système de manière à recueillir le plus possible du moteur. Comme on met aujourd'hui une grande perfection dans la construction des machines pour y diminuer les chocs et les frottements, les économies de travail qu'on trouverait dans quelques nouveaux perfectionnements pour les renvois de mouvement ne pourraient produire que très-peu de chose en comparaison de celles qui résultent d'un meilleur emploi du moteur. L'erreur de beaucoup de personnes est de voir dans le mode de transmission toute l'économie du travail, et l'on pourrait presque dire son accroissement, tandis que cette économie est presque tout entière dans le soin qu'on

met à en recueillir le plus possible du moteur par le moyen de la première partie de la machine.

138. Lorsque l'on veut donner une idée de la bonté d'une machine destinée, soit à recueillir, soit à transmettre le travail, on compare ce qu'elle rend avec ce qu'elle reçoit, ou ce qu'elle pourrait recevoir théoriquement: la fraction qui exprime le rapport entre ces deux quantités est la mesure du degré de perfection de la machine. En énonçant cette fraction, on doit dire avec précision de quelle manière on mesure les quantités de travail, sans quoi on risque de ne pas s'entendre et de faire de fausses comparaisons. Ainsi, quand on dit qu'une roue à augets rend les 0,70 du travail d'une chute d'eau, il faut savoir d'abord comment on mesure le travail de cette chute, si l'on prend la descente totale de l'eau depuis le niveau supérieur du cours d'eau, ou depuis l'arrivée du liquide sur l'auget jusqu'à sa sortie. Il faut aussi s'entendre sur le point où le travail est rendu, si c'est sur l'arbre même de la roue à augets, ou sur une roue d'engrenage, plus ou moins séparée de cet arbre par des renvois de mouvement. Quand on énonce le produit d'une machine à vapeur, il faut avoir soin de dire où le travail est mesuré, si c'est à l'arbre du volant, ou en un point plus éloigné du moteur. Si la machine sert à élever de l'eau, et qu'on énonce le travail obtenu pour cette élévation, il faut dire en outre comment l'eau arrive, par quel orifice elle sort; car la machine aura produit en sus du travail qu'exige l'élévation du liquide, celui qui est nécessaire pour lui donner la vitesse de sortie. Si l'on veut apprécier le soin dans la construction du cylindre, du piston et du balancier, on énoncera le rapport entre le travail produit sur le piston et celui qui peut être transmis par l'arbre du volant.

139. La connaissance du *maximum* de travail qu'on peut recueillir des moteurs, soit qu'on l'acquière par l'expérience, ou par des considérations théoriques, est très-nécessaire pour établir de justes bases dans les marchés qu'on peut faire à ce sujet. Pour en donner une idée, supposons, par exemple, qu'on veuille savoir si, moyennant un certain payement annuel ou moyennant une somme qui le représente, on peut, sans faire un marché désavantageux, acquérir une chute d'eau pour s'en servir à une certaine fabrication. On calculera d'abord le travail total que la chute produit en un jour, c'est-à-dire le produit de l'eau que fournit le courant, multiplié par la hauteur de la chute; on en conclura ensuite le *maximum* de travail qu'on pourrait recueillir par jour, et transmettre

à une roue d'engrenage placée dans les bâtiments qui doivent être situés près de la chute : ce travail peut être environ les sept dixièmes du travail total. On tiendra compte des frais d'établissement, d'entretien et de renouvellement des roues à augets, et de toutes les constructions nécessaires pour amener ainsi le travail dans le bâtiment. Après avoir réduit, par exemple, ces frais en une rente annuelle, on l'ajoutera à celle qu'on doit payer pour l'acquisition ou la jouissance de la chute, et l'on en conclura ce que coûte annuellement la source de travail fournissant tant d'unités par jour en une place déterminée du bâtiment. Pour savoir si le marché est ou n'est pas défavorable, il faudra comparer cette dépense avec celle qu'exigeraient l'établissement et l'entretien d'une machine à vapeur : on examinera donc ce qu'on payerait annuellement, tant pour la rente équivalente au prix d'achat et de pose de cette machine, que pour son entretien, et pour la consommation de charbon qui serait nécessaire pour recueillir par jour le même travail d'une roue d'engrenage placée semblablement dans le bâtiment. On verra ainsi à quel prix la chute d'eau devient moins chère que l'emploi de la vapeur.

On conçoit qu'il ne faut comparer ainsi les dépenses que pour des quantités de travail qui, non-seulement soient les mêmes, mais qui soient produites en des points où il est également facile de les employer au même usage. Lors donc qu'on achète du travail, il faut avoir soin de bien spécifier à quel endroit il sera livré, et quelle est la partie de la machine qui le produira. Le travail dynamique a cela de commun avec toutes les autres marchandises, que ce n'est pas la quantité seule que l'on paye, mais aussi la facilité d'en user.

Il ne faudrait pas prendre à la lettre ce que disait Montgolfier : *La force vive (le travail), c'est ce qui se paye.* Nous répéterons ce que nous avons dit dans le premier chapitre, que le travail, quoique étant le principal élément de ce qu'on paye dans le mouvement, et le seul qui soit du domaine des mesures exactes, n'est cependant pas tout ce qui fait la valeur du mouvement. C'est ainsi que le volume, quoique le principal élément de valeur de diverses matières utiles, n'est cependant pas, à beaucoup près, le seul que l'on considère pour établir les valeurs de ces matières.

Si, pour les machines à vapeur, on se contentait de constater la pression dans la chaudière, et d'en conclure le travail produit sur le piston par le moyen de sa surface, de la hauteur de la course et du nombre des coups dans un temps donné, on n'aurait pas ainsi le travail qu'on doit payer; il faudrait en soustraire les pertes par les frottements du piston et les divers ébranlements pour la transmission jusqu'à l'arbre du volant. Ce n'est que celui qui peut être transmis par cet arbre qu'on doit faire entrer dans un marché. Ainsi, quand on achète une machine de la force de dix chevaux, on doit entendre que la quantité de 0,750 de dynamode par seconde sera livrée par une roue d'engrenage, d'où l'on pourra la retirer pour un usage quelconque.

140. Il serait fort important pour la sûreté des personnes qui font marché avec les constructeurs des machines destinées seulement à recueillir et à livrer le travail, qu'on eût un moyen de mesurer celui qui est transmis, soit à une roue d'engrenage par un mouvement de rotation continu, soit à des tiges agissant par des mouvements de va-et-vient. Si c'était le même fournisseur qui se chargeât de toutes les machines d'une fabrique, on n'aurait pas besoin d'énoncer dans le marché combien on recueillera de travail dynamique en un point donné de la machine; il suffirait que le constructeur s'engageât à produire un effet déterminé, comme d'élever tant d'eau, de moudre tant de blé, et cela avec une certaine dépense de charbon s'il s'agit de machine à vapeur, ou avec une chute et une dépense d'eau fixée par les localités lorsqu'il s'agit d'une chute d'eau. Mais la plupart du temps, surtout pour les machines à vapeur, celui qui vend le système propre à recueillir le travail ne se charge pas d'établir le reste des machines nécessaires à la fabrication. Dès lors, il faut que ce vendeur garantisse qu'une certaine quantité de travail sera transmise dans un jour par tel point de sa machine, pour une consommation de charbon déterminée. Il faudrait donc, pour vérifier l'accomplissement de ces marchés, qu'on eût un moyen de mesurer le travail transmis en un point donné d'une machine.

Comme c'est presque toujours par un mouvement circulaire continu que le travail recueilli du moteur se transmet à la machine construite spécialement pour l'effet qu'on a en vue, ce serait déjà beaucoup que de pouvoir le mesurer dans ce cas. Une disposition propre à opérer cette mesure par des moyens mécaniques serait en même temps d'une grande utilité pour toutes les expériences qui restent à faire, tant sur le *maximum* de travail à retirer des différents moteurs, que sur l'évaluation des pertes de travail par les frottements et les chocs qu'occasionnent les renvois de mouvement.

Pour mesurer le travail que peut transmettre un arbre tournant mû par un moteur quelconque, M. de Prony a fait usage d'un *frein* formé de deux demi-colliers qui embrassent le cylindre et le serrent par des vis qui les relient entre eux. Un poids attaché à l'extrémité d'un bras de levier qui ne forme qu'un même corps solide avec le collier, retient celui-ci à peu près en équilibre et le fait frotter contre l'arbre en l'empêchant de tourner. La mesure du travail absorbé par le frottement s'obtient facilement au moyen de ce poids. En effet :

Le frein étant supposé immobile, les forces auxquelles il est soumis par les frottements ne peuvent donner lieu à aucun travail, puisque les points du frein sur lesquels ces forces agissent ont des vitesses nulles. Ainsi, le travail résistant dû au frottement sur l'arbre mobile est égal à lui seul au travail résistant que ce frottement doit introduire dans l'équation des forces vives, en comprenant le frein et l'arbre dans la machine. Ce travail a pour mesure $\Sigma\int F d\sigma$: F étant une force égale au frottement en un certain point du contour de l'arbre tournant; σ étant l'arc de glissement, qui est ici l'arc réellement décrit dans l'espace par ce point du contour du cylindre; et le signe Σ indiquant la somme de toutes les intégrales semblables pour tous les points de la surface frottante. Or on peut remplacer toutes les forces F dues au frottement par une force unique qui leur soit équivalente; en l'appliquant à un point convenable qui soit lié à l'arbre et tourne avec lui, on aura le travail $\Sigma\int F d\sigma$. On peut prendre pour la grandeur de cette force un poids P, qui, appliqué au frein, le maintienne en équilibre autour de l'arbre pendant que celui-ci tourne et produit le frottement qu'on veut mesurer; car ce poids faisant équilibre à toutes les forces dues aux frottements contre le frein, sera équivalent à l'ensemble de tous les frottements égaux et opposés qui agissent contre l'arbre, pourvu qu'on le suppose appliqué à un point tournant avec cet arbre. Il suffira donc, pour avoir le travail résistant dû aux frottements que le frein produit contre la machine, de calculer celui qui serait dû à cette force équivalente aux frottements, c'est-à-dire de former le produit du poids P par l'arc que décrirait un point entraîné avec l'arbre, et placé à la même distance de l'axe que ce poids.

Si le travail absorbé par le frottement contre ce frein est le même que celui qui est transmis au reste de la machine par le cylindre quand le frein n'y est pas et que l'effet utile se produit, on a la mesure de ce dernier travail par le moyen de celui qu'absorbe le frein. Tout se réduit donc à faire en sorte que le frein absorbe précisément autant de travail qu'il y en aurait de transmis si la machine produisait son effet. On y parvient à peu près en serrant le frein et augmentant le frottement jusqu'à ce que la vitesse de rotation de l'arbre soit la même que celle qu'il prendrait dans ce dernier cas. Il est clair qu'en général le travail recueilli du moteur et le travail transmis par l'arbre, ne dépendant que de cette vitesse, il sera le même quand le frein l'absorbe que quand l'arbre le transmet pour produire l'effet auquel la machine est destinée.

Ce moyen de mesure ne remplit pas toutes les conditions qu'on pourrait désirer. D'abord, il arrive que le frottement ne pouvant s'entretenir bien constant, surtout quand la vitesse varie un peu par la nature du travail moteur, le poids se trouve, tantôt trop fort, tantôt trop faible, et il oscille tellement qu'il faut le tenir à une bride: on ne connaît pas alors la force due à cette bride qui agit de temps en temps et dont l'action s'ajoute à celle du poids. Ce dernier ne donne donc plus à lui seul la force d'où l'on peut conclure le frottement contre l'arbre.

Il y a des machines où aucune des vitesses de rotation ne peut être sensiblement constante quand elles travaillent à l'effet auquel elles sont destinées; de sorte qu'on ne peut pas savoir quelle vitesse constante il faut que le frein laisse au cylindre sur lequel il agit, pour que le travail retiré du moteur soit le même que quand ce frein n'y est plus et que la machine prend une vitesse variable pour produire son effet. Sous ce rapport, il serait à désirer qu'on pût mesurer le travail transmis sans l'absorber et sans interrompre la communication avec le reste de la machine, et en même temps sans que la force ou la vitesse qui ont lieu en un point donné de la machine dussent rester constantes. Il faudrait pour ainsi dire mesurer le travail au passage, et non pas le détourner pour le mesurer. Ce mode aurait l'avantage de convenir très-bien aux expériences sur les consommations de travail qu'exigent différents effets compliqués; mais il offre une difficulté de plus: c'est qu'il ne peut se réaliser au moyen d'un appendice de la machine. Le frein peut s'employer sur toute machine sans qu'on y ait fait d'autre disposition préalable dans la première construction, que de se ménager le moyen d'interrompre la transmission du travail au delà de l'arbre sur lequel on le place, pour le forcer ainsi à venir s'absorber par le frottement. Mais pour que le travail continuât de se transmettre et d'opérer l'effet auquel la machine est destinée, il faudrait que celle-ci fût disposée dans sa première construction, de manière que des ressorts ou des poids pussent accuser la force variable et par suite le travail qui est produit, sans le détourner de l'effet utile auquel il est destiné.

J'ai essayé de satisfaire à ces conditions par un moyen dont on trouvera la description dans une note à la fin de cet ouvrage. Je ne le présente que comme un idée qui aurait sans doute besoin d'être étudiée encore en exécution, avant qu'on pût savoir au juste s'il est possible d'en tirer parti.

Lorsqu'il s'agit seulement de faire des expériences sur le *maximum* de travail à recueillir d'un moteur, il est assez commode d'absorber ce travail en le mesurant : on n'a pas alors l'embarras d'une machine plus considérable qu'il ne faut. L'élévation des poids, qui serait un moyen très-exact de mesure, a l'inconvénient d'exiger un emplacement où l'on ait une hauteur suffisante, ce qu'on ne trouve pas dans la plupart des localités. Le frein offre l'avantage de n'occuper que peu de place et de pouvoir s'adapter partout; mais il serait à désirer qu'au lieu de le retenir avec un poids qui a toujours un battement assez fort par les inégalités du frottement, on le maintînt avec un ressort attaché à un point fixe, en cherchant un moyen de tenir compte des efforts variables qu'il exerce, et de les combiner avec les vitesses, de manière à mesurer toujours le travail dû au frottement. Les personnes qui seraient à portée de faire des expériences pourraient essayer le moyen que j'indique pour ce cas, dans la note dont je viens de parler.

141. Après avoir exposé les généralités les plus utiles sur les parties des machines qui ont pour objet de recueillir le travail, il resterait à traiter de celles qui sont destinées à le transmettre ; mais, comme nous l'avons dit précédemment, la théorie géométrique des renvois de mouvement ne rentre pas dans l'objet qui nous occupe ; elle est plutôt du domaine de la Géométrie. On peut l'étudier dans le *Traité des Machines* de M. Hachette, ou dans celui de MM. Lantz et Bétancourt. Nous n'aurions à considérer ici que les moyens d'éviter les pertes de travail. La théorie indiquant les causes qui influent sur ces pertes, elle peut servir à disposer les choses de manière à les diminuer. Ainsi, d'après ce que nous avons vu sur les frottements, on en conclut qu'il faut chercher à diminuer les arcs de glissement des surfaces frottantes, en même temps qu'on tâchera de diminuer les pressions entre les points qui frottent. Ce que nous avons dit sur les pertes par les mouvements internes des corps suffit aussi pour indiquer qu'il faut éviter les changements dans les forces, et tout ce qui peut modifier l'état de tension ou de pression des corps. Nous avons vu comment, dans quelques cas, les considérations théoriques peuvent donner approximativement les limites des pertes de travail dans le choc; mais c'est à l'expérience seule à faire connaître leur valeur avec un peu d'exactitude. Pour celles qui tiennent aux frottements, on pourra recourir aux résultats des expériences de Coulomb, quand on connaîtra les pressions au contact.

Dans les expériences qui ont pour objet de déterminer les pertes de travail qu'occasionnent les renvois de mouvement, tels que les arbres tournants, les engrenages, les cordes, les chaînes, etc., il est inutile de s'attacher à observer directement les forces quelquefois variables qui peuvent remplacer à chaque instant certains frottements, aux points mêmes où ils se produisent; il suffit de faire porter l'expérience sur la perte de travail. On peut observer les machines pendant le mouvement avec la vitesse qu'on veut leur donner : dès que le travail absorbé reste assez constant pendant l'expérience pour qu'on puisse le mesurer, on a obtenu tout ce qui intéresse les applications. Il suffira ensuite de varier les observations et d'en faire pour les diverses circonstances qui peuvent influer sensiblement sur les pertes de travail, et qui doivent accompagner le mouvement pour lequel on veut y appliquer les résultats qu'elles fournissent.

Pour connaître, par exemple, ce qu'on perd de travail par un engrenage de deux roues à dents de bois ou de métal, on transmettra un travail moteur à l'arbre de l'une de ces roues par le moyen d'un poids attaché à une corde, ensuite on examinera le travail résistant produit par l'élévation d'un poids attaché à une corde qui s'enroule sur l'arbre de la seconde roue. On variera le travail résistant jusqu'à ce qu'on obtienne une vitesse presque uniforme, et alors la différence du travail moteur au travail résistant, diminué du travail nécessaire au ploiement et déploiement des cordes, et de la force vive qui pourrait être acquise, donnera la mesure de la perte par les frottements des engrenages et des tourillons des arbres dans leurs crapaudines. On fera ces expériences en variant les poids et les vitesses.

Si l'on avait un instrument pour mesurer avec un peu d'exactitude le travail qui est transmis par un cylindre tournant qui le reçoit d'un moteur quelconque, on emploierait dans ces expériences la machine à vapeur ou un cheval à un manége, et l'on se procurerait ainsi un travail moteur qui serait mesuré en arrivant sur la première roue d'engrenage. On n'aurait plus alors l'inconvénient des poids, qui ne peuvent se mouvoir longtemps, parce qu'on n'a qu'une hauteur limitée pour les laisser descendre. Pour produire un travail résistant qui n'ait pas non plus ce même inconvénient, on pourrait employer le frottement dans un frein.

Des expériences du genre de celles que j'indique peuvent être faites, non-seulement sur les frottements, mais sur toutes les pertes de travail dans les renvois de mouvement; par exemple, pour les ploiements et déploiements des cordes et des chaînes, pour les frottements dans les tourillons, et pour les chocs dans le jeu des assemblages quand il y a des mouvements de va-et-vient.

Il y a des cas où il serait possible d'isoler les résultats les uns des autres quand on ne peut isoler les phénomènes. En doublant ou triplant une des pertes sans changer les autres sensiblement, on obtiendrait chaque perte en les tirant d'autant d'équations qu'il y a d'inconnues, chacune de ces équations étant fournie par une observation. Par exemple, s'il s'agit de mesurer à la fois les pertes par les engrenages entre des roues égales, et par les ploiements des cordes, on pourrait faire une seconde observation après avoir intercalé entre les deux roues une troisième roue dentée semblable aux autres, et alors les pertes par les engrenages seraient doublées sans que celles qui sont dues aux ploiements et déploiements des cordes aient changé sensiblement.

142. Il nous reste à considérer, sous le rapport de l'économie du travail, la troisième partie des machines, c'est-à-dire celle qui opère immédiatement l'effet utile. Notre objet ne peut être ici que d'indiquer d'abord comment le choix des moyens pour produire cet effet peut diminuer le travail qu'il exige; nous montrerons ensuite comment il est possible de déterminer ce travail par expérience.

Les effets mécaniques des machines consistent, 1° dans l'élévation des poids; 2° dans le brisement ou l'altération de forme des corps; 3° dans les frottements à surmonter pour opérer le déplacement lent des corps; 4° dans les transports rapides, c'est-à-dire dans la production de vitesse.

Les trois premiers effets absorbent complétement par eux-mêmes une certaine quantité de travail, qui ne peut plus reparaître, au moins pour le moment. Ainsi, les corps brisés ou déformés, les frottements vaincus, les corps élevés tant qu'ils ne redescendent pas, ont consommé une quantité de travail qui ne peut se transmettre. Cette quantité suffirait théoriquement pour produire ces effets; mais il en faut toujours consommer une quantité plus grande, à cause des vitesses communiquées et des ébranlements qui en résultent dans les corps environnants. Le plus souvent, ces surcroîts de travail sont tellement liés à l'effet à produire, qu'il n'est pas possible de les empêcher; on ne peut que les diminuer. Par exemple, lorsqu'une pompe élève de l'eau dans un réservoir, il faut bien que cette eau arrive par un canal qui ne soit pas trop large et qu'elle ait une certaine vitesse, quelque faible qu'elle soit. Le piston qui la refoule doit donc produire en outre du travail qu'exige l'élévation de l'eau, la portion nécessaire pour donner à cette eau la vitesse qu'elle a en sortant de la pompe; ce surplus de travail communiqué va se perdre en mouvement de l'eau dans le bassin qui la reçoit : on peut bien diminuer cette perte, en élargissant le tuyau d'écoulement, mais on ne peut pas la rendre nulle. Dans une scierie, le mouvement de la scie exigera un certain travail qui sera employé en partie à produire des ruptures dans les fibres du bois, et en partie à répandre des ébranlements dans la pièce, dans ses supports et dans le sol environnant. Or, suivant le plus ou le moins de facilité qu'auront ces corps à recevoir ces ébranlements sous la force qui doit se produire pour opérer ces ruptures, il y aura plus ou moins de travail qui sera consommé en sus de celui qui est rigoureusement nécessaire. La même remarque s'appliquerait à l'opération du forage des canons. Lorsqu'il s'agit de forger des barres de fer, le travail qu'on doit dépenser pour élever le marteau sera supérieur à celui qu'exige réellement l'aplatissement du fer. Cela tient à ce que l'enclume reposant sur un sol qui peut s'ébranler sensiblement sous une grande pression, ce travail se partage entre la compression du fer et l'ébranlement du terrain : cette dernière portion est consommée en pure perte. Mais si, au lieu de battre le fer, on le lamine entre des cylindres, la pression sur le sol restant constante et continue, on ne perd presque point de travail en ébranlement du terrain. Voilà donc beaucoup d'exemples où des effets semblables sont opérés en dépensant plus ou moins de travail.

En général, moins on observe de vitesse ou d'ébranlements après l'effet produit, et moins il a fallu communiquer de travail au dernier outil pour produire le même effet utile. Quoiqu'on doive chercher à diminuer ces ébranlements par des dispositions convenables, cependant il ne faut plus s'en occuper au delà du terme où ces dispositions coûteraient plus en frais d'établissement qu'elles ne rapporteraient en économie de travail. Lorsqu'il faut briser ou rompre des adhérences par le choc, il est impossible d'empêcher qu'une partie du travail ne se perde en ébranlements, et alors ceux-ci ne doivent pas être considérés comme tenant à une imperfection de la machine. Il y a des cas où, en cherchant ainsi à économiser le travail, on pourrait ne pas obtenir les mêmes produits, sans que cela paraisse au premier abord. Ainsi, en laminant du fer, on n'obtient pas une qualité aussi bonne qu'en le battant. Cela peut tenir à ce que la pression sous le coup de marteau est toujours plus forte ou plus prompte à se développer que celle qui se produit entre des cylindres, et à ce qu'elle détermine ainsi une plus grande agrégation. C'est aux fabricants à examiner jusqu'à quel point on peut faire ainsi des économies de travail aux dépens de la qualité des produits.

Dans l'estimation du travail qu'exige un certain genre d'effet, on doit comprendre la portion qu'on ne peut éviter de perdre en mouvements ou ébranlements dans les corps environnants; il faut adopter pour cette estimation les circonstances ordinaires qui accompagnent les meilleures dispositions en usage.

Lorsqu'on a pour but de produire seulement sur des masses qui se renouvellent sans cesse, des déplacements rapides, c'est-à-dire des vitesses assez grandes, ce genre d'effet donne lieu à la transmission de toute la force vive dans les corps environnants. Il est évident qu'alors le travail employé en ébranlement ou frottement sur ces corps environnants, après qu'on a produit ce qu'on voulait, ne peut être évité; il tient essentiellement à l'effet utile et il en forme la mesure. Par exemple, lorsqu'il s'agit de faire sortir de l'air d'un réservoir, comme dans les machines soufflantes, la vitesse de l'air qui sort par la tuyère est le but qu'on se propose : elle produit de l'ébranlement dans l'atmosphère ; mais il est clair que cet ébranlement ne peut être diminué et qu'il entre complétement dans l'effet à produire; il en forme la principale partie. Il est presque superflu de dire qu'il faut distinguer en cela les ébranlements qui se lient ainsi aux effets utiles et se produisent par le travail qui se transmet après avoir opéré ces effets, d'avec les ébranlements qui détournent le travail avant qu'il ne soit arrivé sur les corps à briser ou à déplacer. Ces derniers peuvent toujours se diminuer indéfiniment par des dispositions convenables, parce que, lorsqu'il s'agit seulement de transmettre le travail, il n'est jamais nécessaire de produire des chocs ou des changements brusques dans les forces. Dès lors, on ne doit pas comprendre, en général, ces pertes de travail dans la quantité qu'exige l'effet à obtenir.

143. Il serait à désirer qu'on arrivât à avoir des tables des quantités de travail qu'il faut transmettre à tel point d'un outil pour produire telle quantité d'un certain ouvrage. Par exemple, on saurait ce qu'il en faut transmettre à la meule d'un moulin à blé pour moudre un hectolitre avec tel système de mouture; on saurait ce qu'il en faut produire sur le marteau d'une forge pour battre et forger 100 kilogrammes de barres de fer d'une certaine forme; on constaterait ce qu'il faut de travail sur l'arbre qui met en mouvement les broches d'une filature pour fabriquer une certaine quantité de fil de coton d'une espèce déterminée. Le temps n'est pas éloigné, sans doute, où le travail s'employant davantage, s'économisera mieux, et où l'intérêt qu'on aura à connaître tous ces résultats fera

chercher par expérience ceux qui ne peuvent s'obtenir directement par la théorie.

Si l'on trouvait moyen d'adapter facilement à une machine un mécanisme propre à donner la mesure du travail qui se produit immédiatement sur le dernier outil destiné à opérer l'effet utile, il n'y aurait aucune difficulté à obtenir les quantités de travail consommées pour divers effets; mais comme cela ne paraît guère praticable, et qu'au moins quant à présent on n'a pas un tel mécanisme à sa disposition, il faut chercher une autre voie pour obtenir ces quantités. On va voir comment cela est possible à l'aide de quelques observations assez praticables, quand on n'a pas besoin d'une grande rigueur.

Désignons, comme nous l'avons déjà fait, par $\Sigma\int P ds$, le travail produit par le moteur sur la première partie de la machine sur laquelle il agit; par $\Sigma\int F df$, le travail résistant qui est dû aux frottements et à toutes les pertes qui résultent de la transmission jusqu'à l'outil qui opère l'effet utile; par $\Sigma\int P' ds'$, celui que développent les outils en produisant cet effet; et par v et v_0 les vitesses au commencement et à la fin de l'observation : le principe de la transmission du travail donne

$$\Sigma\int P ds = \Sigma\int P' ds' + \Sigma\int F df + \Sigma p \frac{(v^2 - v_0^2)}{2g}.$$

La variation de la somme des forces vives est toujours négligeable devant les autres quantités, quand on prend le travail pour un temps un peu considérable par rapport à celui qu'il faut pour que la machine prenne son *maximum* de vitesse. Au reste, si les expériences duraient trop peu de temps, on pourrait toujours calculer directement la valeur de cette variation $\Sigma p \frac{(v^2 - v_0^2)}{2g}$, en sorte que toutes les recherches se rapporteront seulement aux trois autres termes. Les expériences doivent avoir pour but de s'arranger de manière à en connaître deux préalablement pour en conclure le troisième, en ayant soin de produire autant que possible les circonstances qui influent sur sa valeur dans les cas pour lesquels on veut faire des applications.

Quelquefois ce travail moteur $\Sigma\int P ds$ pourra être donné très-approximativement par les formules théoriques rectifiées d'après quelques expériences, ainsi que nous l'avons vu pour les courants d'eau ou les courants d'air.

Si l'on a besoin de faire de nouvelles expériences pour connaître ce travail moteur, on commencera, ainsi que nous l'avons dit, par disposer les choses de manière que le travail résistant $\Sigma\int P'ds'$, et le travail perdu $\Sigma\int Fdf$, soient connus. Pour cela on substituera à des effets compliqués d'autres effets plus simples qui donnent par eux-mêmes la mesure du travail qu'ils exigent, sans qu'ils changent rien aux vitesses de la première partie de la machine qui est destinée à recueillir le travail du moteur; ainsi on supprimera tous les renvois de mouvement et l'on appliquera immédiatement un frein ou un poids sur le premier arbre de la roue hydraulique, s'il s'agit de courant d'eau, ou sur celui du volant, s'il s'agit de machine à vapeur, et l'on aura par expérience la mesure du travail moteur $\Sigma\int Pds$ pour différentes vitesses de la roue hydraulique ou du volant de la machine à vapeur.

Si c'est le travail perdu par des renvois de mouvement qu'on veut déterminer, on s'arrangera, ainsi que nous l'avons dit aussi, pour que le travail produit par le moteur et le travail résistant dû à l'effet utile soient connus. Pour cela on emploiera un moteur dont on a déjà mesuré le travail; on substituera ensuite à l'effet utile, si cela est nécessaire, un effet plus simple qui donne un moyen facile d'évaluer le travail qu'il exige, et tout cela en donnant à la seconde partie de la machine, c'est-à-dire aux renvois de mouvements, des vitesses et des pressions qui diffèrent peu de celles qui devront avoir lieu dans le cas où l'effet utile sera produit.

Une fois qu'on aura fait, avec des dispositions spéciales, ces deux sortes d'expériences sur le travail recueilli des moteurs et sur celui qui est perdu en renvois de mouvement, on n'aura plus qu'à observer la machine même qui produit l'effet utile. Pour obtenir la valeur du travail que cet effet exige, il suffira de soustraire du travail produit par le moteur sur la partie destinée à le recevoir, celui qui est perdu dans la transmission jusqu'aux outils qui produisent cet effet utile; la différence donnera celui qui est immédiatement employé pour cet effet.

Sans doute qu'il se présente souvent des difficultés pour faire de telles observations avec un peu d'exactitude, néanmoins ces considérations conduiront presque toujours à des résultats assez approchés pour la pratique.

A défaut d'observations où le travail employé pour produire certains effets ait été mesuré sur la partie de la machine qui l'opère immédiatement, il sera toujours utile d'en avoir où il ait été mesuré sur d'autres parties plus éloignées. Ces observations apprendront qu'en disposant une machine semblable, depuis l'effet à produire jusqu'à ces parties plus rapprochées du moteur, celles-ci devront recevoir tant de travail pour produire tel effet. Il est déjà fort utile, par exemple, de savoir quelle quantité de travail on doit appliquer à la roue hydraulique qui conduit un moulin d'un certain mécanisme, pour moudre 100 kilogrammes de blé : ce résultat apprendra ce qu'on pourra moudre de blé avec une chute d'eau d'un produit connu, lorsque son travail sera recueilli par une certaine roue hydraulique qui fera mouvoir un moulin d'un mécanisme semblable à celui qui a été observé.

Lorsque les effets entraînent avec eux tout un mécanisme nécessaire qui ne peut jamais en être séparé et qui n'est plus susceptible de changement, il est clair qu'il est même préférable alors de connaître le travail qui doit être produit par le moteur appliqué à la première partie de ce mécanisme. Ainsi, dans les filatures, ce n'est pas le travail reçu par le fil qu'on veut tordre qu'il importe de connaître, mais celui qui est produit sur un premier arbre qui met en mouvement tout le mécanisme dépendant nécessairement de cette fabrication.

Voici un tableau contenant quelques résultats sur les consommations de travail nécessaires pour produire différents effets utiles. Je ne le donne pas comme contenant des résultats bien précis; mais néanmoins, tel qu'il est, il ne sera pas sans utilité. Je l'ai dressé tant d'après ce qu'on trouve rapporté dans différents ouvrages, que d'après des renseignements qu'ont bien voulu me fournir M. Clément, professeur au Conservatoire des Arts et Métiers, M. Benoist, ingénieur, et M. Mallet, ingénieur en chef des eaux de Paris.

TABLEAU des quantités de travail dynamique nécessaires pour produire divers effets utiles; ces quantités étant mesurées comme il est indiqué dans la 2e colonne.

NATURE ET QUANTITÉS DES EFFETS A PRODUIRE.	Sur quelle partie de la machine on évalue le travail moteur ou le travail résistant.	TRAVAIL dynamique exprimé en dynamodes, ou 1000 kil. élevés ou descendus de $1^m,00$.	INDICATIONS DES OBSERVATEURS OU DES AUTEURS qui ont cité les résultats. — *Remarques particulières.*
Mouture du blé.			
Un hectolitre de blé, ou 75 kilogrammes de blé à moudre assez grossièrement dans un moulin à vent.	Travail résistant sur l'arbre qui porte les ailes.	301^d	On a obtenu le travail par la théorie, en rectifiant le résultat d'après les expériences de Coulomb pour des éléments peu différents de ceux qui ont fourni ce travail.
Un hectolitre de blé, ou 75 kilogrammes à moudre à la grosse dans des moulins ordinaires.	Travail résistant sur l'arbre qui porte la meule.	419^d	Moyenne adoptée par M. Navier, entre plusieurs anciennes observations.
Id.	Travail résistant sur l'arbre de la roue hydraulique.	611^d	Observations de M. Hachette aux moulins de Corbeil.
Un hectolitre de blé, ou 75 kilogrammes à moudre et remoudre sur gruaux.	Travail résistant sur l'arbre qui porte la meule.	628^d	Estimé approximativement par M. Navier, comme exigeant une moitié en sus du travail, pour moudre à la grosse.
Idem, le moteur étant une chute d'eau.	Travail résistant sur l'arbre de la roue hydraulique.	916^d	Estimé approximativement par M. Hachette, comme exigeant aussi une moitié en sus du travail pour moudre à la grosse.
Un hectolitre de blé, ou 75 kilogrammes à moudre, suivant le système anglais, dans des moulins mus par une machine à vapeur.	Travail résistant sur l'arbre du volant.	802^d	Observation citée par M. Farey; le résultat est déduit du produit connu de la machine en travail dynamique.

NATURE ET QUANTITÉS DES EFFETS A PRODUIRE.	Sur quelle partie de la machine on évalue le travail moteur ou le travail résistant.	TRAVAIL dynamique exprimé en dynamodes, ou 1000 kil. élevés ou descendus de 1m,00.	INDICATIONS DES OBSERVATEURS OU DES AUTEURS qui ont cité les résultats. — *Remarques particulières.*
Un hectolitre de blé, ou 75 kilogrammes à moudre, suivant le système anglais, dans des moulins mus par une machine à vapeur.	Travail résistant sur l'arbre du volant.	813d	Suivant MM. Cazalès et Cordier, constructeurs de machines à Saint-Quentin : résultat déduit comme le précédent.
Un hectolitre de blé, ou 75 kilogrammes à moudre et remoudre sur gruaux, dans un moulin mû par une chute d'eau, à l'aide d'une roue à augets.	Travail moteur dû à la descente de l'eau du niveau du bief supérieur au niveau du bief inférieur.	1022d	Moyenne de deux observations de M. Mallet, l'une à Pontoise, l'autre à Vast.
Battage et vannage du blé.			
Un hectolitre de blé, ou 75 kilogrammes, à retirer des germes, tout vanné, à l'aide d'une machine.	Travail résistant sur l'arbre de la première roue motrice.	40d	Résultat des observations de M. Fenwick, cité par M. Navier.
Fabrication d'huile.			
Un kilogramme d'huile à retirer de l'écrasement par le choc et de la pression des graines écrasées, à l'aide de pilons mus par un moulin à vent.	Travail résistant sur l'arbre qui porte les ailes.	146d	Observations de Coulomb : ce travail comprend les pertes dues au choc des pilons contre les cames.
Pour produire le même effet à l'aide d'un écrasement sans choc, et de la pression des graines écrasées, le moteur étant une machine à vapeur.	Travail résistant sur l'arbre du volant.	34d	Résultat approximatif conclu de la consommation de charbon pour les machines de M. Hall.
Id., suivant une autre observation.	*Id.*	25d	Observation donnée par M. Clément.
Sciage des matériaux.			
Mètre carré de sapin, à scier par une machine à vapeur.	Travail moteur sur l'arbre du volant.	60d	Résultat donné par M. Clément.
Mètre carré de chêne vert, à scier à bras d'homme.	Travail résistant sur la scie.	43d	Résultat donné par M. Navier.

NATURE ET QUANTITÉS DES EFFETS A PRODUIRE.	Sur quelle partie de la machine on évalue le travail moteur ou le travail résistant.	TRAVAIL dynamique exprimé en dynamodes, ou 1000 kil. élevés ou descendus de 1m.	INDICATIONS DES OBSERVATEURS ou DES AUTEURS qui ont cité les résultats. — *Remarques particulières.*
Mètre carré de chêne vert à scier, en employant une chute d'eau, à l'aide d'une roue à palettes non emboîtées.	Travail moteur dû à la chute d'eau.	129d	Résultat donné par M. Navier.
Mètre carré de chêne sec, à scier à l'aide d'une machine, le trait de scie ayant de 0,003 à 0,004 d'épaisseur.	Travail résistant sur la scie	63d	Suivant M. Coste; résultat déduit d'observations faites à Metz.
Mètre carré d'orme à scier, le trait de scie ayant 0,003 à 0,004 d'épaisseur.	*Id.*	71d	*Id.*
Mètre carré de pierre de roche des environs de Paris, ou mètre carré de marbre, à scier par des hommes.	Travail résistant sur la scie.	295d	Résultat donné par M. Navier.
Mètre carré de granit à scier par des hommes.	*Id.*	2069d	*Id.*
Fabrication du tan.			
100 kilogrammes de tan à produire en broyant l'écorce à l'aide d'une machine.	Travail résistant sur l'arbre de la 1re roue motrice.	466d	Résultat donné par M. Clément.
Fabrication du papier.			
100 kilogrammes de vieux cordages à réduire en pâte par la trituration, à l'aide de pilons mus par une machine à vapeur.	Travail résistant sur l'arbre du volant.	5700d	Suivant Tredgold. Ce résultat est déduit du produit connu de la machine à vapeur employée.
Filatures de coton.			
Pour filer un kilogramme de fil du n° 40, c'est-à-dire deux livres métriques de chacune 40000 mètres, et pour exécuter toutes les préparations nécessaires, en filant avec les mull-jennys prenant les vitesses les plus ordinaires.	Travail résistant sur l'arbre du volant de la machine à vapeur.	204d	Observation de M. Clément et de M. Benoist. La quantité de travail dynamique est assez variable suivant les circonstances. Celle qui est portée ici suppose qu'il faut un cheval de machine pour faire marcher 600 broches mull-jennys, avec les machines préparatoires.

NATURE ET QUANTITÉS DES EFFETS A PRODUIRE.	Sur quelle partie de la machine on évalue le travail moteur ou le travail résistant.	TRAVAIL dynamique exprimé en dynamodes, ou 1000 kil. élevés ou descendus de 1m.	INDICATIONS DES OBSERVATEURS OU DES AUTEURS qui ont cité les résultats. — (Remarques particulières.
D'après une autre observation, faite en 1822, il faudrait pour filer un kilogramme du n° 30, y compris toutes les préparations.	Travail résistant sur l'arbre du volant de la machine à vapeur	290d	Observation faite à Rouen, par M. Mallet.
Pour filer un kilogramme du n° 40 avec les broches continues, y compris toutes les préparations.	*Id.*	408d	Estimation de M. Clément; elle suppose qu'un cheval de machine fasse marcher 300 broches continues, et les préparatoires.
Idem, d'après une autre observation, faite en 1822.	*Id.*	450d	Observation de M. Mallet.
Pour préparer un kilogramme de coton au batteur-éplucheur.	*Id.*	6d,37	*Id.*
Pour préparer un kilogramme au batteur-étaleur.	*Id.*	9d,60	*Id.*
Pour passer un kilogramme aux cardes, laminoir et boudinnerie, et pour carder deux fois.	*Id.*	96d,00	*Id.* Cette consommation de travail, relative au cardage, peut être beaucoup moindre; on a porté ici le *maximum*.
Pour préparer un kilogramme aux métiers d'apprêts ou aux broches bellys.	*Id.*	19d,15	Observation de M. Mallet.
Pour filer seulement un kilogramme de fil n° 30, avec les mull-jennys faisant 3600 tours par minute; sans les préparations. Ce kilogramme pour ce numéro est le produit de 30 à 32 broches travaillant pendant 14 heures.	*Id.*	159d	*Id.*
Pour filer le n° 24 aux broches continues seulement sans les préparations, les broches faisant 2400 tours par minute: ce kilogramme pour ce numéro, est le produit de 15 broches travaillant 14 heures.	*Id.*	319d	*Id.*
Nota. Tous ces résultats, sur les filatures, sont déduits d'observations faites il y a quelques années. On a introduit depuis dans les machines des modifications qui doivent faire varier les consommations de travail dynami-			

NATURE ET QUANTITÉS DES EFFETS A PRODUIRE.	Sur quelle partie de la machine on évalue le travail moteur ou le travail résistant.	TRAVAIL dynamique exprimé en dynamodes, ou 1000 kil. élevés ou descendus de 1m.	INDICATIONS DES OBSERVATEURS ou DES AUTEURS qui ont cité les résultats. — *Remarques particulières.*
que. On n'a pu présenter ici que des résultats approximatifs, destinés plutôt à donner une idée des consommations de travail, qu'à servir de base à des calculs aussi exacts qu'il serait possible.			
Filature de la laine.			
Pour ouvrir et pour carder seulement la laine nécessaire à la fabrication d'un kilogramme de fil d'un numéro moyen entre 6 et 50 (le numéro indique ici le nombre d'écheveaux de 780 mètres dans un kilogramme), le moteur étant une machine à vapeur.	Travail résistant sur l'arbre du volant de la machine à vapeur.	350d	Résultat donné par M. Benoist.
Pour filer un kilogramme de fil trame, d'un numéro moyen entre 22 et 30, ce kilogramme étant le produit de 13 broches mull-jennys.	Travail résistant sur la première roue motrice des mull-jennys.	17d	Ce résultat, donné par M. Benoist, est déduit de la supposition qu'un homme à une manivelle produit dans sa journée 160 dynamodes, et fait marcher 120 broches.
Pour filer un kilogramme de fil chaîne, d'un numéro moyen entre 22 et 30, ce kilogramme étant le produit de 17 broches mull-jennys.	Travail résistant sur la première roue motrice des mull-jennys.	23d	Déduit de la même manière de la supposition qu'un homme fait marcher également 120 broches.
Tir des projectiles.			
Pour lancer une balle pesant 0kil,0247, avec la vitesse ordinaire de 390 mètres par seconde.	Travail moteur sur le projectile.	0d,192	La consommation de poudre est de 0kil,0123.
Pour lancer un boulet pesant 6 kilogrammes avec la vitesse ordinaire de 417 mètres par seconde.	*Id.*	53d	La consommation de poudre est de 2 kilogrammes.
Pour lancer un boulet pesant 12 kilogrammes avec la vitesse *maximum* de 519 mètres par seconde.	*Id.*	164d	La consommation de poudre est de 6 kilogrammes.

NATURE ET QUANTITÉS DES EFFETS A PRODUIRE.	Sur quelle partie de la machine on évalue le travail moteur ou le travail résistant.	TRAVAIL dynamique exprimé en dynamodes, ou 1000 kil. élevés ou descendus de 1m.	INDICATIONS DES OBSERVATEURS OU DES AUTEURS qui ont cité les résultats. — Remarques particulières
Laminage du fer en barres.			
Pour fabriquer 100 kilogrammes de barres de 0,03 à 0,04 de grosseur en carré, en laminant la fonte rouge sortant du fourneau d'affinerie.	Travail résistant sur l'arbre de la roue motrice des laminoirs.	984d	Résultat donné par M. Clément.
Jeu des machines soufflantes à piston, pour les hauts-fourneaux.			
Pour produire 3000 kilogrammes de fonte par jour, dans un haut-fourneau, en chassant l'air par un orifice circulaire de 0,05 de diamètre, avec une conduite de 120 mètres de long et de 0,15 de diamètre, la dépense d'air étant au *minimum* d'environ 15 mètres par minute.	Travail résistant sur le piston, non compris les frottements.	0d,446 par seconde.	Résultat déduit des observations de M. D'Aubuisson. Suivant cet ingénieur, le travail d'une chute d'eau motrice doit être environ quatre fois celui qui est porté ici.
Pour chasser l'air suffisant pour produire 8000 kilogrammes de fonte par jour, dans un haut-fourneau au coke.	Travail résistant sur l'arbre du volant d'une machine à vapeur.	2d,60 par seconde.	Résultat donné par M. Clément.
Nota. Le travail consommé varie comme le cube du volume d'air à chasser par seconde, y compris les pertes, et à peu près en raison inverse de la 4e puissance du diamètre de l'orifice de sortie.			
Jeu des machines soufflantes à piston, pour les feux d'affineries, de martineteur, étireur et corroyeur.			
Pour entretenir un feu d'affinerie, en chassant 4 mètres d'air par minute avec une vitesse de 80 mètres par seconde, les frottements dans les tuyaux pouvant être négligés.	Travail résistant sur le piston, non compris les frottements de toute espèce et les pertes d'air.	0d,028 par seconde.	Résultat théorique déduit des dépenses d'air données par M. D'Aubuisson. Suivant cet ingénieur, le travail dû à une chute d'eau motrice devrait être environ quatre fois celui qui est porté ici.
Pour entretenir un feu de martineteur, étireur et corroyeur, en chassant moyennement 2,66 mètres cubes par minute, avec une vitesse de 62 mètres, les frottements dans les tuyaux pouvant être négligés.	*Id.*	0d,011 par seconde.	*Id.*

Il nous a paru utile de joindre ici un semblable résumé de ce que l'on connaît sur les quantités de travail que fournissent différents moteurs. Quoique nous ayons déjà indiqué quelques-unes de ces quantités, en parlant des moyens de recueillir le travail, cependant il sera plus commode de les trouver toutes réunies et d'avoir un plus grand nombre de résultats.

TABLEAUX des quantités de travail dynamique que fournissent les différents Moteurs, ou des Éléments qui serviront à trouver ces quantités.

1° *Pour les Hommes et les Chevaux.*

INDICATIONS DU MODE EMPLOYÉ POUR PRODUIRE LE TRAVAIL.	POINT OÙ LE TRAVAIL EST MESURÉ.	TRAVAIL DYNAMIQUE exprimé en dynamodes, ou 1000 kilogram. élevés à 1,00 — Par seconde pendant le travail.	Par journée de travail, le plus ordinairement de 8 heures.	INDICATIONS DES OBSERVATEURS OU DES AUTEURS qui ont cité les résultats. — *Remarques particulières.*
Pour les hommes.				
Un homme en agissant avec ses jambes, pour élever seulement le poids de son corps en montant une rampe ou un escalier.	Sur le poids du corps.	0d,0097	280d	Suivant M. Navier.
Id.	*Id*	0,0071	205	Suivant Coulomb.
En agissant sur une roue à chevilles, comme dans une roue de carrière, en se tenant à la hauteur du centre.	Sur la roue.	0,0090	259	Suivant M. Navier.
Id. En se tenant vers le bas de la roue.	*Id.*	0,0084	251	*Id.*
En montant une pente d'environ 0,14 par mètre, et en élevant seulement le poids de son corps.	Sur le poids du corps.	0,0064	184	Suivant M. Hachette.
En poussant ou tirant horizontalement, comme en manœuvrant un cabestan.	Sur le point où les bras agissent.	0,0072	207	Suivant M. Navier.
En tirant dans le halage.	Sur la corde.	0,0038	110	Suivant M. Hachette.
En agissant sur une manivelle, comme dans la sonnette à déclic.	Sur la manivelle.	0,0060	172	Suivant M. Navier.
Id.	*Id.*	0,0054	155	Suivant M. Guéniveau.
En élevant une charge sur son dos.	Sur la charge.	0,0019	56	Suivant Coulomb.

INDICATIONS DU MODE EMPLOYÉ POUR PRODUIRE LE TRAVAIL.	POINT OU LE TRAVAIL EST MESURÉ.	TRAVAIL DYNAMIQUE exprimé en dynamodes, ou 1000 kilogram. élevés à 1,00,		INDICATIONS DES OBSERVATEURS OU DES AUTEURS qui ont cité les résultats. — *Remarques particulières.*
		Par seconde pendant le travail.	Par journée de travail, le plus ordinairement de 8 heures.	
En tirant une corde pour élever le mouton d'une sonnette à tiraude.	Sur le poids élevé.	0,0025	72	Suivant Coulomb.
Id.	*Id.*	0,0017	48	Suivant M. Lamandé.
En élevant des poids par une brouette, en comprenant le temps perdu pour revenir à vide.	*Id.*	0,0012	35	Suivant M. Hachette.
Nota. Le temps du travail est ordinairement de huit heures; c'est d'après cette supposition qu'on a calculé le travail par seconde de temps.				
Pour les chevaux.				
Un cheval ordinaire, attelé à un manége et travaillant pendant huit heures, en allant au pas.	Sur le trait.	0,0405	1166	Suivant M. Navier.
Id.	*Id.*	0,0389	1123	Suivant M. Hachette.
Un cheval en allant au trot, et travaillant seulement de 4 à 5 heures.	Sur le trait.	0,0600	972	Suivant M. Navier.
Un cheval attelé à un manége, pour élever de l'eau à l'aide de pompes, travaillant de 5 à 6 heures.	Sur l'eau élevée.	0,0312	618	Moyenne de trois observations de M. Hachette.
Un cheval attelé à un manége, pour élever du minerai avec une machine à molettes, aux mines de Freiberg, en Saxe.	Sur le minerai élevé.	0,0365	de 990 à 1118	Cité par M. D'Aubuisson.
Un cheval attelé à un manége, pour élever des pierres à l'aide d'un treuil.	Sur le poids élevé.	0,0292	842	Observation de M. Hachette à Antony, près de Paris.

INDICATIONS DU MODE EMPLOYÉ POUR PRODUIRE LE TRAVAIL.	POINT OÙ LE TRAVAIL EST MESURÉ.	TRAVAIL DYNAMIQUE exprimé en dynamodes, ou 1000 kilogram. élevés à 1,00,		INDICATIONS DES OBSERVATEURS ou DES AUTEURS qui ont cité les résultats. — *Remarques particulières*
		Par seconde pendant le travail.	Par journée de travail, le plus ordinairement de 8 heures.	
Un fort cheval, comme ceux dont on se sert en Angleterre, travaillant 8 heures en allant au pas.	Sur le trait.	0,0769	2188	Suivant Watt. Le travail est calculé pour 8 heures; il est de 273 par heure, et de 6564 par 24 heures.
Le cheval fictif, dit *cheval de machine*, adopté par la plupart des mécaniciens français, comme unité pour une source continue de travail.	Sur le point où agit la force.	0,0750	2160	Le travail est calculé pour 8 heures; il est de 270 par heure, et de 6480 pour 24 heures.

2° *Pour la Chaleur employée dans les Machines à vapeur.*

INDICATIONS DES SYSTÈMES DE MACHINES.	PRESSIONS en atmosphères.	POINT où LE TRAVAIL EST MESURÉ.	TRAVAIL DYNAMIQUE produit par la combustion d'un kilogramme de charbon, exprimé en dynamodes ou 1000 kilog élevés à 1m,00.	INDICATIONS DES OBSERVATEURS ou DES AUTEURS qui ont cité les résultats. — *Remarques particulières.*
Machines des mines de Valenciennes, avec détente, employées à élever du minerai, avec un charbon de terre de mauvaise qualité.	de 3 à 4	Sur le minerai élevé.	de 21 à 22d	Observations de M. Combes, ingénieur des Mines, faites avant l'année 1824.
Idem, avec du charbon de meilleure qualité.	de 3 à 4	*Id.*	de 31 à 32	*Id.*
Machine à détente établie à Paris, au Gros-Caillou, brûlant du charbon de terre d'Auvergne et de Blanzy.	de 3 à 4	Sur l'eau élevée seulement, laquelle a été mesurée très-exactement.	de 46 à 50	Observations de M. de Prony, en 1821.
Machine de M. Frimot, à haute pression, sans condenseur et presque sans expansion, employée à élever de l'eau à Brest.	8	Sur l'eau élevée, exactement mesurée.	87	Résultats d'observations faites par une Commission nommée par le Ministre de la Marine.
Machine établie à Londres pour élever de l'eau.	de 1 à 2	Sur l'eau élevée, exactement mesurée; non compris les frottements du liquide dans le tuyau de conduite.	96	Observation de M. Anderson, citée par M. Genyes.
Pour l'ensemble des machines des mines de Cornouailles, employées à élever de l'eau.	de 1 à 3	Sur l'eau élevée, mais en la mesurant par la course des pistons seulement.		Moyenne des observations de M. Léan, citées dans le Traité de Nicolson. L'eau élevée étant calculée d'après la course des pistons serait évaluée au moins à un 5e en sus de ce qu'elle doit être. Mais comme évaluation du travail disponible pour l'appli-
Produit moyen, en 1811.			55	
en 1812.			64	
en 1813.			70	
en 1814 et 1815.			73	

INDICATIONS DES SYSTÈMES DE MACHINES.	PRESSIONS en atmosphères.	POINT ou LE TRAVAIL EST MESURÉ.	TRAVAIL DYNAMIQUE produit par la combustion d'un kilogramme de charbon, exprimé en dynamodes ou 1000 kilog élevés à 1m,00.	INDICATIONS DES OBSERVATEURS ou DES AUTEURS qui ont cité les résultats. — Remarques particulières.
				quer à un autre effet, ces résultats pourraient ne pas être trop forts, eu égard aux pertes de travail par la transmission jusqu'à l'eau à élever.
Pour l'ensemble des machines des mines de Cornouailles, sans distinction de machines, une grande partie étant à détente.	de 1 à 3	Sur l'eau élevée, mais en la mesurant par la course des pistons seulement.		Ces nombres sont extraits d'une note de M. Henwood, insérée dans le Journal d'Édimbourg, janvier 1829. L'eau élevée est évaluée de même par les courses des pistons On fera à ce sujet la même observation que ci-dessus.
Produit moyen, en 1824.			97	
en 1825.			105	
en 1826.			103	
en 1827.			115	
en 1828.			126	
Nota. Une des machines est donnée comme ayant produit jusqu'à 315d pour 1 kilog. de charbon. Quelque réduction qu'on fasse pour la différence entre la quantité d'eau élevée et celle qui est calculée d'après la course des pistons, le produit sera encore très-considérable.				
Pour les divers systèmes de machines qui se font aujourd'hui en France, suivant ce qu'annoncent les constructeurs.	de 1 à 4 environ.	Sur l'arbre du volant.	de 54 à 108.	Ces deux produits supposent que la consommation de charbon est, pour chaque *force de cheval*, de 2kil,50 à 5kil par heure, ou de 60kil à 120kil par 24 heures.

Nota. La combustion d'un kilogramme de poudre produit :

1° Sur le projectile dans le fusil de gros calibre. 15d

2° Sur le projectile dans une pièce de 24. 27d

3° *Pour le Vent.*

INDICATIONS.	POINT où LE TRAVAIL EST MESURÉ.	TRAVAIL DYNAMIQUE exprimé EN DYNAMODES, ou 1000 kilogrammes élevés à $1^m,00$,		REMARQUES PARTICULIÈRES.
		Par seconde.	Par 24 heures.	
Pour un moulin ordinaire, portant 4 ailes, ayant une tenture de $10^m,30$ de longueur, et 2^m de largeur; cette tenture commençant à $2^m,00$ de l'axe.				Toutes ces quantités de travail résultent des observations faites anciennement par Coulomb sur des moulins des environs de Lille.
Vent frais.				
Pour une vitesse du vent de $2^m,27$ par seconde.	Sur l'arbre qui porte les ailes.	$0^d,025$	2160	Produit égal à 0,33 cheval de machine de $0^d,075$ par seconde.
Vent bon frais, faible.				
Pour une vitesse de $4^m,05$ par seconde.	*Id.*	0,148	12787	Produit égal à 1,97 cheval de machine.
Vent bon frais, plus fort.				
Pour une vitesse de $6^m,50$ par seconde.	*Id.*	0,631	54518	Produit égal à 8,41 chevaux de machine.
Forte brise.				
Pour une vitesse de $9^m,10$; mais la tenture des ailes n'ayant plus que $8^m,30$ de longueur, en commençant toujours à 2^m de l'axe.	*Id.*	0,890	76896	Produit égal à 11 8 chevaux de machine.
Vent moyen d'une année.				
En ayant égard au temps de repos et aux différents vents.	*Id.*	0,210	18144	Ce travail moyen déduit de l'observation de l'huile fabriquée, revient au tiers de celui que donnerait un vent constant de $6^m,50$; il est égal au produit de 2,80 chevaux de machine.

4° Pour les chutes d'eau et les courants, le travail recueilli étant comparé à celui qui résulte de la chute.

INDICATIONS des MACHINES EMPLOYÉES pour recueillir LE TRAVAIL.	MANIÈRE dont la hauteur de la chute est estimée pour évaluer le travail que l'on compare à celui qu'on recueille.	POINT où LE TRAVAIL recueilli est mesuré.	PORTION du Travail total de la chute qu'on recueille avec la vitesse de la roue qui convient au maximum.	INDICATIONS DES OBSERVATEURS ou DES AUTEURS qui ont cité les résultats. — *Remarques particulières.*
Roue à palettes planes dans la direction des rayons, ces palettes étant assez imparfaitement emboîtées.	Du niveau de l'eau dans le réservoir supérieur, au fond du coursier, dans lequel l'eau s'écoule sous la roue.	Sur les palettes mêmes.	0,30	Observation de Smeaton sur une petite roue d'expérience. Moyenne des résultats moyens, pour chaque changement dans les éléments.
Id.	*Id.*	Sur le poids élevé par une corde s'enroulant sur l'arbre de la roue.	0,28	*Id.*
Roue à palettes planes de 0,88 de large sur 0,40 de haut, recevant l'eau sous une chute de 2^m,10; les palettes ayant, dans le coursier, un jeu d'environ 0,04.	Du niveau de l'eau dans le bief supérieur au niveau de l'eau dans le bief inférieur.	Sur des pilons que fait marcher l'arbre de la roue.	0,25	Observation de M. Poncelet, sur une roue d'une poudrerie à Metz.
Id.	*Id.*	Sur l'arbre de la roue.	0,34	*Id.* Résultat déduit approximativement du précédent, en évaluant les frottements par aperçu.
Roue à palettes planes dans un courant beaucoup plus large que ces palettes.	Il n'y a pas de chute ni de travail moteur déterminé; mais on peut convenir de comparer le travail recueilli à la force vive que possèderait une portion du courant	Sur un poids élevé à l'aide d'une corde enroulée sur l'arbre de la roue à palettes.	0,23	Observation de M. Christian, sur une petite roue de 0,63 de diamètre.

INDICATIONS des MACHINES EMPLOYÉES pour recueillir LE TRAVAIL.	MANIÈRE dont la hauteur de la chute est estimée pour évaluer le travail que l'on compare à celui qu'on recueille.	POINT où LE TRAVAIL recueilli est mesuré.	PORTION du Travail total de la chute qu'on recueille avec la vitesse de la roue qui convient au maximum.	INDICATIONS DES OBSERVATEURS ou DES AUTEURS qui ont cité les résultats. — *Remarques particulières.*
	dont la section serait la surface même des aubes.			
Roue à aubes courbées verticalement, de M. Poncelet, exécutée en grand, sous une chute de $1^m,11$ environ.	Du niveau de l'eau dans le bief supérieur, au niveau de l'eau dans le bief inf7rieur à la sortie de la roue.	Sur l'arbre de la roue.	0,51	Observation de M. Poncelet. Moyenne des résultats moyens pour chaque changement dans les éléments.
Roue à augets, n'ayant qu'un diamètre moindre que la hauteur de la chute, et recevant l'eau à son sommet. Cette roue exécutée en petit pour une expérience.	Du niveau de l'eau dans le réservoir supérieur, au fond du coursier horizontal au-dessous de la roue.	Sur les augets mêmes.	0,65	Observation faite en petit, par Smeaton. Moyenne des résultats moyens pour chaque changement dans les éléments.
Id.	*Id.*	Sur le poids élevé par une corde qui s'enroule sur l'arbre de la roue.	0,61	*Id.* Résultat déduit par approximation de l'observation précédente.
Roue à augets ou à palettes, parfaitement emboîtées dans un coursier et faisant fonction d'augets, comme elles sont construites en Angleterre.	Du niveau de l'eau supérieure au niveau de l'eau inférieure.	Sur l'arbre de la roue.	0,73	Évaluation admise par les Anglais, pour estimer le travail qui sera reçu de l'arbre de ces roues. Ce résultat suppose que la quantité d'eau est assez considérable pour que les pertes, par le jeu autour des palettes, soient peu de chose en comparaison de cette quantité d'eau.
Roue à augets recevant l'eau un peu au-dessus du centre, mais avec un coursier qui les emboîte pour éviter les pertes d'eau.	La chute est calculée du niveau du bief supérieur au fond du coursier, sous	Sur un poids élevé par une corde qui s'enroule sur	0,78	Observation de M. Christian, sur une roue de $3^m,28$ de diamètre et une chute de $2^m,48$.

INDICATIONS des MACHINES EMPLOYÉES pour recueillir LE TRAVAIL.	MANIÈRE dont la hauteur de la chute est estimée pour évaluer le travail que l'on compare à celui qu'on recueille.	POINT ou LE TRAVAIL recueilli est mesuré.	PORTION du Travail total de la chute qu'on recueille avec la vitesse de la roue qui convient au maximum.	INDICATIONS DES OBSERVATEURS ou DES AUTEURS qui ont cité les résultats. — *Remarques particulières*
	la roue ; mais elle se trouve ainsi un peu faible.	l'arbre de la roue.		L'expérience a eu peu de durée ; mais la force vive, acquise par la roue, était assez petite pour être négligée.
Roue horizontale de M. Burdin, dans le système des roues proposées par Borda. Ces roues tournent autour d'un axe vertical ; elles sont formées de canaux courbés verticalement. Ces canaux ont leurs ouvertures supérieures au milieu de la hauteur de la chute, et leurs issues inférieures au bas de la chute ; ils reçoivent l'eau lorsqu'elle a acquis déjà une vitesse due à la moitié de la chute. La forme de ces ouvertures supérieures et la vitesse qu'on laisse prendre à la roue sont combinées de manière que l'eau entre sans choc et sort sans vitesse sensible. Ces roues conviennent à des chutes qui fournissent peu d'eau et qui ont une assez grande hauteur.	Du niveau du bief supérieur au niveau du bief inférieur.	Non énoncé.	de 0,65 à 0,75	Résultat énoncé par M. Burdin, dans la 3e livraison des *Annales des Mines*, année 1828.

FIN.

FRAGMENTS.

I.

DES PONTS SUSPENDUS.

Un pont suspendu est formé d'une chaîne AM_1M_2, etc. (fig. 17), dont les chaînons sont des barres de fer ou des cordes en fils de fer. Aux points de réunion M_1, M_2, etc., de ces chaînons sont suspendues des tiges de fer M_1P_1, M_2P_2, etc., qui portent le plancher CD du pont.

La condition nécessaire et suffisante pour l'équilibre de tout le système, est qu'à chaque angle M_1, M_2, etc., de la chaîne, les trois forces dont l'action est produite par les deux chaînes, et la tige verticale se fassent équilibre. Cette condition servira à déterminer toutes les inconnues du problème, c'est-à-dire la forme AM_1M_2, etc., du polygone, et les tensions qu'éprouvent tous les chaînons.

Désignons par p le poids de l'unité de longueur du plancher horizontal, par p' celui de l'unité de longueur de la chaîne, et par p'' celui qui se rapporte aux tiges. Nous supposerons d'abord que le nombre des chaînons soit pair, et nous représenterons ce nombre par $2n$. Nous désignerons par a la distance horizontale CD qui sépare les culées, et par h la hauteur M_0P_0 du point le plus bas M_0 au-dessus du plancher; par θ_1, θ_2, θ_3, les inclinaisons des chaînons successifs, depuis celui qui part du point le plus bas M_0. Désignons par T la composante horizontale de la force avec laquelle tire chaque chaînon dans sa propre direction.

Les équilibres aux angles M_0, M_1, M_2, etc., fourniront pour première condition que la force T soit la même pour deux chaînons consécutifs, puisque les composantes horizontales doivent se détruire.

Les composantes verticales doivent aussi se détruire ; donc, en décomposant le poids de chaque pièce en deux poids égaux, appliqués aux deux extrémités où elle est attachée, on trouvera les équations suivantes :

$$2T \tang \theta_1 = \frac{ap}{2n} + hp'' + \frac{ap'}{2n \cos \theta_1},$$

$$T(\tang \theta_2 - \tang \theta_1) = \frac{ap}{2n} + p''\left(h + \frac{a}{2n} \tang \theta_1\right) + \frac{ap'}{4n}\left(\frac{1}{\cos \theta_1} + \frac{1}{\cos \theta_2}\right),$$

$$T(\tang \theta_3 - \tang \theta_2) = \frac{ap}{2n} + p''\left[h + \frac{a}{2n}(\tang \theta_1 + \tang \theta_2)\right] + \frac{ap'}{4n}\left(\frac{1}{\cos \theta_2} + \frac{1}{\cos \theta_3}\right),$$

. . . .

$$T(\tang \theta_m - \tang \theta_{m-1}) = \frac{ap}{2n} + p''\left[h + \frac{a}{2n}(\tang \theta_1 + \tang \theta_2 \ldots + \tang \theta_{m-1})\right] + \frac{ap'}{4n}\left(\frac{1}{\cos \theta_{m-1}} + \frac{1}{\cos \theta_m}\right).$$

. . . .

Ces équations seront en nombre n.

En se donnant la hauteur $AC = H$, on aura de plus

$$h + \frac{a}{2n}(\tang \theta_1 + \tang \theta_2 + \ldots + \tang \theta_n) = H.$$

Ayant ainsi $n + 1$ équations, on déterminera T, et les n angles $\theta_1, \theta_2, \ldots \theta_n$.

Si le nombre des côtés du polygone formé par la chaîne était impair, le chaînon du milieu serait horizontal ; et en appelant θ_0 l'angle de son inclinaison à l'horizon, on aurait $\theta_0 = 0$. Le nombre des chaînons étant $2n+1$, on aurait toujours les $n + 1$ équations ci-dessus pour déterminer les angles $\theta_1, \theta_2, \ldots \theta_n$, et la tension T. Seulement il faudrait y mettre $\frac{pa}{2n+1}$, au lieu de $\frac{pa}{2n}$; et la première équation deviendrait en outre

$$T \tang \theta_1 = \frac{pa}{2n+1} + hp'' + \frac{ap'}{4n}\left(1 + \frac{1}{\cos \theta_1}\right).$$

Le problème le plus simple est celui où l'on se donne T et a, et où l'on demande H. Alors, il est clair que l'on aura successivement θ_1, $\theta_2, \ldots \theta_n$, et par suite H.

L'équation qui donne θ_m en fonction de θ_1, θ_2, θ_{m-1}, donnera, en posant pour abréger

$$A = T \operatorname{tang} \theta_{m-1} + \frac{ap}{2n} + p' \left[h + \frac{a}{2n} (\operatorname{tang} \theta_1 + \operatorname{tang} \theta_2 \ldots + \operatorname{tang} \theta_{m-1}) \right] + \frac{ap}{4n \cos \theta_{m-1}},$$

et

$$B = \frac{ap'}{4n}.$$

$$\operatorname{tang} \theta_m = \frac{AT + B\sqrt{A^2 + T^2 - B^2}}{T^2 - B^2}.$$

Dans la pratique, il sera souvent commode de faire le dessin de la chaîne, et de prendre au compas les hauteurs successives des tiges, jusqu'à la dernière H. L'épure est très-facile à faire.

Supposons, pour fixer les idées, que le nombre des côtés soit impair, et qu'on parte de l'extrémité M_0 (fig. 18), du côté horizontal pour tracer successivement les autres côtés, ou leurs parallèles, partant de ce point M_0. On prendra d'abord une ligne horizontale M_0A pour représenter la tension T. Il sera commode de choisir pour cela une ligne telle que le poids d'une partie du plancher ayant cette longueur, soit égal à cette force T telle qu'on est supposé se l'être donnée. A l'extrémité A on élèvera une perpendiculaire AB, dont la longueur sera telle qu'une partie du plancher égale à cette longueur, pèse un poids qui soit celui de la partie du plancher comprise entre deux tiges de suspension successives, augmenté du poids de la tige au premier angle M_1. Ensuite, on se servira d'une règle ayant une largeur ab égale à la longueur du plancher qui donnerait un poids égal à celui qu'aurait la chaîne horizontale, entre deux tiges de suspension : on fera passer le dessus de cette règle par le point B_1 ; la ligne M_0M_1 dessus de la règle, sera la direction du second chaînon. La même construction s'appliquera aux autres chaînons.

Quel que soit le nombre des chaînons d'une chaîne de pont, la construction du polygone qu'elle forme sera si facile, qu'on peut se servir de cette manière d'opérer pour résoudre le problème inverse, qui consiste à déterminer T quand on s'est donné la flèche totale de la chaîne $H - h$.

Pour cela, on commence par le résoudre par le calcul dans le cas où l'on néglige la variation de poids agissant d'un angle à l'autre.

On prendra pour ce poids une constante égale à peu près à la valeur moyenne qu'on présumera que ce poids devra avoir. En le désignant par $\frac{\Pi a}{2n+1}$, on aura ainsi pour un angle quelconque

$$T\,(\text{tang}\,\theta_m - \text{tang}\,\theta_{m-1}) = \frac{\Pi a}{2n+1},$$

et par suite

$$T\,\text{tang}\,\theta_1 = \frac{\Pi a}{2n+1},$$

$$T\,\text{tang}\,\theta_2 = \frac{2\Pi a}{2n+1},$$

$$T\,\text{tang}\,\theta_3 = \frac{3\Pi a}{2n+1},$$

$$\cdots\cdots\cdots\cdots$$

$$T\,\text{tang}\,\theta_n = \frac{n\Pi a}{2n+1}.$$

Si l'on suppose y_1, y_2, y_3, etc., les ordonnées des sommets des angles du polygone rapportés à une horizontale passant par le point le plus bas, on aura

$$y_1 = \frac{a\,\text{tang}\,\theta_1}{2n+1},$$

$$y_2 - y_1 = \frac{a\,\text{tang}\,\theta_2}{2n+1}.$$

$$\cdots\cdots\cdots\cdots$$

$$y_m - y_{m-1} = \frac{a\,\text{tang}\,\theta_m}{2n+1},$$

d'où l'on tire

$$y_m = \frac{a}{2n+1}\,(\text{tang}\,\theta_1 + \text{tang}\,\theta_2 + \ldots + \text{tang}\,\theta_m).$$

En remettant pour ces tangentes les valeurs précédentes, on aura

$$y_m = \frac{\Pi a^2}{T}\cdot\frac{(1+2+3\ldots+m)}{(2n+1)^2},$$

ou

$$y_m = \frac{\Pi a^2 m (m+1)}{2T(2n+1)^2}.$$

En faisant $m = n$, on a pour la valeur de y_n ou $H - h$,

$$H - h = \frac{\Pi a^2 n (n+1)^2}{2T(2n+1)^2},$$

d'où

$$T = \frac{\Pi a^2 n (n+1)^2}{2(H-h)(2n+1)^2}.$$

Cette valeur de T suffira dans un grand nombre de cas où l'on peut négliger la variation de poids des chaînons et des tiges, devant la partie constante des poids qui agissent à chaque angle. Elle fera connaître la tension horizontale de chaque chaînon, puisque cette force est la même pour tous les chaînons, et par suite la traction horizontale aux deux points de suspension de la chaîne.

Si l'on veut la direction du chaînon le plus près du point d'attache, on aura

$$\operatorname{tang} \theta_n = \frac{4(H-h)(2n+1)}{an(n+1)}.$$

Il serait facile de voir que, s'il y avait un nombre pair de chaînons, on aurait pour le premier,

$$2T \operatorname{tang} \theta_1 = \frac{\Pi a}{2n},$$

pour le second,

$$T(\operatorname{tang} \theta_2 - \operatorname{tang} \theta_1) = \frac{\Pi a}{2n},$$

et ainsi de suite, ce qui donne

$$T \operatorname{tang} \theta_m = \frac{\Pi a}{2n}\left(m - \frac{1}{2}\right),$$

d'où

$$\operatorname{tang} \theta_m = \frac{\Pi a}{2nT}\left(m - \frac{1}{2}\right).$$

Or, comme (dans le cas d'un nombre pair de chaînons) on a

$$y_1 = \frac{a}{2n} \tang \theta_1,$$

$$y_2 - y_1 = \frac{a}{2n} \tang \theta_2,$$

. . . .

$$y_m - y_{m-1} = \frac{a}{2n} \tang \theta_m ;$$

d'où

$$y_m = \frac{a}{2n} (\tang \theta_1 + \tang \theta_2 \ldots + \tang \theta_m),$$

on aura, en faisant successivement $m = 1, 2, 3, \ldots$ dans la valeur précédente de $\tang \theta_m$, et substituant dans celle de y_m,

$$y_m = \frac{a}{2n} \cdot \frac{\Pi a}{2nT} \left[(1 + 2 + 3 \ldots + m) - \frac{m}{2} \right] = \frac{\Pi a^2}{4n^2 T} \left(\frac{m(m+1)}{2} - \frac{m}{2} \right),$$

ou

$$y_m = \frac{\Pi a^2}{4n^2 T} \cdot \frac{m^2}{2}, \qquad (y)$$

et en faisant $m = n$,

$$y_n \text{ ou } H - h = \frac{\Pi a^2}{8T};$$

d'où

$$T = \frac{\Pi a^2}{8(H-h)},$$

et par suite

$$\tang \theta_m = \frac{\Pi a \left(m - \frac{1}{2} \right) . 8 (H-h)}{2n . \Pi a^2} = \frac{4 (H-h) \left(m - \frac{1}{2} \right)}{na}.$$

En se servant de l'une ou l'autre de ces valeurs de T, on aura la tension horizontale de la culée avec une approximation suffisante.

Mais si l'on veut construire exactement la forme de la chaîne, en ayant égard aux variations de poids aux angles, on prendra le poids Π pour celui du mètre de longueur du pont, y compris le poids d'une tige d'une longueur moyenne, évaluée approximativement, et le poids de la chaîne dans une inclinaison moyenne égale à la moitié de l'inclinaison extrême.

Avec cette tension T, on fera l'épure de la chaîne. Si l'on trouve la flèche $H-h$, un peu différente de la valeur qu'on lui a donnée, on diminuera T, si $H-h$ est trop petit, ou on l'augmentera, si $H-h$ est trop grand. On choisira ensuite une valeur de T qui soit placée par rapport aux deux qu'on a déjà employées, comme la valeur de $H-h$ qu'on veut obtenir est placée par rapport à celles qu'on a obtenues. Cette méthode est fondée sur ce que les petites variations d'une fonction quelconque d'une variable sont proportionnelles aux variations de cette variable. On obtiendra graphiquement la valeur de la tension inconnue T en portant comme abscisses les tensions T' et T'' employées. et comme ordonnées les flèches $(H-h)$ correspondantes; puis traçant une droite par les deux points fournis par ces ordonnées, le point où elle coupera l'horizontale à la hauteur $H-h$ qu'on veut obtenir, donnera par sa distance à l'origine la valeur de T qui y correspond.

On pourra suivre la même méthode pour arriver à une valeur très-approchée de T, lors même qu'on aura formé le polygone en calculant tous les angles par la formule

$$\tan\theta_m = \frac{AT + B\sqrt{A^2 + T^2 - B^2}}{T^2 - B^2}.$$

On peut remarquer que la valeur de y_m, quand on néglige la variation de poids aux angles, démontre que les sommets de ces angles sont sur une parabole. En effet: si l'on représente par x la distance d'un de ces sommets du numéro m au milieu de la chaîne, on aura pour $2n+1$ chaînons

$$x = \frac{a}{2n+1}\cdot\left(m+\frac{1}{2}\right),$$

et pour $2n$ chaînons

$$x = \frac{a}{2n}\cdot m.$$

Ainsi, dans le premier cas, on aura en remplaçant $\frac{a}{2n+1}$ par $\frac{x}{m+\frac{1}{2}}$, dans l'équation (x),

$$y_m = \frac{\Pi m (m+1) x^2}{2T\left(m+\frac{1}{2}\right)^2},$$

et dans le second, en remplaçant $\frac{a}{2n}$ par $\frac{x}{m}$, dans l'équation (y),

$$y_m = \frac{\Pi m^2 x^2}{2Tm^2} = \frac{\Pi x^2}{2T}.$$

Ces deux valeurs sont les ordonnées de paraboles qui changent un peu de forme avec le nombre n. On voit qu'à mesure que n augmente, ces courbes approchent indéfiniment de la parabole dont l'équation est

$$y = \frac{\Pi x^2}{2T}.$$

En même temps, T tend à devenir

$$T = \frac{\Pi a^2}{8(H-h)},$$

ce qui donne, comme cela devait être,

$$y = \frac{4(H-h)}{a^2} \cdot x^2.$$

Dans les applications, il y aura toujours plus d'exactitude à considérer les polygones que les courbes continues; et comme les formules n'en sont guère plus compliquées, nous conseillerons d'abandonner la considération des courbes.

II.

DE LA POUSSÉE DES TERRES.

Le premier problème qu'on se propose de résoudre dans la théorie de la poussée des terres est celui-ci : on suppose que l'on coupe une masse de terre, suivant un plan incliné qu'on nomme *talus;* on veut déterminer la plus grande inclinaison qu'on puisse donner à ce talus sans qu'il se détache aucune portion de terre.

Ce problème peut se résoudre en supposant que les terres ne se sépareront que suivant un plan. Il est clair en effet que la rupture suivant une autre forme serait toujours moins favorable à la séparation et au glissement d'une partie supérieure sur celle de dessous; et qu'ainsi, la rupture étant supposée ne pouvoir se faire suivant un plan, ne se ferait pas à plus forte raison d'une autre manière.

Examinons donc comment on peut exprimer la condition pour qu'une masse de terre ABC (fig. 19), terminée par le talus AB ne puisse se rompre suivant un plan quelconque MN.

Pour arriver à cette condition, il est nécessaire de connaître la force qui retient le prisme de terre MBN contre la face MN.

Si, après avoir déblayé un terrain homogène, on a laissé subsister un prisme dont ABCD (fig. 20) représente une section, qu'on l'enveloppe dans une caisse sans fond, et qu'on mesure l'effort qu'il faut faire pour arracher le prisme en agissant horizontalement sur cette caisse, on trouve que cet effort peut se représenter par deux termes; le premier proportionnel à l'étendue de la surface AD suivant laquelle se fait l'arrachement, et le second proportionnel à la charge totale que supporte cette face AD, soit par l'effet du poids du prisme ABCD, soit par l'effet de poids additionnels qu'on aurait placés sur la face BC. Ainsi, a désignant la surface de contact en AD, et P la pression qui se produit sur cette surface, l'effort F nécessaire pour arracher le prisme ABCD en produisant la rupture suivant la base AD sera exprimé par

$$F = fP + va,$$

f et v étant des coefficients que l'expérience détermine.

On a trouvé que f varie depuis 0,60 pour des sables, pour lesquels le terme va est nul, jusqu'à 1,40 pour des terres compactes, pour lesquelles le coefficient v est de 568 kil. Ce dernier coefficient s'abaisse à 136 kil. pour des terres franches, et devient nul, ainsi que nous l'avons dit, pour des sables très-secs.

Pour que le prisme MBN (fig. 21), ne puisse se séparer, il faut que la force qui le retient soit supérieure à celle qui tend à le faire glisser.

Désignons par h la hauteur MD, par y la tangente de l'angle DMB, et par x celle de l'angle DMN. Représentons par Π le poids de l'unité de volume de la terre qui forme le solide ABC. Nous supposerons que les prismes que nous considérons aient l'unité linéaire pour épaisseur perpendiculairement au plan de la figure, en sorte que nous n'aurons à considérer que les superficies de leurs bases, représentées sur la figure.

Le poids du prisme MBN produira dans le sens de MN une composante égale à

$$\frac{\Pi h^2}{2} \cdot \frac{x - y}{\sqrt{1 + x^2}}.$$

La force qui retient ce prisme doit être formée de deux termes : l'un proportionnel à la pression P perpendiculaire à MN, et qui sera fP ou

$$\frac{f \Pi h^2}{2} \cdot \frac{(x - y)}{\sqrt{1 + x^2}} \cdot x.$$

l'autre proportionnel à la longueur MN, et qui sera

$$\nu h \sqrt{1+x^2}.$$

Ainsi il faudra pour qu'il n'y ait pas rupture, qu'on ait

$$\frac{f\Pi h^2}{2} \cdot \frac{(x-y)}{\sqrt{1+x^2}} x + \nu h \sqrt{1+x^2} > \frac{\Pi h^2}{2} \cdot \frac{(x-y)}{\sqrt{1+x^2}}.$$

Pour abréger, représentons cette inégalité par

$$f(x, y) > 0.$$

Si l'on avait

$$f(x, y) = 0 \ldots \qquad (A)$$

la rupture pourrait avoir lieu suivant l'inclinaison x.

Pour déterminer la valeur de y qui est la limite de celles qui permettent d'obtenir des valeurs réelles pour x, il faut chercher celle qui correspond à des racines égales pour x; en d'autres termes il faut poser

$$\frac{df(x, y)}{dx} = 0 \ldots \qquad (B)$$

Cette équation (B) jointe à la précédente (A) déterminera la valeur de y qui donne la limite des talus qui rendent la séparation impossible. La valeur de x correspondante à celle de y ainsi déterminée donnera l'inclinaison du plan de rupture correspondant à cette limite de talus.

Cette théorie peut-être éclaircie par les considérations géométriques suivantes.

Si $f(x, y) = 0$, représente une courbe, la condition $f(x, y) > 0$, sera satisfaite pour les points situés d'un côté déterminé de la courbe; et il faudra pour la stabilité des terres, prendre y de manière à obtenir un point situé de ce côté. Mais comme, dans le cas qui nous occupe, la fonction $f(x, y)$ croit avec y, il est facile de voir que pour satisfaire à l'inégalité $f(x, y) > 0$, dans tous les cas possibles, il faudra prendre y supérieur à son maximum par rapport à x, tiré de l'équation $f(x, y) = 0$.

Or, cette équation donne en différentiant

$$\frac{df(x, y)}{dx} + \frac{df(x, y)}{dy} \cdot \frac{dy}{dx} = 0,$$

et comme pour le maximum de y par rapport à x, on a

$$\frac{dy}{dx} = 0,$$

il reste

$$\frac{df(x, y)}{dx} = 0,$$

vu que, dans le cas où nous sommes $\frac{df(x, y)}{dy}$ ne peut devenir infini.

La limite de y, et la valeur correspondante de x seront donc données par le système des deux équations

$$f(x, y) = 0,$$

et

$$\frac{df(x, y)}{dx} = 0.$$

La première de ces équations, dans le cas qui nous occupe, peut s'écrire

$$(x - y)(1 - fx) - \frac{2\nu}{\text{II}h}(1 + x^2) = 0,$$

ou en posant $\frac{2\nu}{\text{II}h} = p$, et résolvant par rapport à y,

$$y = x\left(1 + \frac{p}{f}\right) + \frac{p}{f^2} - \frac{p\left(1 + \frac{1}{f^2}\right)}{1 - fx}.$$

Sous cette forme, l'équation donne la même valeur pour $\frac{dy}{dx}$ ou pour $\frac{df(x, y)}{dx}$; ainsi l'on a pour le maximum de y,

$$1 + \frac{p}{f} - \frac{\left(1 + \frac{1}{f^2}\right)fp}{(1 - fx)^2} = 0;$$

d'où

$$x = \frac{1}{f}\left[1 - \sqrt{\frac{(1 + f^2)p}{f + p}}\right].$$

et par suite

$$y = \frac{1}{f} + \frac{2}{f^2}\left[p - \sqrt{p(p+f)(1+f^2)}\right].$$

Si p était nul, c'est-à-dire si la résistance à la séparation n'était qu'une espèce de frottement ne dépendant que de la pression, on aurait

$$y = \frac{1}{f}.$$

Ce qui doit être, puisqu'alors l'angle DMN doit être le complément de l'angle du frottement. Cette circonstance ne se présente que pour du sable bien sec.

Deux observations sur l'inclinaison que prend la ligne de rupture MN dans un massif qui ne peut se soutenir, donneraient deux valeurs de x correspondantes à deux valeurs de y; et en supposant que le poids Π du mètre cube de la terre en expérience fût connu, on pourrait en déduire les valeurs numériques des coefficients f et ν.

Ces sortes d'épreuves se font plus facilement en coupant la terre verticalement, ce qui suppose $y = 0$. Mais si l'on approfondit peu à peu la fouille, pour les petites profondeurs il n'y aura pas de rupture, parce que la rupture suppose au moins $f(x, y) = 0$, et que si y est nul on n'obtient aucune valeur réelle pour x tant que la hauteur h du talus vertical n'a pas atteint une certaine limite.

La première valeur de h qui rend x réel, s'obtiendra en faisant égale à zéro la valeur ci-dessus de y qui répond au maximum, ce qui donne

$$p + \frac{f}{2} = \sqrt{p(p+f)(1+f^2)},$$

ou bien

$$p = \frac{-f + \sqrt{1+f^2}}{2};$$

et en remettant pour p sa valeur $\frac{2\nu}{\Pi h}$, on obtient

$$h = \frac{4\nu}{\Pi(\sqrt{1+f^2} - f)}.$$

Telle serait la plus grande hauteur sous laquelle un terrain pourrait se soutenir, s'il était tranché verticalement.

Du prisme de plus grande poussée.

Lorsque la terre est soutenue par un mur vertical, ou ayant un léger talus MB (fig. 22), dont nous désignerons l'inclinaison par α, on peut se demander quelle est la plus grande poussée que ce mur pourra supporter dans le cas où il y aurait rupture des terres.

Il est clair que dans ce cas, il faut que la hauteur h soit assez grande pour qu'il y ait une valeur de y, c'est-à-dire de la tangente d'inclinaison du plan de rupture MN, correspondante à la valeur de x qu'on s'est donnée, c'est-à-dire α. Mais comme on peut prendre y comme on voudra au delà de la valeur qui commence à être possible, il s'agit de choisir celle qui rend un maximum, la poussée horizontale contre le mur, laquelle est une fonction de α et de y.

Cette poussée ne se produisant qu'après que la rupture des terres a eu lieu, elle peut ne plus être de même nature que la force qui retenait les terres avant la rupture; néanmoins elle aura une expression analogue, et ne peut contenir que deux termes, l'un proportionnel à la pression, et l'autre proportionnel aux surfaces en contact. Ainsi f et ν désignant comme précédemment des coefficients numériques, et P étant la pression sur la surface du contact, l'expression de la force parallèle au plan de rupture qui pourrait retenir le prisme supérieur sur ce plan, sera toujours de la forme

$$fP + \nu a.$$

Nous désignerons par β l'inclinaison du plan de rupture MN sur ce talus MB, c'est-à-dire l'angle BMN.

Si l'on cherche la valeur d'une force Q normale à la face du mur MB, qui devra s'exercer pour retenir le prisme BMN sur le plan de rupture MN, on aura d'abord évidemment pour la force qui tend à faire glisser ce prisme,

$$\frac{\Pi h^2}{2}\,[\text{tang}\,\alpha + \text{tang}\,(\beta-\alpha)]\cos(\beta-\alpha).$$

La force qui retient ce même prisme est d'ailleurs

$$Q\sin\beta + fQ\cos\beta + f\frac{\Pi h^2}{2}\,[\text{tang}\,\alpha + \text{tang}\,(\beta-\alpha)]\sin(\beta-\alpha) + \frac{\nu h}{\cos(\beta-\alpha)}$$

Égalant donc ces deux forces, on aura

$$\frac{\Pi h^2}{2}[\operatorname{tang}\alpha+\operatorname{tang}(\beta-\alpha)]\cos(\beta-\alpha)=Q\sin\beta+fQ\cos\beta+f\frac{\Pi h^2}{2}[\operatorname{tang}\alpha+\operatorname{tang}(\beta-\alpha)]\sin(\beta-\alpha)+$$
$$+\frac{\nu h}{\cos(\beta-\alpha)}.$$

d'où l'on tire

$$Q=\frac{\frac{\Pi h^2}{2}[\operatorname{tang}\alpha+\operatorname{tang}(\beta-\alpha)][\cos(\beta-\alpha)-f\sin(\beta-\alpha)]-\frac{\nu h}{\cos(\beta-\alpha)}}{\sin\beta+f\cos\beta}.$$

Pour obtenir plus facilement le maximum de Q relatif à β, posons $f=\frac{\cos\varphi}{\sin\varphi}$, ce qui revient à désigner par φ l'angle que ferait avec la verticale un plan incliné de telle sorte que le seul frottement fP proportionnel à la pression, suffise pour retenir la terre supérieure sur la terre inférieure. En substituant cette valeur de f dans l'expression ci-dessus de Q, on aura

$$Q=\frac{\Pi h^2}{2}[\operatorname{tang}\alpha+\operatorname{tang}(\beta-\alpha)].\frac{\cos(\beta-\alpha)\sin\varphi-\sin(\beta-\alpha)\cos\varphi}{\cos(\varphi-\beta)}-\frac{\nu h\sin\varphi}{\cos(\beta-\alpha)\cos(\varphi-\beta)}.$$

Si l'on remarque que l'on a

$$\frac{\cos(\beta-\alpha)\sin\varphi-\sin(\beta-\alpha)\cos\varphi}{\cos(\varphi-\beta)}=\frac{\sin(\varphi-\beta+\alpha)}{\cos(\varphi-\beta)}=\frac{\sin(\varphi-\beta)\cos\alpha}{\cos(\varphi-\beta)}+\sin\alpha=$$
$$=[\operatorname{tang}(\varphi-\beta)+\operatorname{tang}\alpha]\cos\alpha,$$

on pourra écrire

$$Q=\frac{\Pi h^2}{2}[\operatorname{tang}\alpha+\operatorname{tang}(\beta-\alpha)][\operatorname{tang}\alpha+\operatorname{tang}(\varphi-\beta)]\cos\alpha-\frac{\nu h\sin\varphi}{\cos(\beta-\alpha)\cos(\varphi-\beta)}.$$

La symétrie de composition de cette expression par rapport aux deux quantités $\beta-\alpha$ et $\varphi-\beta$ dont la somme $\varphi-\alpha$ est indépendante de β, montre que cette fonction de β prend des valeurs égales, dans l'intervalle de α à φ, pour des valeurs de β telles que $\beta-\alpha$ et $\varphi-\beta$, échangent leurs valeurs, c'est-à-dire pour des couples de valeurs de β également éloignées de α et de φ. Cette fonction a donc un maximum ou un minimum pour la valeur de β située au milieu de cet intervalle, c'est-à-dire pour

$$\beta = \frac{\varphi + \alpha}{2}.$$

On reconnaît que c'est un maximum, car la fonction croît à mesure que $\beta - \alpha$ et $\varphi - \beta$ s'approchent de l'égalité.

La valeur maximum de Q, qui répond à $\beta = \frac{\varphi + \alpha}{2}$ est

$$Q = \frac{\Pi h^2}{2}\left[\text{tang}\,\alpha + \text{tang}\,\frac{1}{2}(\varphi - \alpha)\right]^2 - \frac{\nu h \sin\varphi}{\cos^2 \frac{1}{2}(\varphi - \alpha)}.$$

On doit remarquer que la valeur de β qui donne le maximum de Q est indépendante des coefficients f et ν, et serait par conséquent la même, si le coefficient ν devenait nul. On peut donc énoncer ce théorème :

« Si la force nécessaire pour faire glisser sur un plan de rupture deux par-
» ties du même terrain peut être exprimée par deux termes, l'un proportionnel
» à la pression et l'autre à l'étendue de la surface en contact, le plan de rup-
» ture qui serait tel que la pression produite par les terres, contre un mur
» vertical ou incliné qui les retient, devînt un maximum, est celui qui partage
» en deux parties égales, l'angle formé par le plan intérieur du mur et par un
» plan incliné de telle sorte que les terres s'y tiendraient en équilibre à l'aide
» de la seule force proportionnelle à la pression, et que pour cette raison on
» désigne par le nom de frottement. »

La force Q qui se produirait normalement à la face intérieure du mur par la rupture des terres est ce qu'on nomme la *poussée*. Le prisme de terre compris entre le mur et le plan de rupture qui correspond au maximum de Q, se nomme le *prisme de plus grande poussée*.

Si la terre qui peut pousser le mur par l'effet de sa rupture était chargée uniformément d'une masse de matériaux susceptibles de se séparer facilement suivant une verticale, comme des tas de pierres ou de briques sans liaison de mortier, le prisme de plus grande poussée resterait déterminé par la même règle que ci-dessus.

En effet, il suffirait dans ce cas, d'ajouter au poids

$$\frac{\Pi h^2}{2}\left[\text{tang}\,\alpha + \text{tang}\,(\beta - \alpha)\right],$$

partout où il se présente dans l'équation d'équilibre, un poids additionnel proportionnel à l'étendue de la base supérieure et horizontale du prisme sur laquelle porte la charge. Ce poids additionnel a pour expression

$$ph\,[\tang\alpha + \tang(\beta - \alpha)],$$

p étant la charge par unité de longueur de cette base. Cela revient à changer dans les formules précédentes $\frac{\Pi h^2}{2}$ en $\left(\frac{\Pi h^2}{2} + ph\right)$. Or cela ne modifie en rien les conclusions, quant à la valeur de β qui donne le maximum de Q.

Quelques auteurs ont cherché le point où l'on pourrait supposer qu'agissait la résultante des pressions de la terre contre le mur. Ils ont supposé pour cela que les terres poussaient effectivement le mur à chaque hauteur avec la plus grande poussée répondant à cette hauteur.

Cette supposition n'est admissible qu'autant que le terrain serait d'une homogénéité toute idéale; dans l'état ordinaire des choses, il est possible que la rupture ne tendant à se faire que dans la partie inférieure, la force de plus grande poussée s'exerce en totalité vers le bas du mur ou vers le haut du mur, suivant que le contact aurait lieu à l'une ou l'autre de ces places. Ainsi on doit, dans les applications, supposer que la plus grande poussée a lieu dans un point où elle a le plus d'action contre la stabilité du mur, puisqu'il s'agit toujours de pouvoir garantir que cette stabilité a lieu. Cette manière de considérer la question doit être celle des ingénieurs.

Dans celle qui consiste à supposer le terrain tellement homogène que le mur reçoit à chaque hauteur la pression correspondante au prisme de plus grande poussée, on trouve le centre d'action de la poussée totale contre le mur, en concevant que la pression sur un élément en hauteur est l'accroissement que prend la pression totale, quand on fait croître la hauteur. En sorte que si P désigne la fonction de h qui exprime la plus grande poussée, on a pour la pression sur chaque élément de hauteur

$$\frac{dP}{dh}\,dh,$$

et par suite, en vertu de la théorie des forces parallèles et des moments, le centre de pression devra être au-dessous du plan supérieur des terres à une hauteur h' donnée par la formule

$$h' = \int_{\eta}^{h} h \cdot \frac{dP}{dh} dh,$$

la limite η étant la hauteur où la pression $\frac{dP}{dh} dh$ sur l'élément commence à devenir positive. On ne doit pas en effet tenir compte des valeurs négatives de la pression; puisque là où elle a le signe —, la terre peut se tenir d'elle-même et que si la terre adhérait au mur, celui-ci pourrait l'attirer sans la faire rompre. Mais cette adhérence ne pouvant être admise, on ne doit pas tenir compte de la traction ou pression négative.

Du reste, la formule ci-dessus est, comme je l'ai dit, le résultat d'une hypothèse mathématique, et l'on ne doit pas s'en servir dans la pratique.

Examinons maintenant les conditions de stabilité d'un mur de revêtement, soutenant des terres qui exercent leur plus grande poussée contre ce mur. Nous supposerons qu'il soit élevé verticalement à l'intérieur et à l'extérieur; cela donne une approximation suffisante pour les cas ordinaires où l'inclinaison des deux faces est très-faible. S'il n'en était pas ainsi, il serait facile de reprendre les calculs que nous allons faire, et de considérer le cas plus général où les deux faces du mur ont des inclinaisons quelconques.

Cette question se résout comme celle de la détermination du talus des terres qui assure leur stabilité, c'est-à-dire qui est le plus petit qui ne permette encore aucune rupture suivant un plan incliné. La méthode consiste à chercher une équation qui, dans le cas de la rupture naissante, c'est-à-dire de l'équilibre, lie la quantité y que l'on veut déterminer et l'inclinaison x du plan de rupture dans le mur, et à prendre pour la quantité y à déterminer, la limite qui commence à rendre imaginaire toute valeur pour l'inclinaison x du plan de rupture. En d'autres termes, il faut choisir la valeur de y qui est un maximum par rapport à x.

Ici ce n'est plus l'inclinaison du talus que nous prendrons pour y; ce sera l'épaisseur du mur; x sera l'inclinaison du plan de rupture dans le mur. On posera l'équation

$$f(x, y) = 0,$$

qui exprimera la relation entre y et x pour que le mur soutienne juste la plus grande poussée. On déterminera y par le système des deux équations

$$f(x, y) = 0,$$

et

$$\frac{df(x, y)}{dx} = 0.$$

la seconde revenant à $\frac{dy}{dx} = 0$, parce que dans le problème $\frac{df(x, y)}{dy}$ ne peut devenir infini.

On pourrait faire plusieurs hypothèses sur l'expression de la force qui retient les deux parties du mur l'une sur l'autre au moment de sa rupture. On peut avoir égard à l'adhérence due au mortier; mais il est plus prudent de ne pas en tenir compte, et de supposer que la partie supérieure ABCD (fig. 23), tourne autour du pied D de ce mur. Dans ce cas, le poids de cette partie est la seule force qui s'oppose à la rotation que tend à produire la poussée du prisme CBF. Pour prendre le cas le plus défavorable, nous supposerons cette poussée appliquée en B.

En désignant par Π' le poids de l'unité de volume de la matière qui compose le mur, et opérant sur l'unité de largeur dans le sens perpendiculaire à la figure, le poids de la partie du mur située au-dessus du plan de rupture, sera

$$P = \Pi' \left(h - \frac{yx}{2}\right) y.$$

La poussée du prisme BCF de plus grande poussée, sera d'ailleurs

$$Q = \frac{\Pi}{2} (h - yx)^2 \operatorname{tang}^2 \frac{1}{2} \varphi - 2\nu (h - yx) \operatorname{tang} \frac{1}{2} \varphi,$$

ou en posant, pour abréger l'écriture,

$$\operatorname{tang} \frac{1}{2} \varphi = a,$$

$$Q = \frac{\Pi a^2}{2} (h - yx)^2 - 2\nu a (h - yx).$$

La force P étant la seule qui s'oppose à la poussée, on aura pour l'équilibre, en prenant les moments par rapport au point D,

$$Qh = P\frac{y}{2}.$$

ou

$$\frac{\Pi a^2}{2}(h - yx)^2 h - 2\nu a(h - yx)h = \Pi'\left(h - \frac{yx}{2}\right)y^2.$$

Différentiant cette équation, en introduisant la condition $\frac{dy}{dx} = 0$, ce qui donne

$$\frac{d(h - yx)}{dx} = -y,$$

et

$$\frac{d\left(h - \frac{yx}{2}\right)}{dx} = -\frac{y}{2},$$

on obtient

$$-\Pi a^2(h - yx)y + 2\nu ahy = -\frac{\Pi' y^3}{2}.$$

Divisant par y et transposant, il vient

$$\frac{\Pi' y^2}{2} - \Pi a^2(h - yx)y + 2\nu ah = 0,$$

d'où l'on tire

$$h - yx = \frac{\frac{\Pi' y^2}{2} + 2\nu ah}{\Pi a^2 y}.$$

et

$$h - \frac{yx}{2} = \frac{h}{2} + \frac{\frac{\Pi' y^2}{2} + 2\nu ah}{2\Pi a^2 y}.$$

Substituant dans l'équation primitive entre y et x, on trouve une équation qui servira à déterminer la largeur y du mur, au delà de laquelle il n'est pas possible qu'il y ait rupture.

NOTE

Sur un mécanisme propre à mesurer le travail transmis dans une machine par un arbre tournant, ou par une roue d'engrenage.

Lorsqu'on aura besoin de mettre de la précision en mesurant le travail transmis par un arbre tournant, et qu'on voudra tenir compte à la fois du mouvement et de la force, quelque changement que celle-ci éprouve, je vais indiquer un moyen dont on pourra faire quelques essais. Je ne le propose ici que comme un sujet d'étude de la part des constructeurs : c'est à l'observation seule à faire connaître le parti qu'on peut en tirer.

Pour faciliter l'intelligence de la description, supposons d'abord que la force avec laquelle l'arbre agit à une certaine distance de son axe soit constante pendant le mouvement. Dans ce cas, en admettant qu'on ait constaté cette force, la mesure du travail se réduirait à compter le nombre des tours de l'arbre. Pour cela on pourrait, entre autres moyens, garnir cet arbre d'un disque, dont la circonférence toucherait un cylindre qui tournerait par l'effet de son frottement contre ce disque. On entretiendrait ce frottement au moyen d'un ressort de pression qui agirait sur une chappe dans laquelle seraient placés les petits tourillons de ce cylindre. Cette chappe ayant la faculté de se mouvoir autour d'une charnière parallèle à l'axe du cylindre, le ressort ferait appuyer celui-ci contre le disque. Le mouvement de rotation du cylindre ferait marcher un système compteur qui accuserait le nombre des tours. De ce nombre, on conclurait le travail produit, puisque nous avons supposé qu'on connaissait la force constante qui a agi pendant le mouvement.

Mais, dès que la force est variable, ce compteur ne suffit pas. Le travail croissant non-seulement avec le nombre des tours de l'arbre, mais encore avec cette force, il faut trouver moyen de faire marcher le compteur en raison composée de l'effort et de la vitesse de l'arbre. Voici comment on peut y parvenir.

Concevons que le disque qui tourne avec l'arbre devienne un anneau qui en soit détaché, et qui, tout en tournant, puisse avancer ou reculer dans le sens de l'arbre, à mesure que la force croît ou décroît, de telle manière qu'on soit maître de la dépendance qu'il y aura entre le déplacement du disque et l'intensité variable de la force. Nous reviendrons tout à l'heure sur la disposition propre à cet objet; admettons, pour le moment, qu'elle soit exécutée; alors, au lieu de mettre un cylindre en contact avec le disque tournant, on emploiera un cône dont l'axe sera incliné de manière que la génératrice correspondante au contact soit perpendiculaire au disque, comme l'était d'abord la génératrice du cylindre. Lorsque le disque, tout en tournant avec l'arbre, se portera en avant ou en arrière par l'effet du changement de la force, ainsi que nous le supposons, il touchera le cône plus loin ou plus près de son sommet, et le cercle correspondant au contact variera de rayon : ce cône fera donc l'office d'un pignon dont le rayon changerait. Le ressort de pression qui le fait appuyer contre le disque rendra le frottement équivalent à une espèce d'engrenage qui subsistera continuellement, et fera marcher le cône avec le disque (*). Comme le nombre de tours que fait le cône dans un temps donné pour une certaine vitesse de l'arbre tournant est d'autant plus grand que le disque le touche plus près du sommet, le compteur, qui accuse le nombre de tours du cône, en marquera d'autant plus, toutes choses égales d'ailleurs, que la force dont nous avons parlé sera plus grande, puisque c'est par l'accroissement de cette force que le disque tournant s'est porté vers la pointe du cône.

Il ne nous reste plus qu'à examiner comment, lorsque la force croît ou décroît, on fera avancer ou reculer le disque tournant, de manière que pour chaque tour de celui-ci le cône fasse un nombre de tours proportionnel à cette force. Il suffit, pour cela, que ses variations produisent un changement de forme dans la machine, et que ce changement serve à pousser le disque tournant. Pour parvenir à ce but, on fera en sorte que la roue dentée qui communique le mouvement de l'arbre au reste de la machine, puisse, à volonté, ne plus être liée à

(*) M. Brocchi, conservateur et constructeur des modèles, à l'École Polytechnique, ayant bien voulu construire cette communication de mouvement, j'ai pu me convaincre que, malgré le déplacement assez rapide du disque, le cône ne cesse pas d'être conduit par le frottement comme s'il y avait un engrenage. C'est M. Brocchi qui a eu l'idée de tenir la chappe à une charnière.

l'arbre que par l'intermédiaire d'un système de ressorts qui céderont sous la pression, et permettront à cette roue de leur donner une légère torsion autour de l'arbre. D'abord, pour rendre la roue indépendante de l'arbre, il suffira qu'elle soit comme un anneau ou manchon ayant un trou circulaire dans lequel passera l'arbre. En adaptant sur celui-ci des deux côtés de la roue des joues saillantes qui l'embrasseront, et en se ménageant le moyen de placer des goupilles qui traversent ces joues et la roue, on la liera à volonté avec l'arbre quand ces goupilles seront placées, et on la rendra indépendante quand on les aura retirées momentanément pour faire usage du mécanisme propre à mesurer le travail. C'est alors qu'il faudra que des ressorts seuls établissent une liaison entre l'arbre et la roue. Pour cela, on garnira l'arbre, à quelque distance de la roue, d'un collier faisant corps avec lui, et formant une culasse dans laquelle seront fixés par une extrémité des ressorts droits parallèles à l'arbre, et formant faisceau alentour. Les autres extrémités de ces ressorts passeront dans des trous ou collets pratiqués sur le côté de la roue dentée dont nous venons de parler. Lorsque les goupilles qui la lient avec l'arbre seront retirées, cette roue ne sera plus conduite que par l'intermédiaire du faisceau de ressorts. Ceux-ci alors prendront une légère torsion, qui variera suivant le degré de force que la roue dentée aura à exercer. Il sera facile de constater cette force pour chaque degré de torsion en faisant des mesures préalables. Comme on pourra rendre les ressorts aussi forts qu'on voudra, la force habituelle qui est exercée sur la roue ne produira pas un grand degré de torsion sur ces ressorts. Pour faire croître rapidement la résistance avec la torsion, on pourra placer un second, un troisième et un quatrième faisceau de ces ressorts, tous concentriques, mais dont les bouts, au lieu de toucher la roue constamment, en seront détachés pour atteindre successivement les uns après les autres des parties saillantes sur cette roue. De cette sorte, à mesure que la torsion augmentera, il y aura un plus grand nombre de ressorts qui viendront presser ces parties saillantes, et la force croîtra rapidement avec cette torsion. On pourra donc s'arranger de manière que si la force habituelle produit une torsion de 2 à 3 centimètres à la circonférence de la roue dentée, la plus grande force qui puisse avoir lieu quand elle serait quadruple de la force moyenne ne produise qu'une torsion de 4 à 5 centimètres.

Enfin, la dernière condition à remplir sera de produire, par le moyen des degrés de torsion, un déplacement du disque qui soit tel, que celui-ci vienne toucher le cône plus ou moins près du sommet, et précisément de manière que le nombre des tours de ce cône correspondant à un tour de l'arbre soit proportionnel à la force. On peut employer pour cela différents moyens; en voici un que j'indique pour montrer la possibilité de la solution du problème. Le disque tournant autour de l'arbre sera tenu par trois tiges longitudinales qui pourront glisser chacune dans un ou deux collets tenant à l'arbre et tournant avec lui. Ces collets pourront être simplement des trous percés dans des rayons saillants. Le disque, tout en tournant avec l'arbre, aura donc la possibilité de se porter en avant ou en arrière avec les tiges qui le tiennent. Celles-ci viendront s'appuyer sur des cames ou tasseaux saillants ménagés sur le côté de la roue dentée. A l'aide d'un ressort de pression qui agira sur le disque qui forme chapeau de ces trois tiges, elles seront forcées d'appuyer contre ces cames. Celles-ci auront une forme telle, qu'à mesure que les ressorts se tordront, et que la roue dentée aura ainsi tourné d'un petit angle par rapport à l'arbre, elles pousseront les tiges qui s'appuient sur leurs contours et le disque s'approchera du sommet du cône. Si la force, et par suite la torsion, vient à diminuer, les cames se déplaçant en sens contraire, laisseront revenir les tiges qui s'appuient dessus, et le disque reviendra plus près de la base du cône. Pour donner aux cames la forme convenable, on mesurera par observation les degrés de torsion de la roue dentée, qui correspondent à chaque degré de force appliquée à l'arbre. Cela se fera facilement à l'aide de poids qu'on suspendra à une corde enroulée sur cet arbre, pendant qu'on maintiendra la roue dentée dans une position fixe. Désignons par x l'écartement dû à la torsion, mesuré à la distance de l'axe de rotation où l'on veut placer les cames, et par F la force : on aura, par expérience, la relation approximative entre x et F ; nous la représenterons par $F = \varphi(x)$. L'ordonnée de la courbe que doit former la saillie des cames devra être telle, que le disque aille toucher le cône au point convenable pour que la vitesse de rotation de celui-ci reste proportionnelle à F. Ainsi, en désignant par y cette ordonnée, par F_0 la plus petite force qui se produira pendant ce mouvement, laquelle sera toujours au moins celle qui est nécessaire pour vaincre les frottements; et enfin, en représentant par b la longueur du cône, on devra avoir $\frac{b-y}{b} = \frac{F_0}{F}$ ou $y = b\left(1-\frac{F_0}{F}\right)$; et comme on a $F = \varphi(x)$, cette équation donnera la courbe que doit former la came. La plus faible valeur de la force F qui est F_0 donnera le point de départ qui devra mettre le disque en contact avec la plus grande largeur du cône. A ce point, on aura $y = 0$. Ensuite, à mesure que F ou $\varphi(x)$ croîtra, l'ordonnée y croîtra aussi; mais, quelque grande que devienne la force, cette ordonnée sera toujours un peu inférieure à b, et le disque n'atteindra pas tout à fait le sommet du cône.

On pourrait encore opérer le déplacement du disque de la manière suivante : on adapterait à la roue et à l'arbre des appendices qui viendraient se mettre l'un à côté de l'autre, et qui s'écarteraient par l'effet de la torsion ; on relierait ensuite ces deux appendices par deux tringles à articulations formant les deux côtés d'un triangle isocèle, dont la base serait l'écartement dû à la torsion, en sorte que, suivant que celle-ci serait plus ou moins grande, le sommet du triangle, qui est l'articulation des deux tringles, serait poussé ou retiré ; le disque étant attaché à trois de ces sommets de triangle à articulation, serait aussi poussé ou retiré par l'effet de la torsion.

Avec ce mode de renvoi de mouvement, le déplacement du disque serait l'ordonnée d'un arc d'ellipse dont le degré de torsion serait l'abscisse. En disposant de l'angle que feront les deux tringles pour la plus petite et la plus grande force, l'arc de l'ellipse correspondrait à telle ou telle partie de cette courbe, en sorte qu'on pourrait s'arranger pour qu'il s'éloignât peu de l'arc de courbe qui est donné par l'équation $y = b\left(1 - \frac{F_0}{\varphi(x)}\right)$. Ce moyen dispenserait du ressort de pression qui, dans la disposition précédente, agit sur le disque pour faire appuyer les tiges sur les cames ; mais il serait moins exact, et il exigerait toujours qu'avant de choisir le premier écartement des points d'attache des tringles, ainsi que la longueur de celles-ci, on eût déterminé par expérience la relation entre la force et l'écartement de ces points d'attache.

Si l'on voulait rendre le mouvement du disque plus sensible, et l'augmenter dans une certaine proportion, on pourrait placer plusieurs lozanges à articulation, se reployant ou s'allongeant tous ensemble lorsque l'angle que font ces tringles s'ouvre ou se referme : on obtiendrait ainsi, au sommet du dernier lozange, un mouvement correspondant aux ordonnées d'une ellipse plus allongée vers son sommet, les abscisses étant toujours les écartements des points d'attache des deux tringles.

Peut-être serait-il à craindre que, même avec cette latitude de rendre le mouvement du disque plus sensible, à l'aide des tringles et de ces lozanges, on n'arrivât pas encore à donner une relation convenable entre la force et le déplacement du disque : c'est ce qu'on ne pourrait reconnaître qu'après avoir fait des expériences sur la variation de la force des ressorts. En tout cas, le premier mode des cames saillantes donnerait toujours toute l'exactitude qu'on pourra désirer, si ce dernier ne fournissait pas une approximation assez grande.

Quant au compteur qu'on adaptera au cône, on pourra prendre, soit de simples roues à chevilles, soit le compteur multiplicateur de M. Viard ; ils offriront l'un et l'autre assez peu de résistance pour ne pas gêner le mouvement du cône.

Le même mécanisme que nous venons d'indiquer pour tenir compte des variations dans la force, peut s'employer, avec quelque modification, dans le cas où l'on se sert du frein pour mesurer le travail que peut fournir un moteur. Pour cela, on placera le levier qui forme une des branches du frein, du côté où le frottement tendra à faire presser son extrémité contre un ressort appuyé sur le sol, de sorte que pour des accroissements dans le frottement, le ressort sera comprimé davantage, et l'extrémité du levier s'abaissera. Sur l'arbre tournant ou sur une poulie de rapport qu'on y aura placée, on mettra une corde sans fin, pour renvoyer le mouvement à une poulie plus grande, qui sera isolée de la machine, et qui fera tourner un petit axe horizontal parallèle à l'arbre et placé près de l'extrémité du levier du frein. Cet axe tournera dans des coussinets appuyés sur un socle posé sur le sol, et indépendant de la machine. Un disque placé sur cet axe à quelques décimètres de cette poulie, tournera avec elle, et aura une vitesse de rotation proportionnelle à celle de l'arbre de la machine. Pour accuser le nombre de tours de cet arbre, et pour tenir compte en même temps des variations de force, on fera frotter ce disque contre un cône tournant autour d'un axe placé dans une chappe ; celle-ci tiendra à un socle par une articulation. Un ressort pressant contre cette chappe fera appuyer le cône contre le disque pour augmenter le frottement qui établit la communication du mouvement. Il faudra que, par l'effet du changement de force qui se produit à l'extrémité du levier du frein, le socle qui porte le cône, et par suite le cône lui-même, puisse se déplacer parallèlement à l'axe de rotation du disque, de manière à en être touché plus ou moins près de son sommet, et à la distance convenable. Pour cela, à l'extrémité du levier et sur le côté, on adaptera une came saillante ; elle sera destinée à pousser une tige tenant le socle sur lequel porte le cône tournant. Cette tige pourra glisser dans deux collets fixes appuyés sur le sol, de manière à se mouvoir suivant une direction parallèle à l'axe de rotation du disque : un petit ressort de pression agissant sur son extrémité opposée, l'obligera à appuyer toujours sur la came. Ainsi, lorsque le levier du frein s'abaissera en comprimant le ressort qui le supporte, la came, qui s'abaissera aussi, poussera la tige et en même temps le socle qui porte le cône; le point de contact de celui-ci avec le disque tournant se portera donc plus près de son sommet. Lorsque le levier se relèvera, et que le ressort sera moins comprimé, la came se relèvera, et la tige, revenant en sens contraire, le cône sera touché par le disque plus loin de son sommet. Il sera facile, comme dans le cas précédent, de déterminer la courbure de la came, de manière que le point de contact du disque et du cône soit à une distance telle du sommet de ce dernier, que, pour une même vitesse du disque ou de l'arbre de la machine, la vitesse de rotation de ce cône soit toujours proportionnelle à la force du ressort qui agit sur le levier. Il suffira, pour cela, de déterminer par expérience la relation entre la force de ce ressort et les degrés de compression qu'il peut prendre; ce qui se fera très-facilement en le chargeant avec des poids.

Dans le mécanisme qu'on vient de décrire, on peut remarquer qu'en donnant le mouvement au disque par une corde sans fin passant sur l'arbre de la machine, on a l'avantage de ralentir son mouvement et celui du cône, ce qui donne à celui-ci plus de facilité de changer sa vitesse. Si ce cône marchait trop rapidement, il serait à craindre que, par l'effet de la vitesse acquise, le frottement contre le disque ne fût pas suffisant pour l'empêcher de glisser contre ce disque pour peu qu'il eût un peu de masse. Cet effet pourrait peut-être nuire à l'exactitude du mécanisme que nous avons indiqué d'abord, pour le cas où l'on n'emploie pas le frein et où le travail de la machine est recueilli à l'aide d'un système de ressorts fixés à un arbre tournant. Si l'on reconnaissait que cet inconvénient pût entraîner trop d'inexactitude, et qu'on voulût y remédier; on pourrait d'abord renvoyer le mouvement de l'arbre à un disque isolé, comme nous venons de l'indiquer pour le cas du frein; mais alors, au lieu de faire déplacer ce disque par l'effet des variations de force, on ferait déplacer le cône. Pour cela, on communiquerait au socle qui le porterait le mouvement de translation du chapeau des tiges qui appuient sur la came. Il suffirait pour cela de se servir d'un levier embrassant le bord de ce chapeau avec une fourchette qui ne gênerait pas le mouvement de rotation que prend celui-ci en même temps que l'arbre.

FIN.

Imprimé en France
FROC031230010720
24394FR00011B/170